U0174554

普通高等教育电气工程与自动化类“十一五”规划教材

电网络理论

（图论 方程 综合）

周庭阳　张红岩　编著
吴锡龙　主审

机 械 工 业 出 版 社

本书共分十一章，主要内容有电网络概述、网络矩阵方程、网络撕裂法、多端和多端口网络、网络的拓扑公式、网络的状态方程、无源网络的策动点函数、无源网络传递函数的综合、逼近问题和灵敏度分析、单运放二次型有源滤波电路、模拟实现法等。

本书配有免费电子课件，欢迎选用本书作教材的老师登录 www. cmpedu. com 下载。

本书可作为电类专业硕士生“电网络理论”课程的教材，也可供电气、电子工程专业的科技人员参考。

图书在版编目（CIP）数据

电网络理论：图论 方程 综合/周庭阳，张红岩编著. —北京：机械工业出版社，2008.6（2021.6 重印）

普通高等教育电气工程与自动化类“十一五”规划教材

ISBN 978-7-111-24305-2

Ⅰ. 电…　Ⅱ. ①周…②张…　Ⅲ. 电力系统结构－高等学校－教材　Ⅳ. TM727

中国版本图书馆 CIP 数据核字（2008）第 092693 号

机械工业出版社（北京市百万庄大街 22 号　邮政编码 100037）
策划编辑：王保家　责任编辑：王雅新　责任校对：李秋荣
封面设计：王洪流　责任印制：常天培
北京机工印刷厂印刷
2021 年 6 月第 1 版第 8 次印刷
184mm×260mm · 17.25 印张 · 424 千字
标准书号：ISBN 978-7-111-24305-2
定价：45.00 元

电话服务	网络服务
客服电话：010-88361066	机　工　官　网：www. cmpbook. com
010-88379833	机　工　官　博：weibo. com/cmp1952
010-68326294	金　　书　　网：www. golden-book. com
封底无防伪标均为盗版	机工教育服务网：www. cmpedu. com

全国高等学校电气工程与自动化系列教材
编 审 委 员 会

序

随着科学技术的不断进步，电气工程与自动化技术正以令人瞩目的发展速度，改变着我国工业的整体面貌。同时，对社会的生产方式、人们的生活方式和思想观念也产生了重大的影响，并在现代化建设中发挥着越来越重要的作用。随着与信息科学、计算机科学和能源科学等相关学科的交叉融合，它正在向智能化、网络化和集成化的方向发展。

教育是培养人才和增强民族创新能力的基础，高等学校作为国家培养人才的主要基地，肩负着教书育人的神圣使命。在实际教学中，根据社会需求，构建具有时代特征、反映最新科技成果的知识体系是每个教育工作者义不容辞的光荣任务。

教书育人，教材先行。机械工业出版社几十年来出版了大量的电气工程与自动化类教材，有些教材十几年、几十年长盛不衰，有着很好的基础。为了适应我国目前高等学校电气工程与自动化类专业人才培养的需要，配合各高等学校的教学改革进程，满足不同类型、不同层次的学校在课程设置上的需求，由中国机械工业教育协会电气工程及自动化学科教育委员会、中国电工技术学会高校工业自动化教育专业委员会、机械工业出版社共同发起成立了“全国高等学校电气工程与自动化系列教材编审委员会”，组织出版新的电气工程与自动化类系列教材。这类教材基于**“加强基础，削枝强干，循序渐进，力求创新”**的原则，通过对传统课程内容的整合、交融和改革，以不同的模块组合来满足各类学校特色办学的需要。并力求做到：

1. 适用性：结合电气工程与自动化类专业的培养目标、专业定位，按技术基础课、专业基础课、专业课和教学实践等环节，进行选材组稿。对有的具有特色的教材采取一纲多本的方法。注重课程之间的交叉与衔接，在满足系统性的前提下，尽量减少内容上的重复。

2. 示范性：力求教材中展现的教学理念、知识体系、知识点和实施方案在本领域中具有广泛的辐射性和示范性，代表并引导教学发展的趋势和方向。

3. 创新性：在教材编写中强调与时俱进，对原有的知识体系进行实质性的改革和发展，鼓励教材涵盖新体系、新内容、新技术，注重教学理论创新和实践创新，以适应新形势下的教学规律。

4. 权威性：本系列教材的编委由长期工作在教学第一线的知名教授和学者组成。他们知识渊博，经验丰富。组稿过程严谨细致，对书目确定、主编征集、资料申报和专家评审等都有明确的规范和要求，为确保教材的高质量提供了有力保障。

此套教材的顺利出版，先后得到全国数十所高校相关领导的大力支持和广大骨干教师的积极参与，在此谨表示衷心的感谢，并欢迎广大师生提出宝贵的意见和建议。

此套教材的出版如能在转变教学思想、推动教学改革、更新专业知识体系、创造适应学生个性和多样化发展的学习环境、培养学生的创新能力等方面收到成效，我们将会感到莫大的欣慰。

全国高等学校电气工程与自动化系列教材编审委员会

前　言

“电网络理论”是国内大多数院校电类专业硕士生的必修课程，该课程在硕士生培养环节中有较重要的作用，可使学生的电网络理论知识体系得到充实和巩固。

在该课开设早期，各校均使用英、美教材，如巴拉巴尼亚的“电网络理论”等，但国外教材篇幅较大，且和国内本科生教材的内容重复较多。后期国内出版了一些同类的书籍，例如科学出版社出版的邱关源先生的“电网络理论”，该书内容简洁、精炼，是一本很好的参考书。1997 年浙江大学出版社出版了作者编著的“电网络理论”，该书被国内许多院校作为电网络理论课程的教材，得到普遍的好评。本书就是在该书的基础上进行调整、充实，改写而成的。

“电网络理论”内容可以包括图论、有源和无源网络综合、开关电容网络、网络诊断、非线性电路、时变电路、电网络计算机辅助设计等等。在有限的学时数下究竟选用哪些作为基本讲座的内容，我们曾经有过徘徊。但经过多次实践，感到选用电网络图论和有源、无源网络综合作为基本内容较为合适，因为这些内容更具基础性，更有利于巩固学生的理论体系。我们以这些内容组织教学实践了十多年，学生反映较好，对他们的理论体系有较大的巩固和提高。

本书选材丰富，内容紧凑，体系合理，叙理严密，同时与本科生电路课程联系紧密，便于教学，也有利于学生思维能力和理论基础的巩固。

本书分为两篇，基本上是互为独立的，如果需要也可以先教第二篇。总教学时间约 50 学时，平均每章 4 ~5 学时完成。

本书有些内容在别的书籍和文献中还没有出现过，如基于不定导纳矩阵的撕裂法、多端网络的等效电路、多端口网络参数的图论表示式、多端口网络的拓扑公式、共点和共圈多端口网络的变换矩阵、含负电容 T 形网络实现的方法、桥式网络传输零点的推导方法、用拓扑公式计算有源网络前馈和反馈函数等。

本书配有免费电子课件，欢迎选用本书作教材的老师登录 www. cmpedu. com 下载或发邮件到 wbj@ cmpbook. com 索取。

由于水平所限，缺点和错误在所难免，望读者批评指正。

编著者
于浙江大学

目　　录

第 1 篇　网 络 图 论

第 1 章　电网络概述

内 容 提 要

本章介绍电网络分析计算的基本概念。内容包括：集中参数电路的基本性质，图论的基本知识，及矩阵形式的基尔霍夫方程。

1.1　电网络的基本性质

"电网络"和"电路"这两个术语事实上难以严格区分，它们都是由实际电路抽象出来的物理模型。从电网络性质来看，可以分为线性和非线性网络、时变和非时变网络、有源和无源网络、有损和无损网络、互易和非互易网络、分布参数和集中参数网络等。从电网络研究的任务来看，可以分为网络分析、网络综合、网络设计和网络诊断，分析和综合是网络理论的基础，设计和诊断属实际应用问题。以下对网络的性质作一简单叙述。

1.1.1　线性和非线性

线性与非线性网络的区分通常有三种方法：

（1）含有非线性元件的网络称为非线性网络，否则为线性网络；

（2）所建立的网络电压、电流方程是线性微分方程的称为线性网络，否则为非线性网络；

（3）按输入与输出之间是否满足线性和叠加性来区分。

例如，当输入向量为

$$\boldsymbol{Y}(t)=[Y_1(t)\quad Y_2(t)\ \cdots\ Y_k(t)\ \cdots\ Y_m(t)]^{\mathrm{T}}$$

输出向量为

$$\boldsymbol{X}(t)=[X_1(t)\quad X_2(t)\ \cdots\ X_k(t)\ \cdots\ X_n(t)]^{\mathrm{T}}$$

当输入向量为

$$\boldsymbol{F}(t)=[f_1(t)\quad f_2(t)\ \cdots f_k(t)\ \cdots f_m(t)]^{\mathrm{T}}$$

输出向量为

$$\boldsymbol{R}(t)=[r_1(t)\quad r_2(t)\ \cdots\ r_k(t)\ \cdots\ r_n(t)]^{\mathrm{T}}$$

若满足线性（也称齐次性），当输入为 $a\boldsymbol{Y}(t)$ 时输出应为 $a\boldsymbol{X}(t)$；若满足叠加性，当输入为 $\boldsymbol{Y}(t)+\boldsymbol{F}(t)$ 时输出应为 $\boldsymbol{X}(t)+\boldsymbol{R}(t)$。若网络输入为 $a\boldsymbol{Y}(t)+b\boldsymbol{F}(t)$ 时输出为 $a\boldsymbol{X}(t)+b\boldsymbol{R}(t)$，

则称该网络为线性网络，否则为非线性网络。

以上三种区分方法大体上是等价的。但对某些特殊情况将有差异。例如图 1-1 所示电路中非线性电阻 R_1 和 R_2 的特性分别为：$i_1 = aV + bV^3$ 和 $i_2 = aV - bV^3$，按区分法（1），它们应是非线性网络；但若以 V_1 为输入，V_2 为输出，显然能满足线性和叠加性，按区分法（3），应是线性网络。

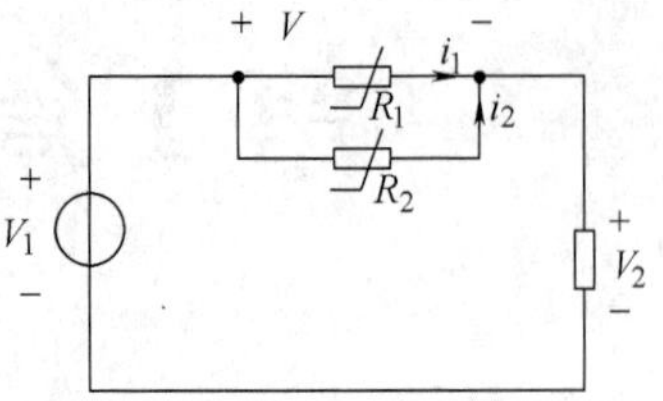

图 1-1　线性和叠加性关系的说明

即使线性和叠加性也不总是能同时满足的。例如带电阻负载由理想二极管构成的全波整流电路，能满足线性关系，但不能满足叠加性。

1.1.2　时变和非时变

区分时变和非时变（也称定常或称时恒）网络，类似的也有三种分法，即：

（1）含时变元件的网络称为时变网络，否则为定常网络；

（2）建立的方程为常系数方程者为定常网络，否则为时变网络；

（3）输入、输出间满足延时特性的网络为定常网络，否则为时变网络。对于定常网络，当输入为 $\boldsymbol{F}(t)$ 时，输出为 $\boldsymbol{R}(t)$，当输入为 $\boldsymbol{F}(t-t_0)$ 时，输出应为 $\boldsymbol{R}(t-t_0)$。

1.1.3　有源网络和无源网络

设端口电压、电流方向一致，并设端口电压向量为

$$\boldsymbol{V}(t) = [v_1(t) \quad v_2(t) \cdots v_k(t) \cdots v_m(t)]^{\mathrm{T}}$$

端口电流向量为

$$\boldsymbol{I}(t) = [i_1(t) \quad i_2(t) \cdots i_k(t) \cdots i_m(t)]^{\mathrm{T}}$$

若

$$\int_{-\infty}^{t} \boldsymbol{V}^{\mathrm{T}}(\tau)\boldsymbol{I}(\tau)\,\mathrm{d}\tau \geqslant 0 \tag{1-1}$$

则称该网络为无源网络。也即对于任何瞬间 t，在任何可能的端口电压、电流情况下送入网络的总能量（从 $t=-\infty$ 开始记）始终不小于零者为无源网络，否则为有源网络。这是从电网络理论角度出发的严格定义。实际应用中，提法还可能粗糙一些，例如，对含运放或受控源电路即称为有源电路。电力电子电路中含晶体管的电路即为有源电路。这种实用提法在某些情况也可能与严格定义有差异，例如理想的回转器，其电压电流的关系为

$$v_1 i_1 + v_2 i_2 = (-ri_2)\left(\frac{v_2}{r}\right) + v_2 i_2 = 0$$

满足式（1-1），应为无源网络，但是应用上往往又称其为有源网络。

1.1.4　有损网络和无损网络

若网络满足

$$\int_{-\infty}^{\infty} \boldsymbol{V}^{\mathrm{T}}(\tau)\boldsymbol{I}(\tau)\,\mathrm{d}\tau = 0 \tag{1-2}$$

则称其为无损网络。以上认为 $V(-\infty)$、$V(\infty)$ 均为零。

1.1.5　互易网络和非互易网络

符合互易关系（参照基本电路书籍）的网络称为互易网络，否则为非互易网络。互易网络的回路阻抗、节点导纳矩阵均为对称矩阵。

1.1.6　集中参数电路

对于器件尺寸远小于工作波长的网络称为集中参数网络，否则称为分布参数网络。本书叙述中将以线性集中参数网络为主要对象。

在网络分析中，借助图论是十分有效的。本章以下各节将对图论的基本概念加以叙述。

1.2　图论的术语和定义

今天，图论这个组合和离散数学的分支已渗透到大多数自然学科，电网络理论是最早应用图论的学科之一，电网络方程的建立、计算参数的拓扑公式、信号流图、故障诊断、集成电路布线、通信网络、电力系统等等问题均与图论密切相关。

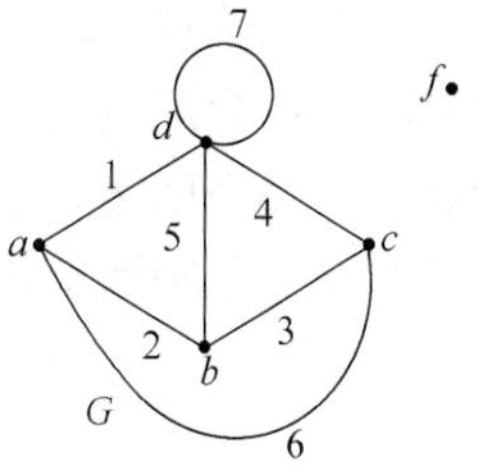

图 1-2　拓扑图

以下简要地叙述一下图论的有关术语和定义。

图 G 是一些点和边的集合，边连于两点，如图 1-2 所示，它是边 e_1，e_2，e_3，…，e_7 和点 V_a，V_b，…，V_f 所组成的集合。若边所连的两点重合于一点，则称该边为自环，如图 1-2 中的边 e_7。点可以没有边相连，如图 1-2 中点 f，称为孤点。边的长短、形状是无所谓的。一般称图 G 为线形图、拓扑图或线图。

若不画出具体图形，用边集 $e_1(V_a\quad V_d)$，$e_2(V_a\quad V_b)$，$e_3(V_b\quad V_c)$，$e_4(V_c\quad V_d)$，$e_5(V_b\quad V_d)$，$e_6(V_a\quad V_c)$，$e_7(V_d\quad V_d)$ 和点集 V_a，V_b，V_c，V_d，V_f 也可以充分代表图 G。$e_k(V_i\quad V_j)$ 表示边 e_k 连于点 i 和点 j。对于无孤点的图，仅一个边集便可充分地表征它。边集 $e_1(V_1\quad V_2)$，$e_2(V_2\quad V_3)$，$e_3(V_3\quad V_4)$，…，$e_p(V_p\quad V_{p+1})$ 称为径。若 V_{p+1} 即 V_1，即点 $p+1$ 和点 1 重合，则称为回路。回路中每个点关联两条边。若图 G_1 的点和边是图 G 的子集，则称图 G_1 是图 G 的子图，即 $G_1\subset G$。若 G_1 包含 G 的全部点，则称 G_1 为生成子图。集合论中的并（Union）、交（Intersection）、差（Difference）和环和（Ring-Sum）运算同样可用于子图运算。

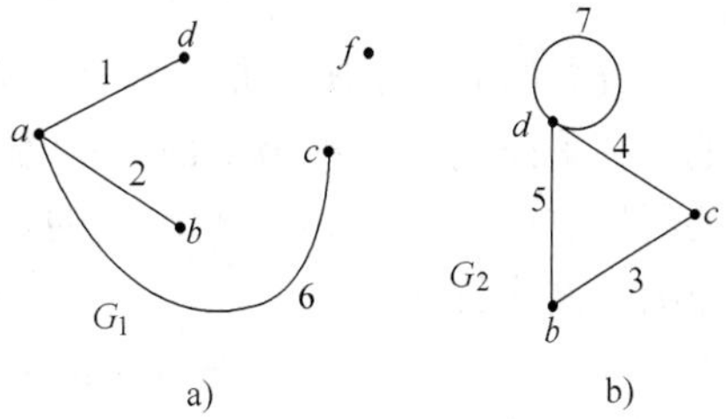

图 1-3　子图

a）子图 1　b）子图 2

以符号∪表示并，$G_1\cup G_2$ 代表 G_1 和 G_2 中的所有点和边的集合。以符号∩表示交，$G_1\cap G_2$ 代表 G_1 和 G_2 公有的点和边的集合。以符号负号表示差，如 $G_2\subset G_1$，则 G_1-G_2 代表从中 G_1 移走全部 G_2 的边及孤点后剩下的部分。图论规定边移走后，其两端的点不可移走。例如，图 1-3a 所示 G_1 是图 1-2 所示图 G 的子图，$G-G_1$ 如图 1-3b 所示，移走边 e_1、e_2、e_6 后点 a 成为孤点也移走。以符号⊕表示环和，$G_1\oplus G_2$ 代表 G_1 和 G_2 中非公有部分之和。

显然

$$G_1 \oplus G_2 = (G_1 \cup G_2) - (G_1 \cap G_2) \tag{1-3}$$

若 G_1 是 G 的子图，则称 $G_1' = G - G_1$ 为 G_1 的补图。图中与点关联的边数称为度，用 d_i 表示。若 $d_i = 4$，表示与点 i 关联的边数为 4；若 $d_i = 0$，表示点 i 是孤点。

若具有 n_t 个点的图 G，所有点间都有一条边，而度数均为 $n_t - 1 = n$，则称其为完备图。图 1-4a 所示为 $n_t = 5$ 的完备图（K_5），其中 $d_1 = d_2 = d_3 = d_4 = d_5 = 5 - 1 = 4$。图 1-4b 所示的图虽然各点度数都是 $n_t - 1 = 3$，但点 1、4，点 2、3 间没有边，所以它不是完备图。若图 G 的任两点间至少有一条通路则称其为连通图，否则为非连通图。

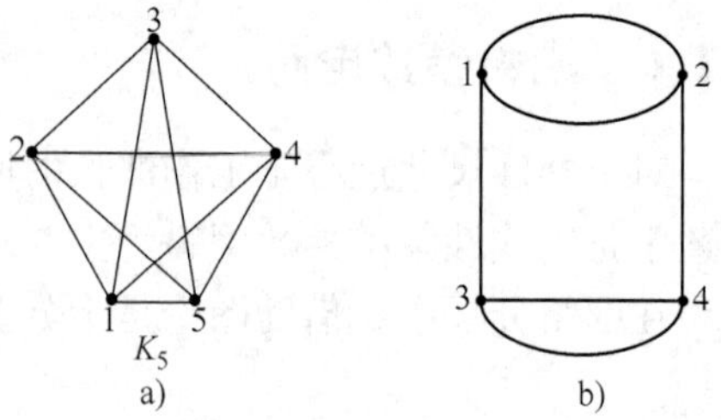

图 1-4 完备图说明

a）完备图 K_5 b）非完备图示例

将图 G 中的一个点移走，是指将此点及与它关联的边一起移走。若连通图中某点移走后变为非连通图，则称该点为断点。例如，图 1-5a 中点⑤为断点，将其移走后（如图 1-5b 所示）为非连通图。包含断点的连通图称为可分图，否则为不可分图。对于不可分图，包含其任两点至少能找出一个回路。设图 G 有 n_t 个点和 b 条边。将 n_t 个点分成两个集合，若 b 条边中每条边的两端点分别属于这两个集合，则称为二分图。如图 1-6 所示为一二分图。

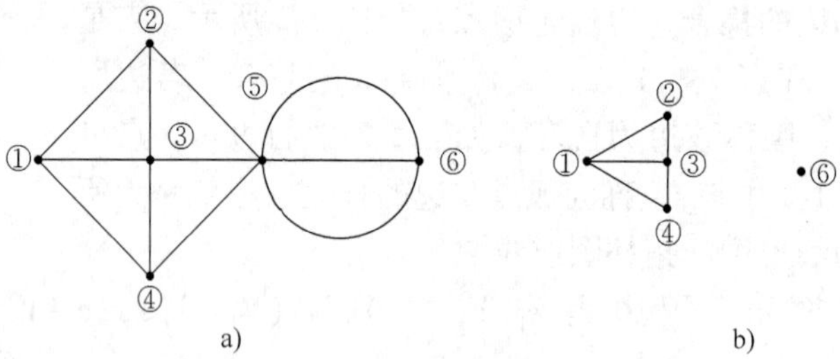

图 1-5 断点的说明

a）含有断点的图 b）移走断点后的非连通图

二分图的非零子图也是二分图。若图 G 任意两边能均不相交地画在平面上，则称为平面图，否则为非平面图。平面图中回路所形成的闭合圈内如不含别的边，则此闭合圈称为网孔，平面图的网孔数

$$m = b - n_t + 1 \tag{1-4}$$

式中 b 为边数，n_t 为点数。将平面图任一网孔贴在水平面上，然后使其余的边任意伸缩，其余网孔经上移即成为凸多面体。由欧拉公式知凸多面体的

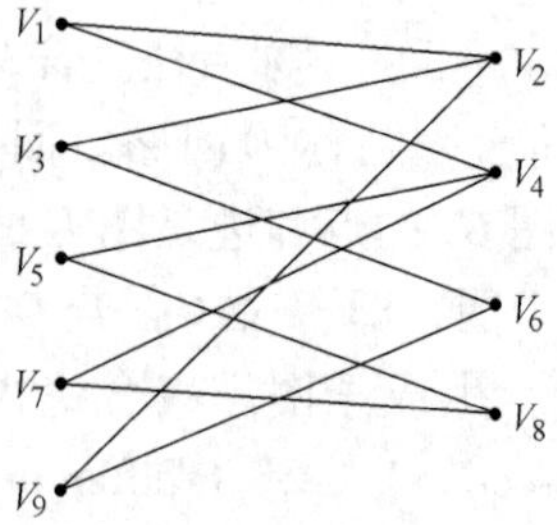

图 1-6 二分图

$$面 = 棱 - 顶 + 2$$

其中有一个面是外围回路移上来的，其余面即网孔，故式（1-4）得证。

平面图、对分图等在集成电路布线问题中广为应用，有时需判别一个复杂的图是否是平面图。图 1-4a 所示的 5 点完备图（K_5）和图 1-7 所示的对分图（K_{33}）是最基本的非平面图。C. Kuratowski 给出图 G 是平面图的充要条件是它不包含 K_5 和 K_{33}，此即 Kuratowski 定理

（证明从略）。在证明一个图是否是平面图时，同构（Isomorphism）和同胚（Homeomorphic）的概念可能用到。当两个图点数、边数均相等，且点和边的关联状况也相同时称为同构。两同构图的样子可以很不一样，如图 1-7 所示的 K_{33} 和图 1-8 所示的图是同构的图。同胚是指将图 G 两条串联（或并联）的边简化为一条，成为 G_1（或逆运算将一条边插入一点变为两条边），则图 G 与 G_1 是同胚图。

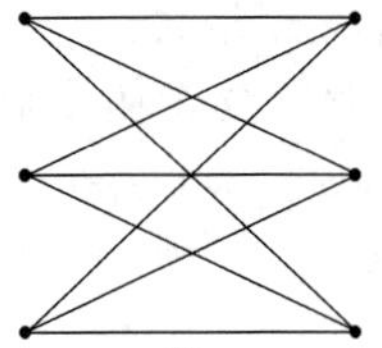

图 1-7　对分图 K_{33}

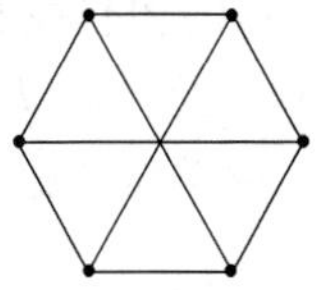
图 1-8　图 1-7 的同构图

若图 G 的边标有箭头方向，称为有向图，否则为无向图。讨论电网络的图时，边习惯称为支路，点则称为节点。以后，这些名称将兼用。

1.3　树

树在图论中很重要。连通图 G 的子图具备下述三个条件者称为树：

（1）包含全部节点；

（2）不包含回路；

（3）连通。

树 T 的补图称为补树。树的支路称为树支，补树的支路称为连支。对于有 n_t 个点的连通图，任一树的树支数为

$$n = n_t - 1 \tag{1-5}$$

用归纳法不难证明式（1-5）。（请读者自行证明）

若图 G 支路数为 b，则连支数

$$l = b - (n_t - 1) \tag{1-6}$$

在图论中称 n 为图 G 的秩，称 l 为图 G 的环秩。

树 T 的任两点间必有且仅有一条通路。因为树是连通的，所以必有通路；因为不存在回路，所以不可能有第二条通路。这是树的一个重要定理。任两点间若加上连支，必存在一个唯一的单连支回路。如图 1-9 中 a、b 点加上虚线所示的连支，则必有且仅有一个只包含这条连支和 a、b 间唯一树路径构成的回路。l 条连支，可以有 l 个单连支回路。这些单连支回路也称为基本回路。

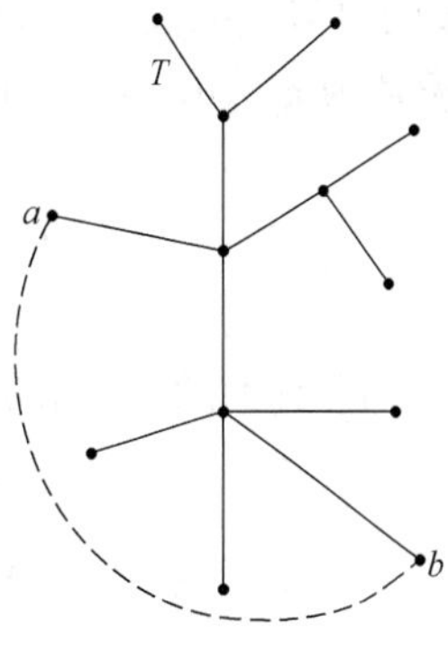

图 1-9　单连支回路

1.4　割集

割集（Cut Set）是连通图 G 的部分支路集合，且满足条件：

（1）移走这些支路后图 G 分为两个部分；

（2）少移走其中任一条支路图仍连通。

图 1-10 所示支路集合（1，2，3，4，5）是一个割集，显然满足上述两个条件。图 1-11 支路集合（3，4，5，6）、（1，3，6）、（2，3，5）、（2，4，6）、（1，5，4）、（1，2，3，4）、（1，2，5，6）等都是割集。移走割集支路剩下的两个独立部分之一可以是一个孤点。若将割集支路画成图 1-10 的形式，可作一封闭面包围 G_2（或 G_1），则两个独立部分之一在封闭面内，另一个在封闭面外，割集支路即穿过封闭面的全体支路集合。

若对图 1-9 所示的树作割集，则每一割集都仅有一条树支路。移走树支后树 T 变为两个分离的部分 T_1、T_2，跨接在 T_1 和 T_2 之间的那些连支将和该树支构成一个单树支割集。每一树支均有且仅有一个单树支割集，单树支割集也称为基本割集。

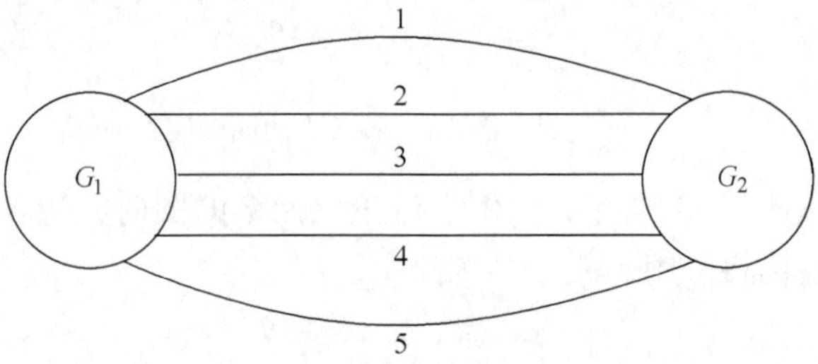

图 1-10　割集示例 1

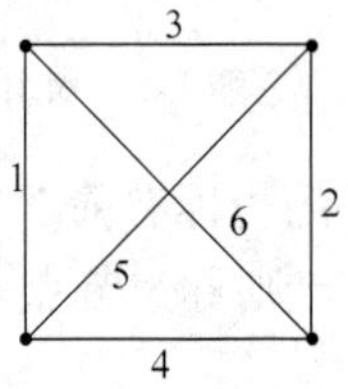

图 1-11　割集示例 2

1.5　图的矩阵表示

不管有向图还是无向图，其边与点、回路、割集分别都有确定的关系，这些关系均可用不同的矩阵表征，以下将采用有向图来叙述。

表明边与点的关系的矩阵称为关联矩阵，用 $\boldsymbol{A}_a$ 表示。以 $\boldsymbol{A}_a$ 的行代表点，列代表边，即 $\boldsymbol{A}_a$ 的阶数为 $n_t \times b$。$\boldsymbol{A}_a$ 的元素

$$a_{jk} = \begin{cases} +1 & （当边\ k\ 与点\ j\ 关联且离开\ j） \\ -1 & （当边\ k\ 与点\ j\ 关联且指向\ j） \\ 0 & （当边\ k\ 不与点\ j\ 关联） \end{cases} \tag{1-7}$$

例如图 1-12 所示的图的关联矩阵

$$\boldsymbol{A}_a = \begin{bmatrix} 1 & 0 & 0 & 1 & 1 & 0 \\ 0 & 0 & 1 & -1 & 0 & 1 \\ 0 & -1 & -1 & 0 & -1 & 0 \\ -1 & 1 & 0 & 0 & 0 & -1 \end{bmatrix}$$

因为每一边连于两点，且一进一出，所以 $\boldsymbol{A}_a$ 的每一列仅有两个非零元素，且一个为 1 另一个为 -1，所以将 $\boldsymbol{A}_a$ 的全部行相加将为零，也即 $\boldsymbol{A}_a$ 的行不是线性独立的，可以任意划去一行，划去行（例如划去第四行）后的矩阵称为降阶关联矩阵，并用 $\boldsymbol{A}$ 表示。

$$\boldsymbol{A} = \begin{bmatrix} 1 & 0 & 0 & 1 & 1 & 0 \\ 0 & 0 & 1 & -1 & 0 & 1 \\ 0 & -1 & -1 & 0 & -1 & 0 \end{bmatrix}$$

在不致混淆的情况下，仍简称 $\boldsymbol{A}$ 为关联矩阵。由图 G 可唯一地列写出 $\boldsymbol{A}$，同样给出 $\boldsymbol{A}$ 也可唯一地画出图 G（或其同构图）。

若列写关联矩阵时树支号和连支号分开编，先连支后树支（或反之），并用 $\boldsymbol{A}_t$ 表示树支列，$\boldsymbol{A}_l$ 表示连支列，即

$$\boldsymbol{A} = [\boldsymbol{A}_l \mid \boldsymbol{A}_t] \tag{1-8}$$

因为树支数为 $n = n_t - 1$，连支数为 $l = b - (n_t - 1)$，所以 $\boldsymbol{A}_t$ 为 n 阶方阵，$\boldsymbol{A}_l$ 为 $n \times l$ 阶矩阵。用归纳法可以证明 $\boldsymbol{A}_t$ 的行列式

$$\det \boldsymbol{A}_t = \pm 1 \tag{1-9}$$

$n_t = 2$ 时式（1-9）成立。设 $n_t = k$ 时式（1-9）成立，树至少有一悬挂点，$\boldsymbol{A}_t$ 中与悬挂点对应的行只有一个非零元且为 1 或 −1，如图 1-13 中的 d 点，联有边 h，故 d 点对应的行中与边 h 对应的列为 1，其余边对应的列均为零。即 $a_{dh} = 1$，$a_{dj} = 0$，$j \neq h$ 根据 d 行展开行列式为

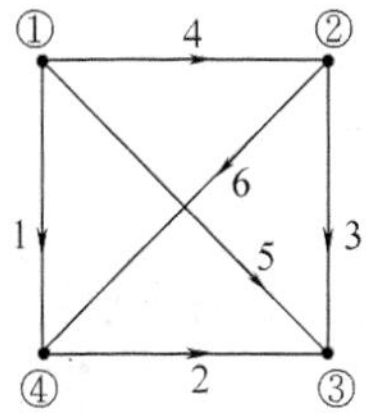

图 1-12　图的关联矩阵

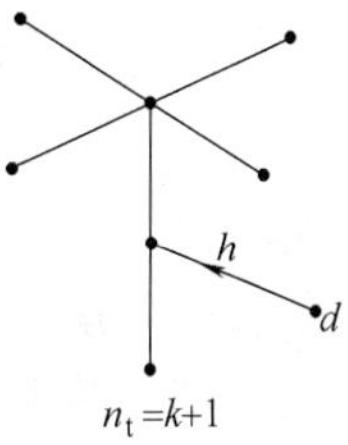

图 1-13　$\boldsymbol{A}_t$ 行列式的计算

$$\det \boldsymbol{A}_t = a_{dh} \det \boldsymbol{A}_t' = \pm 1 \cdot \det \boldsymbol{A}_t'$$

而 $\det \boldsymbol{A}_t'$ 即 $n_t = k$ 情况下的树支列构成的矩阵，已设式（1-9）成立，即 $\det \boldsymbol{A}_t' = \pm 1$，从而得证 $n_t = k + 1$ 情况下式（1-9）成立。

式（1-9）说明，$\boldsymbol{A}_t$ 是非奇异的，其秩为 n；而 $\boldsymbol{A}_t \subset \boldsymbol{A} \subset \boldsymbol{A}_a$，且 $\boldsymbol{A}_a$ 的秩小于 $n_t = n + 1$，可见 $\boldsymbol{A}$ 和 $\boldsymbol{A}_a$ 的秩也为 n，说明图 G 的秩也就是关联矩阵的秩。

以上证明从 $\boldsymbol{A}$ 中抽出 n 列构成方阵，若这 n 列对应一个树，则该方阵为非奇异，且其行列式为 ±1。反之若 n 列不是对应一个树，则必含回路，不难证明该矩阵为奇异。由以上结论顺便还可推出一个图 G 总的树数目。这将需要引用代数中的比纳-柯西定理。设 $\boldsymbol{P}$、$\boldsymbol{Q}$ 分别为 $n \times m$ 和 $m \times n$ 阶矩阵，且 $m \geqslant n$ 则

$$\det(\boldsymbol{P} \cdot \boldsymbol{Q}) = \sum (\boldsymbol{P}\text{ 的大子式乘以对应的 }\boldsymbol{Q}\text{ 的大子式}) \tag{1-10}$$

式（1-10）即比纳-柯西定理。大子式即 $n \times n$ 阶矩阵的行列式，所谓对应即 $\boldsymbol{P}$ 的列号和 $\boldsymbol{Q}$ 的行号相同。

上已证明 $\boldsymbol{A}$ 和树对应的大子式为 ±1，其余为零，故

$$\det(\boldsymbol{A}\boldsymbol{A}^{\mathrm{T}}) = \sum_{\text{所有树}} (\pm 1)(\pm 1) = \text{树数目} \tag{1-11}$$

表明边和全部回路关系的矩阵称为全回路矩阵，用 $\boldsymbol{B}_a$ 表示。$\boldsymbol{B}_a$ 的行代表回路，列代表边，其元素为：

$$b_{jk} = \begin{cases} 1 & (\text{当边 } k \text{ 在回路 } j \text{ 中，且方向和回路 } j \text{ 一致}) \\ -1 & (\text{当边 } k \text{ 在回路 } j \text{ 中，且方向和回路 } j \text{ 相反}) \\ 0 & (\text{当边 } k \text{ 不在回路 } j \text{ 中}) \end{cases} \tag{1-12}$$

例如图 1-14 所示图 G 中

$$B_a = \begin{bmatrix} 1 & 0 & 0 & -1 & 0 & -1 \\ 0 & 1 & 0 & 1 & -1 & 1 \\ 0 & 0 & 1 & 1 & -1 & 0 \\ 1 & 1 & -1 & -1 & 0 & 0 \\ 1 & 1 & 0 & 0 & -1 & 0 \\ 0 & 1 & -1 & 0 & 0 & 1 \\ 1 & 0 & 1 & 0 & -1 & -1 \end{bmatrix} \begin{matrix} 164 \\ 2546 \\ 354 \\ 1234 \\ 125 \\ 236 \\ 1635 \end{matrix}$$

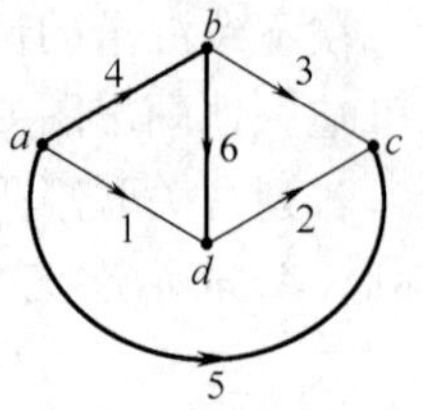

图 1-14　回路矩阵

B_a 的行间不是线性独立的，例如上式后四行均可由前三行经初等运算推出。

若在图 G 中选树如图 1-14 中 4、5、6 支路所示（加浓画），并从 B_a 中抽出单连支回路行构成 $l \times b$ 阶矩阵 B_f

$$B_f = \begin{bmatrix} 1 & 0 & 0 & -1 & 0 & -1 \\ 0 & 1 & 0 & 1 & -1 & 1 \\ 0 & 0 & 1 & 1 & -1 & 0 \end{bmatrix}$$

则称 B_f 为基本回路矩阵。

其中连支部分刚好构成一个单位矩阵，因为回路绕向与连支方向一致。第一行第一条连支为（+1）、第二行第二条连支为（+1），依次类推，每一行只含一条连支，于是形成一 l 阶单位矩阵。剩下的树支部分用 B_t 表示，则基本回路矩阵

$$B_f = [\mathbf{1}_l \vdots B_t] \tag{1-13}$$

$\mathbf{1}_l$ 即连支部分构成的单位矩阵，可见 B_f 以及 B_a 的秩均为 l。

显然要求 B_f 表为式（1-13）形式，在列写 B_f 时必须：

（1）树支、连支分开编号；

（2）回路绕向和连支方向一致；

（3）回路的序号和连支序号一致且顺次列写。

对于平面图，在全回路矩阵中抽出网孔回路行构成 $l \times b$ 阶的矩阵 B_m，称 B_m 为网孔回路矩阵，简称为网孔矩阵。不难证明 B_m 的行间是线性独立的，也即 B_m 的秩也为 l。

若在 B_a 中任意抽出 l 行构成矩阵 B，且 B 的行间是线性独立的，则称 B 为回路矩阵。

和关联矩阵 A 不同，已知回路矩阵（即使是全回路矩阵），不一定能唯一地画出图。比较图 1-15a、b，不难发现它们具有相同的回路矩阵，可见不同的图可能具有相同的回路矩阵。

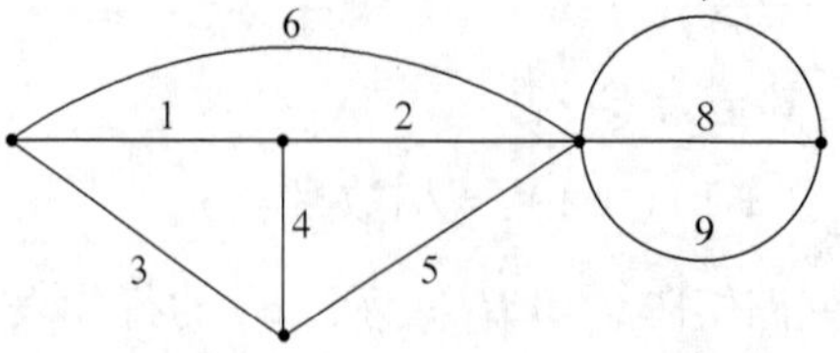

a)

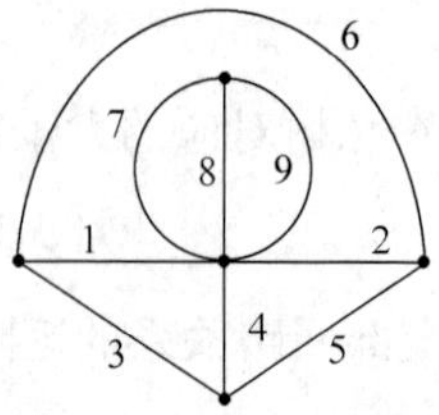

b)

图 1-15　回路矩阵与图的对应关系

a）与回路矩阵对应的图 1　b）与回路矩阵对应的图 2

表明边和全部割集关系的矩阵称为全割集矩阵，用 $\boldsymbol{Q}_a$ 表示。$\boldsymbol{Q}_a$ 的行代表割集、列代表边，其元素为

$$q_{jk}=\begin{cases}1 & (\text{当边 } k \text{ 在割集 } j \text{ 中,且方向一致})\\ -1 & (\text{当边 } k \text{ 在割集 } j \text{ 中,且方向相反})\\ 0 & (\text{当边 } k \text{ 不在割集 } j \text{ 中})\end{cases} \tag{1-14}$$

例如图 1-14 所示图 G 中

$$\boldsymbol{Q}_a=\begin{bmatrix}1 & -1 & -1 & 1 & 0 & 0\\ 0 & 1 & 1 & 0 & 1 & 0\\ 1 & -1 & 0 & 0 & 0 & 1\\ 1 & 0 & 0 & 1 & 1 & 0\\ 0 & 0 & 1 & -1 & 0 & 1\\ 1 & 0 & 1 & 0 & 1 & 1\\ 0 & 1 & 0 & 1 & 1 & -1\end{bmatrix}\begin{matrix}1234\\ 235\\ 126\\ 145\\ 346\\ 1356\\ 2456\end{matrix}$$

$\boldsymbol{Q}_a$ 的行之间不是线性独立的，例如上式后四行均可由前三行经初等运算推出。

若在 $\boldsymbol{Q}_a$ 中抽出单树支（树如图 1-14 粗线所示）割集行构成 $n\times b$ 阶矩阵 $\boldsymbol{Q}_f$

$$\boldsymbol{Q}_f=\begin{bmatrix}1 & -1 & -1 & 1 & 0 & 0\\ 0 & 1 & 1 & 0 & 1 & 0\\ 1 & -1 & 0 & 0 & 0 & 1\end{bmatrix}$$

则称 $\boldsymbol{Q}_f$ 为基本割集矩阵。当列写基本割集矩阵时，割集方向和树支方向一致，树支和连支分开编号且顺次列写，则树支部分刚好构成单位矩阵 $\mathbf{1}_t$，即

$$\boldsymbol{Q}_f=[\boldsymbol{Q}_l \;\vdots\; \mathbf{1}_t] \tag{1-15}$$

可见 $\boldsymbol{Q}_f$ 和 $\boldsymbol{Q}_a$ 的秩均等于 n。

列写 $\boldsymbol{Q}_a$ 时，若与每个节点关联的支路都构成一个割集，且取割集方向为离开节点，则抽出这（n_t-1）个割集对应的行，刚好就是降阶关联矩阵 $\boldsymbol{A}$。例如从上述 $\boldsymbol{Q}_a$ 中抽出 2、4、5 行，且将第二行加上一个负号（因为该割集方向是流进节点的）即为关联矩阵 $\boldsymbol{A}$（以 d 点为参考），此时 $\boldsymbol{Q}_a$ 与 $\boldsymbol{A}$ 中某些行的非零元之间可能相差一负号。若在 $\boldsymbol{Q}_a$ 中任抽 n 行构成矩阵 $\boldsymbol{Q}$，且 $\boldsymbol{Q}$ 的行间是线性独立的，则称 $\boldsymbol{Q}$ 为割集矩阵。

1.6　关联矩阵、回路矩阵和割集矩阵之间的关系

全回路矩阵和全割集矩阵存在恒等式

$$\boldsymbol{B}_a\boldsymbol{Q}_a^{\mathrm{T}}=\mathbf{0} \tag{1-16}$$

为证明式（1-16），令 $\boldsymbol{D}=\boldsymbol{B}_a\boldsymbol{Q}_a^{\mathrm{T}}$，根据矩阵乘法规则可知 $\boldsymbol{D}$ 的任一元素

$$d_{jk}=\sum_{i=1}^{b} b_{ji}q'_{ik}$$

其中 b_{ji}是 $\boldsymbol{B}_a$ 的元素，q'_{ik}是 $\boldsymbol{Q}_a$ 的转置 $\boldsymbol{Q}_a^{\mathrm{T}}$ 的元素，b 为支路数。显然 $q'_{ik}=q_{ki}$，q_{ki}是 $\boldsymbol{Q}_a$ 的元素，故又有

$$d_{jk}=\sum_{i=1}^{b} b_{ji}q_{ki} \tag{1-17}$$

式（1-17）对每一支路求总和。但显然只需要考虑同时包含在回路j和割集k中的那些支路。由图1-16不难看出，同时包含在回路j和割集k（csk）中的那些支路必为偶数条，即成对出现，否则回路j闭合不起来。

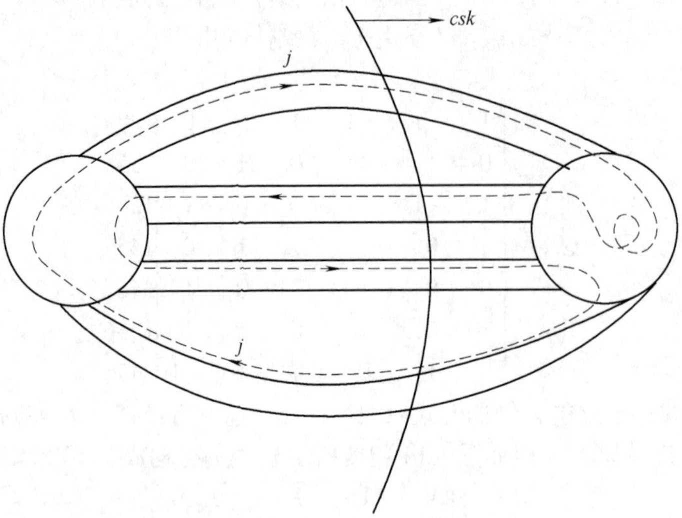

图1-16　回路与割集关系的示意图

由图1-17又可以看出，每一对这些支路对应元相乘刚好相抵消，故式（1-17）中$d_{jk}=0$，即$\boldsymbol{D}=\boldsymbol{0}$，也即证明了式（1-16）成立。由式（1-16）可得

$$\boldsymbol{Q}_a\boldsymbol{B}_a^{\mathrm{T}}=[\boldsymbol{B}_a\boldsymbol{Q}_a^{\mathrm{T}}]^{\mathrm{T}}=\boldsymbol{0}$$

即

$$\boldsymbol{Q}_a\boldsymbol{B}_a^{\mathrm{T}}=\boldsymbol{0} \tag{1-18}$$

根据乘法规则可知，若两矩阵相乘为零，则左边矩阵部分行构成的子阵和右矩阵部分列构成的子阵相乘也为零，由此分别可得

$$\boldsymbol{B}_f\boldsymbol{Q}_f^{\mathrm{T}}=\boldsymbol{0} \tag{1-19}$$

或

$$\boldsymbol{B}_f\boldsymbol{A}^{\mathrm{T}}=\boldsymbol{0} \tag{1-20}$$

$$\boldsymbol{Q}_f\boldsymbol{B}_f^{\mathrm{T}}=\boldsymbol{0} \tag{1-21}$$

或

$$\boldsymbol{A}\boldsymbol{B}_f^{\mathrm{T}}=\boldsymbol{0} \tag{1-22}$$

将式（1-13）、式（1-15）分别代入式（1-19），则得

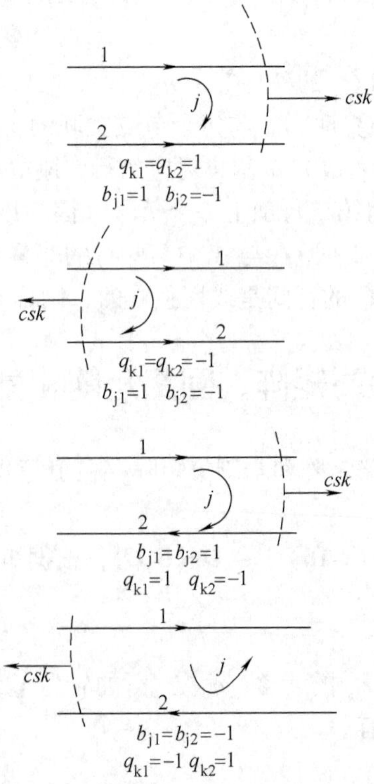

图1-17　回路矩阵和割集矩阵对应元的数值

$$[\mathbf{1}_l \mid \boldsymbol{B}_t]\begin{bmatrix}\boldsymbol{Q}_l^{\mathrm{T}}\\ \mathbf{1}_t\end{bmatrix} = \boldsymbol{Q}_l^{\mathrm{T}} + \boldsymbol{B}_t = \mathbf{0}$$

故

$$\boldsymbol{B}_t = -\boldsymbol{Q}_l^{\mathrm{T}} \tag{1-23}$$

通过式（1-23），由基本割集矩阵可以推出基本回路矩阵。或反之

$$\boldsymbol{Q}_l = -\boldsymbol{B}_t^{\mathrm{T}} \tag{1-24}$$

由式（1-24）可从 $\boldsymbol{B}_f$ 推出 $\boldsymbol{Q}_f$。

将式（1-8），式（1-13）代入式（1-22），则得

$$[\boldsymbol{A}_l \mid \boldsymbol{A}_t]\begin{bmatrix}\mathbf{1}_l\\ \boldsymbol{B}_t^{\mathrm{T}}\end{bmatrix} = \boldsymbol{A}_l + \boldsymbol{A}_t\boldsymbol{B}_t^{\mathrm{T}} = \mathbf{0}$$

以 $\boldsymbol{A}_t^{-1}$ 左乘上式得

$$\boldsymbol{B}_t^{\mathrm{T}} = -\boldsymbol{A}_t^{-1}\boldsymbol{A}_l \tag{1-25}$$

通过式（1-25），由关联矩阵可以推出基本回路矩阵 $\boldsymbol{B}_f$。将式（1-25）代入式（1-24）得

$$\boldsymbol{Q}_l = \boldsymbol{A}_t^{-1}\boldsymbol{A}_l$$

再将上式代入式（1-15）得

$$\boldsymbol{Q}_f = [\boldsymbol{A}_t^{-1}\boldsymbol{A}_l \mid \mathbf{1}_t] = [\boldsymbol{A}_t^{-1}\boldsymbol{A}_l \mid \boldsymbol{A}_t^{-1}\boldsymbol{A}_t] = \boldsymbol{A}_t^{-1}\boldsymbol{A} \tag{1-26}$$

通过式（1-26）由关联矩阵可以直接推出基本割集矩阵 $\boldsymbol{Q}_f$。

1.7　矩阵形式的基尔霍夫定律

以上各节主要讨论图论基础，没有牵涉到电网络变量。以下讨论电网络的基本定律，即基尔霍夫定律。用 $\boldsymbol{I}_b$、$\boldsymbol{I}_l$、$\boldsymbol{I}_m$ 分别表示支路电流、回路电流、网孔电流向量；用 $\boldsymbol{V}_b$、$\boldsymbol{V}_n$、$\boldsymbol{V}_t$ 分别表示支路电压、节点电压和树支电压（割集电压）向量。同样地用 $\boldsymbol{I}_b(s)$ 表示拉氏变换式的支路电流向量。

1.7.1　基尔霍夫电流定律的矩阵形式

如图 1-18 所示是一桥形网络对应的线图，其关联矩阵 $\boldsymbol{A}$（④点为参考点）与 $\boldsymbol{I}_b$ 的乘积为

$$\boldsymbol{A}\boldsymbol{I}_b = \begin{bmatrix}1 & 0 & 0 & 1 & 1 & 0\\ 0 & 0 & 1 & -1 & 0 & 1\\ 0 & -1 & -1 & 0 & -1 & 0\end{bmatrix}\begin{bmatrix}I_1\\ I_2\\ I_3\\ I_4\\ I_5\\ I_6\end{bmatrix} = \begin{bmatrix}I_1 + I_4 + I_5\\ I_3 - I_4 + I_6\\ -I_2 - I_3 - I_5\end{bmatrix} = \begin{bmatrix}\sum_{\mathbf{1}}^{n} I\\ \sum_{\mathbf{2}}^{n} I\\ \sum_{\mathbf{3}}^{n} I\end{bmatrix}$$

可见向量 $\boldsymbol{A}\boldsymbol{I}_b$ 的每一元素即相应节点的电流代数和。由基尔霍夫电流定律（KCL）可知

$$\boldsymbol{A}\boldsymbol{I}_b = \boldsymbol{0} \tag{1-27}$$

同理，向量 $\boldsymbol{Q}_a\boldsymbol{I}_b$ 的每一元素即每一割集电流的代数和。因此有

$$\boldsymbol{Q}_a\boldsymbol{I}_b = \boldsymbol{0} \tag{1-28}$$

或

$$\boldsymbol{Q}_f\boldsymbol{I}_b = \boldsymbol{0} \tag{1-29}$$

式（1-27）~式（1-29）都是矩阵形式的 KCL，且因 $\boldsymbol{A}$、$\boldsymbol{Q}_f$ 均为满秩的，故式（1-27）和式（1-29）是独立的方程组。

1.7.2 基尔霍夫电压定律的矩阵形式

和式（1-28）对偶的是

$$\boldsymbol{B}_a\boldsymbol{V}_b = \boldsymbol{0} \tag{1-30}$$

故式（1-30）即矩阵形式的基尔霍夫电压定律（KVL）。$\boldsymbol{B}_a\boldsymbol{V}_b$ 的元素即相应回路的电压代数和，或用满秩的 $\boldsymbol{B}_f$、$\boldsymbol{B}_m$ 表示为

$$\boldsymbol{B}_f\boldsymbol{V}_b = \boldsymbol{0} \tag{1-31}$$

和

$$\boldsymbol{B}_m\boldsymbol{V}_b = \boldsymbol{0} \tag{1-32}$$

式（1-31）和式（1-32）均为独立方程组。

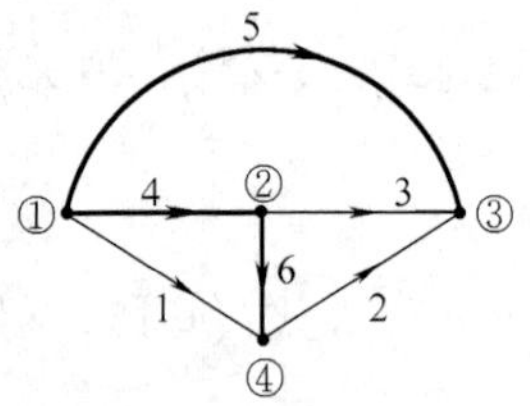

图 1-18 桥形网络的线图

如图 1-18 所示（选 4、5、6 为树支）。

$$\boldsymbol{B}_f\boldsymbol{V}_b = \begin{bmatrix} 1 & 0 & 0 & -1 & 0 & -1 \\ 0 & 1 & 0 & 1 & -1 & 1 \\ 0 & 0 & 1 & 1 & -1 & 0 \end{bmatrix} \begin{bmatrix} V_1 \\ V_2 \\ V_3 \\ V_4 \\ V_5 \\ V_6 \end{bmatrix} = \begin{bmatrix} V_1 - V_4 - V_6 \\ V_2 + V_4 - V_5 + V_6 \\ V_3 + V_4 - V_5 \end{bmatrix} = \boldsymbol{0}$$

其中每个元素刚好是相应基本回路电压的代数和，方程组具有独立性。KVL 实质上就是节点电位有定值，两节点间电压和路径无关，所以任一支路电压可表示为两节点电压之差，也即 KVL 的体现，这种形式也可用矩阵表示。例如对图 1-18 所示图 G（以④点为参考点）

$$\boldsymbol{V}_b = \begin{bmatrix} V_1 \\ V_2 \\ V_3 \\ V_4 \\ V_5 \\ V_6 \end{bmatrix} = \begin{bmatrix} V_{n1} \\ -V_{n3} \\ V_{n2} - V_{n3} \\ V_{n1} - V_{n2} \\ V_{n1} - V_{n3} \\ V_{n2} \end{bmatrix} = \begin{bmatrix} 1 & 0 & 0 \\ 0 & 0 & -1 \\ 0 & 1 & -1 \\ 1 & -1 & 0 \\ 1 & 0 & -1 \\ 0 & 1 & 0 \end{bmatrix} \begin{bmatrix} V_{n1} \\ V_{n2} \\ V_{n3} \end{bmatrix}$$

上式右边第一个矩阵即关联矩阵的转置 $\boldsymbol{A}^{\mathrm{T}}$。故得

$$\boldsymbol{V}_b = \boldsymbol{A}^{\mathrm{T}}\boldsymbol{V}_n \tag{1-33}$$

$\boldsymbol{A}^{\mathrm{T}}$ 的每一行对应一条支路，$\boldsymbol{A}^{\mathrm{T}}\boldsymbol{V}_n$ 的每一行即相应支路电压。因此式（1-33）也即是矩阵形

式的 KVL。支路电压可分为树支和连支电压，树支电压即割集电压，连支电压可表示为树支电压，这样可推出用基本割集矩阵表征且和式（1-33）类似的公式。将 $\boldsymbol{V}_b$ 表示为 $\boldsymbol{V}_t$，并将式（1-13）、式（1-23）代入式（1-31），得

$$\boldsymbol{B}_f\boldsymbol{V}_b=[\boldsymbol{1}_l \vdots \boldsymbol{B}_t]\begin{bmatrix}\boldsymbol{V}_l\\ \hdashline \boldsymbol{V}_t\end{bmatrix}=[\boldsymbol{1}_l \vdots -\boldsymbol{Q}_l^{\mathrm{T}}]\begin{bmatrix}\boldsymbol{V}_l\\ \hdashline \boldsymbol{V}_t\end{bmatrix}=\boldsymbol{0}$$

即 $\boldsymbol{V}_l=\boldsymbol{Q}_l^{\mathrm{T}}\boldsymbol{V}_t$，于是得

$$\boldsymbol{V}_b=\begin{bmatrix}\boldsymbol{V}_l\\ \hdashline \boldsymbol{V}_t\end{bmatrix}=\begin{bmatrix}\boldsymbol{Q}_l^{\mathrm{T}}\boldsymbol{V}_t\\ \hdashline \boldsymbol{V}_t\end{bmatrix}=\begin{bmatrix}\boldsymbol{Q}_l^{\mathrm{T}}\\ \hdashline \boldsymbol{1}_t\end{bmatrix}\boldsymbol{V}_t$$

即

$$\boldsymbol{V}_b=\boldsymbol{Q}_f^{\mathrm{T}}\boldsymbol{V}_t \tag{1-34}$$

式（1-34）也是 KVL 的一种形式。

和式（1-34）对偶，必有

$$\boldsymbol{I}_b=\boldsymbol{B}_f^{\mathrm{T}}\boldsymbol{I}_l \tag{1-35}$$

将 $\boldsymbol{I}_b$ 分块为连支和树支电流，并将式（1-15）、式（1-24）代入式（1-29），可得式（1-35），即

$$\boldsymbol{Q}_f\boldsymbol{I}_b=[\boldsymbol{Q}_l \vdots \boldsymbol{1}_t]\begin{bmatrix}\boldsymbol{I}_l\\ \hdashline \boldsymbol{I}_t\end{bmatrix}=[-\boldsymbol{B}_t^{\mathrm{T}} \vdots \boldsymbol{1}_t]\begin{bmatrix}\boldsymbol{I}_l\\ \hdashline \boldsymbol{I}_t\end{bmatrix}=\boldsymbol{0}$$

故知 $\boldsymbol{I}_t=\boldsymbol{B}_t^{\mathrm{T}}\boldsymbol{I}_l$ 或

$$\boldsymbol{I}_b=\begin{bmatrix}\boldsymbol{I}_l\\ \hdashline \boldsymbol{I}_t\end{bmatrix}=\begin{bmatrix}\boldsymbol{I}_l\\ \hdashline \boldsymbol{B}_t^{\mathrm{T}}\boldsymbol{I}_l\end{bmatrix}=\begin{bmatrix}\boldsymbol{1}_l\\ \hdashline \boldsymbol{B}_t^{\mathrm{T}}\end{bmatrix}\boldsymbol{I}_l=\boldsymbol{B}_f^{\mathrm{T}}\boldsymbol{I}_l$$

此即式（1-35），它也是 KCL 的一种形式。同理还可推得

$$\boldsymbol{I}_b=\boldsymbol{B}_m^{\mathrm{T}}\boldsymbol{I}_m \tag{1-36}$$

式（1-27）、式（1-29）及式（1-31）～式（1-36）即矩阵形式的 KCL 和 KVL 。它们间还存在相似或对偶关系。对于正弦稳态分析还可以采用相量形式，对于复频域分析还可以采用拉氏变换形式。

KCL、KVL 是分析网络的出发点，以上公式对任何网络元件均适合，与网络内容无关，只反映了网络联接信息。

小　　结

描述电网络性质的基本概念有：线性和非线性、时变和非时变、有源网络和无源网络、有损网络和无损网络、互易网络和非互易网络。借用图论这个数学手段，关联矩阵 $\boldsymbol{A}$、回路矩阵 $\boldsymbol{B}_f$ 和割集矩阵 $\boldsymbol{Q}_f$ 分别给出了支路和节点、支路和回路及支路和割集之间的联接信息。这样，电网络中结构约束方程——基尔霍夫方程，可写为矩阵形式。矩阵形式的基尔霍夫电流方程为

$$\boldsymbol{A}\boldsymbol{I}_b=\boldsymbol{0}$$
$$\boldsymbol{Q}_f\boldsymbol{I}_b=\boldsymbol{0}$$
$$\boldsymbol{I}_b=\boldsymbol{B}_f^{\mathrm{T}}\boldsymbol{I}_l$$

其中，$\boldsymbol{I}_b$、$\boldsymbol{I}_l$ 分别为支路电流和回路电流向量。矩阵形式的基尔霍夫电压方程为

$$\boldsymbol{B}_f\boldsymbol{V}_b=\boldsymbol{0}$$

$$\boldsymbol{V}_b=\boldsymbol{A}^{\mathrm{T}}\boldsymbol{V}_n$$

$$\boldsymbol{V}_b=\boldsymbol{Q}_f^{\mathrm{T}}\boldsymbol{V}_t$$

其中，$\boldsymbol{V}_b$、$\boldsymbol{V}_n$、$\boldsymbol{V}_t$ 分别为支路电压、节点电压、树支电压向量。

借助图论和矩阵形式的基尔霍夫电压、电流方程，使得大型网络的计算及计算机辅助分析成为可能。

习　题

1-1　设元件可用公式 $i=4\Psi-\Psi^3$ 表示，试问该元件是有源还是无源元件？

1-2　图 1-19 所示电路中 VD 为理想二极管 V_1 为输入，V_2 为输出，试分别说明它们满足线性和叠加性否？

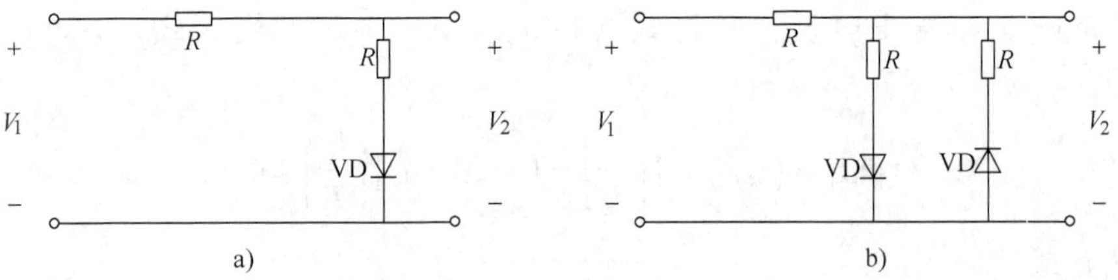

图 1-19　题 1-2 图

1-3　试分别求图 1-20a、b 所示线图的全部回路。（提示：只需写出支路集合，例如 163 等）

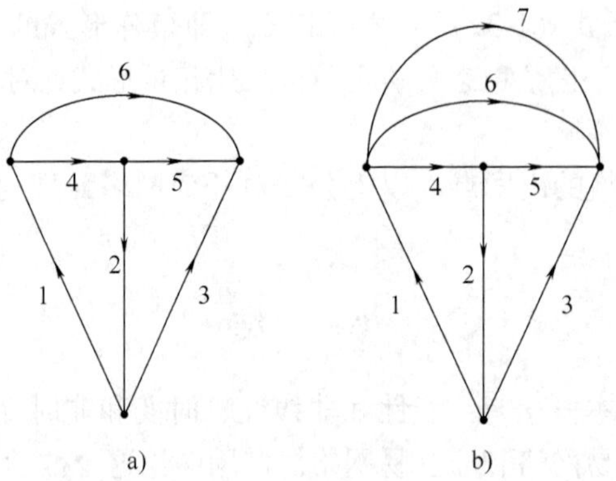

图 1-20　题 1-3 图

1-4　试分别求图 1-20a、b 图的全部割集。

1-5　试分别求图 1-20a、b 图的全部树。

1-6　试求图 1-21 所示线图的树数目。

1-7　试求五点完备图的树数目。

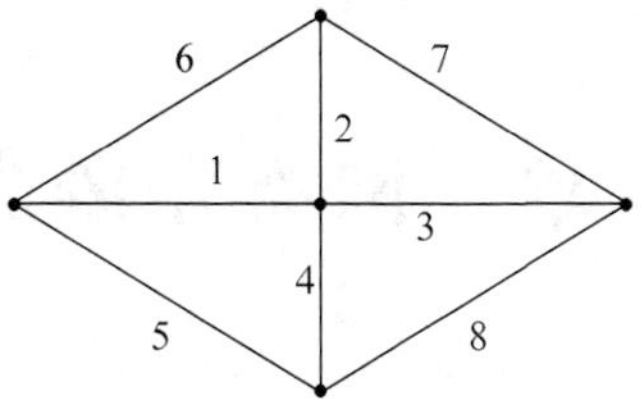

图 1-21　题 1-6 图

1-8　关联矩阵 $A=\begin{bmatrix}1&0&0&0&-1&1&0&0\\0&1&0&0&0&-1&1&0\\0&0&-1&0&0&0&-1&-1\\0&0&0&-1&1&0&0&1\end{bmatrix}$

1）已知该图连支，树支是分别顺次编排的，试确定哪些是树支列；

2）求基本回路矩阵 $\boldsymbol{B}_f$；

3）求基本割集矩阵 $\boldsymbol{Q}_f$。

1-9　某图 G 支路编号时，树支、连支是混在一起编的，现已知 $\boldsymbol{Q}_f=\begin{bmatrix}-1&1&1&0&0&1&1\\-1&0&1&0&1&0&1\\0&0&1&1&0&1&1\end{bmatrix}$，试求基本回路矩阵 $\boldsymbol{B}_f$。

1-10　设图 1-22 中支路电流、电压向量分别为

$$\boldsymbol{I}_b=[I_1\quad I_2\quad I_3\quad I_4\quad I_5\quad I_6]^{\mathrm{T}},\ \boldsymbol{V}_b=[V_1\quad V_2\quad V_3\quad V_4\quad V_5\quad V_6]^{\mathrm{T}}$$

试求关联矩阵 $\boldsymbol{A}$，并将 $\boldsymbol{A}\boldsymbol{I}_b=\boldsymbol{0}$ 和 $\boldsymbol{A}^{\mathrm{T}}\boldsymbol{V}_n=\boldsymbol{V}_b$ 的展开式写出。

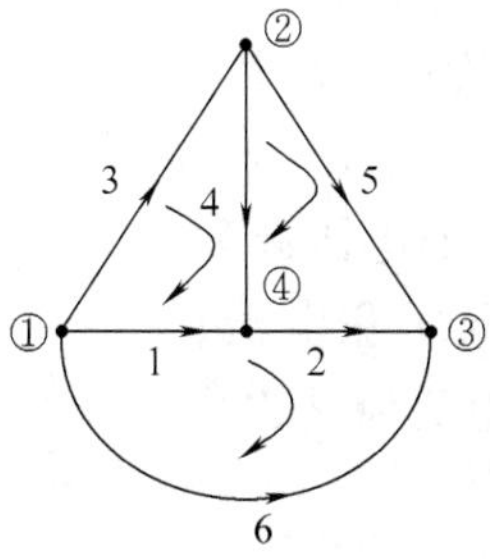

图 1-22　题 1-10 图

1-11　设上题支路 4、5、6 为树支，试求其基本割集矩阵 $\boldsymbol{Q}_f$，并将 $\boldsymbol{Q}_f\boldsymbol{I}_b=\boldsymbol{0}$ 和 $\boldsymbol{Q}_f^{\mathrm{T}}\boldsymbol{V}_t=\boldsymbol{V}_b$ 的展开式写出。

1-12　求上题的基本回路矩阵 $\boldsymbol{B}_f$，并将 $\boldsymbol{B}_f\boldsymbol{V}_b=\boldsymbol{0}$ 和 $\boldsymbol{B}_f^{\mathrm{T}}\boldsymbol{I}_l=\boldsymbol{I}_b$ 的展开式写出。

1-13　求图 1-22 的网孔回路矩阵 $\boldsymbol{B}_m$，并将 $\boldsymbol{B}_m\boldsymbol{V}_b=\boldsymbol{0}$ 和 $\boldsymbol{I}_b=\boldsymbol{B}_m^{\mathrm{T}}\boldsymbol{I}_m$ 的展开式写出。

1-14　写出题 1-8 关联矩阵 $\boldsymbol{A}$ 的所有大子阵，并求行列式不等于零的大子阵个数。画出对应的线图验证非零大子阵个数和该图的树数相等。

第 2 章　网络矩阵方程

内 容 提 要

本章介绍电网络分析计算的各种方法。内容包括：节点电压法、修正节点电压法、割集电压法、回路电流法、包含零泛器网络的分析及表格法。

2.1　节点电压法

对于大型网络的计算，必须借助计算机自动建立方程，然后用高斯消去法等数值计算方法求解。所以建立网络矩阵方程，实际上是网络机助分析的必要环节。网络方程以节点法最为实用。对节点列 KCL 方程并将支路电流表示为支路电压，再表示为节点电压即得节点电压方程。

2.1.1　复合支路的伏安特性

当用矩阵列写时，支路电流和电压向量究竟满足何种关系式呢？为了推得这一关系式，必须考虑到各种情况找出一种典型支路，并称它为复合支路。如图 2-1 所示为复合支路 k，k 由 1 至 b。用相量表示电压、电流，其中 V_k、I_k 为支路 k 的电压和电流；V_{sk}、I_{sk} 为支路 k 的电压源和电流源；V_{ek}、I_{ek} 为支路 k 元件的电压和电流；V_{dk}、I_{dk} 为受别的支路元件上电压或电流控制的受控源。

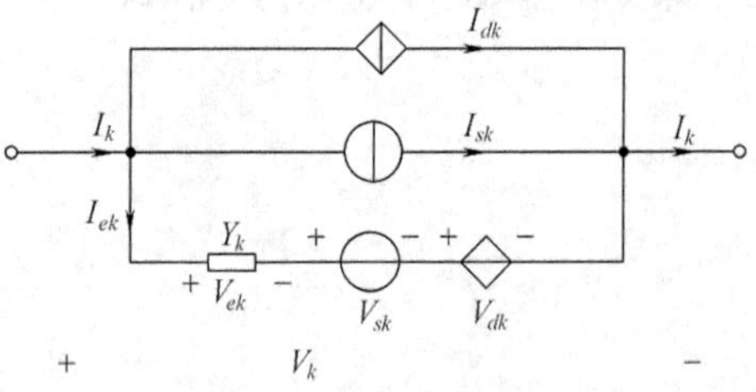

图 2-1　复合支路

$$I_{ek} = Y_k V_{ek}$$

k 为 1 ~ b，写成矩阵形式后为

$$\boldsymbol{I}_e = \boldsymbol{Y}_e \boldsymbol{V}_e \tag{2-1}$$

其中

$$\boldsymbol{I}_e = [I_{e1} \quad I_{e2} \quad \cdots \quad I_{ek} \quad \cdots \quad I_{eb}]^{\mathrm{T}} \qquad \boldsymbol{V}_e = [V_{e1} \quad V_{e2} \quad \cdots \quad V_{ek} \quad \cdots \quad V_{eb}]^{\mathrm{T}} \tag{2-2}$$

$\boldsymbol{Y}_e$ 为对角阵，即

$$\boldsymbol{Y}_e = \mathrm{diag}\,[Y_1 \quad Y_2 \cdots Y_k \cdots Y_b] \tag{2-3}$$

由图 2-1 知

$$I_k - I_{sk} = I_{ek} + I_{dk}$$

写成矩阵形式后为

$$\boldsymbol{I}_b - \boldsymbol{I}_s = \boldsymbol{I}_e + \boldsymbol{I}_d \tag{2-4}$$

式中，$\boldsymbol{I}_s$ 为支路电流源向量；$\boldsymbol{I}_b$ 为支路电流向量；$\boldsymbol{I}_d$ 为受控电流源向量，包括元件电压和电流控制受控源，所以 $\boldsymbol{I}_d$ 可表示为

$$I_d = GV_e + \beta I_e \tag{2-5}$$

其中 G、β 为 b 阶方阵，分别由元件电压和电流控制电流源的系数构成，例如第 k 支路有一受第 j 支路元件电流控制的电流源，则 β 的第 k 行和第 j 列有一等于控制系数的元素，元素的正负号要和图 2-1 规定的方向比较，一致者取正号，反之取负号。G、β 的对角元素均为零。所以 G 和 β 根据网络受控源的情况直接生成。将式（2-1）、式（2-5）代入式（2-4）得

$$I_b - I_s = I_e + \beta I_e + GZ_eI_e = (1 + \beta + GZ_e)\ I_e \tag{2-6}$$

其中 $Z_e = Y_e^{-1}$ 为元件阻抗矩阵且为对角阵，其元素即支路的元件阻抗。将式（2-1）代入式（2-6）得

$$I_b - I_s = (1 + \beta + GZ_e)Y_eV_e \tag{2-7}$$

由图 2-1 知

$$V_k - V_{sk} = V_{ek} + V_{dk}$$

写成矩阵形式后为

$$V_b - V_s = V_e + V_d \tag{2-8}$$

V_b、V_s、V_e 和 V_d 分别为支路电压、电压源、元件电压和受控电压源向量。同理 V_d 可表示为

$$V_d = \mu V_e + RI_e \tag{2-9}$$

式中 μ、R 为 b 阶方阵，分别由元件电压和电流控制电压源的系数组成，和前述 G、β 类似，可以直接生成。将式（2 -9）、式（2-1）代入式（2-8）得

$$V_b - V_s = V_e + \mu V_e + RI_e$$

即

$$V_b - V_s = (1 + \mu + RY_e)V_e \tag{2-10}$$

或

$$V_e = (1 + \mu + RY_e)^{-1}\ (V_b - V_s) \tag{2-11}$$

将式（2-1）、式（2-11）代入式（2-7）得支路电流向量 I_b 和支路电压向量 V_b 间的关系式

$$I_b - I_s = (1 + \beta + GZ_e)Y_e(1 + \mu + RY_e)^{-1}(V_b - V_s) \tag{2-12}$$

或简写为

$$I_b - I_s = Y_b(V_b - V_s) \tag{2-13}$$

式（2-13）即为复合支路的伏安特性。其中

$$Y_b = (1 + \beta + GZ_e)Y_e(1 + \mu + RY_e)^{-1} \tag{2-14}$$

称 Y_b 为支路导纳矩阵。

2. 1. 2　支路导纳矩阵和支路阻抗矩阵

支路导纳矩阵形成较复杂，需要经过矩阵求逆、乘法运算。为使运算简单，在支路编号时应尽可能使控制和被控制支路靠近，这样矩阵非对角元素靠近对角元素，呈带状，便于运算。如果网络不含受控源或只含某种受控源，则式（2-14）可进一步简化，以下针对不同情况分别加以讨论。

（1）当不含受控源和互感时，$\beta = 0 = G = \mu = R$，则式（2-14）简化为

$$Y_b = Y_e \tag{2-15}$$

即不含受控源情况下，支路导纳矩阵即元件导纳矩阵 $\boldsymbol{Y}_e$ 为对角阵。

（2）当只含元件电压控制电流源时，$\boldsymbol{\beta}=\boldsymbol{0}=\boldsymbol{\mu}=\boldsymbol{R}$

$$\boldsymbol{Y}_b=(\boldsymbol{1}+\boldsymbol{G}\boldsymbol{Z}_e)\boldsymbol{Y}_e=\boldsymbol{Y}_e+\boldsymbol{G} \tag{2-16}$$

（3）当只含电流控制电压源（互感可作 CCVS 看待）时，$\boldsymbol{\beta}=\boldsymbol{0}=\boldsymbol{G}=\boldsymbol{\mu}$，$\boldsymbol{Y}_b=\boldsymbol{Y}_e(\boldsymbol{1}+\boldsymbol{R}\boldsymbol{Y}_e)^{-1}$，两边求逆得

$$\boldsymbol{Y}_b^{-1}=\boldsymbol{Z}_b=(\boldsymbol{1}+\boldsymbol{R}\boldsymbol{Y}_e)\boldsymbol{Y}_e^{-1}$$

即

$$\boldsymbol{Z}_b=\boldsymbol{Z}_e+\boldsymbol{R} \tag{2-17}$$

$\boldsymbol{Z}_b=\boldsymbol{Y}_b^{-1}$ 是支路阻抗矩阵。可见这种情况下可直接生成支路阻抗矩阵。

（4）只含电流控制电流源时

$$\boldsymbol{Y}_b=(\boldsymbol{1}+\boldsymbol{\beta})\boldsymbol{Y}_e \tag{2-18}$$

（5）只含电压控制电压源时

$$\boldsymbol{Y}_b=\boldsymbol{Y}_e(\boldsymbol{1}+\boldsymbol{\mu})^{-1}$$

两边求逆化简后得

$$\boldsymbol{Z}_b=(\boldsymbol{1}+\boldsymbol{\mu})\boldsymbol{Z}_e \tag{2-19}$$

（6）只含受控电流源时

$$\boldsymbol{Y}_b=(\boldsymbol{1}+\boldsymbol{\beta})\boldsymbol{Y}_e+\boldsymbol{G} \tag{2-20}$$

（7）只含受控电压源时

$$\boldsymbol{Y}_b=\boldsymbol{Y}_e(\boldsymbol{1}+\boldsymbol{\mu}+\boldsymbol{R}\boldsymbol{Y}_e)^{-1}$$

两边求逆化简后得

$$\boldsymbol{Z}_b=(\boldsymbol{1}+\boldsymbol{\mu})\boldsymbol{Z}_e+\boldsymbol{R} \tag{2-21}$$

2.1.3 方程的建立

求得支路导纳矩阵 $\boldsymbol{Y}_b$ 后，支路电压和电流向量间的关系即可表示。将式（2-13）代入式（1-27）得

$$\boldsymbol{A}\boldsymbol{I}_b=\boldsymbol{A}[\boldsymbol{Y}_b(\boldsymbol{V}_b-\boldsymbol{V}_s)+\boldsymbol{I}_s]=\boldsymbol{0}$$

再将式（1-33）代入上式并经整理得

$$\boldsymbol{A}\boldsymbol{Y}_b\boldsymbol{A}^{\mathrm{T}}\boldsymbol{V}_n=\boldsymbol{A}\boldsymbol{Y}_b\boldsymbol{V}_s-\boldsymbol{A}\boldsymbol{I}_s \tag{2-22}$$

或

$$\boldsymbol{Y}_n\boldsymbol{V}_n=\boldsymbol{J}_n \tag{2-23}$$

式（2-23）即节点电压方程，其中

$$\boldsymbol{Y}_n=\boldsymbol{A}\boldsymbol{Y}_b\boldsymbol{A}^{\mathrm{T}} \tag{2-24}$$

称 $\boldsymbol{Y}_n$ 为节点导纳矩阵

$$\boldsymbol{J}_n=\boldsymbol{A}\boldsymbol{Y}_b\boldsymbol{V}_s-\boldsymbol{A}\boldsymbol{I}_s \tag{2-25}$$

称 $\boldsymbol{J}_n$ 为注入节点的电流源向量。

例 2-1 设图 2-2a 所示网络中 $R_1=R_3=R_5=R_7=R_9=1\Omega$，$R_2=R_4=R_6=R_8=0.5\Omega$，$V_{s8}=8\text{V}$，$V_{s9}=9\text{V}$，$I_s=1\text{A}$，受控源的控制系数已在图上标明。试以节点⑤为参考点建立节点电压方程。

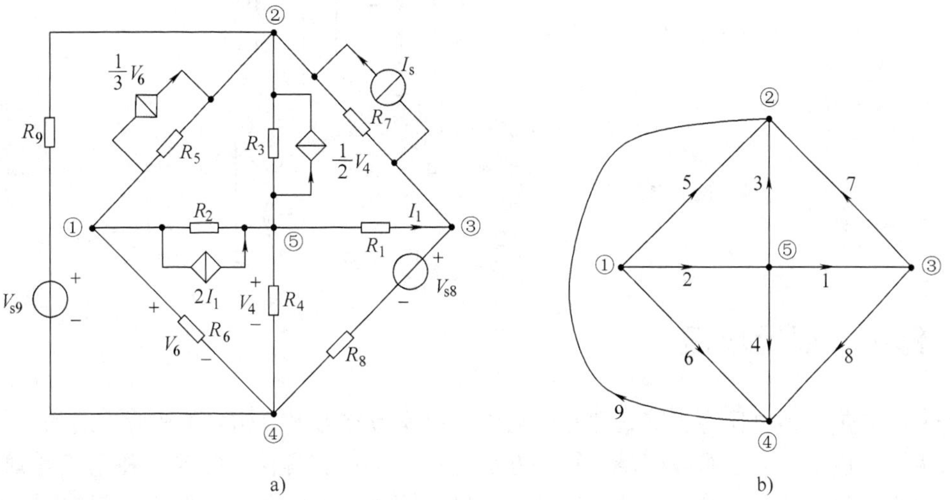

图 2-2　例 2-1 附图

a）例 2-1 电路图　b）例 2-1 对应线图

解　作相应的线图，如图 2-2b 所示，故得关联矩阵

$$
\boldsymbol{A}=\begin{bmatrix}
0 & 1 & 0 & 0 & 1 & 1 & 0 & 0 & 0\\
0 & 0 & -1 & 0 & -1 & 0 & -1 & 0 & -1\\
-1 & 0 & 0 & 0 & 0 & 0 & 1 & 1 & 0\\
0 & 0 & 0 & -1 & 0 & -1 & 0 & -1 & 1
\end{bmatrix}
$$

元件导纳矩阵

$$
\boldsymbol{Y}_e=\mathrm{diag}\begin{bmatrix}1 & 2 & 1 & 2 & 1 & 2 & 1 & 2 & 1\end{bmatrix}
$$

矩阵 $\boldsymbol{\beta}$ 中，$\beta_{21}=2$ 其余元素均为零，矩阵 $\boldsymbol{G}$ 中 $g_{34}=0.5\mathrm{S}$，$g_{56}=\frac{1}{3}\mathrm{S}$，其余元均为零。

分别代入式（2-20）得支路导纳矩阵

$$
\boldsymbol{Y}_b=\begin{bmatrix}
1 & 0 & 0 & 0 & 0 & 0 & 0 & 0 & 0\\
2 & 2 & 0 & 0 & 0 & 0 & 0 & 0 & 0\\
0 & 0 & 1 & 1/2 & 0 & 0 & 0 & 0 & 0\\
0 & 0 & 0 & 2 & 0 & 0 & 0 & 0 & 0\\
0 & 0 & 0 & 0 & 1 & 1/3 & 0 & 0 & 0\\
0 & 0 & 0 & 0 & 0 & 2 & 0 & 0 & 0\\
0 & 0 & 0 & 0 & 0 & 0 & 1 & 0 & 0\\
0 & 0 & 0 & 0 & 0 & 0 & 0 & 2 & 0\\
0 & 0 & 0 & 0 & 0 & 0 & 0 & 0 & 1
\end{bmatrix}
$$

$$
\boldsymbol{V}_s=[0\quad 0\quad 0\quad 0\quad 0\quad 0\quad 0\quad 8\quad -9]^{\mathrm{T}}
$$

$$
\boldsymbol{I}_s=[0\quad 0\quad 0\quad 0\quad 0\quad 0\quad 1\quad 0\quad 0]^{\mathrm{T}}
$$

分别代入式（2-25）、式（2-24）并经整理分别得

$$J_n = AY_bV_s - AI_s = \begin{bmatrix} 0 \\ 9 \\ 16 \\ -25 \end{bmatrix} - \begin{bmatrix} 0 \\ -1 \\ 1 \\ 0 \end{bmatrix} = \begin{bmatrix} 0 \\ 10 \\ 15 \\ -25 \end{bmatrix}$$

$$Y_n = AY_bA^{\mathrm{T}} = \begin{bmatrix} 16/3 & -1 & -2 & -7/3 \\ -4/3 & 4 & -1 & -1/6 \\ 0 & -1 & 4 & -2 \\ -2 & -1 & -2 & 7 \end{bmatrix}$$

2.2 修正节点电压法

若网络中包含纯电压源支路，即有些电压源串联阻抗为零，相当于相应支路的元件导纳为无限大，应用上节方法则有困难。解决方法之一是采用移源法，相当于将网络等效变换，在电路原理课程中均有讨论，此处不作叙述。另一较常用的解决方法即修正节点电压法。修正节点电压法的基本思想是将纯电压源支路的电流作为附加变量，纯电压源所关联两节点间的电压降等于该纯电压源电压引进作为附加方程。

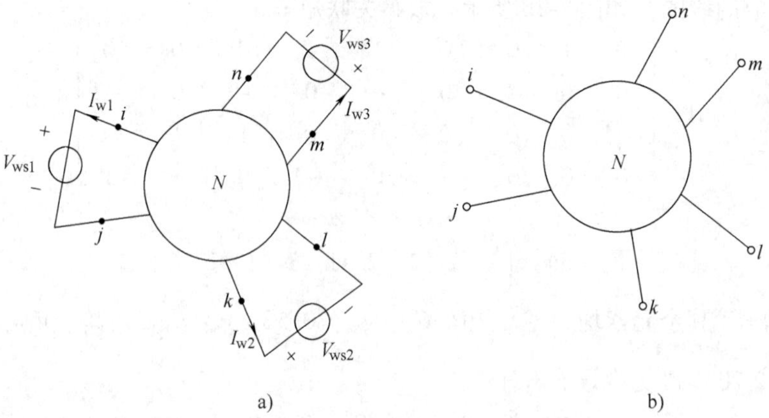

图 2-3 含纯电压源支路网络

a）含有三条纯电压源支路的网络 b）移走电压源后的网络

设某网络有三个纯电压源，如图 2-3a 所示，将这些电压源抽出，并用 V_{ws1}、V_{ws2}、V_{ws3} 表示，相应的电流用 I_{w1}、I_{w2}、I_{w3} 表示。写成向量形式为

$$V_{ws} = [V_{ws1} \quad V_{ws2} \quad V_{ws3}]^{\mathrm{T}}$$

$$I_w = [I_{w1} \quad I_{w2} \quad I_{w3}]^{\mathrm{T}}$$

移走全部纯电压源支路后，网络如图 2-3b 所示，该网络仍含有独立电压源和电流源及各种受控源。通过上节节点电压法可以建立节点电压方程

$$\overline{Y}_n V_n = \overline{J}_n \tag{2-26}$$

在 Y_n 和 J_n 上端加“ - ”号以示和原网络的区别。考虑到纯电压源支路后，实际上只要

在右边注入电流中加上这些附加电流。现用 $\boldsymbol{J}'_n$ 表示附加电流向量：

$$\boldsymbol{J}'_n = [\cdots \quad -I_{w1} \quad I_{w1} \quad \cdots \quad -I_{w2} \quad I_{w2} \quad \cdots \quad -I_{w3} \quad I_{w3} \quad \cdots]^{\mathrm{T}}$$

联想到式（1-27）的叙述，不难得知

$$\boldsymbol{J}'_n = -\boldsymbol{A}_w\boldsymbol{I}_w \tag{2-27}$$

其中 $\boldsymbol{A}_w$ 是纯电压源支路关于节点的关联矩阵。例如，图 2-3 中

$$\boldsymbol{A}_w = \begin{matrix} 0 \\ \\ i \\ j \\ \\ k \\ l \\ \\ m \\ n \end{matrix}\begin{bmatrix} 0 & 0 & 0 \\ \cdots & \cdots & \cdots \\ 1 & 0 & 0 \\ -1 & 0 & 0 \\ \cdots & \cdots & \cdots \\ 0 & 1 & 0 \\ 0 & -1 & 0 \\ \cdots & \cdots & \cdots \\ 0 & 0 & 1 \\ 0 & 0 & -1 \end{bmatrix}$$

所以考虑附加注入电流的节点电压方程为

$$\overline{\boldsymbol{Y}}_n\boldsymbol{V}_n = \overline{\boldsymbol{J}}_n - \boldsymbol{A}_w\boldsymbol{I}_w \tag{2-28}$$

考虑到式（1-33）可得附加方程为

$$\boldsymbol{A}_w^{\mathrm{T}}\boldsymbol{V}_n = \boldsymbol{V}_{ws} \tag{2-29}$$

合写式（2-28）、式（2-29）得

$$\begin{bmatrix} \overline{\boldsymbol{Y}}_n & \boldsymbol{A}_w \\ \boldsymbol{A}_w^{\mathrm{T}} & \boldsymbol{0} \end{bmatrix}\begin{bmatrix} \boldsymbol{V}_n \\ \boldsymbol{I}_w \end{bmatrix} = \begin{bmatrix} \overline{\boldsymbol{J}}_n \\ \boldsymbol{V}_{ws} \end{bmatrix} \tag{2-30}$$

式（2-30）即修正节点电压方程。

例 2-2　图 2-4 所示电路中，电阻均为 1Ω，$V_{s1}=1\mathrm{V}$，$V_{s2}=2\mathrm{V}$，$V_{s3}=3\mathrm{V}$，$I_s=1\mathrm{A}$。试以节点⑤为参考点列修正节点电压方程。

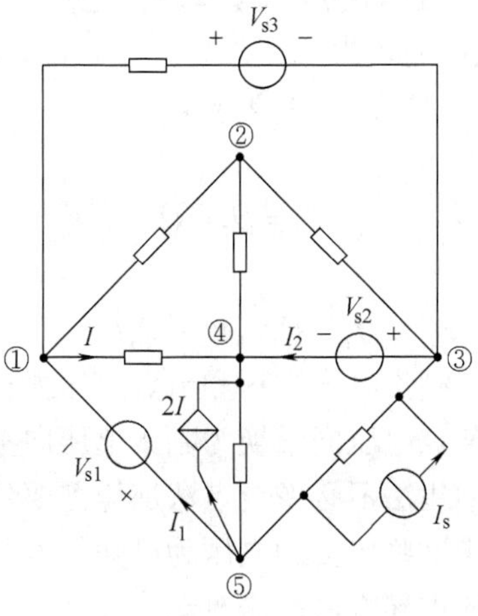

图 2-4　例 2-2 附图

解 移走 V_{s1}、V_{s2}后，不难建立节点电压方程

$$\begin{bmatrix} 3 & -1 & -1 & -1 \\ -1 & 3 & -1 & -1 \\ -1 & -1 & 3 & 0 \\ -3 & -1 & 0 & 5 \end{bmatrix}\begin{bmatrix} V_1 \\ V_2 \\ V_3 \\ V_4 \end{bmatrix}=\begin{bmatrix} 3 \\ 0 \\ -2 \\ 0 \end{bmatrix}$$

$$\boldsymbol{A}_w=\begin{bmatrix} -1 & 0 \\ 0 & 0 \\ 0 & 1 \\ 0 & -1 \end{bmatrix}$$

分别代入式（2-30）得修正节点电压方程

$$\begin{bmatrix} 3 & -1 & -1 & -1 & -1 & 0 \\ -1 & 3 & -1 & -1 & 0 & 0 \\ -1 & -1 & 3 & 0 & 0 & 1 \\ -3 & -1 & 0 & 5 & 0 & -1 \\ -1 & 0 & 0 & 0 & 0 & 0 \\ 0 & 0 & 1 & -1 & 0 & 0 \end{bmatrix}\begin{bmatrix} V_1 \\ V_2 \\ V_3 \\ V_4 \\ I_1 \\ I_2 \end{bmatrix}=\begin{bmatrix} 3 \\ 0 \\ -2 \\ 0 \\ 1 \\ 2 \end{bmatrix}$$

2.3 割集电压法

和节点电压法类似可以推出割集电压方程，仍应用图 2-1 的复合支路，将式（2-13）代入式（1-29）得

$$\boldsymbol{Q}_f\boldsymbol{I}_b=\boldsymbol{Q}_f\boldsymbol{I}_s+\boldsymbol{Q}_f\boldsymbol{Y}_b\boldsymbol{V}_b-\boldsymbol{Q}_f\boldsymbol{Y}_b\boldsymbol{V}_s=\boldsymbol{0}$$

或

$$\boldsymbol{Q}_f\boldsymbol{Y}_b\boldsymbol{V}_b=\boldsymbol{Q}_f\boldsymbol{Y}_b\boldsymbol{V}_s-\boldsymbol{Q}_f\boldsymbol{I}_s \tag{2-31}$$

再将式（1-34）代入上式得

$$\boldsymbol{Q}_f\boldsymbol{Y}_b\boldsymbol{Q}_f^{\mathrm{T}}\boldsymbol{V}_t=\boldsymbol{Q}_f\boldsymbol{Y}_b\boldsymbol{V}_s-\boldsymbol{Q}_f\boldsymbol{I}_s \tag{2-32}$$

其中 $\boldsymbol{V}_t$ 为割集电压向量。上式可简化为

$$\boldsymbol{Y}_q\boldsymbol{V}_t=\boldsymbol{J}_t \tag{2-33}$$

其中

$$\boldsymbol{Y}_q=\boldsymbol{Q}_f\boldsymbol{Y}_b\boldsymbol{Q}_f^{\mathrm{T}} \tag{2-34}$$

称为割集导纳矩阵。

$$\boldsymbol{J}_t=\boldsymbol{Q}_f\boldsymbol{Y}_b\boldsymbol{V}_s-\boldsymbol{Q}_f\boldsymbol{I}_s \tag{2-35}$$

是注入割集的电流源向量。可见割集电压方程和节点电压方程完全类似，只是节点方程中的关联矩阵换为基本割集矩阵，节点电压向量换为割集电压向量。

当含有纯电压源支路时，割集法不必像节点法那样需要建立修正补充方程，只需将纯电压源支路全部选为树支，则对应这些树支的电压为已知，方程数可以减少。但是因为这些支路的导纳为无穷大，所以以上的推导方法尚需改动。

使割集电压

$$V_t=\begin{bmatrix}V_{t1}\\ \hdashline V_{t2}\end{bmatrix} \tag{2-36}$$

其中 V_{t1} 是待求的，V_{t2} 对应于纯电压源支路，它们是已知的。支路排列先连支后树支，树支中先待求的后电压源支路。也即支路分为两类：第一类是连支和待求支路，第二类是纯电压源支路。基本割集矩阵为

$$Q_f=\begin{array}{c}\text{树支 1}\\ \text{树支 2}\end{array}\overset{\begin{array}{cc}\text{连支和树支 1} & \text{树支 2}\end{array}}{\begin{bmatrix}Q_{11} & Q_{12}\\ Q_{21} & Q_{22}\end{bmatrix}}$$

式中 Q_{11} 是第一类树支关于待求树支和连支的割集矩阵；Q_{12} 是第一类树支关于第二类树支的割集矩阵，它显然为零，Q_{21} 是割集矩阵中第二类树支和连支及树支 1 部分的关联状况；Q_{22} 显然是单位矩阵。所以

$$Q_f=\begin{bmatrix}Q_{11} & 0\\ Q_{21} & 1\end{bmatrix} \tag{2-37}$$

支路导纳矩阵可写为

$$Y_b=\begin{bmatrix}Y_{b1} & 0\\ 0 & Y_{b2}\end{bmatrix} \tag{2-38}$$

其中 Y_{b2} 为无穷大，实际上不存在。

$$V_s=\begin{bmatrix}V_{s1}\\ \hdashline V_{s2}\end{bmatrix} \tag{2-39}$$

$$I_s=\begin{bmatrix}I_{s1}\\ \hdashline 0\end{bmatrix} \tag{2-40}$$

将式（2-37）~式（2-40）代入式（2-32）经整理得

$$\begin{bmatrix}Q_{11}Y_{b1}Q_{11}^{\mathrm{T}} & Q_{11}Y_{b1}Q_{21}^{\mathrm{T}}\\ Q_{21}Y_{b1}Q_{11}^{\mathrm{T}} & Q_{21}Y_{b1}Q_{21}^{\mathrm{T}}+Y_{b2}\end{bmatrix}\begin{bmatrix}V_{t1}\\ V_{t2}\end{bmatrix}=\begin{bmatrix}Q_{11}Y_{b1}V_{s1}\\ Q_{21}Y_{b1}V_{s1}+Y_{b2}V_{s2}\end{bmatrix}-\begin{bmatrix}Q_{11}I_{s1}\\ Q_{21}I_{s1}\end{bmatrix} \tag{2-41}$$

式（2-41）中下面部分方程是不需要列写的，或者考虑到 Y_{b2} 为无穷大，忽略其余项后可得已知的结果，即

$$V_{t2}=V_{s2} \tag{2-42}$$

上面部分式子展开后为

$$Q_{11}Y_{b1}Q_{11}^{\mathrm{T}}V_{t1}+Q_{11}Y_{b1}Q_{21}^{\mathrm{T}}V_{t2}=Q_{11}Y_{b1}V_{s1}-Q_{11}I_{s1}=J_{t1} \tag{2-43}$$

上式 V_{t2} 为已知，向量 V_{t1} 的维数即方程个数。左边第二项是割集互导乘以已知树支电压，体现两部分之间的互导电流。将式（2-42）代入（2-43）得

$$Q_{11}Y_{b1}Q_{11}^{\mathrm{T}}V_{t1}=Q_{11}Y_{b1}\left(V_{s1}-Q_{21}^{\mathrm{T}}V_{s2}\right)-Q_{11}I_{s1} \tag{2-44}$$

上式即方程个数减少后的割集电压方程。其阶数为（n_t-1-p）其中 p 为纯电压源支路数。

例 2-3　图 2-5a 所示电路中 $V_{s1}=V_{s3}=1\mathrm{V}$，$V_{s2}=V_{s4}=2\mathrm{V}$，电阻各为 1Ω，试选树并建立割集电压方程，解出树支电压。

解　作拓扑图，选定支路方向，并按规定编号，选支路 7，8，9，10，11，12，13 为树（粗线）。如图 2-5b 所示，由图 2-5b 得

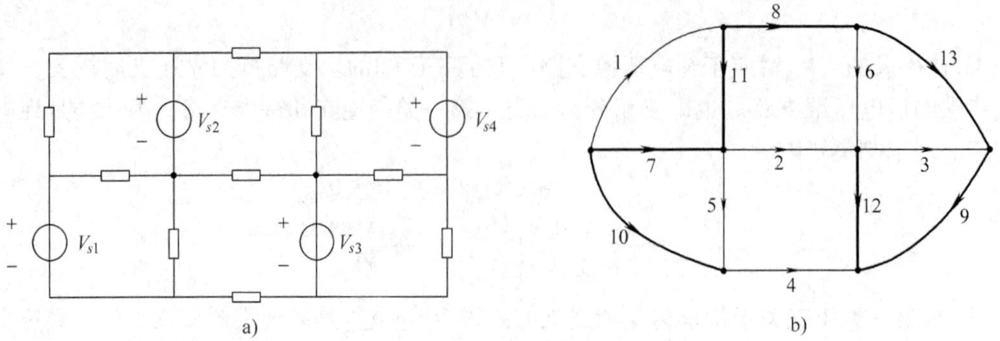

图 2-5 例 2-3 附图

a）例 2-3 电路图 b）对应线图

$$
\boldsymbol{Q}_{11}=\begin{bmatrix}1&0&0&1&-1&0&1&0&0\\0&1&0&1&0&0&0&1&0\\0&1&-1&1&0&1&0&0&1\end{bmatrix}
$$

$$
\boldsymbol{Q}_{21}=\begin{bmatrix}0&0&0&-1&1&0&0&0&0\\-1&-1&0&-1&0&0&0&0&0\\0&-1&1&0&0&-1&0&0&0\\0&1&0&1&0&1&0&0&0\end{bmatrix}
$$

Y_{b1}为单位矩阵（9 阶）

$$
\boldsymbol{V}_{s1}=\boldsymbol{0},\ \boldsymbol{I}_{s1}=\boldsymbol{0},\ \boldsymbol{V}_{s2}=[1\quad 2\quad 1\quad 2]^{\mathrm{T}}
$$

分别代入式（2-43），经整理得

$$
\boldsymbol{J}_{t1}=\boldsymbol{0}
$$

$$
\begin{bmatrix}4&1&1\\1&3&2\\1&2&5\end{bmatrix}\begin{bmatrix}V_7\\V_8\\V_9\end{bmatrix}+\begin{bmatrix}-2&-2&0&1\\-1&-2&-1&2\\-1&-2&-3&3\end{bmatrix}\begin{bmatrix}1\\2\\1\\2\end{bmatrix}=\boldsymbol{0}
$$

不难解得

$$
\boldsymbol{V}_{t1}=[V_7\quad V_8\quad V_9]^{\mathrm{T}}=[0.9\quad 0.3\quad 0.1]^{\mathrm{T}}
$$

或

$$
\boldsymbol{V}_t=[0.9\quad 0.3\quad 0.1\quad 1\quad 2\quad 1\quad 2]^{\mathrm{T}}
$$

如果此题用修正节点法求解需要 11 个方程。

2.4 回路电流法

回路电流法和割集电压法是对偶的。割集法是将支路电流向量代入矩阵形式的 KCL 推得的，回路法则是将支路电压向量代入矩阵形式 KVL 方程推得。

将支路阻抗矩阵 $\boldsymbol{Z}_b=\boldsymbol{Y}_b^{-1}$ 左乘式（2-13）经整理得支路电压向量

$$
\boldsymbol{V}_b=\boldsymbol{Z}_b\boldsymbol{I}_b-\boldsymbol{Z}_b\boldsymbol{I}_s+\boldsymbol{V}_s \tag{2-45}
$$

上式代入式（1-31）经整理得

$$\boldsymbol{B}_f\boldsymbol{Z}_b\boldsymbol{I}_b = \boldsymbol{B}_f\boldsymbol{Z}_b\boldsymbol{I}_s - \boldsymbol{B}_f\boldsymbol{V}_s \tag{2-46}$$

将式（1-35）代入上式得

$$\boldsymbol{B}_f\boldsymbol{Z}_b\boldsymbol{B}_f^{\mathrm{T}}\boldsymbol{I}_l = \boldsymbol{B}_f\boldsymbol{Z}_b\boldsymbol{I}_s - \boldsymbol{B}_f\boldsymbol{V}_s \tag{2-47}$$

其中 $\boldsymbol{I}_l$ 即回路电流向量，式（2-47）即为回路电流方程，可以简写为

$$\boldsymbol{Z}_l\boldsymbol{I}_l = \boldsymbol{E}_l \tag{2-48}$$

其中

$$\boldsymbol{Z}_l = \boldsymbol{B}_f\boldsymbol{Z}_b\boldsymbol{B}_f^{\mathrm{T}} \tag{2-49}$$

称 $\boldsymbol{Z}_l$ 为回路阻抗矩阵

$$\boldsymbol{E}_l = \boldsymbol{B}_f\boldsymbol{Z}_b\boldsymbol{I}_s - \boldsymbol{B}_f\boldsymbol{V}_s \tag{2-50}$$

$\boldsymbol{E}_l$ 是回路电压源向量。

当含有纯电流源支路时，因为这些支路阻抗为无限大，所以以上推导尚需改动。仿照上节的情况，让纯电流源支路全部选为连支，方向也和电流源一致，则这些连支电流为已知。让支路编号先纯电流源支路，再其余连支，再全部树支。即支路分为两部分：一为纯电流源连支，另一为其余支路。连支也分为两部分：一为纯电流源连支，另一为其余连支。

$$\boldsymbol{I}_l = \begin{bmatrix} \boldsymbol{I}_{l1} \\ \hdashline \boldsymbol{I}_{l2} \end{bmatrix} \tag{2-51}$$

$$\boldsymbol{B}_f = \begin{matrix} \text{连支 1} \\ \text{连支 2} \end{matrix} \overset{\begin{matrix}\text{连支1} & \text{连支2和树支}\end{matrix}}{\begin{bmatrix} \boldsymbol{B}_{11} & \boldsymbol{B}_{12} \\ \boldsymbol{B}_{21} & \boldsymbol{B}_{22} \end{bmatrix}}$$

$\boldsymbol{B}_{11}$是第一部分连支回路关于自身的关联情况，故为单位矩阵。$\boldsymbol{B}_{21}$体现第二部分连支回路关于第一部分连支的关联情况，显然为零。$\boldsymbol{B}_{22}$是第二部分连支关于自身以及树支的关联情况；$\boldsymbol{B}_{12}$则是第一部分连支关于其余支路的关联状况。可见 $\boldsymbol{B}_f$ 可以写成

$$\boldsymbol{B}_f = \begin{bmatrix} \boldsymbol{1} & \boldsymbol{B}_{12} \\ \boldsymbol{0} & \boldsymbol{B}_{22} \end{bmatrix} \tag{2-52}$$

支路阻抗矩阵

$$\boldsymbol{Z}_b = \begin{bmatrix} \boldsymbol{Z}_{b1} & \boldsymbol{0} \\ \boldsymbol{0} & \boldsymbol{Z}_{b2} \end{bmatrix} \tag{2-53}$$

支路电压源和电流向量为

$$\boldsymbol{I}_s = \begin{bmatrix} \boldsymbol{I}_{s1} \\ \hdashline \boldsymbol{I}_{s2} \end{bmatrix} \tag{2-54}$$

$$\boldsymbol{V}_s = \begin{bmatrix} \boldsymbol{0} \\ \hdashline \boldsymbol{V}_{s2} \end{bmatrix} \tag{2-55}$$

将式（2-51）～式（2-55）分别代入式（2-47），经整理得

$$\begin{bmatrix} \boldsymbol{Z}_{b1} + \boldsymbol{B}_{12}\boldsymbol{Z}_{b2}\boldsymbol{B}_{12}^{\mathrm{T}} & \boldsymbol{B}_{12}\boldsymbol{Z}_{b2}\boldsymbol{B}_{22}^{\mathrm{T}} \\ \boldsymbol{B}_{22}\boldsymbol{Z}_{b2}\boldsymbol{B}_{12}^{\mathrm{T}} & \boldsymbol{B}_{22}\boldsymbol{Z}_{b2}\boldsymbol{B}_{22}^{\mathrm{T}} \end{bmatrix} \begin{bmatrix} \boldsymbol{I}_{l1} \\ \boldsymbol{I}_{l2} \end{bmatrix} = \begin{bmatrix} \boldsymbol{Z}_{b1}\boldsymbol{I}_{s1} + \boldsymbol{B}_{12}\boldsymbol{Z}_{b2}\boldsymbol{I}_{s2} \\ \boldsymbol{B}_{22}\boldsymbol{Z}_{b2}\boldsymbol{I}_{s2} \end{bmatrix} - \begin{bmatrix} \boldsymbol{B}_{12}\boldsymbol{V}_{s2} \\ \boldsymbol{B}_{22}\boldsymbol{V}_{s2} \end{bmatrix} \tag{2-56}$$

上式中 $\boldsymbol{Z}_{b1}$为无穷大，所以上半部展开式实为

$$\boldsymbol{I}_{l1} = \boldsymbol{I}_{s1} \tag{2-57}$$

这是知道的结果，下半部展开式为

$$\boldsymbol{B}_{22}\boldsymbol{Z}_{b2}\boldsymbol{B}_{12}{}^{\mathrm{T}}\boldsymbol{I}_{l1}+\boldsymbol{B}_{22}\boldsymbol{Z}_{b2}\boldsymbol{B}_{22}{}^{\mathrm{T}}\boldsymbol{I}_{l2}=\boldsymbol{B}_{22}\boldsymbol{Z}_{b2}\boldsymbol{I}_{s2}-\boldsymbol{B}_{22}\boldsymbol{V}_{s2} \tag{2-58}$$

或将式（2-57）代入式（2-58）得

$$\boldsymbol{B}_{22}\boldsymbol{Z}_{b2}\boldsymbol{B}_{22}{}^{\mathrm{T}}\boldsymbol{I}_{l2}=\boldsymbol{B}_{22}\boldsymbol{Z}_{b2}(\boldsymbol{I}_{s2}-\boldsymbol{B}_{12}{}^{\mathrm{T}}\boldsymbol{I}_{s1})-\boldsymbol{B}_{22}\boldsymbol{V}_{s2} \tag{2-59}$$

此即方程个数减少后的回路，其方程数为 $(b-n_t+1-q)$，q 为纯电流源数。

例 2-4 图 2-6a 所示电路中电阻值已标在图上，$I_{s1}=1\mathrm{A}$，$I_{s2}=2\mathrm{A}$，$I_{s3}=3\mathrm{A}$，$V_{s1}=1\mathrm{V}$，$V_{s2}=2\mathrm{V}$，试选树并建立回路电流方程。

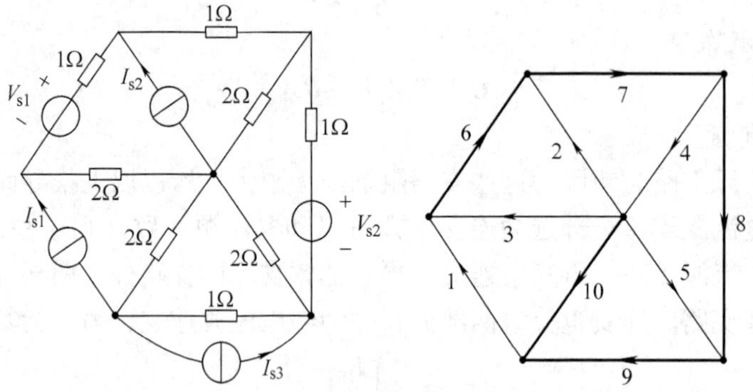

a)　　　　b)

图 2-6　例 2-4 附图

a）例 2-6 电路图　b）对应线图

解　选取支路方向，以支路 6、7、8、9、10 为树（粗线）作拓扑图如图 b 所示。由该图得

$$\boldsymbol{B}_{22}=\begin{bmatrix}1&0&0&1&1&1&1&-1\\0&1&0&0&0&-1&-1&1\\0&0&1&0&0&0&1&-1\end{bmatrix}$$

$$\boldsymbol{B}_{12}=\begin{bmatrix}0&0&0&1&1&1&1&0\\0&0&0&0&1&1&1&-1\end{bmatrix}$$

$$\boldsymbol{I}_{s1}=[1\quad 2]^{\mathrm{T}}\quad \boldsymbol{I}_{s2}=[0\quad 0\quad 0\quad 0\quad 0\quad 0\quad -3\quad 0]^{\mathrm{T}}$$

$$\boldsymbol{V}_{s2}=[0\quad 0\quad 0\quad -1\quad 0\quad 2\quad 0\quad 0]^{\mathrm{T}}$$

$$\boldsymbol{Z}_{b2}=\begin{bmatrix}2&0&0&0&0&0&0&0\\0&2&0&0&0&0&0&0\\0&0&2&0&0&0&0&0\\0&0&0&1&0&0&0&0\\0&0&0&0&1&0&0&0\\0&0&0&0&0&1&0&0\\0&0&0&0&0&0&1&0\\0&0&0&0&0&0&0&2\end{bmatrix}$$

分别代入式（2-68），经计算整理得

$$\begin{bmatrix} 8 & -4 & 3 \\ -4 & 6 & -3 \\ 3 & -3 & 5 \end{bmatrix}\begin{bmatrix} I_3 \\ I_4 \\ I_5 \end{bmatrix} + \begin{bmatrix} 4 & 5 \\ -2 & -4 \\ 1 & 3 \end{bmatrix}\begin{bmatrix} 1 \\ 2 \end{bmatrix} = \begin{bmatrix} -4 \\ 5 \\ -3 \end{bmatrix}$$

2.5　含零泛器网络的节点电压方程

2.5.1　零口器、非口器和零器

对开环放大倍数为无限的理想运放，其正、负极性输入端之间电压和电流均为零，输出端电压、电流均为任意值，即可以抽象出两种二端元件。其中一种二端元件端电压和电流都是零，称其为零值器（Nullator），也称为零口，零值器符号图如图 2-7a 所示。另一种二端元件端电压和电流均为任意值，称其为泛值器（Norator），也称为非口，符号图如图 2-7b 所示。通常零值器和泛值器是一起出现的，合称它们为零泛器（Nullor），或称为零器。

零值器（或泛值器）与一有限阻抗串联仍等效于零值器（或泛值器）；零值器（或泛值器）与一有限的导纳并联仍等效于零值器（或泛值器），根据此二元件的定义，即可推得这些结论。由阻抗串并联构成的梯形电路中如包含零值器（或泛值器），显然也可以等效化为一个零值器（或泛值器）。实际上一个无源一端口网络，如果只包含一个零值器（或只含一个泛值器），而该零值器（或泛值器）不被导线短接，也不处在平衡桥等的对角边上（相当于被短接），最终也可以简化为一个零值器（或泛值器）。如图 2-8a 所示将零值器（或泛值器）移出后，剩下的是一个无源网络，可以化为如图 2-8b 所示的 T 形网络，经串并联可以化为如图 2-8c 所示的单个零值器（或泛值器）。

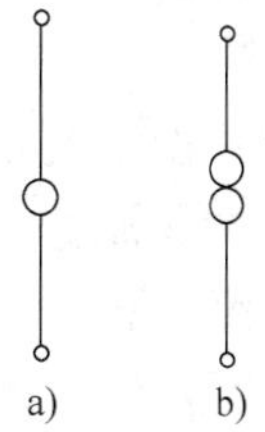

图 2-7　零泛器符号图
a）零值器符号图
b）泛值器符号图

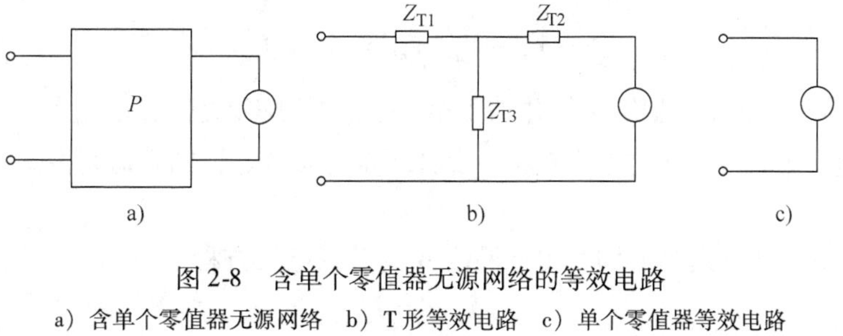

图 2-8　含单个零值器无源网络的等效电路
a）含单个零值器无源网络　b）T 形等效电路　c）单个零值器等效电路

可见一个无源一端口网络，若含零值器且没有泛值器相伴，则该网络不能和独立源连接。此外零值器与泛值器串联时其上电压任意、电流为零，故等效于开路；并联时电压为零、电流为任意值，则等效于短路线。

2.5.2　节点电压方程的建立步骤

对于零值器、泛值器这些元件所在的支路，支路的电压和电流的关系是不能表示的，因此不能直接应用前述节点法列方程。对含零泛器的网络可以按下述几个步骤建立方程：

（1）将网络 N 中零值器、泛值器先移走，设余留网络为 $\overline{N}$ 按第一节的方法建立节点电

压方程

$$\overline{\boldsymbol{Y}}_n\overline{\boldsymbol{V}}_n=\overline{\boldsymbol{J}}_n \tag{2-60}$$

其中 $\overline{\boldsymbol{Y}}_n$、$\overline{\boldsymbol{V}}_n$、$\overline{\boldsymbol{J}}_n$ 分别为 $\overline{N}$ 的节点导纳矩阵、节点电压向量和注入节点的电流源向量。

（2）恢复零值器。设一零值器接于节点 j 和 k 之间，则 $V_{nj}=V_{nk}$，$\overline{\boldsymbol{V}}_n$ 中 V_{nk} 可以并入 V_{nj} 为 V_{njk}。展开式（2-60）为

$$\begin{bmatrix} Y_{11} & Y_{12} & \cdots & (Y_{1j}+Y_{1k}) & \cdots & Y_{1n} \\ Y_{21} & Y_{22} & \cdots & (Y_{2j}+Y_{2k}) & \cdots & Y_{2n} \\ \cdots & \cdots & \cdots & \cdots & \cdots & \cdots \\ Y_{j1} & Y_{j2} & \cdots & (Y_{jj}+Y_{jk}) & \cdots & Y_{jn} \\ \cdots & \cdots & \cdots & \cdots & \cdots & \cdots \\ Y_{n1} & Y_{n2} & \cdots & (Y_{nj}+Y_{nk}) & \cdots & Y_{nn} \end{bmatrix}\begin{bmatrix} V_{n1} \\ V_{n2} \\ \cdots \\ V_{njk} \\ \cdots \\ V_{nn} \end{bmatrix}=\begin{bmatrix} J_{n1} \\ J_{n2} \\ \cdots \\ J_{nj} \\ \cdots \\ J_{nn} \end{bmatrix} \tag{2-61}$$

$\overline{\boldsymbol{Y}}_n$ 的第 k 列与第 j 列对应元相加后并于第 j 列。若零值器接在参考点和 k 点之间只需将第 k 列和 V_{nk} 划去便可。式（2-61）中方程数多于未知数。

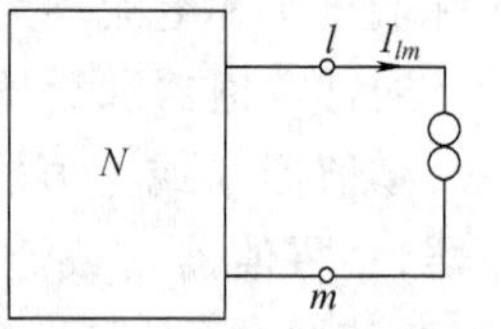

图 2-9 恢复泛值器

（3）恢复泛值器。设一泛值器联接于点 l，m 之间，如图 2-9 所示，并设通过它的电流为 I_{lm}。恢复该泛值器实际上只需对式（2-61）中第 l 和 m 个方程进行修改，即考虑附加的注入电流 I_{lm}。故对节点 l 和 m 分别有

$$\sum_{i=1}^{n} Y_{li}V_{ni} = J_{nl} - I_{lm}$$

$$\sum_{i=1}^{n} Y_{mi}V_{ni} = J_{nm} + I_{lm}$$

将两式相加可消去 I_{lm}，即

$$\sum_{i=1}^{n}(Y_{li}+Y_{mi})V_{ni} = J_{nl} + J_{nm} \tag{2-62}$$

可见恢复泛值器只需将 $\boldsymbol{Y}_n$ 的第 m 行并加于第 l 行，同时将对应的元 J_{nm} 附并于 J_{nl}。即将式（2-61）方程组中第 l 和 m 个方程并起来。如果 l 点为参考点，则只需划去 $\overline{\boldsymbol{Y}}_n$ 中的第 m 行和 J_{nm}。

经（2），（3）恢复运算后即可得原网络 N 的节点电压方程

$$\boldsymbol{Y}_n\boldsymbol{V}_n=\boldsymbol{J}_n \tag{2-63}$$

式（2-63）和式（2-60）阶数之差等于零泛器的数目。

上述行列合并还可以通过矩阵的初等变换进行。设 $\boldsymbol{\varepsilon}_r$ 是将 n 阶么阵的相应行（如上述 m，l 行）合并（或删除）后的初等矩阵；$\boldsymbol{\varepsilon}_c$ 是将 n 阶么阵相应列（如上述 j，k 列）合并（或删除）后的初等矩阵。比较式（2-60）和式（2-63）可知（2），（3）步运算可简化为

$$\boldsymbol{Y}_n=\boldsymbol{\varepsilon}_r\overline{\boldsymbol{Y}}_n\boldsymbol{\varepsilon}_c \tag{2-64}$$

$$\boldsymbol{J}_n=\boldsymbol{\varepsilon}_r\overline{\boldsymbol{J}}_n \tag{2-65}$$

由式（2-24）知

$$\overline{\boldsymbol{Y}}_n=\overline{\boldsymbol{A}}\,\overline{\boldsymbol{Y}}_b\overline{\boldsymbol{A}}^{\mathrm{T}} \tag{2-66}$$

其中 $\overline{A}$，$\overline{Y}_b$ 分别为网络 $\overline{N}$ 的关联矩阵和支路导纳矩阵。将式（2-66）代入式（2-64）得

$$Y_n = \varepsilon_r \overline{A}\,\overline{Y}_b \overline{A}^{\mathrm{T}} \varepsilon_c \tag{2-67}$$

或

$$Y_n = A_r \overline{Y}_b A_c^{\mathrm{T}} \tag{2-68}$$

其中

$$A_r = \varepsilon_r \overline{A} \tag{2-69}$$

$$A_c^{\mathrm{T}} = \overline{A}^{\mathrm{T}} \varepsilon_c \tag{2-70}$$

A_r 是 N 中接泛值器的节点间短接后网络 N_r 的线图 G_r 的关联矩阵。A_c 则是 N 接零值器的节点间短接后网络 N_c 的线图 G_c 的关联矩阵。可从这些图中直接求得 A_r 和 A_c 再由式（2-68）得节点导纳矩阵 Y_n。而由式（2-7）得

$$J_n = \varepsilon_r \overline{J}_n = \varepsilon_r(\overline{A}\,\overline{Y}_b V_s - \overline{A} I_s)$$

故

$$J_n = A_r \overline{Y}_b V_s - A_r I_s \tag{2-71}$$

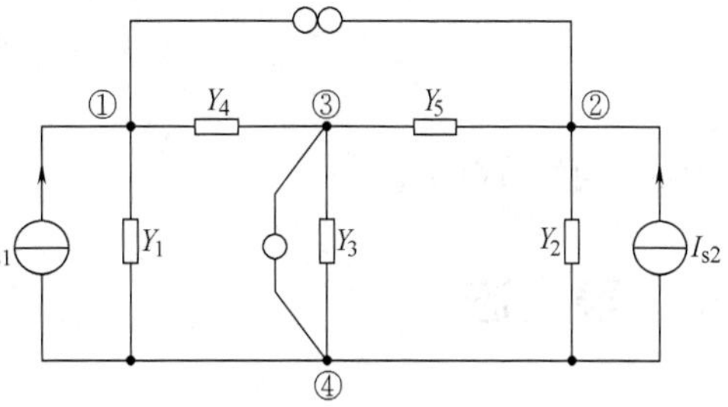

图 2-10　例 2-5 附图

例 2-5　试求图 2-10 所示网络 N 的节点电压方程

解　移走零泛器后，以节点④为参考点对网络 $\overline{N}$ 用直观法可分别得

$$\overline{Y}_n = \begin{bmatrix} Y_1+Y_4 & 0 & -Y_4 \\ 0 & Y_2+Y_5 & -Y_5 \\ -Y_4 & -Y_5 & Y_3+Y_4+Y_5 \end{bmatrix} \qquad \overline{J}_n = \begin{bmatrix} I_{s1} \\ I_{s2} \\ 0 \end{bmatrix}$$

合并 1、2 行划去第三列后为

$$Y_n = \begin{bmatrix} Y_1+Y_4 & Y_2+Y_5 \\ -Y_4 & -Y_5 \end{bmatrix} \qquad J_n = \begin{bmatrix} I_{s1}+I_{s2} \\ 0 \end{bmatrix}$$

或如图 2-11 所示，将图 a 中点①、②短接，如图 b 所示，将点③接参考点④如图 c 所示。由图 b，c 分别可得

$$A_r = \begin{bmatrix} 1 & 1 & 0 & 1 & -1 \\ 0 & 0 & 1 & -1 & 1 \end{bmatrix} \qquad A_c = \begin{bmatrix} 1 & 0 & 0 & 1 & 0 \\ 0 & 1 & 0 & 0 & -1 \end{bmatrix}$$

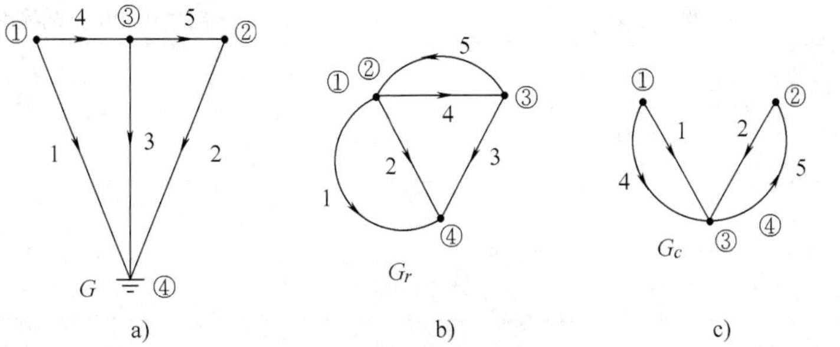

图 2-11　A_r、A_c 的计算

a）拓扑图　b）A_r 的对应线图　c）A_c 的对应线图

在 A_c 中被短接成自环的边 3 相应列全部为零

$$\overline{\boldsymbol{Y}}_b = \mathrm{diag}[Y_1 \quad Y_2 \quad Y_3 \quad Y_4 \quad Y_5]$$

由式（2-68）得

$$\boldsymbol{Y}_n = \boldsymbol{A}_r \overline{\boldsymbol{Y}}_b \boldsymbol{A}_c^{\mathrm{T}} = \begin{bmatrix} Y_1 + Y_4 & Y_2 + Y_5 \\ -Y_4 & -Y_5 \end{bmatrix}$$

支路电流源向量 $\boldsymbol{I}_s = [-I_{s1} \quad -I_{s2} \quad 0 \quad 0 \quad 0]^{\mathrm{T}}$，$\boldsymbol{V}_s = \boldsymbol{0}$，代入式（2-71）得

$$\boldsymbol{J}_n = -\boldsymbol{A}_r \boldsymbol{I}_s = \begin{bmatrix} I_{s1} + I_{s2} \\ 0 \end{bmatrix}$$

和前法所求一致。

2.6 表格法

以上已讨论含零泛器、纯电压源支路网络如何建立节点电压方程，对于含多端电阻器等多端元件的网络尚不能直接应用上述方法。此外复合支路中支路电压和电流的向量关系也比较繁杂。节点电压方程是从（$n_t - 1$）个 KCL 方程（$\boldsymbol{AI} = \boldsymbol{0}$），$b$ 个 KVL 方程（$\boldsymbol{V}_b = \boldsymbol{A}^{\mathrm{T}}\boldsymbol{V}_n$）和 b 个支路方程$[\boldsymbol{I}_b - \boldsymbol{I}_s = \boldsymbol{Y}_b(\boldsymbol{V}_b - \boldsymbol{V}_s)]$中消去 b 个支路电压和 b 个支路电流后获得的。考虑到处理稀疏矩阵的技术已很完善，有时可以不计较方程的阶数，即可以牺牲阶数而求得算法的简单易懂。

如果同时用支路电流和支路电压作为变量，则可建立 $2b$ 个独立方程。由拓扑信息即 KCL（$\boldsymbol{AI} = \boldsymbol{0}$）和 KVL 方程（$\boldsymbol{B}_f\boldsymbol{V} = 0$）共提供了 b 个方程；由支路内容可提供另外 b 个方程。因为此处不用支路导纳矩阵的形式，而改用支路电流和电压的线性组合的形式写出，对于任何元件都可十分方便地表示。

2.6.1 二端元件和受控源伏安特性的描述

表 2-1 罗列了各种元件的线性组合关系。设一个二端元件为一条支路，支路号为 k，互感、受控源等划为两条支路，支路号分别为 k、j。k、j 均为任意数。

表 2-1 元件伏安特性

元件名称	符号及参考方向	支路电压和电流的线性关系式
电阻	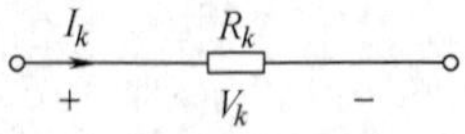	$V_k - R_k I_k = 0$
电感	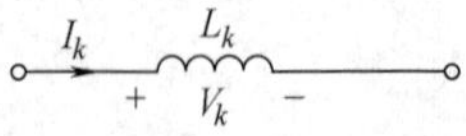	$V_k - \mathrm{j}\omega L_k I_k = 0$
电容	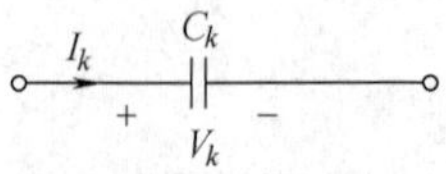	$I_k - \mathrm{j}\omega C_k V_k = 0$

（续）

元 件 名 称	符号及参考方向	支路电压和电流的线性关系式
独立电压源	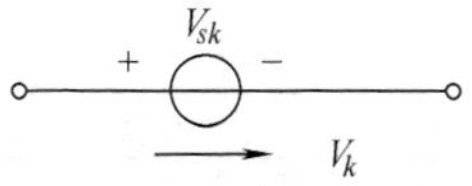	$V_k = V_{sk}$
独立电流源	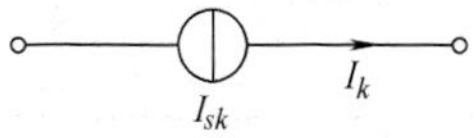	$I_k = I_{sk}$
互感	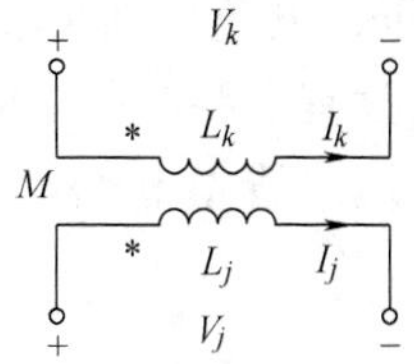	$V_k - \mathrm{j}\omega L_k I_k - \mathrm{j}\omega M I_j = 0$ $V_j - \mathrm{j}\omega L_j I_j - \mathrm{j}\omega M I_k = 0$
理想变压器	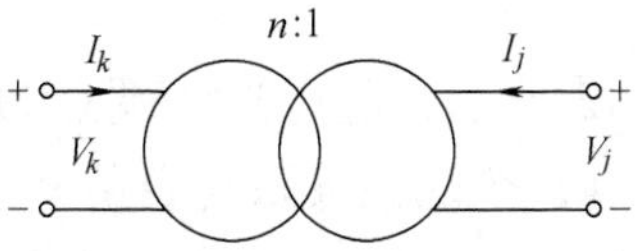	$V_k - nV_j = 0$ $I_k + \frac{1}{n}I_j = 0$
理想回转器	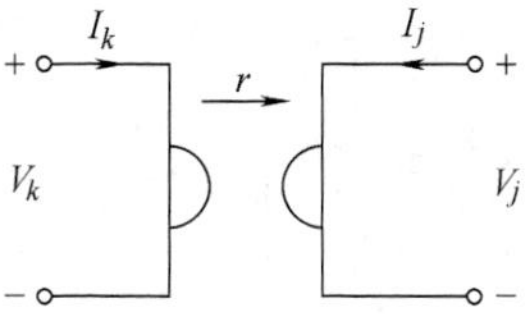	$V_k + rI_j = 0$ $V_j - rI_k = 0$
CCCS	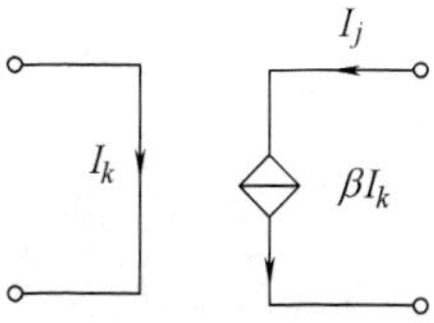	$I_j - \beta I_k = 0$
CCVS	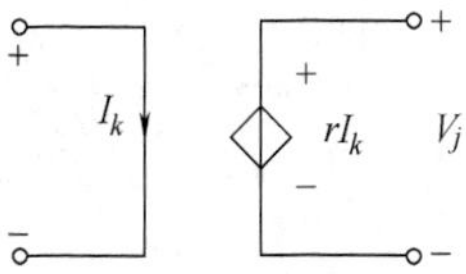	$V_j - rI_k = 0$
VCCS	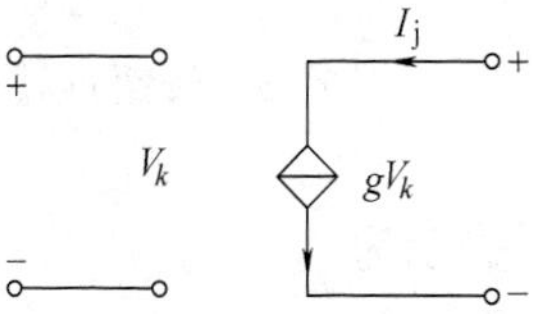	$I_j - gV_k = 0$
VCVS	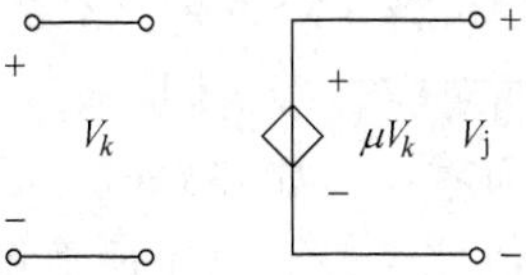	$V_j - \mu V_k = 0$

（续）

元件名称	符号及参考方向	支路电压和电流的线性关系式
开路	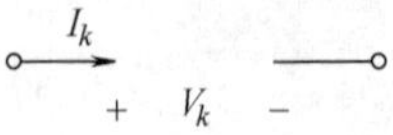	$I_k=0$
短路线	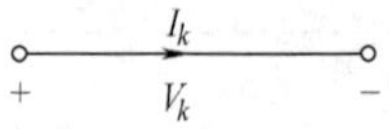	$V_k=0$

受控源的控制边如果是 R、L、C 等元件上的电压、电流，则可以不必单独划分作为一条支路。如果控制电压是某节点间的电压且该节点间没有支路，则对应控制电压应划为一条支路（设编号为 k），且 $I_k=0$；同理控制电流若是某短路线中电流（无别的串联元件），也应划分为一条支路，且 $V_k=0$。

2.6.2 多端元件的伏安特性的描述

对于线性 m 端元件，或 m 端网络，如图 2-12 所示，可以选一端点为参考（例如 m），其余（$m-1$）端点的电压和电流应可以用（$m-1$）个线性关系式表示。例如，五端电阻器可表示为

$$\begin{bmatrix} V_1 \\ V_2 \\ V_3 \\ V_4 \end{bmatrix} = \begin{bmatrix} r_{11} & r_{12} & r_{13} & r_{14} \\ r_{21} & r_{22} & r_{23} & r_{24} \\ r_{31} & r_{32} & r_{33} & r_{34} \\ r_{41} & r_{42} & r_{43} & r_{44} \end{bmatrix} \begin{bmatrix} I_1 \\ I_2 \\ I_3 \\ I_4 \end{bmatrix}$$

可见，对于 m 端元件对应的线图可画为图 2-13 所示。

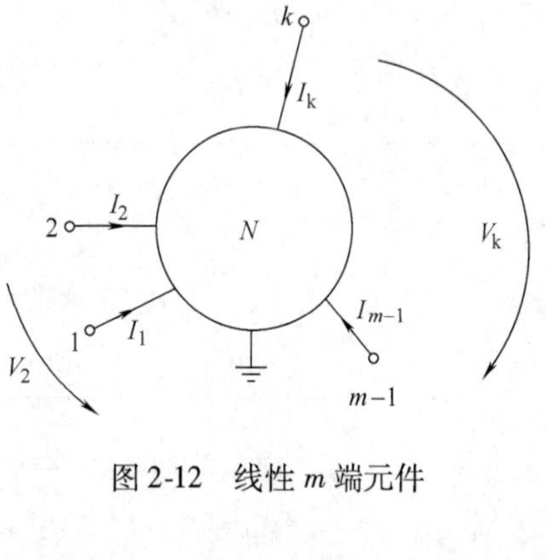

图 2-12 线性 m 端元件

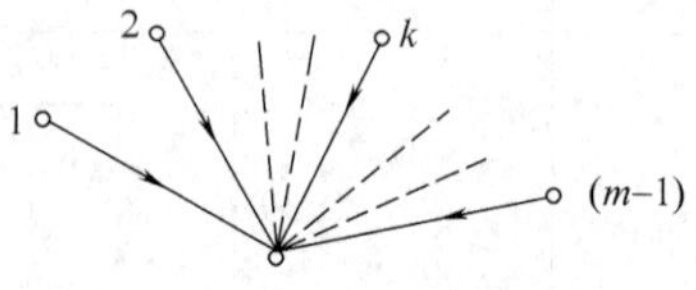

图 2-13 线性 m 端元件的拓扑图

综上所述，支路电压和电流的矩阵关系式可以表示为

$$\boldsymbol{FV}+\boldsymbol{KI}=\boldsymbol{S} \tag{2-72}$$

式中 $\boldsymbol{V}$、$\boldsymbol{I}$ 分别为支路电压和支路电流向量；$\boldsymbol{F}$、$\boldsymbol{K}$ 均为 b 阶方阵；$\boldsymbol{S}$ 是 $b\times1$ 阶向量。对照表 2-1，可以很方便地填写出矩阵 $\boldsymbol{F}$，$\boldsymbol{K}$ 和 $\boldsymbol{S}$。例如对应二端电阻，其所在行 $\boldsymbol{F}$ 的对角元为 1，$\boldsymbol{K}$ 的对角元为（$-R$），其余元为零，$\boldsymbol{S}$ 的元亦为零；又如独立电压源，其所在行 $\boldsymbol{F}$ 的对角元为 1，其余为零，$\boldsymbol{S}$ 的元为 V_s，$\boldsymbol{K}$ 的元为零，依此类推。对于所有电路元件均可像填表似的列出 $\boldsymbol{F}$、$\boldsymbol{K}$ 和 $\boldsymbol{S}$。因此也称支路法为表格法。又因为有 $2b$ 个方程和未知数，所以也称为

2b 法。

将式（1-27）、式（1-31）、式（2-72）合并后得

$$\begin{bmatrix} \boldsymbol{F} & \boldsymbol{K} \\ \boldsymbol{B}_f & \boldsymbol{0} \\ \boldsymbol{0} & \boldsymbol{A} \end{bmatrix}\begin{bmatrix} \boldsymbol{V} \\ \boldsymbol{I} \end{bmatrix} = \begin{bmatrix} \boldsymbol{S} \\ \boldsymbol{0} \\ \boldsymbol{0} \end{bmatrix} \tag{2-73}$$

式（2-73）就是 2b 法的方程。

如果节点电压和支路电压、电流同时作为变量，则可将式（1-27）、式（1-33）、式（2-72）合并，即

$$\begin{bmatrix} \boldsymbol{0} & \boldsymbol{F} & \boldsymbol{K} \\ -\boldsymbol{A}^{\mathrm{T}} & \boldsymbol{1} & \boldsymbol{0} \\ \boldsymbol{0} & \boldsymbol{0} & \boldsymbol{A} \end{bmatrix}\begin{bmatrix} \boldsymbol{V}_n \\ \boldsymbol{V} \\ \boldsymbol{I} \end{bmatrix} = \begin{bmatrix} \boldsymbol{S} \\ \boldsymbol{0} \\ \boldsymbol{0} \end{bmatrix} \tag{2-74}$$

例 2-6 图 2-14a 所示网络中已知 $R_5=R_7=R_9=2\Omega$，$R_4=R_6=R_8=R_{10}=4\Omega$，$\omega L_{13}=\omega L_{14}=5\Omega$，$\omega M=2\Omega$，$\dfrac{1}{\omega C_{11}}=\dfrac{1}{\omega C_{12}}=3\Omega$，$r=4\Omega$，$\alpha=5$，$V_{s16}=10\angle 0°\mathrm{V}$，$I_{s15}=2\angle 60°\mathrm{A}$，四端元件特性可用以下矩阵表示：

$$\begin{bmatrix} V_{14} \\ V_{24} \\ V_{34} \end{bmatrix} = \begin{bmatrix} 0 & 1 & -1 \\ 1 & 0 & -1 \\ 1 & 1 & 0 \end{bmatrix}\begin{bmatrix} I_1 \\ I_2 \\ I_3 \end{bmatrix}$$

试作线图 G，并求矩阵 $\boldsymbol{F}$、$\boldsymbol{K}$、$\boldsymbol{S}$。

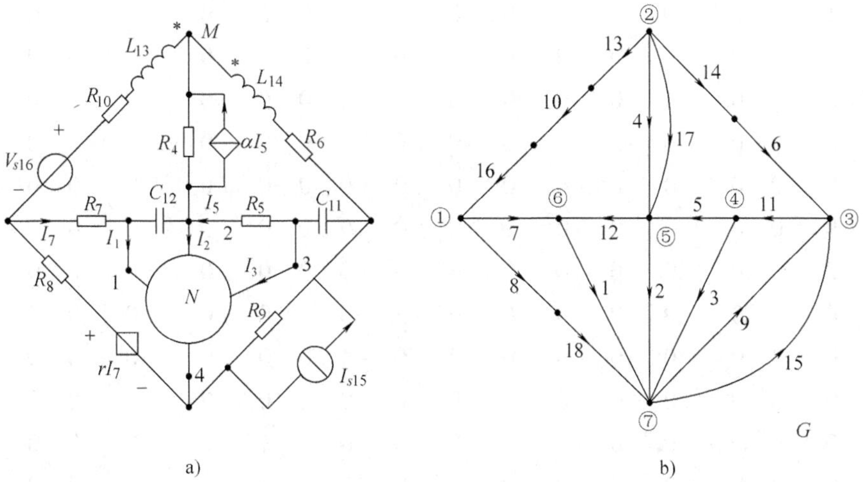

图 2-14 例 2-6 附图

a）例 2-6 电路图 b）对应线图

解 将支路编号，标定方向后作线图如图 2-14b 所示。对照表 2-1 即可列矩阵 $\boldsymbol{F}$、$\boldsymbol{K}$、$\boldsymbol{S}$

$$\boldsymbol{S} = [0\ \ 0\ \ 0\ \ 0\ \ 0\ \ 0\ \ 0\ \ 0\ \ 0\ \ 0\ \ 0\ \ 0\ \ 0\ \ 0\ \ 2\angle 60°\ \ 10\angle 0°\ \ 0\ \ 0]^{\mathrm{T}}$$

$\boldsymbol{F}$ 和 $\boldsymbol{K}$ 分别为

$$
\boldsymbol{F}=\begin{bmatrix}
1&0&0&0&0&0&0&0&0&0&0&0&0&0&0&0&0&0\\
0&1&0&0&0&0&0&0&0&0&0&0&0&0&0&0&0&0\\
0&0&1&0&0&0&0&0&0&0&0&0&0&0&0&0&0&0\\
0&0&0&1&0&0&0&0&0&0&0&0&0&0&0&0&0&0\\
0&0&0&0&1&0&0&0&0&0&0&0&0&0&0&0&0&0\\
0&0&0&0&0&1&0&0&0&0&0&0&0&0&0&0&0&0\\
0&0&0&0&0&0&1&0&0&0&0&0&0&0&0&0&0&0\\
0&0&0&0&0&0&0&1&0&0&0&0&0&0&0&0&0&0\\
0&0&0&0&0&0&0&0&1&0&0&0&0&0&0&0&0&0\\
0&0&0&0&0&0&0&0&0&1&0&0&0&0&0&0&0&0\\
0&0&0&0&0&0&0&0&0&0&-\mathrm{j}1/3&0&0&0&0&0&0&0\\
0&0&0&0&0&0&0&0&0&0&0&-\mathrm{j}1/3&0&0&0&0&0&0\\
0&0&0&0&0&0&0&0&0&0&0&0&1&0&0&0&0&0\\
0&0&0&0&0&0&0&0&0&0&0&0&0&1&0&0&0&0\\
0&0&0&0&0&0&0&0&0&0&0&0&0&0&0&0&0&0\\
0&0&0&0&0&0&0&0&0&0&0&0&0&0&0&1&0&0\\
0&0&0&0&0&0&0&0&0&0&0&0&0&0&0&0&0&0\\
0&0&0&0&0&0&0&0&0&0&0&0&0&0&0&0&0&1
\end{bmatrix}
$$

$$
\boldsymbol{K}=\begin{bmatrix}
0&-1&1&0&0&0&0&0&0&0&0&0&0&0&0&0&0&0\\
-1&0&1&0&0&0&0&0&0&0&0&0&0&0&0&0&0&0\\
-1&-1&0&0&0&0&0&0&0&0&0&0&0&0&0&0&0&0\\
0&0&0&-4&0&0&0&0&0&0&0&0&0&0&0&0&0&0\\
0&0&0&0&-2&0&0&0&0&0&0&0&0&0&0&0&0&0\\
0&0&0&0&0&-4&0&0&0&0&0&0&0&0&0&0&0&0\\
0&0&0&0&0&0&-2&0&0&0&0&0&0&0&0&0&0&0\\
0&0&0&0&0&0&0&-4&0&0&0&0&0&0&0&0&0&0\\
0&0&0&0&0&0&0&0&-2&0&0&0&0&0&0&0&0&0\\
0&0&0&0&0&0&0&0&0&-4&0&0&0&0&0&0&0&0\\
0&0&0&0&0&0&0&0&0&0&1&0&0&0&0&0&0&0\\
0&0&0&0&0&0&0&0&0&0&0&1&0&0&0&0&0&0\\
0&0&0&0&0&0&0&0&0&0&0&0&-\mathrm{j}5&-\mathrm{j}2&0&0&0&0\\
0&0&0&0&0&0&0&0&0&0&0&0&-\mathrm{j}2&-\mathrm{j}5&0&0&0&0\\
0&0&0&0&0&0&0&0&0&0&0&0&0&0&1&0&0&0\\
0&0&0&0&0&0&0&0&0&0&0&0&0&0&0&0&0&0\\
0&0&0&0&5&0&0&0&0&0&0&0&0&0&0&0&1&0\\
0&0&0&0&0&0&-4&0&0&0&0&0&0&0&0&0&0&0
\end{bmatrix}
$$

从本例可见，$2b$ 法算法最为简单，尽管方程的阶数大大增加，但 $\boldsymbol{F}$、$\boldsymbol{K}$ 等矩阵都十分稀疏，应用稀疏矩阵技术后，仍不失为一种优良算法。

小 结

通过研究复合支路的伏安特性，明确了电路分析中另外一种必不可少的约束方程——元件的伏安特性。对节点建立 KCL 方程，并通过复合支路的伏安特性，用支路电压表示支路电流，再根据 KVL 电压方程，用节点电压表示支路电压，这样就以节点电压为待求变量，建立了 KCL 电流方程，这就是节点电压法。同理，回路电流法以回路电流为待求变量，建立基本回路的 KVL 电压方程；割集电压法以树支电压为待求变量，建立基本割集的 KCL 方程。这些方法中，节点电压法是最为实用的分析方法。

当网络含有纯电压源支路时，直接应用节点电压法计算有困难。修正节点电压法通过将纯电压源支路的电流作为附加变量，纯电压源电压等于其关联两节点间的电压降作为附加方程，解决了这个问题。

对含有零泛器的网络，节点电压法是非常有效的分析手段。

表格法，通常把支路电压、支路电流和节点电压三者同时作为待求变量。待求变量数虽然较多，但考虑到处理稀疏矩阵的技术已经很完善，其依然具有实用性，特别适用于含有多端元件的网络的计算、分析。

习 题

2-1 图 2-15 所示电路中，$L=1\text{H}$，$C=1\text{F}$，$R=1\Omega$，$\omega=1\text{rad/s}$，$I_s=1\angle 0°\text{A}$，$\alpha=2$，$V_{s1}=1\angle 0°\text{V}$，$V_{s2}=2\angle 0°\text{V}$。试用修正节点法建立方程。

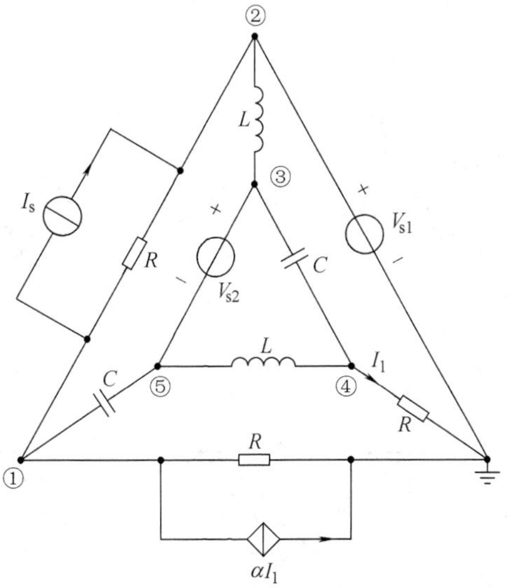

图 2-15 题 2-1 图

2-2 用列表法写出图 2-16 所示电路方程（相量形式），设 $i_s=I_m\sin\omega t$ 时，电感 L_5、L_6、L_7 之间有互感且可用下列电感矩阵表示：

$$\boldsymbol{L}=\begin{bmatrix} L_5 & L_{56} & L_{57} \\ L_{65} & L_6 & L_{67} \\ L_{75} & L_{76} & L_7 \end{bmatrix}$$

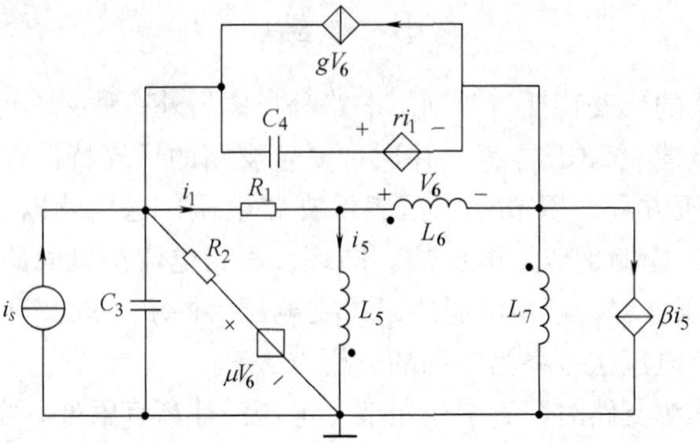

图 2-16　题 2-2 图

2-3　图 2-17 所示电路中 $R_1=R_3=R_5=R_7=R_9=1\Omega$，$R_2=R_4=R_6=R_8=0.5\Omega$，$I_{s3}=1\text{A}$，$I_{s6}=2\text{A}$，$V_{s4}=4\text{V}$，$V_{s10}=1\text{V}$，$V_{s11}=2\text{V}$，$V_{s12}=3\text{V}$，试用割集法建立方程，并求支路电压向量。

2-4　试用割集法对图 2-15 所示电路建立方程。

2-5　图 2-18 所示电路中电阻各为 1Ω，$I_{s1}=I_{s3}=1\text{A}$，$I_{s2}=I_{s4}=2\text{A}$，$V_s=3\text{V}$，试用回路法建立方程，并求各支路电流。

2-6　写出图 2-19 所示电路的节点电压方程。

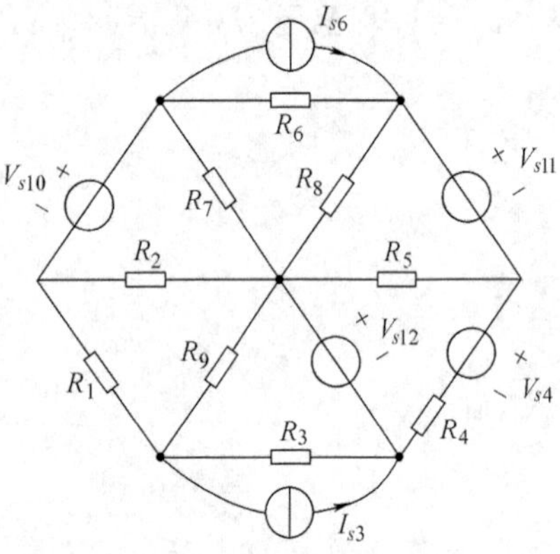

图 2-17　题 2-3 图

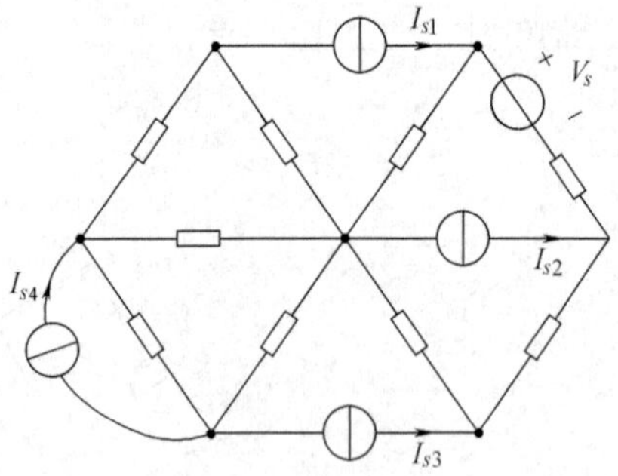

图 2-18　题 2-5 图

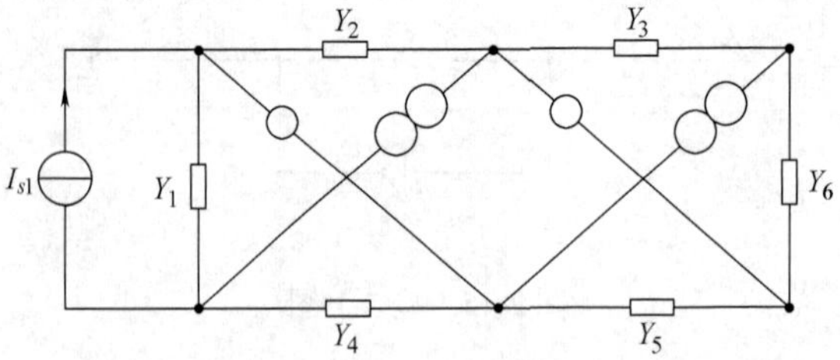

图 2-19　题 2-6 图

第 3 章　网络撕裂法

内容提要

本章介绍用于大型电网络分析计算的各种撕裂方法。内容包括：支路撕裂法、支路排序法、节点撕裂法、回路分析法和多端口撕裂法。

3.1　概述

对于超大型网络所建立的节点电压方程，由于阶数过大，用机助解时较费时间和内存容量。如果将一个大网络拆开成一些规模较小的子网络建立方程，然后再考虑恢复为原网络后应有的修正，这样的方法称为撕裂法。

撕裂法是 20 世纪 50 年代由 G. Kron 首先提出的，此后的二三十年间不断有这方面的文章发表。撕裂法大体上可分为支路撕裂法和节点撕裂法。在节点撕裂法中，被撕节点关联的支路不含在保留网络中。对子网络的分析可以分别采用节点法、回路法和割集法。修正恢复为原整体网络又可有不同的方法，因此有五花八门的撕裂法文章发表。

3.2　支路撕裂法

本节讨论支路撕裂节点分析法，而且假定保留网络仍是连通的。如图 3-1 所示，在网络 N 中，子网络 N_1 和 N_2 间有（$p+1$）条支路相联，且 N_1 和 N_2 间无别的耦合、互控关系，现将其中 p 条支路拆断，所以 N_1 和 N_2 仍旧是连通的，节点数也不变。以下标 β 表示被拆断支路电压、电流、阻抗、导纳等，电压、电流选取关联参考方向，以 $\boldsymbol{I}_\beta$、$\boldsymbol{V}_\beta$ 分别表示被拆支路的电流、电压向量，图 3-1 中

$$\boldsymbol{I}_\beta=[I_{\beta1}\quad I_{\beta2}\quad\cdots\quad I_{\beta p}]^{\mathrm{T}}$$

$$\boldsymbol{V}_\beta=[V_{\beta1}\quad V_{\beta2}\quad\cdots\quad V_{\beta p}]^{\mathrm{T}}$$

以 $\boldsymbol{Z}_\beta$ 表示被拆支路阻抗矩阵，这些支路间或许有互感等耦合关系（但不能与 N_1 和 N_2 有耦合关系），若无耦合关系则 $\boldsymbol{Z}_\beta$ 为对角阵，其阶数即被拆支路数。

$$\boldsymbol{V}_\beta=\boldsymbol{Z}_\beta\boldsymbol{I}_\beta \tag{3-1}$$

以 $\boldsymbol{A}_\beta$ 表示被撕支路和原网络全部节点的关联矩阵。

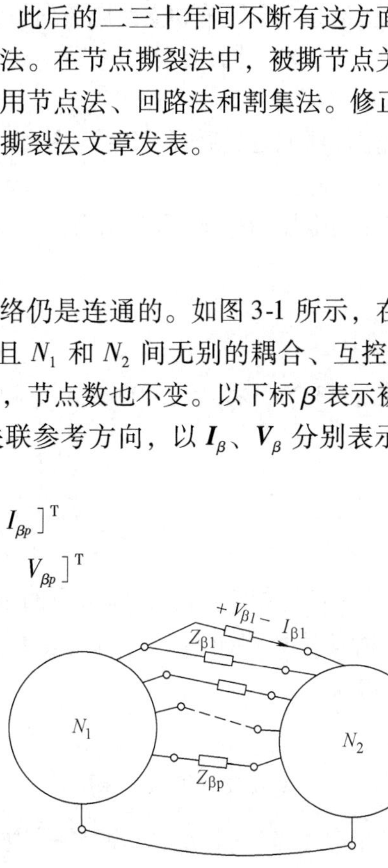

图 3-1　支路撕裂法

如同上一章修正节点法的推导，先对网络 N_1 和 N_2 根据第 2 章第 1 节方法分别建立节点电压方程

$$\left.\begin{aligned}\boldsymbol{Y}_{n1}\boldsymbol{V}_{n1}&=\boldsymbol{J}_{n1}\\ \boldsymbol{Y}_{n2}\boldsymbol{V}_{n2}&=\boldsymbol{J}_{n2}\end{aligned}\right\} \tag{3-2}$$

即

$$\begin{bmatrix} \boldsymbol{Y}_{n1} & \boldsymbol{0} \\ \boldsymbol{0} & \boldsymbol{Y}_{n2} \end{bmatrix} \begin{bmatrix} \boldsymbol{V}_{n1} \\ \boldsymbol{V}_{n2} \end{bmatrix} = \begin{bmatrix} \boldsymbol{J}_{n1} \\ \boldsymbol{J}_{n2} \end{bmatrix} \tag{3-3}$$

或

$$\overline{\boldsymbol{Y}}_n \boldsymbol{V}_n = \boldsymbol{J}_n \tag{3-4}$$

$\overline{\boldsymbol{Y}}_n$ 为剩余网络的节点导纳矩阵，$\boldsymbol{J}_n$ 为注入节点的电流源向量。式中

$$\overline{\boldsymbol{Y}}_n = \begin{bmatrix} \boldsymbol{Y}_{n1} & \boldsymbol{0} \\ \boldsymbol{0} & \boldsymbol{Y}_{n2} \end{bmatrix} \tag{3-5}$$

$$\boldsymbol{J}_n = \begin{bmatrix} \boldsymbol{J}_{n1} \\ \boldsymbol{J}_{n2} \end{bmatrix} \tag{3-6}$$

将被撕支路的电流作为各节点的附加注入电流，并用 $\boldsymbol{J}'_n$ 表示

$$\boldsymbol{J}'_n = \begin{bmatrix} \boldsymbol{J}'_{n1} \\ \boldsymbol{J}'_{n2} \end{bmatrix} \tag{3-7}$$

前面已指出，关联矩阵和支路电流向量相乘所构成向量 $\boldsymbol{A}\boldsymbol{I}_b$ 的元素即各对应节点电流（流出为正）的代数和。同理可得

$$\boldsymbol{J}'_n = -\boldsymbol{A}_\beta \boldsymbol{I}_\beta \tag{3-8}$$

考虑到附加注入电流后式（3-4）变为

$$\overline{\boldsymbol{Y}}_n \boldsymbol{V}_n = \boldsymbol{J}_n - \boldsymbol{A}_\beta \boldsymbol{I}_\beta \tag{3-9}$$

被撕支路的电压向量 $\boldsymbol{V}_\beta$ 可表示为

$$\boldsymbol{V}_\beta = \boldsymbol{A}_\beta^{\mathrm{T}} \boldsymbol{V}_n \tag{3-10}$$

或

$$\boldsymbol{A}_\beta^{\mathrm{T}} \boldsymbol{V}_n - \boldsymbol{Z}_\beta \boldsymbol{I}_\beta = \boldsymbol{0} \tag{3-11}$$

考虑到式（3-2），将式（3-9）、式（3-11）合并为一个矩阵

$$\begin{bmatrix} \boldsymbol{Y}_{n1} & \boldsymbol{0} & \boldsymbol{A}_\beta \\ \boldsymbol{0} & \boldsymbol{Y}_{n2} & \\ \boldsymbol{A}_\beta^{\mathrm{T}} & & -\boldsymbol{Z}_\beta \end{bmatrix} \begin{bmatrix} \boldsymbol{V}_{n1} \\ \boldsymbol{V}_{n2} \\ \boldsymbol{I}_\beta \end{bmatrix} = \begin{bmatrix} \boldsymbol{J}_{n1} \\ \boldsymbol{J}_{n2} \\ \boldsymbol{0} \end{bmatrix} \tag{3-12}$$

再将式（3-12）中 $\boldsymbol{I}_\beta$ 消去，即得原网络的节点电压方程。对式（3-9），式（3-11）消元过程中应先消去 $\boldsymbol{V}_n$，而不宜立即消去 $\boldsymbol{I}_\beta$，否则将失去对角分块矩阵的形式。用 $\overline{\boldsymbol{Y}}_n^{-1}$ 左乘式（3-9）得

$$\boldsymbol{V}_n = \overline{\boldsymbol{Y}}_n^{-1} \boldsymbol{J}_n - \overline{\boldsymbol{Y}}_n^{-1} \boldsymbol{A}_\beta \boldsymbol{I}_\beta \tag{3-13}$$

将式（3-13）代入式（3-11）得

$$\boldsymbol{Z}_\beta \boldsymbol{I}_\beta - \boldsymbol{A}_\beta^{\mathrm{T}} \overline{\boldsymbol{Y}}_n^{-1} \boldsymbol{J}_n + \boldsymbol{A}_\beta^{\mathrm{T}} \overline{\boldsymbol{Y}}_n^{-1} \boldsymbol{A}_\beta \boldsymbol{I}_\beta = \boldsymbol{0} \tag{3-14}$$

令

$$\boldsymbol{Z}'_\beta = \boldsymbol{Z}_\beta + \boldsymbol{A}_\beta^{\mathrm{T}} \overline{\boldsymbol{Y}}_n^{-1} \boldsymbol{A}_\beta \tag{3-15}$$

则得

$$I_\beta = Z'^{-1}_\beta A^T_\beta \overline{Y}^{-1}_n J_n \tag{3-16}$$

再将式（3-16）代入式（3-13）得

$$V_n = \overline{Y}^{-1}_n J_n - \overline{Y}^{-1}_n A_\beta Z'^{-1}_\beta A^T_\beta \overline{Y}^{-1}_n J_n \tag{3-17}$$

因为 $\overline{Y}_n$ 是分块对角形式，求逆工作量大为减少。从式（3-17）看出原网络的节点导纳矩阵的逆矩阵为

$$Y^{-1}_n = \overline{Y}^{-1}_n - \overline{Y}^{-1}_n A_\beta Z'^{-1}_\beta A^T_\beta \overline{Y}^{-1}_n \tag{3-18}$$

应用式（3-18）计算 Y^{-1}_n，比直接由 Y_n 求逆方便得多。

以上将网络 N 撕裂为两部分，实际上也可将网络撕裂为 m 部分，撕裂后各部分之间仍连通具有共有地线，但不构成回路。若各独立部分的节点导纳矩阵分别为 Y_{n1}、Y_{n2}、…、Y_{nm}，则

$$Y_n = \begin{bmatrix} Y_{n1} & 0 & 0 & 0 \\ 0 & Y_{n2} & 0 & 0 \\ 0 & 0 & \ddots & 0 \\ 0 & 0 & 0 & Y_{nm} \end{bmatrix} \tag{3-19}$$

即仍呈对角分块形式，求逆阵 Y^{-1}_n 的工作量大为减少。所以采用此法时被撕支路数应和子网络的阶数差不多为宜。

例 3-1 图 3-2a 所示网络 N 中，$I_{s1}=1\text{A}$，$I_{s2}=2\text{A}$，$R_1=1\Omega$，$R_2=\frac{1}{2}\Omega$，$\alpha=3$，试建立节点电压方程，并求节点电压向量。

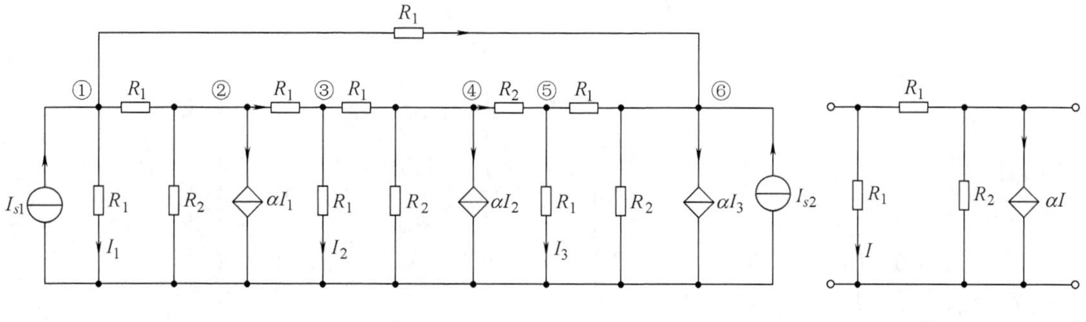

图 3-2 例 3-1 附图
a）例 3-1 电路图 b）子网络

解 可将该网络撕为图 3-2b 所示的三个完全相同的网络，由图 b 不难求得

$$Y_{n1} = Y_{n2} = Y_{n3} = \begin{bmatrix} 2 & -1 \\ 2 & 3 \end{bmatrix} \text{(S)}$$

其逆矩阵

$$Y^{-1}_{n1} = \begin{bmatrix} \frac{3}{8} & \frac{1}{8} \\ -\frac{1}{4} & \frac{1}{4} \end{bmatrix} (\Omega)$$

$$\overline{\boldsymbol{Y}}_n^{-1}=\begin{bmatrix} \frac{3}{8} & \frac{1}{8} & 0 & 0 & 0 & 0 \\ -\frac{1}{4} & \frac{1}{4} & 0 & 0 & 0 & 0 \\ 0 & 0 & \frac{3}{8} & \frac{1}{8} & 0 & 0 \\ 0 & 0 & -\frac{1}{4} & \frac{1}{4} & 0 & 0 \\ 0 & 0 & 0 & 0 & \frac{3}{8} & \frac{1}{8} \\ 0 & 0 & 0 & 0 & -\frac{1}{4} & \frac{1}{4} \end{bmatrix}$$

$$\boldsymbol{A}_\beta=\begin{bmatrix} 0 & 0 & 1 \\ 1 & 0 & 0 \\ -1 & 0 & 0 \\ 0 & 1 & 0 \\ 0 & -1 & 0 \\ 0 & 0 & -1 \end{bmatrix}$$

被撕支路阻抗矩阵

$$\boldsymbol{Z}_\beta=\begin{bmatrix} 1 & 0 & 0 \\ 0 & \frac{1}{2} & 0 \\ 0 & 0 & 1 \end{bmatrix}(\Omega)$$

$$\boldsymbol{A}_\beta^{\mathrm{T}}\overline{\boldsymbol{Y}}_n^{-1}\boldsymbol{A}_\beta=\begin{bmatrix} 0 & 1 & -1 & 0 & 0 & 0 \\ 0 & 0 & 0 & 1 & -1 & 0 \\ 1 & 0 & 0 & 0 & 0 & -1 \end{bmatrix}\begin{bmatrix} \frac{3}{8} & \frac{1}{8} & 0 & 0 & 0 & 0 \\ -\frac{1}{4} & \frac{1}{4} & 0 & 0 & 0 & 0 \\ 0 & 0 & \frac{3}{8} & \frac{1}{8} & 0 & 0 \\ 0 & 0 & -\frac{1}{4} & \frac{1}{4} & 0 & 0 \\ 0 & 0 & 0 & 0 & \frac{3}{8} & \frac{1}{8} \\ 0 & 0 & 0 & 0 & -\frac{1}{4} & \frac{1}{4} \end{bmatrix}\boldsymbol{A}_\beta$$

$$=\begin{bmatrix} -\frac{1}{4} & \frac{1}{4} & -\frac{3}{8} & -\frac{1}{8} & 0 & 0 \\ 0 & 0 & -\frac{1}{4} & \frac{1}{4} & -\frac{3}{8} & -\frac{1}{8} \\ \frac{3}{8} & \frac{1}{8} & 0 & 0 & \frac{1}{4} & -\frac{1}{4} \end{bmatrix}\begin{bmatrix} 0 & 0 & 1 \\ 1 & 0 & 0 \\ -1 & 0 & 0 \\ 0 & 1 & 0 \\ 0 & -1 & 0 \\ 0 & 0 & -1 \end{bmatrix}=\begin{bmatrix} \frac{5}{8} & -\frac{1}{8} & -\frac{1}{4} \\ \frac{1}{4} & \frac{5}{8} & \frac{1}{8} \\ \frac{1}{8} & -\frac{1}{4} & \frac{5}{8} \end{bmatrix}$$

将各项代入式（3-15）得

$$Z'_{\beta}=\begin{bmatrix}\frac{13}{8} & -\frac{1}{8} & -\frac{1}{4}\\ \frac{1}{4} & \frac{9}{8} & \frac{1}{8}\\ \frac{1}{8} & -\frac{1}{4} & \frac{13}{8}\end{bmatrix}(\Omega)$$

其逆矩阵为

$$Z'^{-1}_{\beta}=\begin{bmatrix}0.5957 & 0.0851 & 0.0851\\ -0.1250 & 0.8560 & -0.0851\\ -0.0651 & 0.1250 & 0.5957\end{bmatrix}(S)$$

$$\bar{Y}_n^{-1}A_{\beta}Z'^{-1}_{\beta}A_{\beta}^{T}\bar{Y}_n^{-1}$$

$$=\begin{bmatrix}0.07520 & 0.04180 & -0.03310 & 0.00812 & 0.03700 & -0.06570\\ -0.08920 & 0.02530 & -0.05950 & -0.02310 & -0.02830 & 0.03220\\ 0.04380 & -0.06510 & 0.07090 & 0.04870 & -0.03880 & 0.00126\\ -0.02940 & 0.02940 & -0.10300 & 0.04410 & -0.08820 & -0.02940\\ -0.02970 & 0.00843 & 0.06350 & -0.09100 & 0.11560 & 0.05270\\ -0.06008 & -0.02502 & -0.04010 & 0.04760 & -0.11110 & 0.01970\end{bmatrix}$$

$$Y_n^{-1}=\bar{Y}_n^{-1}-\bar{Y}_n^{-1}A_{\beta}Z'^{-1}_{\beta}A_{\beta}^{T}\bar{Y}_n^{-1}$$

$$=\begin{bmatrix}0.28000 & 0.08320 & 0.03310 & -0.00812 & -0.03700 & 0.06570\\ -0.16080 & 0.22470 & 0.05950 & 0.02310 & 0.02830 & -0.03315\\ -0.04380 & 0.06510 & 0.30410 & 0.07630 & 0.03880 & -0.00126\\ 0.02940 & -0.02940 & -0.14700 & 0.02060 & 0.08820 & 0.02940\\ 0.02970 & -0.00843 & -0.06350 & 0.09100 & 0.25940 & 0.07230\\ 0.06010 & 0.02500 & 0.04010 & -0.04760 & -0.13900 & 0.23030\end{bmatrix}$$

注入节点的电流向量为

$$J_n=[1\quad 0\quad 0\quad 0\quad 0\quad 2]^{T}$$

最后得节点电压向量

$$\begin{aligned}V_n&=Y_n^{-1}J_n\\&=[0.43140\quad -0.22710\quad -0.04632\quad 0.08820\quad 0.17430\quad 0.52070]^{T}\end{aligned}$$

需要指出，被撕支路均没有独立电源，如果有独立源仍可以作为注入该支路所连接两节点的电流源。另外，如果被撕支路之间有受控源，只要这些受控源不与保留网络存在耦合关系，则仍可以采用式（2-14）先求被撕支路的支路导纳矩阵 Y_b，被撕支路的支路阻抗矩阵 Z_b

$$Z_b=Y_b^{-1} \tag{3-20}$$

还需指明，本节所讨论的方法中保留网络必须是连通的，而且各子网络选取共同的参考点，即为整个网络的参考点，这个参考点就是保留网络的断点。

3.3 支路排序法

实际上也可以不必像上节那样将网络具体撕裂开来，只需要将支路按一定的次序排列，再应用2.1的节点电压法就可以直接生成加边分块对角阵。

将支路按先保留支路后被撕支路编号，并用下标‘α’代表保留支路，下标‘β’代表被撕支路，则关联矩阵

$$\boldsymbol{A} = [\boldsymbol{A}_{\alpha} \mid \boldsymbol{A}_{\beta}] = \left[\begin{array}{ccccc|c} A_{\alpha 1} & 0 & 0 & 0 & 0 & \\ 0 & A_{\alpha 2} & 0 & 0 & 0 & \\ 0 & 0 & \cdots & 0 & 0 & \boldsymbol{A}_{\beta} \\ \cdots & \cdots & \cdots & \cdots & \cdots & \\ 0 & 0 & 0 & 0 & A_{\alpha m} & \end{array}\right] \tag{3-21}$$

设支路电流、电压向量分别为

$$\boldsymbol{I}_b = \begin{bmatrix} \boldsymbol{I}_{\alpha} \\ \hdashline \boldsymbol{I}_{\beta} \end{bmatrix} \tag{3-22}$$

$$\boldsymbol{V}_b = \begin{bmatrix} \boldsymbol{V}_{\alpha} \\ \hdashline \boldsymbol{V}_{\beta} \end{bmatrix} \tag{3-23}$$

支路电压源，电流源向量分别为

$$\boldsymbol{V}_s = \begin{bmatrix} \boldsymbol{V}_{s\alpha} \\ \hdashline \boldsymbol{V}_{s\beta} \end{bmatrix} \tag{3-24}$$

$$\boldsymbol{I}_s = \begin{bmatrix} \boldsymbol{I}_{s\alpha} \\ \hdashline \boldsymbol{I}_{s\beta} \end{bmatrix} \tag{3-25}$$

支路导纳矩阵和支路阻抗矩阵分别为

$$\boldsymbol{Y}_b = \left[\begin{array}{c|c} \boldsymbol{Y}_{b\alpha} & \boldsymbol{0} \\ \hline \boldsymbol{0} & Y_{\beta} \end{array}\right] \tag{3-26}$$

$$\boldsymbol{Z}_b = \left[\begin{array}{c|c} \boldsymbol{Z}_{b\alpha} & \boldsymbol{0} \\ \hline \boldsymbol{0} & \boldsymbol{Z}_{\beta} \end{array}\right] \tag{3-27}$$

典型支路和2.1节相同，则仍可以应用式（2-14），只是保留网络和被撕网络分别计算。应用矩阵形式的KCL和KVL，即式（1-27）和式（1-33）再考虑上面按序分块情况，则有

$$\boldsymbol{A}\boldsymbol{I}_b = [\boldsymbol{A}_{\alpha} \mid \boldsymbol{A}_{\beta}] \begin{bmatrix} \boldsymbol{I}_{\alpha} \\ \hdashline \boldsymbol{I}_{\beta} \end{bmatrix} = \boldsymbol{0} \quad \text{即}$$

$$\boldsymbol{A}_{\alpha}\boldsymbol{I}_{\alpha} + \boldsymbol{A}_{\beta}\boldsymbol{I}_{\beta} = \boldsymbol{0} \tag{3-28}$$

其中

$$\boldsymbol{I}_{\alpha} = \boldsymbol{I}_{s\alpha} + \boldsymbol{Y}_{b\alpha}\boldsymbol{V}_{\alpha} - \boldsymbol{Y}_{b\alpha}\boldsymbol{V}_{s\alpha} \tag{3-29}$$

而

$$\begin{bmatrix} \boldsymbol{V}_\alpha \\ \hdashline \boldsymbol{V}_\beta \end{bmatrix} = \boldsymbol{V}_b = \boldsymbol{A}^{\mathrm{T}}\boldsymbol{V}_n = \begin{bmatrix} \boldsymbol{A}_\alpha^{\mathrm{T}} \\ \hdashline \boldsymbol{A}_\beta^{\mathrm{T}} \end{bmatrix}\boldsymbol{V}_n \tag{3-30}$$

$$\boldsymbol{V}_\alpha = \boldsymbol{A}_\alpha^{\mathrm{T}}\boldsymbol{V}_n \tag{3-31}$$

将式（3-29）、式（3-31）代入式（3-28）整理后有

$$\boldsymbol{A}_\alpha\boldsymbol{Y}_{b\alpha}\boldsymbol{A}_\alpha^{\mathrm{T}}\boldsymbol{V}_n + \boldsymbol{A}_\beta\boldsymbol{I}_\beta = \boldsymbol{A}_\alpha\boldsymbol{Y}_{b\alpha}\boldsymbol{V}_{s\alpha} - \boldsymbol{A}_\alpha\boldsymbol{I}_{s\alpha} \tag{3-32}$$

由式（3-30）并考虑到式（2-13）可得

$$\boldsymbol{A}_\beta^{\mathrm{T}}\boldsymbol{V}_n = \boldsymbol{V}_\beta = \boldsymbol{Z}_\beta\boldsymbol{I}_\beta - \boldsymbol{Z}_\beta\boldsymbol{I}_{s\beta} + \boldsymbol{V}_{s\beta}$$

或

$$\boldsymbol{A}_\beta^{\mathrm{T}}\boldsymbol{V}_n - \boldsymbol{Z}_\beta\boldsymbol{I}_\beta = -\boldsymbol{Z}_\beta\boldsymbol{I}_{s\beta} + \boldsymbol{V}_{s\beta} \tag{3-33}$$

合并式（3-32）、式（3-33）得

$$\left[\begin{array}{c:c} \boldsymbol{A}_\alpha\boldsymbol{Y}_{b\alpha}\boldsymbol{A}_\alpha^{\mathrm{T}} & \boldsymbol{A}_\beta \\ \hdashline \boldsymbol{A}_\beta^{\mathrm{T}} & -\boldsymbol{Z}_\beta \end{array}\right]\begin{bmatrix} \boldsymbol{V}_n \\ \hdashline \boldsymbol{I}_\beta \end{bmatrix} = \begin{bmatrix} \boldsymbol{A}_\alpha\boldsymbol{Y}_{b\alpha}\boldsymbol{V}_{s\alpha} - \boldsymbol{A}_\alpha\boldsymbol{I}_{s\alpha} \\ \hdashline -\boldsymbol{Z}_\beta\boldsymbol{I}_{s\beta} + \boldsymbol{V}_{s\beta} \end{bmatrix} \tag{3-34}$$

式（3-34）是加边对角阵形式，和式（3-12）相类似

令

$$\boldsymbol{A}_\alpha\boldsymbol{Y}_{b\alpha}\boldsymbol{A}_\alpha^{\mathrm{T}} = \boldsymbol{Y}_{n\alpha} \tag{3-35}$$

$$\boldsymbol{A}_\alpha\boldsymbol{Y}_{b\alpha}\boldsymbol{V}_{s\alpha} - \boldsymbol{A}_\alpha\boldsymbol{I}_{s\alpha} = \boldsymbol{J}_{n\alpha} \tag{3-36}$$

$$-\boldsymbol{Z}_\beta\boldsymbol{I}_{s\beta} + \boldsymbol{V}_{s\beta} = \boldsymbol{E}_\beta \tag{3-37}$$

则式（3-34）可以简写为

$$\left[\begin{array}{c:c} \boldsymbol{Y}_{n\alpha} & \boldsymbol{A}_\beta \\ \hdashline \boldsymbol{A}_\beta^{\mathrm{T}} & -\boldsymbol{Z}_\beta \end{array}\right]\begin{bmatrix} \boldsymbol{V}_n \\ \hdashline \boldsymbol{I}_\beta \end{bmatrix} = \begin{bmatrix} \boldsymbol{J}_{n\alpha} \\ \hdashline \boldsymbol{E}_\beta \end{bmatrix} \tag{3-38}$$

解式（3-38）时，为了保持对角阵求逆的好处，消去 I_β 时应先消去 V_n。以 $Y_{n\alpha}^{-1}$ 左乘式（3-38）的上半分块得

$$\boldsymbol{V}_n = \boldsymbol{Y}_{n\alpha}{}^{-1}\boldsymbol{J}_{n\alpha} - \boldsymbol{Y}_{n\alpha}{}^{-1}\boldsymbol{A}_\beta\boldsymbol{I}_\beta \tag{3-39}$$

代入式（3-38）的下半分块为

$$\boldsymbol{A}_\beta^{\mathrm{T}}\boldsymbol{Y}_{n\alpha}^{-1}\boldsymbol{J}_{n\alpha} - \boldsymbol{A}_\beta^{\mathrm{T}}\boldsymbol{Y}_{n\alpha}^{-1}\boldsymbol{A}_\beta\boldsymbol{I}_\beta = \boldsymbol{E}_\beta + \boldsymbol{Z}_\beta\boldsymbol{I}_\beta$$

或

$$(\boldsymbol{Z}_\beta + \boldsymbol{A}_\beta^{\mathrm{T}}\boldsymbol{Y}_{n\alpha}{}^{-1}\boldsymbol{A}_\beta)\boldsymbol{I}_\beta = -\boldsymbol{E}_\beta + \boldsymbol{A}_\beta^{\mathrm{T}}\boldsymbol{Y}_{n\alpha}^{-1}\boldsymbol{J}_{n\alpha}$$

令 $\boldsymbol{Z}'_\beta = \boldsymbol{Z}_\beta + \boldsymbol{A}_\beta^{\mathrm{T}}\boldsymbol{Y}_{n\alpha}{}^{-1}\boldsymbol{A}_\beta$ 则

$$\boldsymbol{I}_\beta = -\boldsymbol{Z}'^{-1}_\beta\boldsymbol{E}_\beta + \boldsymbol{Z}'^{-1}_\beta\boldsymbol{A}_\beta^{\mathrm{T}}\boldsymbol{Y}_{n\alpha}{}^{-1}\boldsymbol{J}_{n\alpha} \tag{3-40}$$

将式（3-40）代入式（3-39）得

$$\boldsymbol{V}_n = \boldsymbol{Y}_{n\alpha}{}^{-1}\boldsymbol{J}_{n\alpha} - \boldsymbol{Y}_{n\alpha}{}^{-1}\boldsymbol{A}_\beta\boldsymbol{Z}'^{-1}_\beta\boldsymbol{A}_\beta^{\mathrm{T}}\boldsymbol{Y}_{n\alpha}{}^{-1}\boldsymbol{J}_{n\alpha} + \boldsymbol{Y}_{n\alpha}{}^{-1}\boldsymbol{A}_\beta\boldsymbol{Z}'^{-1}_\beta\boldsymbol{E}_\beta \tag{3-41}$$

式（3-41）和式（3-17）是相同的，右边第三项是体现被撕支路的独立源，上节推导中是假定被撕支路独立源是不存在的。

例 3-2 求图 3-3a 所示电路的节点电压，各支路电阻（欧姆数）已标在图上。

解 图 3-3b 是 3-3a 电路的拓扑图，7、8 支路为被撕支路。注入保留节点的电流为

$$\boldsymbol{J}_{n\alpha} = [2 \quad 0 \quad 0 \quad 0]^{\mathrm{T}} \quad V_{s\alpha} = 0$$

被撕支路电流源为

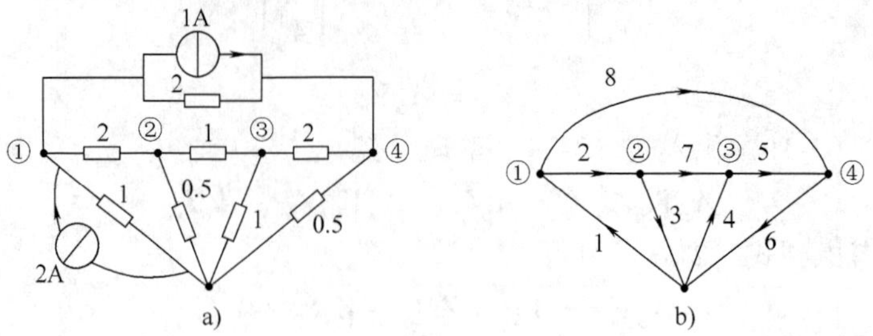

图 3-3　例 3-2 附图

a）例 3-2 电路图　b）对应线图

$$\boldsymbol{I}_{s\beta} = [0 \quad 1]^{\mathrm{T}} \quad V_{s\beta} = 0$$

$$\boldsymbol{Y}_{b\alpha} = \begin{bmatrix} 1 & 0 & 0 & 0 & 0 & 0 \\ 0 & 0.5 & 0 & 0 & 0 & 0 \\ 0 & 0 & 2 & 0 & 0 & 0 \\ 0 & 0 & 0 & 1 & 0 & 0 \\ 0 & 0 & 0 & 0 & 0.5 & 0 \\ 0 & 0 & 0 & 0 & 0 & 2 \end{bmatrix}$$

$$\boldsymbol{Z}_{\beta} = \begin{bmatrix} 1 & 0 \\ 0 & 2 \end{bmatrix}$$

$$\boldsymbol{A}_{\alpha} = \begin{bmatrix} -1 & 1 & 0 & 0 & 0 & 0 \\ 0 & -1 & 1 & 0 & 0 & 0 \\ 0 & 0 & 0 & -1 & 1 & 0 \\ 0 & 0 & 0 & 0 & -1 & 1 \end{bmatrix}$$

$$\boldsymbol{A}_{\beta} = \begin{bmatrix} 0 & 1 \\ 1 & 0 \\ -1 & 0 \\ 0 & -1 \end{bmatrix}$$

由式（3-35）得

$$\boldsymbol{Y}_{n\alpha} = \boldsymbol{A}_{\alpha}\boldsymbol{Y}_{b\alpha}\boldsymbol{A}_{\alpha}^{\mathrm{T}} = \begin{bmatrix} 1.5 & -0.5 & 0 & 0 \\ -0.5 & 2.5 & 0 & 0 \\ 0 & 0 & 1.5 & -0.5 \\ 0 & 0 & -0.5 & 2.5 \end{bmatrix}$$

$$J_{n\alpha} = -A_{\alpha}I_{s\alpha} = \begin{bmatrix} 2 \\ 0 \\ 0 \\ 0 \end{bmatrix}$$

$$E_{\beta} = -Z_{\beta}I_{s\beta} = \begin{bmatrix} 0 \\ -2 \end{bmatrix}$$

$$Y_{n\alpha}^{-1} = \begin{bmatrix} 0.714 & 0.413 & 0 & 0 \\ 0.143 & 0.429 & 0 & 0 \\ 0 & 0 & 0.714 & 0.143 \\ 0 & 0 & 0.143 & 0.429 \end{bmatrix}$$

$$Z'_{\beta} = Z_{\beta} + A_{\beta}^{T}Y_{n\alpha}^{-1}A_{\beta} = \begin{bmatrix} 1 & 0 \\ 0 & 2 \end{bmatrix} + \begin{bmatrix} 1.143 & 0.286 \\ 0.286 & 1.143 \end{bmatrix} = \begin{bmatrix} 2.143 & 0.286 \\ 0.286 & 3.143 \end{bmatrix}$$

$$Z_{\beta}'^{-1} = \begin{bmatrix} 0.472 & -0.043 \\ -0.043 & 0.322 \end{bmatrix}$$

$$V_{n} = Y_{n\alpha}^{-1}J_{n\alpha} - Y_{n\alpha}^{-1}A_{\beta}Z_{\beta}'^{-1}A_{\beta}^{T}Y_{n\alpha}^{-1}J_{n\alpha} + Y_{n\alpha}^{-1}A_{\beta}Z_{\beta}'^{-1}E_{\beta} = \begin{bmatrix} 0.65 \\ 0.134 \\ 0.146 \\ 0.467 \end{bmatrix}$$

以上计算时也可以将 1A 的电流源作为注入节点①、④的电流源，这样被撕支路就没有独立源了，即 $E_{\beta}=0$，而 $J_{n\alpha}$变为 $[1\quad 0\quad 0\quad 1]^{T}$，这样代入后和例 3-2 的方法完全相同了。

3.4　节点撕裂法

节点撕裂法的思路是把部分节点先移走，与这些节点关联的支路也全部移走。假定保留网络是连通的，而且有一个断点，这个断点和各子网络都直接相连，选为参考点。

设保留网络中节点电压和支路电流都用下标‘α’，被撕网络节点电压下标为‘β’，被撕网络中原来和保留网络节点 α 关联的支路电流用下标‘β_1’，只与被撕网络节点关联的支路电流用下标‘β_2’。其它导纳、阻抗等也使用相应的下标。所以节点电压为

$$V_{n} = \begin{bmatrix} V_{n\alpha} \\ \hdashline V_{n\beta} \end{bmatrix}$$

支路电流向量为

$$I_{\beta} = \begin{bmatrix} I_{\beta 1} \\ \hdashline I_{\beta 2} \end{bmatrix}$$

支路导纳矩阵为

$$\boldsymbol{Y}_b=\left[\begin{array}{c:c:c}\boldsymbol{Y}_{b\alpha} & \mathbf{0} & \mathbf{0}\\ \hdashline \mathbf{0} & \boldsymbol{Y}_{b\beta1} & \mathbf{0}\\ \hdashline \mathbf{0} & \mathbf{0} & \boldsymbol{Y}_{b\beta2}\end{array}\right]$$

关联矩阵

$$\boldsymbol{A}=\left[\begin{array}{c:c:c}\boldsymbol{A}_{\alpha} & \boldsymbol{A}_{\alpha\beta1} & \mathbf{0}\\ \hdashline \mathbf{0} & \boldsymbol{A}_{\beta1} & \boldsymbol{A}_{\beta2}\end{array}\right]$$

为分析方便，设β_1支路中无独立源。这样假定实际上是将被撕支路的独立源直接归入节点注入电流。对保留网络应用第2.1节的节点电压法建立节点电压方程

$$\boldsymbol{Y}_{n\alpha}\overline{\boldsymbol{V}}_{n\alpha}=\boldsymbol{J}_{n\alpha} \tag{3-42}$$

其中$\boldsymbol{Y}_{n\alpha}$为对角分块矩阵，每个分块即为各子网络的节点导纳矩阵，$\boldsymbol{J}_{n\alpha}$是保留网络节点的注入电流，可按式（2-25）计算。$\overline{\boldsymbol{V}}_{n\alpha}$加上划有别于整体网络的节点电压$\boldsymbol{V}_{n\alpha}$。

考虑到连为整体网络补充的节点注入电流应为$-\boldsymbol{A}_{\alpha\beta1}\boldsymbol{I}_{\beta1}$则有

$$\boldsymbol{Y}_{n\alpha}\boldsymbol{V}_{n\alpha}+\boldsymbol{A}_{\alpha\beta1}\boldsymbol{I}_{\beta1}=\boldsymbol{J}_{n\alpha} \tag{3-43}$$

由式（1-33）得

$$\boldsymbol{A}^{\mathrm{T}}\boldsymbol{V}_n=\left[\begin{array}{c:c}\boldsymbol{A}_{\alpha}^{\mathrm{T}} & \mathbf{0}\\ \hdashline \boldsymbol{A}_{\alpha\beta1}{}^{\mathrm{T}} & \boldsymbol{A}_{\beta1}{}^{\mathrm{T}}\\ \hdashline \mathbf{0} & \boldsymbol{A}_{\beta2}{}^{\mathrm{T}}\end{array}\right]\left[\begin{array}{c}\boldsymbol{V}_{n\alpha}\\ \hdashline \boldsymbol{V}_{n\beta}\end{array}\right]=\left[\begin{array}{c}\boldsymbol{A}_{\alpha}^{\mathrm{T}}\boldsymbol{V}_{n\alpha}\\ \hdashline \boldsymbol{A}_{\alpha\beta1}{}^{\mathrm{T}}\boldsymbol{V}_{n\alpha}+\boldsymbol{A}_{\beta1}{}^{\mathrm{T}}\boldsymbol{V}_{n\beta}\\ \hdashline \boldsymbol{A}_{\beta2}{}^{\mathrm{T}}\boldsymbol{V}_{n\beta}\end{array}\right]=\left[\begin{array}{c}\boldsymbol{V}_{b\alpha}\\ \hdashline \boldsymbol{V}_{b\beta1}\\ \hdashline \boldsymbol{V}_{b\beta2}\end{array}\right]$$

故有

$$\boldsymbol{V}_{b\beta1}=\boldsymbol{Z}_{\beta1}\boldsymbol{I}_{\beta1}=\boldsymbol{A}_{\alpha\beta1}{}^{\mathrm{T}}\boldsymbol{V}_{n\alpha}+\boldsymbol{A}_{\beta1}{}^{\mathrm{T}}\boldsymbol{V}_{n\beta} \tag{3-44}$$

用$\boldsymbol{Y}_{n\alpha}{}^{-1}$左乘式（3-43）并代入式（3-44）经整理得

$$\boldsymbol{Z}_{\beta1}\boldsymbol{I}_{\beta1}+\boldsymbol{A}_{\alpha\beta1}{}^{\mathrm{T}}\boldsymbol{Y}_{n\alpha}{}^{-1}\boldsymbol{A}_{\alpha\beta1}\boldsymbol{I}_{\beta1}=\boldsymbol{A}_{\beta1}{}^{\mathrm{T}}\boldsymbol{V}_{n\beta}+\boldsymbol{A}_{\alpha\beta1}{}^{\mathrm{T}}\boldsymbol{Y}_{n\alpha}{}^{-1}\boldsymbol{J}_{n\alpha} \tag{3-45}$$

令

$$\boldsymbol{Z}'_{\beta1}=\boldsymbol{Z}_{\beta1}+\boldsymbol{A}_{\alpha\beta1}{}^{\mathrm{T}}\boldsymbol{Y}_{n\alpha}{}^{-1}\boldsymbol{A}_{\alpha\beta1} \tag{3-46}$$

再以$\boldsymbol{Z}'^{-1}_{\beta1}$左乘式（3-45）可得

$$\boldsymbol{I}_{\beta1}=\boldsymbol{Z}'^{-1}_{\beta1}\boldsymbol{A}_{\beta1}{}^{\mathrm{T}}\boldsymbol{V}_{n\beta}+\boldsymbol{Z}'^{-1}_{\beta1}\boldsymbol{A}_{\alpha\beta1}{}^{\mathrm{T}}\boldsymbol{Y}_{n\alpha}{}^{-1}\boldsymbol{J}_{n\alpha} \tag{3-47}$$

$\boldsymbol{I}_{\beta1}$代入式（3-43）经整理得

$$\boldsymbol{Y}_{n\alpha}\boldsymbol{V}_{n\alpha}+\boldsymbol{A}_{\alpha\beta1}\boldsymbol{Z}'^{-1}_{\beta1}\boldsymbol{A}_{\beta1}{}^{\mathrm{T}}\boldsymbol{V}_{n\beta}=\boldsymbol{J}_{n\alpha}-\boldsymbol{A}_{\alpha\beta1}\boldsymbol{Z}'^{-1}_{\beta1}\boldsymbol{A}_{\alpha\beta1}{}^{\mathrm{T}}\boldsymbol{Y}_{n\alpha}{}^{-1}\boldsymbol{J}_{n\alpha} \tag{3-48}$$

再令

$$\boldsymbol{Y}_{n\alpha\beta1}=\boldsymbol{A}_{\alpha\beta1}\boldsymbol{Z}'^{-1}_{\beta1}\boldsymbol{A}_{\beta1}{}^{\mathrm{T}} \tag{3-49}$$

$$\boldsymbol{J}'_{n\alpha}=\boldsymbol{J}_{n\alpha}-\boldsymbol{A}_{\alpha\beta1}\boldsymbol{Z}'^{-1}_{\beta1}\boldsymbol{A}_{\alpha\beta1}{}^{\mathrm{T}}\boldsymbol{Y}_{n\alpha}{}^{-1}\boldsymbol{J}_{n\alpha} \tag{3-50}$$

则可将式（3-48）简写为

$$\boldsymbol{Y}_{n\alpha}\boldsymbol{V}_{n\alpha}+\boldsymbol{Y}_{n\alpha\beta1}\boldsymbol{V}_{n\beta}=\boldsymbol{J}'_{n\alpha} \tag{3-51}$$

对被撕节点由KCL可建立节点电压方程，流出被撕节点的电流为

$$\boldsymbol{A}_{\beta1}\boldsymbol{I}_{\beta1}+\boldsymbol{A}_{\beta2}\boldsymbol{I}_{\beta2}$$

其中

$$\boldsymbol{I}_{\beta1}=\boldsymbol{Y}_{b\beta1}\boldsymbol{V}_{b\beta1}=\boldsymbol{Y}_{b\beta1}(\boldsymbol{A}_{\alpha\beta1}{}^{\mathrm{T}}\boldsymbol{V}_{n\alpha}+\boldsymbol{A}_{\beta1}{}^{\mathrm{T}}\boldsymbol{V}_{n\beta})$$

$$I_{\beta 2} = Y_{b\beta 2} V_{b\beta 2} = Y_{b\beta 2} A_{\beta 2}{}^{\mathrm{T}} V_{n\beta}$$

各代入并使其等于注入节点的电流源得

$$A_{\beta 1} Y_{b\beta 1} A_{\alpha\beta 1}{}^{\mathrm{T}} V_{n\alpha} + (A_{\beta 1} Y_{b\beta 1} A_{\beta 1}{}^{\mathrm{T}} + A_{\beta 2} Y_{b\beta 2} A_{\beta 2}{}^{\mathrm{T}}) V_{n\beta} = J_{n\beta} \tag{3-52}$$

令

$$A_{\beta 1} Y_{b\beta 1} A_{\alpha\beta 1}{}^{\mathrm{T}} = Y_{n\beta 1\alpha} \tag{3-53}$$

$$A_{\beta 1} Y_{b\beta 1} A_{\beta 1}{}^{\mathrm{T}} + A_{\beta 2} Y_{b\beta 2} A_{\beta 2}{}^{\mathrm{T}} = Y_{n\beta} \tag{3-54}$$

则式（3-52）可以简写为

$$Y_{n\beta 1\alpha} V_{n\alpha} + Y_{n\beta} V_{n\beta} = J_{n\beta} \tag{3-55}$$

合并（3-51），（3-55）为

$$\left[\begin{array}{c:c} Y_{n\alpha} & Y_{n\alpha\beta 1} \\ \hdashline Y_{n\beta 1\alpha} & Y_{n\beta} \end{array}\right] \left[\begin{array}{c} V_{n\alpha} \\ \hdashline V_{n\beta} \end{array}\right] = \left[\begin{array}{c} J'_{n\alpha} \\ \hdashline J_{n\beta} \end{array}\right] \tag{3-56}$$

其中 $Y_{n\alpha}$为分块对角阵，所以式（3-56）是加边分块对角阵。在消元过程中注意保持 $Y_{n\alpha}$的对角分块形式。

例 3-3　图 3-4a 所示电路中，电阻和独立源值均已标在图上，试用节点撕裂法求节点电压。

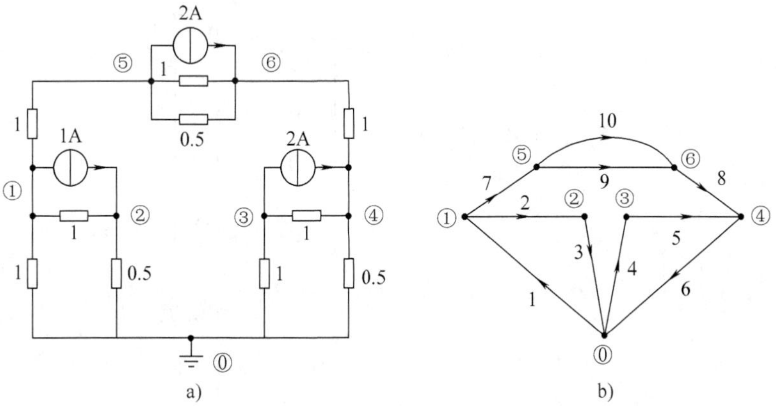

图 3-4　例 3-3 附图

a）例 3-3 电路图　b）对应线图

解　设撕去节点⑤、⑥

撕去节点⑤、⑥后由节点电压法或直观法可得

$$Y_{n\alpha} = \begin{bmatrix} 2 & -1 & 0 & 0 \\ -1 & 3 & 0 & 0 \\ 0 & 0 & 2 & -1 \\ 0 & 0 & -1 & 3 \end{bmatrix} \qquad Y_{n\alpha}{}^{-1} = \begin{bmatrix} 0.6 & 0.2 & 0 & 0 \\ 0.2 & 0.4 & 0 & 0 \\ 0 & 0 & 0.6 & 0.2 \\ 0 & 0 & 0.2 & 0.4 \end{bmatrix}$$

$$J_{n\alpha} = [-1 \quad 1 \quad -2 \quad 2]^{\mathrm{T}}$$

由拓扑图 3-4b 不难得

$$\boldsymbol{A}_{\alpha\beta1}=\begin{bmatrix}1&0\\0&0\\0&0\\0&-1\end{bmatrix}\qquad \boldsymbol{A}_{\beta1}=\begin{bmatrix}-1&0\\0&1\end{bmatrix}\qquad \boldsymbol{A}_{\beta2}=\begin{bmatrix}1&1\\-1&-1\end{bmatrix}$$

$$\boldsymbol{Z}_{\beta1}=\begin{bmatrix}1&0\\0&1\end{bmatrix}\qquad \boldsymbol{Y}_{b\beta1}=\begin{bmatrix}1&0\\0&1\end{bmatrix}\qquad \boldsymbol{Y}_{b\beta2}=\begin{bmatrix}2&0\\0&1\end{bmatrix}$$

$$\boldsymbol{Z}'_{\beta1}=\boldsymbol{Z}_{\beta1}+\boldsymbol{A}_{\alpha\beta1}{}^{\mathrm{T}}\boldsymbol{Y}_{n\alpha}{}^{-1}\boldsymbol{A}_{\alpha\beta1}=\begin{bmatrix}1&0\\0&1\end{bmatrix}+\begin{bmatrix}0.6&0\\0&0.4\end{bmatrix}=\begin{bmatrix}1.6&0\\0&1.4\end{bmatrix}$$

故

$$\boldsymbol{Z}'^{-1}_{\beta1}=\begin{bmatrix}\frac{5}{8}&0\\0&\frac{5}{7}\end{bmatrix}$$

$$\boldsymbol{Y}_{n\alpha\beta1}=\boldsymbol{A}_{\alpha\beta1}\boldsymbol{Z}'^{-1}_{\beta1}\boldsymbol{A}_{\beta1}{}^{\mathrm{T}}=\begin{bmatrix}-\frac{5}{8}&0\\0&0\\0&0\\0&-\frac{5}{7}\end{bmatrix}$$

$$\boldsymbol{J}'_{n\alpha}=\boldsymbol{J}_{n\alpha}-\boldsymbol{A}_{\alpha\beta1}\boldsymbol{Z}'^{-1}_{\beta1}\boldsymbol{A}_{\alpha\beta1}{}^{\mathrm{T}}\boldsymbol{Y}_{n\alpha}{}^{-1}\boldsymbol{J}_{n\alpha}=\begin{bmatrix}0.75\\1\\-2\\\frac{12}{7}\end{bmatrix}$$

$$\boldsymbol{Y}_{n\beta1\alpha}=\boldsymbol{A}_{\beta1}\boldsymbol{Y}_{b\beta1}\boldsymbol{A}_{\alpha\beta1}{}^{\mathrm{T}}=\begin{bmatrix}-1&0&0&0\\0&0&0&-1\end{bmatrix}$$

$$\boldsymbol{Y}_{n\beta}=\boldsymbol{A}_{\beta1}\boldsymbol{Y}_{b\beta1}\boldsymbol{A}_{\beta1}{}^{\mathrm{T}}+\boldsymbol{A}_{\beta2}\boldsymbol{Y}_{b\beta2}\boldsymbol{A}_{\beta2}{}^{\mathrm{T}}=\begin{bmatrix}4&-3\\-3&4\end{bmatrix}$$

$$\boldsymbol{J}_{n\beta}=\begin{bmatrix}-2\\2\end{bmatrix}$$

各代入式（3-56）得

$$\begin{bmatrix} 2 & -1 & 0 & 0 & -\frac{5}{8} & 0 \\ -1 & 3 & 0 & 0 & 0 & 0 \\ 0 & 0 & 2 & -1 & 0 & 0 \\ 0 & 0 & -1 & 3 & 0 & -\frac{5}{7} \\ \hline -1 & 0 & 0 & 0 & 4 & -3 \\ 0 & 0 & 0 & -1 & -3 & 4 \end{bmatrix} \begin{bmatrix} \boldsymbol{V}_{n\alpha} \\ \hline \boldsymbol{V}_{n\beta} \end{bmatrix} = \begin{bmatrix} -0.75 \\ 1 \\ -2 \\ \frac{12}{7} \\ \hline -2 \\ 2 \end{bmatrix}$$

可解得

$$\boldsymbol{V}_n = [V_{n1} \quad V_{n2} \quad V_{n3} \quad V_{n4} \mid V_{n5} \quad V_{n6}]^{\mathrm{T}} = \left[-\frac{47}{125} \quad \frac{26}{125} \quad -\frac{101}{125} \quad \frac{48}{125} \quad -\frac{42}{125} \quad \frac{43}{125}\right]^{\mathrm{T}}$$

以上是加边分块对角阵，消元过程中注意保持 $\boldsymbol{Y}_{n\alpha}$的对角分块特性，可以节省工作量。

3.5　回路分析法

前面几节应用节点分析法，保留网络及各子网络必须具有共同的参考点，这样对有些网络撕裂拆分存在困难，如果改用回路分析法，就没有上述子网络单个断点的限制。图 3-5 所示网络移走支路 Z_1、Z_2、Z_3 后，子网络 N_1 是完全独立的，子网络 N_2、N_3 间有一个断点，所以用回路法时保留网络可以是不连通的。

设各子网络间不构成回路，即它们之间是断开的或只有一个断点连接，保留网络支路的下标用‘α’，被撕支路下标用‘β’。支路排列时先保留网络支路后被撕支路。选树并使支路排列次序是：保留网络连支，保留网络树支，被撕连支，被撕树支。选树时使每个独立子网络有完全的树。

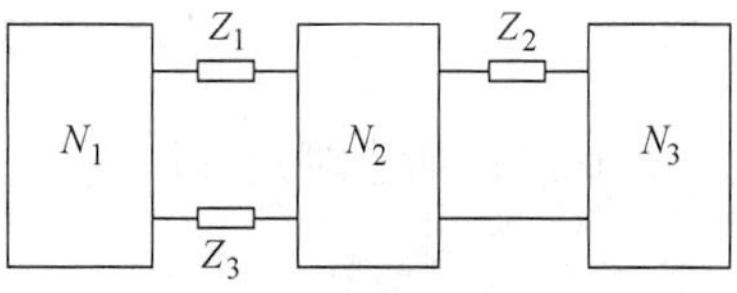

图 3-5　回路分析法

支路阻抗矩阵为

$$\boldsymbol{Z}_b = \begin{bmatrix} \boldsymbol{Z}_{b\alpha} & \boldsymbol{0} \\ \boldsymbol{0} & \boldsymbol{Z}_{b\beta} \end{bmatrix}$$

选基本回路，回路阻抗矩阵

$$\boldsymbol{B}_f = \begin{bmatrix} \boldsymbol{B}_{\alpha\alpha} & \boldsymbol{B}_{\alpha\beta} \\ \boldsymbol{B}_{\beta\alpha} & \boldsymbol{B}_{\beta\beta} \end{bmatrix} \tag{3-57}$$

其中 $B_{\alpha\alpha}$是保留网络的单连支回路和保留网络支路相关的回路矩阵；$B_{\alpha\beta}$是保留网络的单连支回路与被撕网络支路相关的回路矩阵，被撕网络的树支和连支均不可能包含在保留子网络的单连支回路中，因此

$$\boldsymbol{B}_{\alpha\beta} = \boldsymbol{0} \tag{3-58}$$

设支路电压、支路电压源、支路电流源的向量分别为

$$\boldsymbol{V}_b = [\boldsymbol{V}_{b\alpha} \mid \boldsymbol{V}_{b\beta}]^{\mathrm{T}}$$

$$\boldsymbol{V}_{bs} = [\boldsymbol{V}_{bs\alpha} \mid \boldsymbol{V}_{bs\beta}]^{\mathrm{T}}$$

$$\boldsymbol{I}_{bs} = [\boldsymbol{I}_{bs\alpha} \mid \boldsymbol{I}_{bs\beta}]^{\mathrm{T}}$$

回路电流向量为

$$\boldsymbol{I}_l = [\boldsymbol{I}_{l\alpha} \mid \boldsymbol{I}_{l\beta}]^{\mathrm{T}}$$

将式（2-13）中支路电流向量改用支路电压向量表示，则

$$\boldsymbol{V}_b = \boldsymbol{Z}_b\boldsymbol{I}_b - \boldsymbol{Z}_b\boldsymbol{I}_{bs} + \boldsymbol{V}_{bs} \tag{3-59}$$

将 $\boldsymbol{V}_b$代入矩阵形式的 KVL，即代入式（1-31），经整理得

$$\boldsymbol{B}_f\boldsymbol{Z}_b\boldsymbol{I}_b = \boldsymbol{B}_f\boldsymbol{Z}_b\boldsymbol{I}_{bs} - \boldsymbol{B}_f\boldsymbol{V}_{bs} \tag{3-60}$$

再将式（1-35）代入式（3-60）得

$$\boldsymbol{B}_f\boldsymbol{Z}_b\boldsymbol{B}_f^{\mathrm{T}}\boldsymbol{I}_l = \boldsymbol{B}_f\boldsymbol{Z}_b\boldsymbol{I}_{bs} - \boldsymbol{B}_f\boldsymbol{V}_{bs} \tag{3-61}$$

再将

$$\boldsymbol{B}_f = \begin{bmatrix} \boldsymbol{B}_{\alpha\alpha} & \boldsymbol{B}_{\alpha\beta} \\ \boldsymbol{B}_{\beta\alpha} & \boldsymbol{B}_{\beta\beta} \end{bmatrix}$$

以及各电流的分块代入上式，经整理得

$$\begin{bmatrix} \boldsymbol{B}_{\alpha\alpha}\boldsymbol{Z}_{b\alpha}\boldsymbol{B}_{\alpha\alpha}^{\mathrm{T}} & \boldsymbol{B}_{\alpha\alpha}\boldsymbol{Z}_{b\alpha}\boldsymbol{B}_{\beta\alpha}^{\mathrm{T}} \\ \boldsymbol{B}_{\beta\alpha}\boldsymbol{Z}_{b\alpha}\boldsymbol{B}_{\alpha\alpha}^{\mathrm{T}} & \boldsymbol{B}_{\beta\alpha}\boldsymbol{Z}_{b\alpha}\boldsymbol{B}_{\beta\alpha}^{\mathrm{T}} + \boldsymbol{B}_{\beta\beta}\boldsymbol{Z}_{b\beta}\boldsymbol{B}_{\beta\beta}^{\mathrm{T}} \end{bmatrix}\begin{bmatrix} \boldsymbol{I}_{l\alpha} \\ \boldsymbol{I}_{l\beta} \end{bmatrix} =$$

$$\begin{bmatrix} \boldsymbol{B}_{\alpha\alpha}\boldsymbol{Z}_{b\alpha}\boldsymbol{I}_{bs\alpha} - \boldsymbol{B}_{\alpha\alpha}\boldsymbol{V}_{bs\alpha} \\ \boldsymbol{B}_{\beta\alpha}\boldsymbol{Z}_{b\alpha}\boldsymbol{I}_{bs\alpha} + \boldsymbol{B}_{\beta\beta}\boldsymbol{Z}_{b\beta}\boldsymbol{I}_{bs\beta} - \boldsymbol{B}_{\beta\alpha}\boldsymbol{V}_{bs\alpha} - \boldsymbol{B}_{\beta\beta}\boldsymbol{V}_{bs\beta} \end{bmatrix} \tag{3-62}$$

式（3-62）是加边对角分块矩阵，可以简写为

$$\begin{bmatrix} \boldsymbol{Z}_{l\alpha} & \boldsymbol{Z}_{l\alpha\beta} \\ \boldsymbol{Z}_{l\beta\alpha} & \boldsymbol{Z}_{l\beta} \end{bmatrix}\begin{bmatrix} \boldsymbol{I}_{l\alpha} \\ \boldsymbol{I}_{l\beta} \end{bmatrix} = \begin{bmatrix} \boldsymbol{E}_{l\alpha} \\ \boldsymbol{E}_{l\beta} \end{bmatrix} \tag{3-63}$$

其中

$$\boldsymbol{Z}_{l\alpha} = \boldsymbol{B}_{\alpha\alpha}\boldsymbol{Z}_{b\alpha}\boldsymbol{B}_{\alpha\alpha}^{\mathrm{T}} \tag{3-64}$$

$$\boldsymbol{Z}_{l\alpha\beta} = \boldsymbol{B}_{\alpha\alpha}\boldsymbol{Z}_{b\alpha}\boldsymbol{B}_{\beta\alpha}^{\mathrm{T}} \tag{3-65}$$

$$\boldsymbol{Z}_{l\beta\alpha} = \boldsymbol{B}_{\beta\alpha}\boldsymbol{Z}_{b\alpha}\boldsymbol{B}_{\alpha\alpha}^{\mathrm{T}} \tag{3-66}$$

$$\boldsymbol{Z}_{l\beta} = \boldsymbol{B}_{\beta\alpha}\boldsymbol{Z}_{b\alpha}\boldsymbol{B}_{\beta\alpha}^{\mathrm{T}} + \boldsymbol{B}_{\beta\beta}\boldsymbol{Z}_{b\beta}\boldsymbol{B}_{\beta\beta}^{\mathrm{T}} \tag{3-67}$$

$$\boldsymbol{E}_{l\alpha} = \boldsymbol{B}_{\alpha\alpha}\boldsymbol{Z}_{b\alpha}\boldsymbol{I}_{bs\alpha} - \boldsymbol{B}_{\alpha\alpha}\boldsymbol{V}_{bs\alpha} \tag{3-68}$$

$$\boldsymbol{E}_{l\beta} = \boldsymbol{B}_{\beta\alpha}\boldsymbol{Z}_{b\alpha}\boldsymbol{I}_{bs\alpha} + \boldsymbol{B}_{\beta\beta}\boldsymbol{Z}_{b\beta}\boldsymbol{I}_{bs\beta} - \boldsymbol{B}_{\beta\alpha}\boldsymbol{V}_{bs\alpha} - \boldsymbol{B}_{\beta\beta}\boldsymbol{V}_{bs\beta} \tag{3-69}$$

例 3-4 图 3-6a 所示网络电阻均为 1Ω，$I_{s1}=1\text{A}$，$I_{s2}=2\text{A}$，试选树并列回路方程。

解 加粗线为树支，选支路 16、17、18 为被撕网络。其中，1、2、3、4、5、6 为保留网络连支，7、8、9、10、11、12、13、14、15 为保留网络的树支，16、17 是被撕网络的连

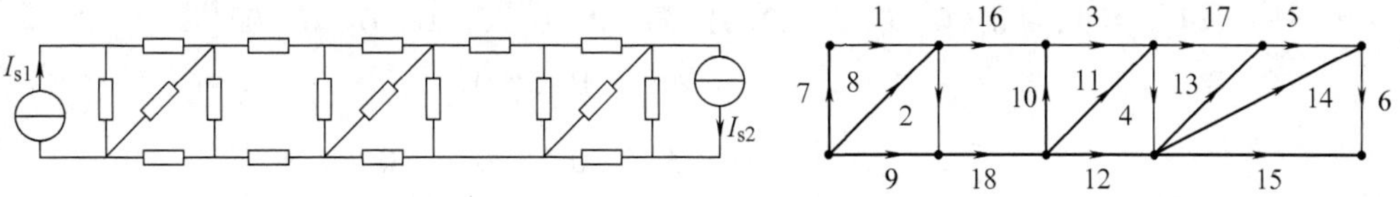

a)　　　　b)

图 3-6　例 3-4 附图

a）例 3-4 电路图　b）对应线图

支，18 是被撕网络的树支。

$$
\boldsymbol{B}_{\alpha\alpha}=\begin{bmatrix}
1&0&0&0&0&0&1&-1&0&0&0&0&0&0&0\\
0&1&0&0&0&0&0&1&-1&0&0&0&0&0&0\\
0&0&1&0&0&0&0&0&0&1&-1&0&0&0&0\\
0&0&0&1&0&0&0&0&0&0&1&-1&0&0&0\\
0&0&0&0&1&0&0&0&0&0&0&0&1&-1&0\\
0&0&0&0&0&1&0&0&0&0&0&0&0&1&-1
\end{bmatrix}
$$

$$
\boldsymbol{B}_{\beta\alpha}=\begin{bmatrix}
0&0&0&0&0&0&0&1&-1&-1&0&0&0&0&0\\
0&0&0&0&0&0&0&0&0&0&1&-1&-1&0&0
\end{bmatrix}
$$

$$
\boldsymbol{B}_{\beta\beta}=\begin{bmatrix}
1&0&-1\\
0&1&0
\end{bmatrix}
$$

$$
\boldsymbol{Z}_{b\alpha}=\begin{bmatrix}
1&0&0&0&0&0&0&0&0&0&0&0&0&0&0\\
0&1&0&0&0&0&0&0&0&0&0&0&0&0&0\\
0&0&1&0&0&0&0&0&0&0&0&0&0&0&0\\
0&0&0&1&0&0&0&0&0&0&0&0&0&0&0\\
0&0&0&0&1&0&0&0&0&0&0&0&0&0&0\\
0&0&0&0&0&1&0&0&0&0&0&0&0&0&0\\
0&0&0&0&0&0&1&0&0&0&0&0&0&0&0\\
0&0&0&0&0&0&0&1&0&0&0&0&0&0&0\\
0&0&0&0&0&0&0&0&1&0&0&0&0&0&0\\
0&0&0&0&0&0&0&0&0&1&0&0&0&0&0\\
0&0&0&0&0&0&0&0&0&0&1&0&0&0&0\\
0&0&0&0&0&0&0&0&0&0&0&1&0&0&0\\
0&0&0&0&0&0&0&0&0&0&0&0&1&0&0\\
0&0&0&0&0&0&0&0&0&0&0&0&0&1&0\\
0&0&0&0&0&0&0&0&0&0&0&0&0&0&1
\end{bmatrix}=\boldsymbol{1}
$$

$$
\boldsymbol{Z}_{b\beta}=\begin{bmatrix}
1&0&0\\
0&1&0\\
0&0&1
\end{bmatrix}=\boldsymbol{1}
$$

$$
\boldsymbol{V}_{bs\alpha}=\boldsymbol{0}
$$

$$
\boldsymbol{V}_{bs\beta}=\boldsymbol{0}
$$

$$
\boldsymbol{I}_{bs\beta}=\boldsymbol{0}
$$

$$\boldsymbol{I}_{bs\alpha}=[0\ \ 0\ \ 0\ \ 0\ \ 0\ \ 2\ \ 1\ \ 0\ \ 0\ \ 0\ \ 0\ \ 0\ \ 0\ \ 0\ \ 0]^{\mathrm{T}}$$

$$\boldsymbol{Z}_{l\alpha}=\boldsymbol{B}_{\alpha\alpha}\boldsymbol{Z}_{b\alpha}\boldsymbol{B}_{\alpha\alpha}{}^{\mathrm{T}}=\begin{bmatrix}3&-1&0&0&0&0\\-1&3&0&0&0&0\\0&0&3&-1&0&0\\0&0&-1&3&0&0\\0&0&0&0&3&-1\\0&0&0&0&-1&3\end{bmatrix}$$

$$\boldsymbol{Z}_{l\alpha\beta}=\boldsymbol{B}_{\alpha\alpha}\boldsymbol{Z}_{b\alpha}\boldsymbol{B}_{\beta\alpha}{}^{\mathrm{T}}=\begin{bmatrix}-1&0\\2&0\\-1&-1\\0&2\\0&-1\\0&0\end{bmatrix}$$

$$\boldsymbol{Z}_{l\beta\alpha}=\boldsymbol{B}_{\beta\alpha}\boldsymbol{Z}_{b\alpha}\boldsymbol{B}_{\alpha\alpha}{}^{\mathrm{T}}=\begin{bmatrix}-1&2&-1&0&0&0\\0&0&-1&2&-1&0\end{bmatrix}$$

$$\boldsymbol{Z}_{l\beta}=\boldsymbol{B}_{\beta\alpha}\boldsymbol{Z}_{b\alpha}\boldsymbol{B}_{\beta\alpha}{}^{\mathrm{T}}+\boldsymbol{B}_{\beta\beta}\boldsymbol{Z}_{b\beta}\boldsymbol{B}_{\beta\beta}{}^{\mathrm{T}}=\begin{bmatrix}3&0\\0&3\end{bmatrix}+\begin{bmatrix}2&0\\0&1\end{bmatrix}=\begin{bmatrix}5&0\\0&4\end{bmatrix}$$

$$\boldsymbol{E}_{l\alpha}=\boldsymbol{B}_{\alpha\alpha}\boldsymbol{Z}_{b\alpha}\boldsymbol{I}_{bs\alpha}-\boldsymbol{B}_{\alpha\alpha}\boldsymbol{V}_{bs\alpha}=[1\ \ 0\ \ 0\ \ 0\ \ 0\ \ 2]^{\mathrm{T}}$$

$$\boldsymbol{E}_{l\beta}=\boldsymbol{B}_{\beta\alpha}\boldsymbol{Z}_{b\alpha}\boldsymbol{I}_{bs\alpha}+\boldsymbol{B}_{\beta\beta}\boldsymbol{Z}_{b\beta}\boldsymbol{I}_{bs\beta}-\boldsymbol{B}_{\beta\alpha}\boldsymbol{V}_{bs\alpha}-\boldsymbol{B}_{\beta\beta}\boldsymbol{V}_{bs\beta}=\boldsymbol{0}$$

各代入得

$$\left[\begin{array}{cccccc:cc}3&-1&0&0&0&0&-1&0\\-1&3&0&0&0&0&2&0\\0&0&3&-1&0&0&-1&-1\\0&0&-1&3&0&0&0&2\\0&0&0&0&3&-1&0&-1\\0&0&0&0&-1&3&0&0\\\hdashline -1&2&-1&0&0&0&5&0\\0&0&-1&2&-1&0&0&4\end{array}\right]\begin{bmatrix}I_{l1}\\I_{l2}\\I_{l3}\\I_{l4}\\I_{l5}\\I_{l6}\\\hdashline I_{l16}\\I_{l17}\end{bmatrix}=\begin{bmatrix}1\\0\\0\\0\\0\\2\\\hdashline 0\\0\end{bmatrix}$$

以上推导回路方程过程中，并没有实际撕裂电路，只是用撕裂的概念将支路适当的排序，然后建立方程。如果对子网络单独列方程再考虑补充回路电压也可以获得一样的结果。这里不再具体推导。

对于割集分析，也可以应用这种支路排序方法推导出加边对角分块型的方程。有的文献中还混合使用回路和割集分析法。不管使用哪种方法，应使分块各子网络的规模相近，子网络变量数和被撕支路数也相近，这样才能保持分块对角阵分解的优势。至于采用哪一种分析法，要视网络的拓扑结构而定。能撕裂成几个完全相同的子网络是最理想的情况。

3.6　多端口撕裂法

以上几节都是撕裂网络的一些支路或撕裂若干节点及其关联的支路，使保留网络含有几个独立的子网络，从而获得加边对角矩阵，使解法获得简化。本节介绍的是撕裂下若干多端网络，相当于成片地撕裂的方法。这里需要借助于第 4.5 节多端网络的概念。为使推导更简单，先假定被撕多端网络不含独立源，这样假定并未失去一般性，因为包含独立源后一样可以处理。这样撕裂的概念，实际上和电路中无独立源一端口网络化为一个等效电阻的方法类似，问题是对多端口网络如何表述，可以用如何的等效电路替代。

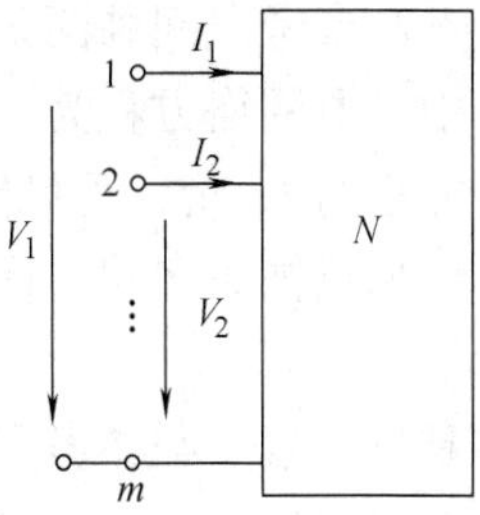

图 3-7　多端网络

由第 4.5 节知图 3-7 所示多端网络端电流向量

$$
\boldsymbol{I} = \begin{bmatrix} I_1 \\ I_2 \\ \vdots \\ I_k \\ \vdots \\ I_{(m-1)} \end{bmatrix} = \boldsymbol{Y}_d \begin{bmatrix} V_1 \\ V_2 \\ \vdots \\ V_k \\ \vdots \\ V_{(m-1)} \end{bmatrix} \tag{3-70}
$$

式中

$$
\boldsymbol{Y}_d = \begin{bmatrix} Y_{11} & Y_{12} & \cdots & Y_{1k} & \cdots & Y_{1(m-1)} \\ Y_{21} & Y_{22} & \cdots & Y_{2k} & \cdots & Y_{2(m-1)} \\ \cdots & \cdots & \cdots & \cdots & \cdots & \cdots \\ Y_{k1} & Y_{k2} & & Y_{kk} & & Y_{k(m-1)} \\ \cdots & \cdots & \cdots & \cdots & \cdots & \cdots \\ Y_{(m-1)1} & Y_{(m-1)2} & \cdots & Y_{(m-1)k} & \cdots & Y_{(m-1)(m-1)} \end{bmatrix}
$$

称为多端网络的定导纳矩阵。给定多端网络的结构和参数，用 2.1 的节点电压法不难求得 $\boldsymbol{Y}_d$ 的元素。例如让 2、3、…、$(m-1)$ 点都同 m 点短接，点 1 和 m 点间加上 1 伏电压源，此情况下 $V_2 = V_3 = \cdots = V_k = \cdots = V_{(m-1)} = 0$，$V_1 = 1\text{V}$，用节点法解得端电流向量即 $\boldsymbol{Y}_d$ 的第一列，依此类推可求其余各列。可见，求 $\boldsymbol{Y}_d$ 的元素时相当于解子网络规模（节点数），各列分别求时，因为节点方程矩阵是一样的，并未使工作量加大很多。求得 $\boldsymbol{Y}_d$ 后如何用一个等效电路代替此多端网络？图 3-8 提供了一个等效电路，该电路中导纳 $\boldsymbol{Y}_{kk}$ 等于多端网络 $\boldsymbol{Y}_d$ 的主对角元素，VCCS 是电压控制电流源，等于 $Y_{k1}V_1 + Y_{k2}V_2 + \cdots + Y_{k(m-1)}V_{(m-1)}$ 即是多个电压控制电流源并联，控制系数等于相应非对角元素。对此等效电路列方程显然和式（3-70）一致。可见，被撕多端网络可以用一节点数少得多的星形网络替代。求出这些端点电压后，再求子网络内部节点的电压就较为容易了。

图 3-9a 所示是一具有 81 个节点的网络，这里只讨论拓扑图不分析具体网络。以节点 1 ~ 17 以及它们间的支路作为保留网络，撕去四角的四个 9 端点网络，而且假定每个子网络都以节点 5 作为参考点，则图 a 网络可以化为图 b 所示的拓扑图。其中每一点和参考点间画两条线是把受控源和支路导纳分开来。这个例子中，原网络方程为 80 阶，子网络的方程为 24 阶，化简后总网络方程为 16 阶，可见能使计算工作量大大减少。

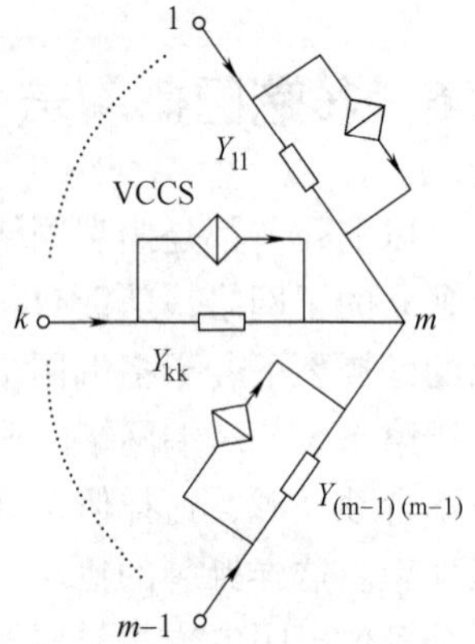

图 3-8　多端网络的等效电路

如果被撕多端子网络包含独立源，则式（3-70）应为

$$\boldsymbol{I} = \boldsymbol{Y}_d\boldsymbol{V} + \boldsymbol{I}_0 \tag{3-71}$$

$\boldsymbol{I}_0$ 是全部端点与参考点 m 短接，即 $V_1 = 0 = V_2 = \cdots = V_{(m-1)}$ 时端电流向量，可在给定子网络中求出。考虑独立源后，图 3-8 等效电路中端点 k 与参考点 m 之间支路如图 3-10 所示。

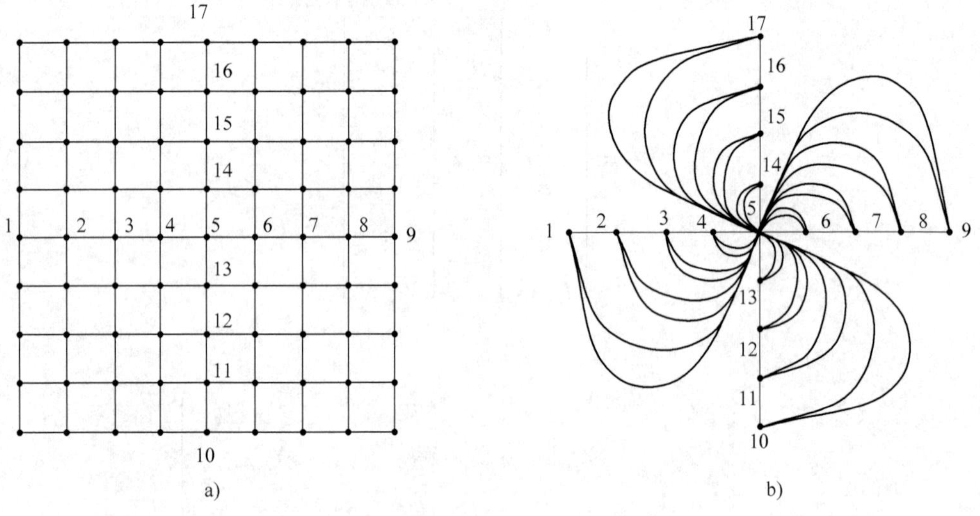

图 3-9　多端口撕裂

a）具有 81 个节点的网络　b）撕裂等效网络

例 3-5　图 3-12 所示为一联系紧凑的网络，网络参数如图所示，试以节点 25 为参考点，求网络中的节点电压。

解　选择节点 1 至节点 9 为保留节点，将网络撕裂为 5 个部分，即 4 个子网络和保留网络，分别如图 3-11a ~ 图 3-11e 所示。节点 10、11、12、13 分别为子网络的参考点，通过计算可得原网络的等效线图，如图 3-13 所示，这样，可以将对原网络的分析变换

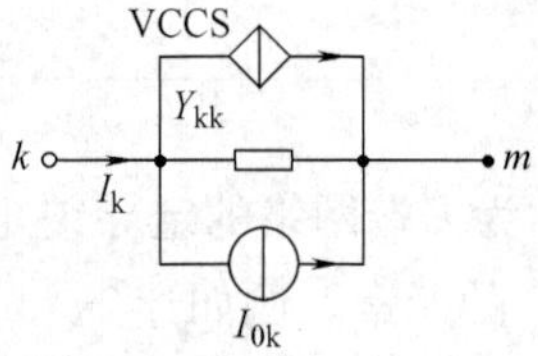

图 3-10　等效支路

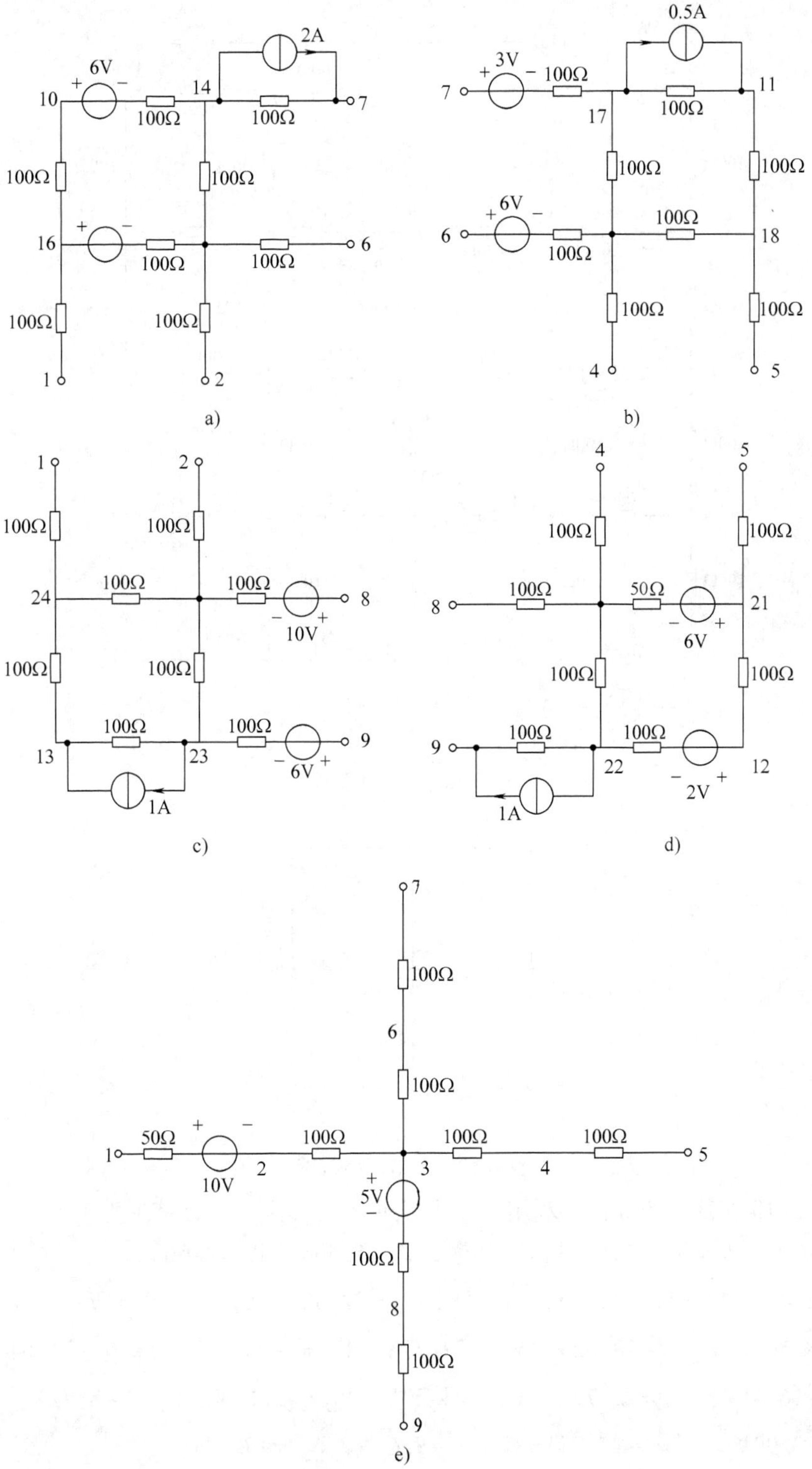

图 3-11　撕裂子网络

a）子网络 1　b）子网络 2　c）子网络 3　d）子网络 4　e）子网络 5

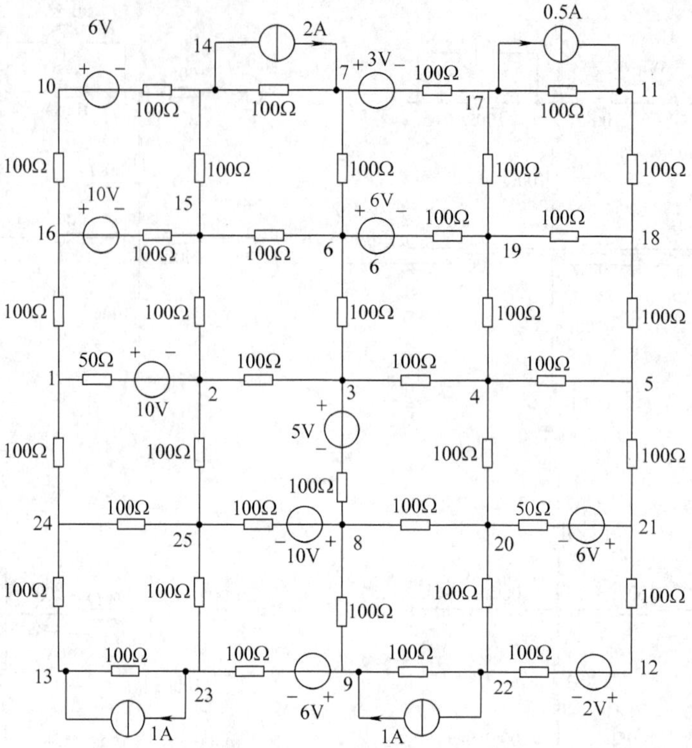

图 3-12 例 3-5 附图

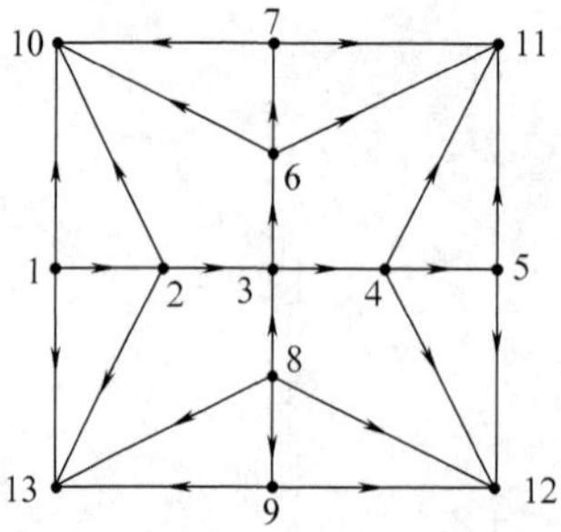

图 3-13 等效网络线图

为对节点数为 13 的网络的分析。利用 Matlab 实现上述算法，计算结果为

$V_1=2.75\text{V}$，$V_2=-5.88\text{V}$，$V_3=6.76\text{V}$，$V_4=5.59\text{V}$，$V_5=8.66\text{V}$，

$V_6=15.99\text{V}$，$V_7=57.17\text{V}$，$V_8=6.34\text{V}$，$V_9=22.32\text{V}$，$V_{10}=-40.34\text{V}$，

$V_{11}=48.54\text{V}$，$V_{12}=-18.82\text{V}$，$V_{13}=54.77\text{V}$，$V_{14}=-70.27\text{V}$，$V_{15}=-21.64\text{V}$，

$V_{16}=-16.41\text{V}$，$V_{17}=22.79\text{V}$，$V_{18}=24.29\text{V}$，$V_{19}=15.66\text{V}$，$V_{20}=-8.72\text{V}$，

$V_{21}=-3.90\text{V}$，$V_{22}=-35.74\text{V}$，$V_{23}=-9.63\text{V}$，$V_{24}=19.17\text{V}$。

顺便指出，本例也可以使各子网络都采用参考点 3，这样原网络只有 9 节点，使计算更加简单。为使各子网络能与参考点 3 连通，支路 2、4、6、8 需要分别划分到子网络中去，保留的只有几个孤点。

小　　结

计算超大型网络时，为提高计算速度，可将网络分解成若干个子网络，分别建立方程进行计算，然后再将数据修正为原网络应有的结果，这样的方法称为撕裂法。

本章介绍的支路撕裂法、支路排序法是将支路撕裂形成子网络，然后用节点电压法分析；节点撕裂法是将部分节点及其关联的支路移走，形成子网络，然后同样利用节点电压法进行分析。利用节点电压法分析时，要求撕裂后的各个子网络具有共同的参考点。回路分析法适用于撕裂后各个子网络不具有共同的参考点的网络的分析、计算。在多端口撕裂法中，将网络看成由若干个多端口网络联接而成，给出每个多端口网络的等效电路，就形成等效网络。该等效网络的节点数和支路数与原网络相比大为减少，可用节点电压法分析。该方法适用于联系紧凑的网络。

习　　题

3-1　图 3-14 所示电路中电阻均为 1Ω，$V_{s1}=1\text{V}$，$V_{s2}=2\text{V}$，$V_{s3}=3\text{V}$，$I_s=1\text{A}$，试用支路撕裂法建立方程并解出节点电压。

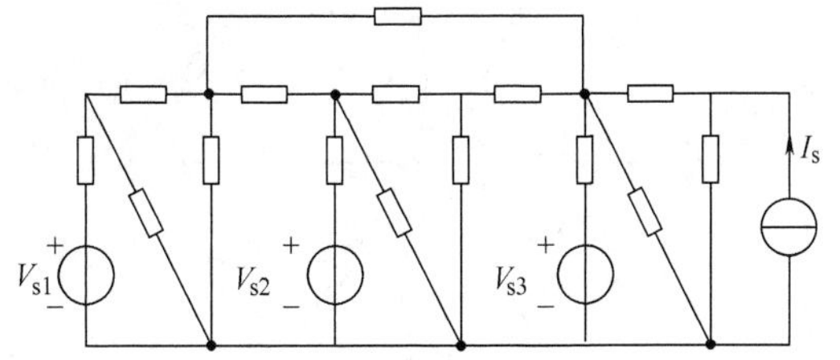

图 3-14　题 3-1 图

3-2　图 3-15 所示电路中电阻均为 1Ω，以支路 10、11、12 作为被撕支路，试用撕裂法建立节点电压方程，并求解节点电压。

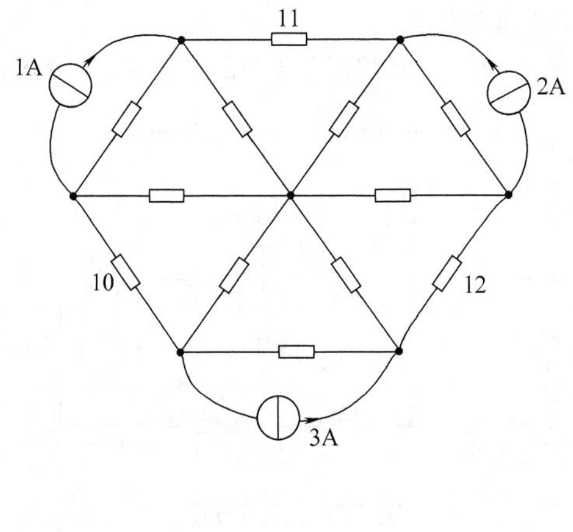

图 3-15　题 3-2 图

3-3　图 3-16 所示电路中电阻均为 1Ω，试用节点撕裂法（撕去节点⑦、⑧、⑨）建立方程，并求节点电压。

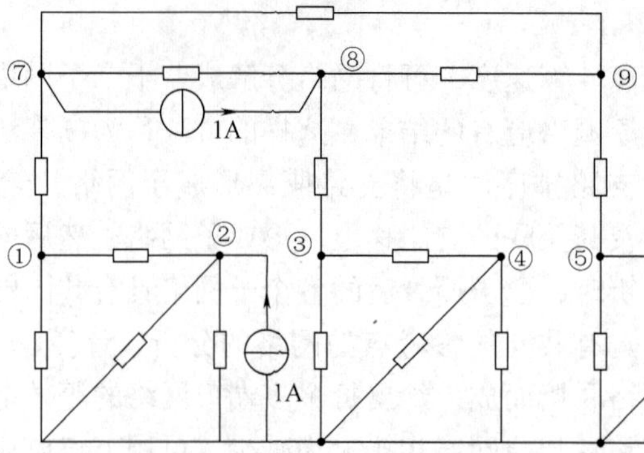

图 3-16　题 3-3 图

3-4　图 3-17 所示电路中电阻均为 1Ω，试用节点撕裂法（撕去节点⑦、⑧、⑨）建立方程。

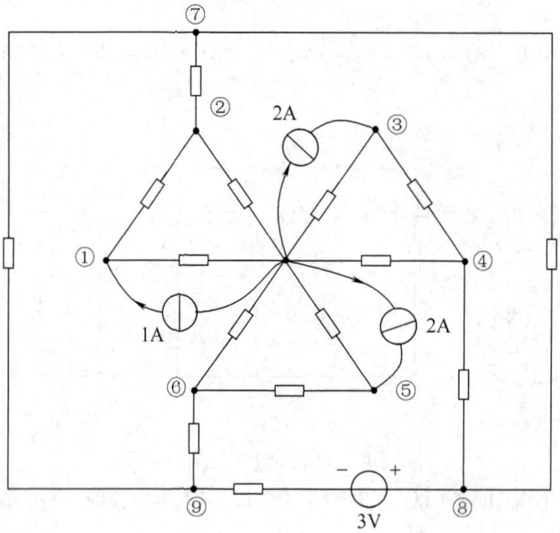

图 3-17　题 3-4 图

3-5　试用回路撕裂法对题 3-2 建立方程。

3-6　图 3-18 所示电路中电阻均为 1Ω，试用回路撕裂法建立方程，并求 *ab* 端视入的电阻。

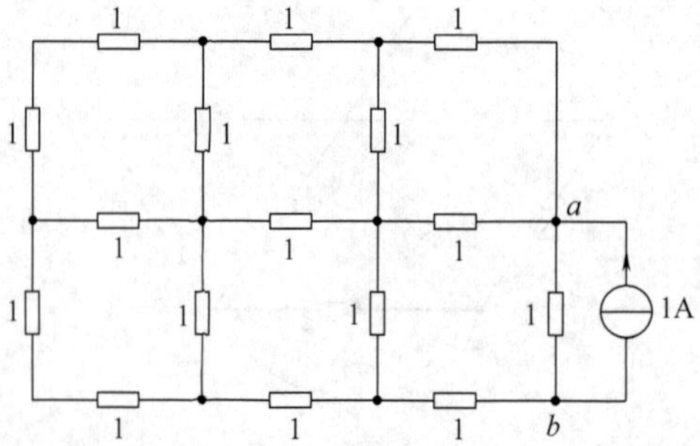

图 3-18　题 3-6 图

第 4 章　多端和多端口网络

内 容 提 要

本章用节点电压法分析多端和多端口网络的特性。首先，引入无源多端口网络的短路参数、开路参数和混合参数的概念及计算。其次，给出含源多端口网络的诺顿等效电路、戴维南等效电路，以及混合等效电路。最后，介绍多端网络的不定导纳矩阵、不定阻抗矩阵、多端网络的各种联接方式和多端网络的星型等效电路。

4.1　无源多端口网络的短路参数

4.1.1　短路参数的定义

上章讨论了各种情况下如何建立网络方程。本章将讨论如何描述和表征某些网络。图 4-1 所示的网络称为多端口网络，共有 m 对端子，每对端子电流均两两成对，例如 I_1 从 1 端进去，从 1′端出来。I_k 从 k 端进，k'端出等等。每对端子称为一个端口，称每对电流为端口电流。称端子间的电压为端口电压，端口电压方向规定由 k 点指向 k'点。端口电流的成对性不能破坏，否则就不是多端口网络。至于不同端口端子间的电压，例如 $V_{1'2}$，则不予考虑。

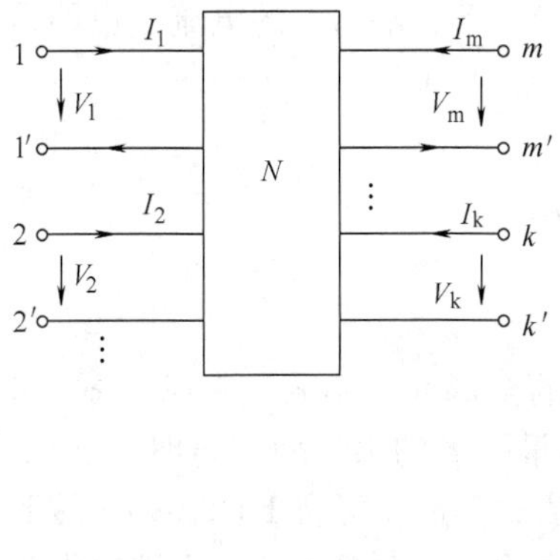

图 4-1　多端口网络

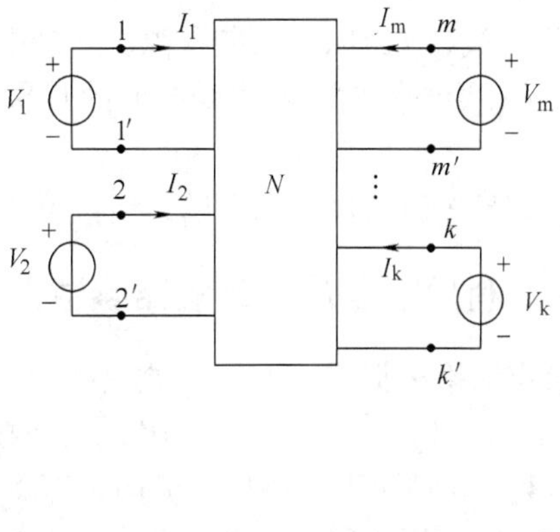

图 4-2　短路参数的计算

以下简称具有 m 个端口的多端口网络为 m 端口网络。m 端口网络的 m 个端口电流和电压之间的关系可以用 m 个方程描述。设网络中不含独立源，将端口电压应用替代定理用 m 个电压源替代后如图 4-2 所示。再应用叠加定理则可将 m 个端口电流表示为：

$$
\begin{aligned}
I_1 &= Y_{11}V_1 + Y_{12}V_2 + \cdots + Y_{1k}V_k + \cdots + Y_{1m}V_m \\
I_2 &= Y_{21}V_1 + Y_{22}V_2 + \cdots + Y_{2k}V_k + \cdots + Y_{2m}V_m \\
&\cdots\cdots \\
I_k &= Y_{k1}V_1 + Y_{k2}V_2 + \cdots + Y_{kk}V_k + \cdots + Y_{km}V_m \\
&\cdots\cdots \\
I_m &= Y_{m1}V_1 + Y_{m2}V_2 + \cdots + Y_{mk}V_k + \cdots + Y_{mm}V_m
\end{aligned} \tag{4-1}
$$

将式（4-1）写为矩阵形式为

$$
\boldsymbol{I} = \boldsymbol{YV} \tag{4-2}
$$

其中

$$
\boldsymbol{I} = [I_1 \quad I_2 \quad \cdots \quad I_k \quad \cdots \quad I_m]^{\mathrm{T}}
$$

$$
\boldsymbol{V} = [V_1 \quad V_2 \quad \cdots \quad V_k \quad \cdots \quad V_m]^{\mathrm{T}}
$$

分别为端口电流和电压向量。

$$
\boldsymbol{Y} = \begin{bmatrix}
Y_{11} & Y_{12} & \cdots & Y_{1k} & \cdots & Y_{1m} \\
Y_{21} & Y_{22} & \cdots & Y_{2k} & \cdots & Y_{2m} \\
\cdots & \cdots & \cdots & \cdots & \cdots & \cdots \\
Y_{k1} & Y_{k2} & \cdots & Y_{kk} & \cdots & Y_{km} \\
\cdots & \cdots & \cdots & \cdots & \cdots & \cdots \\
Y_{m1} & Y_{m2} & \cdots & Y_{mk} & \cdots & Y_{mm}
\end{bmatrix} \tag{4-3}
$$

称 $\boldsymbol{Y}$ 为短路参数矩阵或称 $\boldsymbol{Y}$ 参数矩阵。由式（4-1）看出 $\boldsymbol{Y}$ 的对角元

$$
Y_{kk} = \left.\frac{I_k}{V_k}\right|_{\substack{V_j=0 \quad j:1\sim m \\ j\neq k}} \tag{4-4}
$$

可见 Y_{kk} 是其余端口全部短接情况下端口 k 的入端导纳。$\boldsymbol{Y}$ 的非对角元

$$
Y_{kj} = \left.\frac{I_k}{V_j}\right|_{\substack{V_l=0 \quad l:1\sim m \\ l\neq j}} \tag{4-5}
$$

可见 Y_{kj} 是端口 j 施以单位电压源，其余端口全部短接情况下，端口 k 的电流，也即是端口 j、k 间的转移导纳。对于不含受控源的互易网络，由互易定理知

$$
Y_{kj} = Y_{jk} \tag{4-6}
$$

因为它们是短路条件下的导纳，所以称 $\boldsymbol{Y}$ 为短路参数矩阵。

4.1.2 利用节点法计算短路参数

给定网络根据式（4-4）、式（4-5）可以计算 $\boldsymbol{Y}$ 的全部元。由式（4-1）、式（4-2）看出当 $V_1=1$、$V_2=V_3=\cdots=V_m=0$ 情况下的端口电流向量即 $\boldsymbol{Y}$ 的第一列。同理 $V_2=1$、$V_1=V_3=\cdots=V_m=0$ 情况下，端口电流向量即 $\boldsymbol{Y}$ 的第二列。依此类推，可获 $\boldsymbol{Y}$ 的各列。按照第 2 章第 1 节方法可以解得节点电压和支路电流向量，再从支路电流向量中筛选出端口支路电流即可获 $\boldsymbol{Y}$ 的各列。为了推出关联矩阵及支路导纳矩阵表示的 $\boldsymbol{Y}$ 参数矩阵作如下几点假设：

（1）仍采用图 2-1 的复合支路；

（2）端口支路均存在串联导纳（以后将说明这样假定并未失去一般性），如图 4-3 所示端口 k 有串联导纳 Y_k。端口支路电流的方向和端口电流规定的方向一致，即从 k 点流进，k'

点流出；

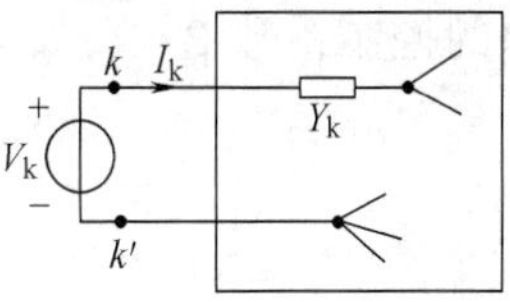

图 4-3　端口支路

(3) 支路编号先端口支路，再内部支路，且顺次编写，即第一端口支路编为支路 1，第二端口为支路 2 等等，余此类推，直至支路 m。支路 $(m+1)$ 至 b 为内部支路；

(4) 为了从支路电流中筛选出 m 个端口支路电流，定义一个 $m \times b$ 阶矩阵 $\boldsymbol{E}_0$

$$\boldsymbol{E}_0 = [\mathbf{1} \mid \mathbf{0}] \tag{4-7}$$

其中 **1** 为 m 阶么阵。

用 $\boldsymbol{E}_0$ 左乘支路电流向量 $\boldsymbol{I}_b$ 即为端口电流向量。比较图 4-3 和图 2-1 的方向，当端口 1 施以单位电压源而其余端口短接时，只第一支路有（−1）伏电压源，即

$$\boldsymbol{V}_s = [-1 \quad 0 \quad 0 \quad \cdots \quad 0]^{\mathrm{T}}$$

代入式（2-13）得支路电流向量

$$\boldsymbol{I}_b = \boldsymbol{Y}_b \boldsymbol{V}_b - \boldsymbol{Y}_b \boldsymbol{V}_s \tag{4-8}$$

其中 $\boldsymbol{Y}_b$ 为支路导纳矩阵，可按式（2-14）形成。$\boldsymbol{V}_b$ 为支路电压向量，所以短路参数矩阵 $\boldsymbol{Y}$ 的第一列为

$$(\boldsymbol{Y}\text{的第一列}) = \boldsymbol{E}_0 \boldsymbol{I}_b = \boldsymbol{E}_0 \boldsymbol{Y}_b \boldsymbol{V}_b - \boldsymbol{E}_0 \boldsymbol{Y}_b \boldsymbol{V}_s \tag{4-9}$$

将式（1-33）代入式（4-9）得

$$(\boldsymbol{Y}\text{的第一列}) = \boldsymbol{E}_0 \boldsymbol{Y}_b \boldsymbol{A}^{\mathrm{T}} \boldsymbol{V}_n - \boldsymbol{E}_0 \boldsymbol{Y}_b \boldsymbol{V}_s \tag{4-10}$$

将式（2-25）代入式（2-23）并用 $\boldsymbol{Y}_n^{-1}$ 左乘式（2-23）得

$$\boldsymbol{V}_n = \boldsymbol{Y}_n^{-1} \boldsymbol{J}_n = \boldsymbol{Y}_n^{-1} \boldsymbol{A} \boldsymbol{Y}_b \boldsymbol{V}_s \tag{4-11}$$

将式（4-11）代入式（4-10）得

$$(\boldsymbol{Y}\text{的第一列}) = \boldsymbol{E}_0 \boldsymbol{Y}_b \boldsymbol{A}^{\mathrm{T}} \boldsymbol{Y}_n^{-1} \boldsymbol{A} \boldsymbol{Y}_b \boldsymbol{V}_s - \boldsymbol{E}_0 \boldsymbol{Y}_b \boldsymbol{V}_s \tag{4-12}$$

同理，当 $\boldsymbol{V}_s = [0 \quad -1 \quad 0 \quad \cdots \quad 0]^{\mathrm{T}}$ 时，代入式（4-12），等式左边将是 $\boldsymbol{Y}$ 的第二列，余此类推可获得 $\boldsymbol{Y}$ 的各列。若将 m 次运算合并进行，可用 $b \times m$ 阶矩阵

$$-\left[\frac{\mathbf{1}}{\mathbf{0}}\right] = -\boldsymbol{E}_0^{\mathrm{T}}$$

代替式（4-12）中的向量 $\boldsymbol{V}_s$，则等式左边刚好是 $\boldsymbol{Y}$，即

$$\boldsymbol{Y} = \boldsymbol{E}_0 \boldsymbol{Y}_b \boldsymbol{E}_0^{\mathrm{T}} - \boldsymbol{E}_0 \boldsymbol{Y}_b \boldsymbol{A}^{\mathrm{T}} \boldsymbol{Y}_n^{-1} \boldsymbol{A} \boldsymbol{Y}_b \boldsymbol{E}_0^{\mathrm{T}} \tag{4-13}$$

再用式（2-24）代入式（4-13）得

$$\boldsymbol{Y} = \boldsymbol{E}_0 \boldsymbol{Y}_b \boldsymbol{E}_0^{\mathrm{T}} - \boldsymbol{E}_0 \boldsymbol{Y}_b \boldsymbol{A}^{\mathrm{T}} (\boldsymbol{A} \boldsymbol{Y}_b \boldsymbol{A}^{\mathrm{T}})^{-1} \boldsymbol{A} \boldsymbol{Y}_b \boldsymbol{E}_0^{\mathrm{T}} \tag{4-14}$$

式（4-14）只用关联矩阵和支路导纳矩阵表示 $\boldsymbol{Y}$ 参数矩阵。

对于互易网络，$\boldsymbol{Y}_b$ 是对称矩阵，可令

$$\boldsymbol{E}_0 \boldsymbol{Y}_b \boldsymbol{A}^{\mathrm{T}} = D \tag{4-15}$$

则

$$\boldsymbol{D}^{\mathrm{T}} = \boldsymbol{A} \boldsymbol{Y}_b^{\mathrm{T}} \boldsymbol{E}_0^{\mathrm{T}} = \boldsymbol{A} \boldsymbol{Y}_b \boldsymbol{E}_0^{\mathrm{T}} \tag{4-16}$$

将式（4-15）代入式（4-13）得

$$\boldsymbol{Y} = \boldsymbol{E}_0 \boldsymbol{Y}_b \boldsymbol{E}_0^{\mathrm{T}} - \boldsymbol{D} \boldsymbol{Y}_n^{-1} \boldsymbol{D}^{\mathrm{T}} \tag{4-17}$$

例 4-1　图 4-4 所示网络中 $Y_1 = Y_2 = Y_8 = \mathrm{j}1\mathrm{S}$，$Y_3 = Y_7 = Y_9 = -\mathrm{j}1\mathrm{S}$，$Y_4 = Y_5 = Y_6 = 1\mathrm{S}$ 受控

源的控制系数 β=2，$g=3\mathrm{S}$，试求 $\boldsymbol{Y}$ 参数矩阵。

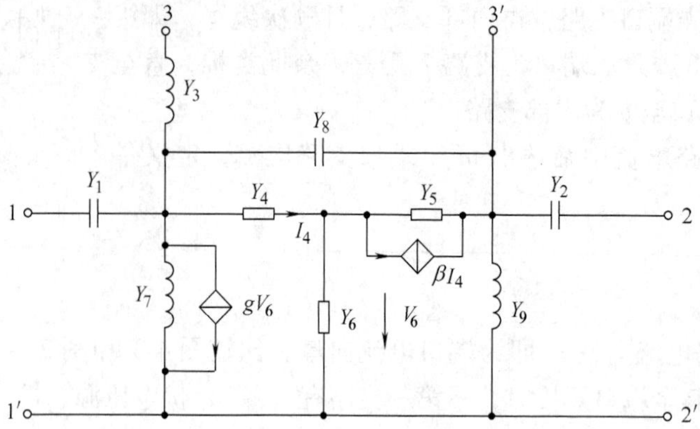

图 4-4　例 4-1 附图

解　将支路按规定编号定方向后作拓扑图如图 4-5 所示，由该图得关联矩阵

$$\boldsymbol{A}=\begin{bmatrix}-1 & 0 & -1 & 1 & 0 & 0 & 1 & 1 & 0\\ 0 & 0 & 0 & -1 & 1 & 1 & 0 & 0 & 0\\ 0 & -1 & 1 & 0 & -1 & 0 & 0 & -1 & 1\end{bmatrix}$$

由式（2-14）可求得支路导纳矩阵 $\boldsymbol{Y}_b$，$\boldsymbol{\mu}=\boldsymbol{0}=\boldsymbol{R}$，矩阵 $\boldsymbol{\beta}$ 和 $\boldsymbol{G}$ 都只有一个非零元即 $\beta_{54}=2$，$g_{76}=3\mathrm{S}$，各代入式（2-14）经整理得

$$\boldsymbol{Y}_b=\begin{bmatrix}\mathrm{j} & 0 & 0 & 0 & 0 & 0 & 0 & 0 & 0\\ 0 & \mathrm{j} & 0 & 0 & 0 & 0 & 0 & 0 & 0\\ 0 & 0 & -\mathrm{j} & 0 & 0 & 0 & 0 & 0 & 0\\ 0 & 0 & 0 & 1 & 0 & 0 & 0 & 0 & 0\\ 0 & 0 & 0 & 2 & 1 & 0 & 0 & 0 & 0\\ 0 & 0 & 0 & 0 & 0 & 1 & 0 & 0 & 0\\ 0 & 0 & 0 & 0 & 0 & 3 & -\mathrm{j} & 0 & 0\\ 0 & 0 & 0 & 0 & 0 & 0 & 0 & \mathrm{j} & 0\\ 0 & 0 & 0 & 0 & 0 & 0 & 0 & 0 & -\mathrm{j}\end{bmatrix}$$

由式（2-24）得节点导纳矩阵

$$\boldsymbol{Y}_n=\boldsymbol{A}\boldsymbol{Y}_b\boldsymbol{A}^{\mathrm{T}}=\begin{bmatrix}1 & 2 & 0\\ 1 & 1 & -1\\ -2 & 1 & 1\end{bmatrix}\ (\mathrm{S})$$

$$\boldsymbol{Y}_n^{-1}=\begin{bmatrix}\frac{1}{2} & -\frac{1}{2} & -\frac{1}{2}\\ \frac{1}{4} & \frac{1}{4} & \frac{1}{4}\\ \frac{3}{4} & -\frac{5}{4} & -\frac{1}{4}\end{bmatrix}\ (\Omega)$$

$$E_0=\begin{bmatrix}1&0&0&0&0&0&0&0&0\\0&1&0&0&0&0&0&0&0\\0&0&1&0&0&0&0&0&0\end{bmatrix}$$

将各项代入式（4-13）得

$$Y=\begin{bmatrix}0.5+\mathrm{j}&-0.5&-1\\0.75&-0.25+\mathrm{j}&-1\\0.25&0.25&-\mathrm{j}\end{bmatrix}(\mathrm{S})$$

当 N_A 和 N_B 两个多端口网络各对应端点相联称为**并联**，类同于一端口、二端口情况，不难推得并联多端口网络的 $\boldsymbol{Y}$ 参数矩阵

$$\boldsymbol{Y}=\boldsymbol{Y}_A+\boldsymbol{Y}_B \tag{4-18}$$

其中 $\boldsymbol{Y}_A$、$\boldsymbol{Y}_B$ 分别为多端口网络 N_A、N_B 的 $\boldsymbol{Y}$ 参数矩阵。应用式（4-18）存在有效性问题，即个别网络处在并联网络中其端口电流仍应成对，否则式（4-18）将失效。如图 4-6a 所示多端口网络，可视为图 4-6b 所示每一端口只有一个导纳的多端口网络和 N_1 并联。因为图 4-6b 的各端是隔离开的，电流必能成对，应用式（4-18）必有效。图 4-6b 的短路参数矩阵为一以相应端口导纳为元素的对角矩阵。可见，直接并联于端口的导纳计算时可先移走，由式（4-13）获得结果后再加由端口并联导纳构成的对角阵。

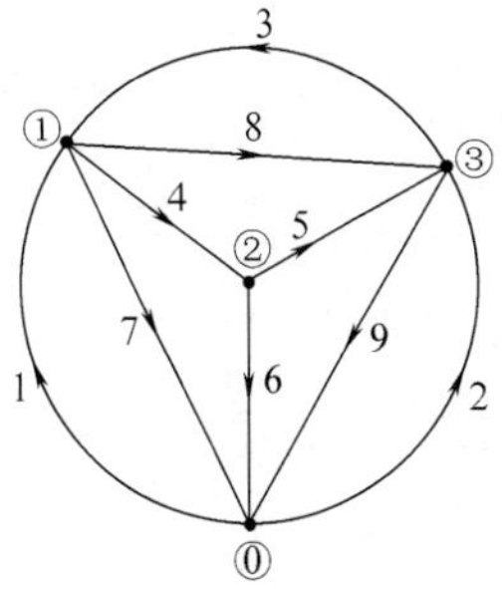

图 4-5　例 4-1 线图

移走并联导纳后，如果个别端口支路仍无串联导纳，使用式（4-13）时必须另想办法。例如，在该端口串以两个大小一样、符号相反的导纳，以其中一个作为端口串联导纳，相当于附加一条内部支路和一个内部节点。

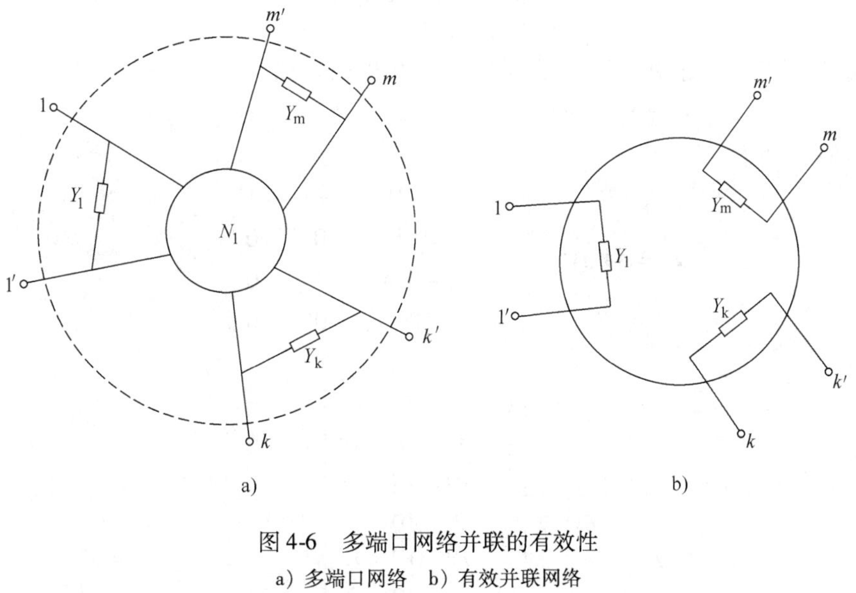

图 4-6　多端口网络并联的有效性

a）多端口网络　b）有效并联网络

例 4-2　图 4-7a 所示双口网络中 $R_1=R_2=R_5=1\Omega$，$R_3=R_4=2\Omega$，试用式（4-13）推求 Y 参数矩阵。

解　该网络端口 1 无串联导纳，可引进两串联电阻 $\pm R$，如图 4-7b 所示。对图 4-7b 的支路、节点编定方向后作拓扑图如图 4-7c 所示。故得关联矩阵

$$A=\begin{bmatrix}0&0&0&0&1&1&-1\\0&-1&0&-1&-1&0&0\\0&0&1&1&0&-1&0\\-1&0&0&0&0&0&1\end{bmatrix}$$

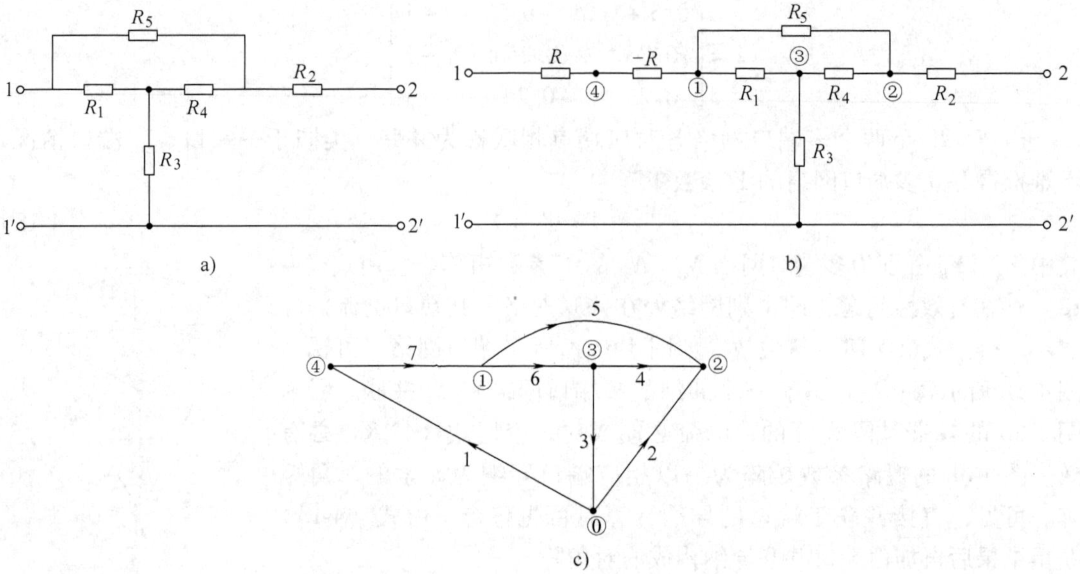

图 4-7　例 4-2 附图

a）例 4-2 电路图　b）等效电路

支路导纳矩阵等于元件导纳矩阵 Y_e 为对角阵，当 $R=1\Omega$ 时

$$Y_b=Y_e=\mathrm{diag}\ [1\quad 1\quad 0.5\quad 0.5\quad 1\quad 1\quad -1]$$

代入式（2-24）得

$$Y_n=AY_bA^{\mathrm{T}}=\begin{bmatrix}1&-1&-1&1\\-1&2.5&-0.5&0\\-1&-0.5&2&0\\1&0&0&0\end{bmatrix}\ (\mathrm{S})$$

$$Y_n^{-1}=\begin{bmatrix}0&0&0&1\\0&\frac{8}{19}&\frac{2}{19}&\frac{10}{19}\\0&\frac{2}{19}&\frac{10}{19}&\frac{12}{19}\\1&\frac{10}{19}&\frac{12}{19}&\frac{3}{19}\end{bmatrix}\ (\mathrm{S})$$

$$E_0=\begin{bmatrix}1&0&0&0&0&0&0\\0&1&0&0&0&0&0\end{bmatrix}$$

$$\boldsymbol{E}_0\boldsymbol{Y}_b\boldsymbol{A}^{\mathrm{T}}=\begin{bmatrix}0&0&0&-1\\0&-1&0&0\end{bmatrix}\quad \boldsymbol{A}\boldsymbol{Y}_b\boldsymbol{E}_0^{\mathrm{T}}=\begin{bmatrix}0&0\\0&-1\\0&0\\-1&0\end{bmatrix}$$

代入式（4-13）得

$$\begin{aligned}\boldsymbol{Y}&=\boldsymbol{E}_0\boldsymbol{Y}_b\boldsymbol{E}_0^{\mathrm{T}}-\boldsymbol{E}_0\boldsymbol{Y}_b\boldsymbol{A}^{\mathrm{T}}\boldsymbol{Y}_n^{-1}\boldsymbol{A}\boldsymbol{Y}_b\boldsymbol{E}_0^{\mathrm{T}}\\&=\begin{bmatrix}1&0\\0&1\end{bmatrix}-\begin{bmatrix}3/19&10/19\\10/19&8/19\end{bmatrix}=\begin{bmatrix}16/19&-10/19\\-10/19&11/19\end{bmatrix}\ (\mathrm{S})\end{aligned}$$

4.2 无源多端口网络的开路参数

4.2.1 开路参数的定义

上节以端口电压表示端口电流获得短路参数矩阵，同样可以用 m 个端口电流表示端口电压。以 $\boldsymbol{Z}=\boldsymbol{Y}^{-1}$左乘式（4-2）得

$$\boldsymbol{V}=\boldsymbol{Y}^{-1}\boldsymbol{I}=\boldsymbol{Z}\boldsymbol{I}\tag{4-19}$$

展开后为

$$\begin{aligned}V_1&=Z_{11}I_1+Z_{12}I_2+\cdots+Z_{1k}I_k+\cdots+Z_{1m}I_m\\V_2&=Z_{21}I_1+Z_{22}I_2+\cdots+Z_{2k}I_k+\cdots+Z_{2m}I_m\\&\cdots\cdots\\V_k&=Z_{k1}I_1+Z_{k2}I_2+\cdots+Z_{kk}I_k+\cdots+Z_{km}I_m\\&\cdots\cdots\\V_m&=Z_{m1}I_1+Z_{m2}I_2+\cdots+Z_{mk}I_k+\cdots+Z_{mm}I_m\end{aligned}\tag{4-19a}$$

其中对角元素

$$Z_{kk}=\left.\frac{V_k}{I_k}\right|_{\substack{I_j=0\ \ j:1\sim m\\ j\neq k,}}\tag{4-20}$$

可见对角元素 Z_{kk}是 k 之外的全部端口开路情况下端口 k 的入端阻抗。非对角元素

$$Z_{kj}=\left.\frac{V_k}{I_j}\right|_{\substack{I_l=0\ \ l:1\sim m\\ l\neq j}}\tag{4-21}$$

即非对角元素 Z_{kj}是其余端口全部开路情况下端口 j 施以单位电流源时端口 k 的电压，也即非对角元素是开路情况下的转移阻抗。因此称 $\boldsymbol{Z}$ 为开路参数矩阵或简称为 $\boldsymbol{Z}$ 参数矩阵。

4.2.2 利用节点法计算开路参数

仿照前述方法也可以推出用关联矩阵和节点导纳矩阵表示的公式。为此作以下几个假设：

（1）支路编号仍如前，先端口支路再内部支路，且顺次编排；

（2）串联在每个端口的阻抗实际上只对对角元素有影响，可先移走，即设端口无串联阻抗，最后再加上由端口串联阻抗构成的对角阵；

（3）并联于端口的导纳即作为端口支路，端口支路的参考方向选为由 k'指向 k，由图

4-8 可见端口电压 V_k 和端口支路的电压反相；

（4）若端口支路本来没有并联导纳，相当于该支路导纳为零并不影响计算，由式（4-19）可知当端口电流 $I_1=1\text{A}$，其余端口开路时端口电压向量即为 $\boldsymbol{Z}$ 的第一列；$I_2=1\text{A}$ 时为第二列；余此类推可获 $\boldsymbol{Z}$ 的各列。同样用 $\boldsymbol{E}_0^{\mathrm{T}}=\begin{bmatrix}1\\0\end{bmatrix}$ 代替支路电流源向量 $\boldsymbol{I}_s$，相当于各列合并运算，结果即 $\boldsymbol{Z}$ 矩阵。即

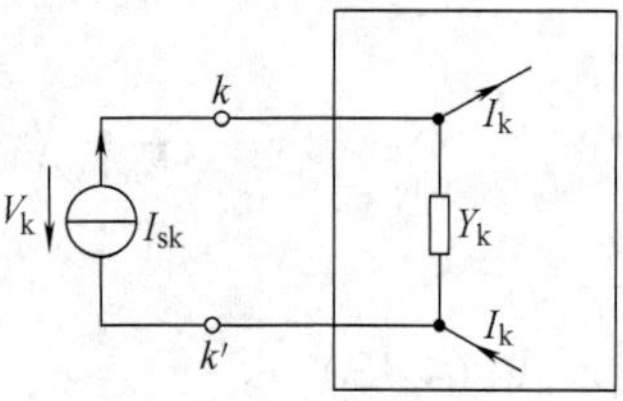

图 4-8　端口支路

$$\boldsymbol{Z}\text{的第一列}=\boldsymbol{E}_0(-\boldsymbol{V}_b)=-\boldsymbol{E}_0\boldsymbol{A}^{\mathrm{T}}\boldsymbol{V}_n=-\boldsymbol{E}_0\boldsymbol{A}^{\mathrm{T}}\boldsymbol{Y}_n^{-1}\boldsymbol{J}_n \tag{4-22}$$

式中 $\boldsymbol{J}_n=\boldsymbol{A}\boldsymbol{Y}_b\boldsymbol{V}_s-\boldsymbol{A}\boldsymbol{I}_s=-\boldsymbol{A}\boldsymbol{I}_s$，向量 $\boldsymbol{I}_s$ 的第一个元素为 1，其余为零。当 $\boldsymbol{I}_s$ 第二个元素为 1 时，获 $\boldsymbol{Z}$ 的第二列等等，各列合运算后为

$$\boldsymbol{Z}=\boldsymbol{E}_0\boldsymbol{A}^{\mathrm{T}}\boldsymbol{Y}_n^{-1}\boldsymbol{A}\boldsymbol{E}_0^{\mathrm{T}} \tag{4-23}$$

式（4-23）即开路参数矩阵的图论公式

例 4-3　试求例 4-1 三端口网络（图 4-4）的 $\boldsymbol{Z}$ 参数矩阵。

解　将直接串联于端口的 Y_1、Y_2、Y_3 先移走。移走它们后网络如图 4-9a 所示。其中导纳 Y_7、Y_9、Y_8 作为端口支路，故图 4-9b 的中编号为 1、2、3，由图 4-9b 得关联矩阵

$$\boldsymbol{A}=\begin{bmatrix}-1 & 0 & -1 & 1 & 0 & 0\\ 0 & 0 & 0 & -1 & 1 & 1\\ 0 & -1 & 1 & 0 & -1 & 0\end{bmatrix}$$

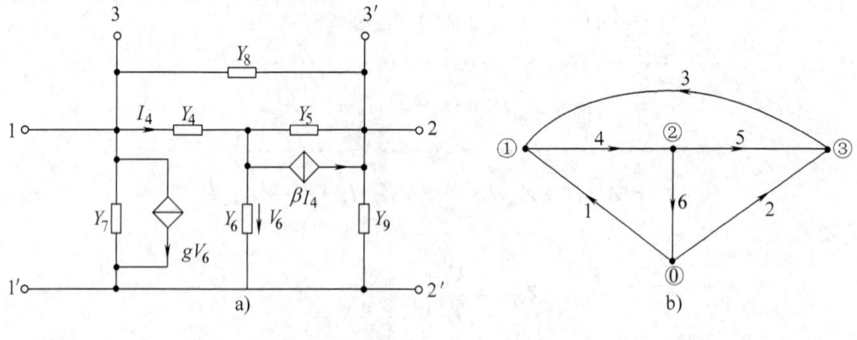

图 4-9　例 4-3 附图

a）计算电路　b）对应线图

参照例 4-1，不难得支路导纳矩阵

$$\boldsymbol{Y}_b=\begin{bmatrix}-\mathrm{j} & 0 & 0 & 0 & 0 & -3\\ 0 & -\mathrm{j} & 0 & 0 & 0 & 0\\ 0 & 0 & \mathrm{j} & 0 & 0 & 0\\ 0 & 0 & 0 & 1 & 0 & 0\\ 0 & 0 & 0 & 2 & 1 & 0\\ 0 & 0 & 0 & 0 & 0 & 1\end{bmatrix}$$

$$\boldsymbol{Y}_n=\boldsymbol{A}\boldsymbol{Y}_b\boldsymbol{A}^{\mathrm{T}}=\begin{bmatrix}1 & 2 & -\mathrm{j}\\ 1 & 1 & -1\\ -2-\mathrm{j} & 1 & 1\end{bmatrix}$$

$$\boldsymbol{Y}_n^{-1}=\begin{bmatrix}\frac{10+j2}{26} & \frac{-9-j7}{26} & \frac{-11+j3}{26}\\ \frac{4+j6}{26} & \frac{12-j8}{26} & \frac{6-j4}{26}\\ \frac{14+j8}{26} & \frac{-23-j15}{26} & \frac{-5-j}{26}\end{bmatrix}$$

$$\boldsymbol{E}_0=\begin{bmatrix}1&0&0&0&0&0\\0&1&0&0&0&0\\0&0&1&0&0&0\end{bmatrix}$$

$$\boldsymbol{E}_0\boldsymbol{A}^{\mathrm{T}}=\begin{bmatrix}-1&0&0\\0&0&-1\\-1&0&1\end{bmatrix}=[\boldsymbol{A}\boldsymbol{E}_0^{\mathrm{T}}]^{\mathrm{T}}$$

故得图 4-9a 网络的开路参数矩阵

$$\boldsymbol{Z}'=\boldsymbol{E}_0\boldsymbol{A}^{\mathrm{T}}\boldsymbol{Y}_n^{-1}\boldsymbol{A}\boldsymbol{E}_0^{\mathrm{T}}=\begin{bmatrix}\frac{10+j2}{26} & \frac{-11+j3}{26} & \frac{21-j}{26}\\ \frac{14+j8}{26} & \frac{-5-j}{26} & \frac{19+j9}{26}\\ \frac{-4-j6}{26} & \frac{-6+j4}{26} & \frac{2-j10}{26}\end{bmatrix}$$

对于图 4-4 的网络尚需加上由端口串联阻抗构成的对角阵即

$$\boldsymbol{Z}=\boldsymbol{Z}'+\begin{bmatrix}-j&0&0\\0&-j&0\\0&0&j\end{bmatrix}=\begin{bmatrix}\frac{10-j24}{26} & \frac{-11+j3}{26} & \frac{21-j}{26}\\ \frac{14+j8}{26} & \frac{-5-j27}{26} & \frac{19+j9}{26}\\ \frac{-4-j6}{26} & \frac{-6+j4}{26} & \frac{2+j16}{26}\end{bmatrix}$$

与例 4-1 结果互逆。

4.3　无源多端口网络的混合参数

4.3.1　混合参数的定义

上两节以端口电压表示电流或以端口电流表示电压分别导出了短路和开路参数矩阵 $\boldsymbol{Y}$ 和 $\boldsymbol{Z}$。如果用部分端口的电流和另外部分端口的电压表示这些端口的电压和电流则可推出混合参数矩阵 $\boldsymbol{H}$。如图 4-10 所示，将第 1 至 q 端口用电流源替代，第 $q+1$ 至 m 端口用电压源替代，用叠加定理后可得

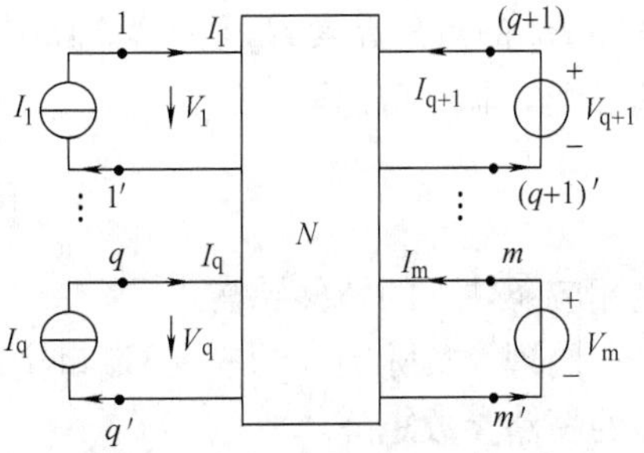

图 4-10　混合参数的计算

$$
\begin{aligned}
&V_1 = H_{11}I_1 \cdots + H_{1k}I_k \cdots + H_{1q}I_q + H_{1(q+1)}V_{q+1} \cdots + H_{1m}V_m \\
&\cdots\cdots\cdots\cdots\cdots\cdots\cdots\cdots\cdots\cdots\cdots\cdots \\
&V_k = H_{k1}I_1 \cdots + H_{kk}I_k \cdots + H_{kq}I_q + H_{k(q+1)}V_{q+1} \cdots + H_{km}V_m \\
&\cdots\cdots\cdots\cdots\cdots\cdots\cdots\cdots\cdots\cdots\cdots\cdots \\
&V_q = H_{q1}I_1 \cdots + H_{qk}I_k \cdots + H_{qq}I_q + H_{q(q+1)}V_{q+1} \cdots + H_{qm}V_m \\
&I_{q+1} = H_{(q+1)1}I_1 \cdots + H_{(q+1)k}I_k \cdots + H_{(q+1)q}I_q + H_{(q+1)(q+1)}V_{(q+1)} \cdots + H_{(q+1)m}V_m \\
&\cdots\cdots\cdots\cdots\cdots\cdots\cdots\cdots\cdots\cdots\cdots\cdots \\
&I_m = H_{m1}I_1 \cdots + H_{mk}I_k \cdots + H_{mq}I_q + H_{m(q+1)}V_{q+1} \cdots + H_{mm}V_m
\end{aligned}
\tag{4-24}
$$

设

$$
\begin{aligned}
\boldsymbol{V}_1 &= [V_1V_2\cdots V_q]^{\mathrm{T}} \quad \boldsymbol{V}_2 = [V_{q+1}\cdots V_m]^{\mathrm{T}} \\
\boldsymbol{I}_1 &= [I_1I_2\cdots I_q]^{\mathrm{T}} \quad \boldsymbol{I}_2 = [I_{q+1}\cdots I_m]^{\mathrm{T}}
\end{aligned}
\tag{4-25}
$$

则式（4-24）可表示为

$$
\begin{bmatrix} \boldsymbol{V}_1 \\ \hdashline \boldsymbol{I}_2 \end{bmatrix} = \boldsymbol{H}\begin{bmatrix} \boldsymbol{I}_1 \\ \hdashline \boldsymbol{V}_2 \end{bmatrix}
\tag{4-26}
$$

其中

$$
\boldsymbol{H} = \left[\begin{array}{c:c} \boldsymbol{H}_{11} & \boldsymbol{H}_{12} \\ \hdashline \boldsymbol{H}_{21} & \boldsymbol{H}_{22} \end{array}\right]
\tag{4-27}
$$

称 $\boldsymbol{H}$ 为混合参数矩阵。由展开式式（4-24）可以看出，$\boldsymbol{H}_{11}$的对角元素

$$
H_{kk} = \left.\frac{V_k}{I_k}\right|_{\substack{I_j=0,\,j\neq k,\,j:1\sim q \\ V_j=0 \quad j:q+1\sim m}}
\tag{4-28}
$$

即第 1 至 q（k 除外）端口全部开路，第 $q+1$ 至 m 端口全部短路条件下第 k 端口的入端阻抗。为了叙述方便以下简称第 1 至 q 端口为一类端口，第 $q+1$ 至 m 为二类端口。$\boldsymbol{H}_{11}$的非对角元素

$$
H_{kj} = \left.\frac{V_k}{I_j}\right|_{\substack{I_l=0,\,l\neq j,\,l:1\sim q \\ V_l=0,\,l:q+1\sim m}}
\tag{4-29}
$$

也即 $\boldsymbol{H}_{11}$的非对角元素 H_{kj}是二类端口全部短路、一类端口 j 施以单位电流源、其余全部开路条件下端口 k 的电压。归纳式（4-28）、式（4-29），可知 $\boldsymbol{H}_{11}$实际是二类端口全部短路情况下，由 q 个一类端口构成的多端口网络的开路参数矩阵。$\boldsymbol{H}_{22}$的对角元素

$$
H_{kk} = \left.\frac{I_k}{V_k}\right|_{\substack{I_l=0,\,l:1\sim q \\ V_l=0 \quad l\neq k,\,l:q+1\sim m}}
\tag{4-30}
$$

也即 $\boldsymbol{H}_{22}$的对角元素 H_{kk}是一类端口全部开路，k 之外的二类端口全部短路条件下端口 k 的入端导纳。非对角元素

$$
H_{kj} = \left.\frac{I_k}{V_j}\right|_{\substack{I_l=0,\,l:1\sim q \\ V_l=0,\,l\neq j,\,l:q+1\sim m}}
\tag{4-31}
$$

是相应条件下的转移导纳。

同理，实际上 $\boldsymbol{H}_{22}$是一类端口全部开路情况下，由（$m-q$）个二类端口构成的多端口网络的短路参数矩阵。

分块矩阵 $\boldsymbol{H}_{11}$、$\boldsymbol{H}_{22}$都是方阵，$\boldsymbol{H}_{12}$、$\boldsymbol{H}_{21}$不是方阵，$\boldsymbol{H}_{12}$的阶是 $q\times(m-q)$，$\boldsymbol{H}_{21}$的阶是

$(m-q) \times q$。$\boldsymbol{H}_{12}$的元素

$$H_{kj} = \frac{V_k}{V_j}\bigg|_{\substack{I_l=0,\,l:1\sim q \\ V_l=0,\,l\neq j,\,l:q+1\sim m}} \tag{4-32}$$

$\boldsymbol{H}_{21}$的元素

$$H_{kj} = \frac{I_k}{I_j}\bigg|_{\substack{I_l=0,\,l\neq j,\,l:1\sim q \\ V_l=0,\,l:q+1\sim m}} \tag{4-33}$$

也即它们是相应条件下不同类端口间的电压比或电流比。对于互易网络，由互易定理可知：

$$\boldsymbol{H}_{12} = -\boldsymbol{H}_{21}^{\mathrm{T}} \tag{4-34}$$

4.3.2　利用节点法计算混合参数

同样也可以推导出用关联矩阵和节点导纳矩阵表示的混合参数矩阵的公式。为此作以下几点假设：

（1）直接串联在一类端口的阻抗和并联在二类端口的导纳均先移走。由上述各定义可知，这些阻抗和导纳只影响对角元素，只需在计算结果中加上由它们构成的对角阵就可以了；

（2）支路编号严格按照先一类端口支路，次二类端口支路，再内部支路的顺序，并仍采用图 2-1 的复合支路；

（3）一类端口存在并联导纳，二类端口均存在串联导纳，它们即为端口支路的支路导纳。给定网络中若一类端口无并联导纳，相当于该支路 $\boldsymbol{Y}_b=0$，而并不影响分析。但二类端口无串联元件相当于 $\boldsymbol{Y}_b=\infty$，将影响计算。可采用引进附加支路和节点的方法解决（参见例 4-2）；

（4）为了分别从一、二类端口支路中筛选出电压和电流，将式（4-7）中 $\boldsymbol{E}_0$ 再分块，即

$$\boldsymbol{E}_0 = \begin{bmatrix} \boldsymbol{E}_{01} \\ \hdashline \boldsymbol{E}_{02} \end{bmatrix} \tag{4-35a}$$

也即

$$\begin{matrix} & & q & m-q & b-m & \\ \boldsymbol{E}_{01} = & [& \mathbf{1} & \mathbf{0} & \mathbf{0} &] \quad q \\ \boldsymbol{E}_{02} = & [& \mathbf{0} & \mathbf{1} & \mathbf{0} &] \quad (m-q) \end{matrix} \tag{4-35b}$$

（5）端口支路的方向如图 4-11 所示。$\boldsymbol{H}$ 的第一列是 $I_1=1\mathrm{A}$ 其余一类端口开路，二类端口短路情况下，一类端口的电压和二类端口的电流向量，考虑到端口支路的方向和图 2-1 复合支路方向，得

$$\boldsymbol{H}\text{ 的第一列} = \begin{bmatrix} -\boldsymbol{E}_{01}\boldsymbol{V}_b \\ \hdashline \boldsymbol{E}_{02}\boldsymbol{I}_b \end{bmatrix} \tag{4-36}$$

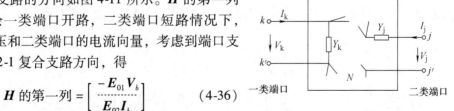

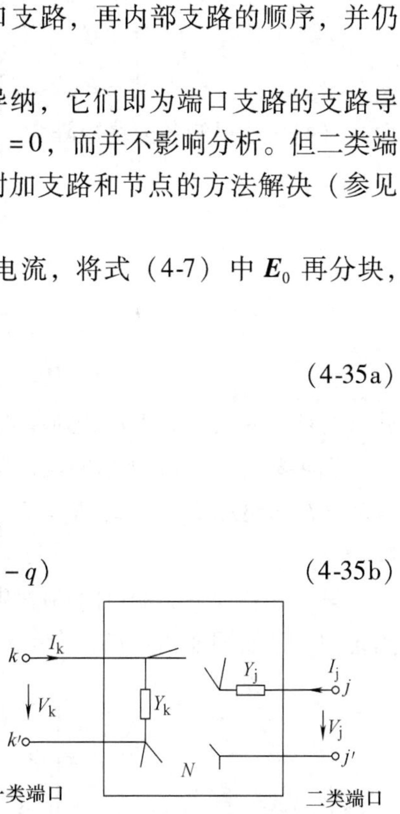

图 4-11　端口支路

其中支路源向量为 $\boldsymbol{V}_s=\mathbf{0}$，$\boldsymbol{I}_s=[1\ \ 0\ \ \cdots\ \ 0]^{\mathrm{T}}$。

当 $\boldsymbol{V}_s=\mathbf{0}$、$\boldsymbol{I}_s=[0\ \ 1\ \ \cdots\ \ 0]^{\mathrm{T}}$ 代入得 $\boldsymbol{H}$ 的第 2 列，当 $\boldsymbol{V}_s=0$、$\boldsymbol{I}_s=[0\ \ \cdots\ \ 1\ \ 0\ \ 0]^{\mathrm{T}}$ 代入得 $\boldsymbol{H}$ 的第 q 列，当 $\boldsymbol{I}_s=0$、$\boldsymbol{V}_s=[0\ \ \cdots\ \ 0\ \ 0\ -1\ \ \cdots\ \ 0]^{\mathrm{T}}$ 代入得 $\boldsymbol{H}$ 的第 $q+1$

列，当 $\boldsymbol{I}_s=0$、$\boldsymbol{V}_s=[0\quad 0\quad \cdots\quad -1]^{\mathrm{T}}$ 代入得 $\boldsymbol{H}$ 的最后一列。

将前 q 列合起来运算并考虑到式（2-13）、式（1-33）、式（2-23）、式（2-25），令 $\boldsymbol{V}_s=\boldsymbol{0}$、$\boldsymbol{I}_s=\boldsymbol{E}_{01}^{\mathrm{T}}$ 代入式（4-36）经整理得

$$\boldsymbol{H}\text{的前}\,q\,\text{列}\begin{bmatrix}\boldsymbol{E}_{01}\boldsymbol{A}^{\mathrm{T}}\boldsymbol{Y}_n^{-1}\boldsymbol{A}\boldsymbol{E}_{01}^{\mathrm{T}}\\ -\boldsymbol{E}_{02}\boldsymbol{Y}_b\boldsymbol{A}^{\mathrm{T}}\boldsymbol{Y}_n^{-1}\boldsymbol{A}\boldsymbol{E}_{01}^{\mathrm{T}}+\boldsymbol{E}_{02}\boldsymbol{E}_{01}^{\mathrm{T}}\end{bmatrix}\tag{4-37}$$

其中

$$\boldsymbol{E}_{02}\boldsymbol{E}_{01}^{\mathrm{T}}=0\tag{4-38}$$

故知

$$\boldsymbol{H}\text{的前}\,q\,\text{列}=\begin{bmatrix}\boldsymbol{E}_{01}\boldsymbol{A}^{\mathrm{T}}\boldsymbol{Y}_n^{-1}\boldsymbol{A}\boldsymbol{E}_{01}^{\mathrm{T}}\\ -\boldsymbol{E}_{02}\boldsymbol{Y}_b\boldsymbol{A}^{\mathrm{T}}\boldsymbol{Y}_n^{-1}\boldsymbol{A}\boldsymbol{E}_{01}^{\mathrm{T}}\end{bmatrix}\tag{4-39}$$

同理，将 $\boldsymbol{I}_s=\boldsymbol{0}$、$\boldsymbol{V}_s=-\boldsymbol{E}_{02}^{\mathrm{T}}$ 及上述各式代入式（4-36）右边得

$$\boldsymbol{H}\text{的后}\,(m-q)\,\text{列}=\begin{bmatrix}\boldsymbol{E}_{01}\boldsymbol{A}^{\mathrm{T}}\boldsymbol{Y}_n^{-1}\boldsymbol{A}\boldsymbol{Y}_b\boldsymbol{E}_{02}^{\mathrm{T}}\\ \boldsymbol{E}_{02}\boldsymbol{Y}_b\boldsymbol{E}_{02}^{\mathrm{T}}-\boldsymbol{E}_{02}\boldsymbol{Y}_b\boldsymbol{A}^{\mathrm{T}}\boldsymbol{Y}_n^{-1}\boldsymbol{A}\boldsymbol{Y}_b\boldsymbol{E}_{02}^{\mathrm{T}}\end{bmatrix}\tag{4-40}$$

由式（4-39）、式（4-40）得混合参数矩阵

$$\boldsymbol{H}=\begin{bmatrix}\boldsymbol{E}_{01}\boldsymbol{A}^{\mathrm{T}}\boldsymbol{Y}_n^{-1}\boldsymbol{A}\boldsymbol{E}_{01}^{\mathrm{T}} & \boldsymbol{E}_{01}\boldsymbol{A}^{\mathrm{T}}\boldsymbol{Y}_n^{-1}\boldsymbol{A}\boldsymbol{Y}_b\boldsymbol{E}_{02}^{\mathrm{T}}\\ -\boldsymbol{E}_{02}\boldsymbol{Y}_b\boldsymbol{A}^{\mathrm{T}}\boldsymbol{Y}_n^{-1}\boldsymbol{A}\boldsymbol{E}_{01}^{\mathrm{T}} & \boldsymbol{E}_{02}\boldsymbol{Y}_b\boldsymbol{E}_{02}^{\mathrm{T}}-\boldsymbol{E}_{02}\boldsymbol{Y}_b\boldsymbol{A}^{\mathrm{T}}\boldsymbol{Y}_n^{-1}\boldsymbol{A}\boldsymbol{Y}_b\boldsymbol{E}_{02}^{\mathrm{T}}\end{bmatrix}\tag{4-41}$$

由式（4-41）可知各分块矩阵为

$$\boldsymbol{H}_{11}=\boldsymbol{E}_{01}\boldsymbol{A}^{\mathrm{T}}\boldsymbol{Y}_n^{-1}\boldsymbol{A}\boldsymbol{E}_{01}^{\mathrm{T}}\tag{4-42}$$

$$\boldsymbol{H}_{12}=\boldsymbol{E}_{01}\boldsymbol{A}^{\mathrm{T}}\boldsymbol{Y}_n^{-1}\boldsymbol{A}\boldsymbol{Y}_b\boldsymbol{E}_{02}^{\mathrm{T}}\tag{4-43}$$

$$\boldsymbol{H}_{21}=-\boldsymbol{E}_{02}\boldsymbol{Y}_b\boldsymbol{A}^{\mathrm{T}}\boldsymbol{Y}_n^{-1}\boldsymbol{A}\boldsymbol{E}_{01}^{\mathrm{T}}\tag{4-44}$$

$$\boldsymbol{H}_{22}=\boldsymbol{E}_{02}\boldsymbol{Y}_b\boldsymbol{E}_{02}^{\mathrm{T}}-\boldsymbol{E}_{02}\boldsymbol{Y}_b\boldsymbol{A}^{\mathrm{T}}\boldsymbol{Y}_n^{-1}\boldsymbol{A}\boldsymbol{Y}_b\boldsymbol{E}_{02}^{\mathrm{T}}\tag{4-45}$$

式（4-42）~式（4-45）分别和式（4-23），式（4-13）所得结果一致。

例 4-4 图 4-12a 所示四端口网络的端口 1、2 是一类端口，3、4 为二类端口。其中 $R_1=R_3=R_6=6\Omega$，$R_2=5\Omega$，$R_4=R_8=12\Omega$，$R_5=20\Omega$，$R_7=16\Omega$，$R_9=14\Omega$，试求混合参数矩阵 $\boldsymbol{H}$。

解 先移走一类端口的串联阻抗 R_1、R_2，网络如图 4-12b 所示，对该图按前述假设对支路定向，画线图如图 4-12c 所示。由图 4-12c 得关联矩阵（点④为参考）

$$\boldsymbol{A}=\begin{bmatrix}-1 & 0 & 0 & 1 & 0 & 0 & 1\\ 0 & 1 & 0 & -1 & 0 & -1 & -1\\ 0 & -1 & 1 & 0 & -1 & 0 & 0\end{bmatrix}$$

支路导纳矩阵为

$$\boldsymbol{Y}_b=\mathrm{diag}\begin{bmatrix}\frac{1}{14} & \frac{1}{16} & \frac{1}{6} & \frac{1}{12} & \frac{1}{12} & \frac{1}{20} & \frac{1}{6}\end{bmatrix}$$

节点导纳矩阵为

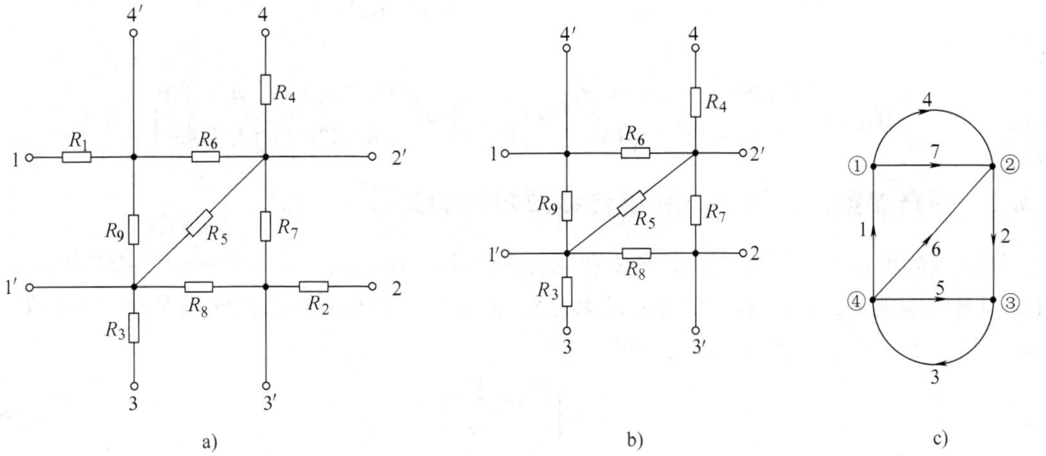

图 4-12　例 4-4 附图
a）例 4-4 电路图　b）计算电路　c）线图

$$\boldsymbol{Y}_n=\boldsymbol{A}\boldsymbol{Y}_b\boldsymbol{A}^{\mathrm{T}}=\begin{bmatrix}\frac{9}{28} & -\frac{1}{4} & 0\\ -\frac{1}{4} & \frac{29}{80} & -\frac{1}{16}\\ 0 & -\frac{1}{16} & \frac{5}{16}\end{bmatrix}$$

$$\boldsymbol{Y}_n^{-1}=\begin{bmatrix}7.0000 & 5.0000 & 1.0000\\ 5.0000 & 6.4286 & 1.2857\\ 1.0000 & 1.2857 & 3.4571\end{bmatrix}$$

$$\boldsymbol{E}_{01}=\begin{bmatrix}1 & 0 & 0 & 0 & 0 & 0 & 0\\ 0 & 1 & 0 & 0 & 0 & 0 & 0\end{bmatrix}$$

$$\boldsymbol{E}_{02}=\begin{bmatrix}0 & 0 & 1 & 0 & 0 & 0 & 0\\ 0 & 0 & 0 & 1 & 0 & 0 & 0\end{bmatrix}$$

将其各代入式（4-42）～式（4-45）得

$$\boldsymbol{H}'_{11}=\begin{bmatrix}7.0000 & -4.0000\\ -4.0000 & 7.3143\end{bmatrix}$$

$$\boldsymbol{H}_{12}=\begin{bmatrix}-0.1667 & -0.1667\\ -0.3619 & -0.09524\end{bmatrix}$$

$$\boldsymbol{H}_{21}=\begin{bmatrix}0.1667 & 0.3619\\ 0.1667 & 0.09524\end{bmatrix}$$

$$\boldsymbol{H}_{22}=\begin{bmatrix}0.0706 & 0.0040\\ 0.0040 & 0.0595\end{bmatrix}$$

考虑到端口 1、2 的串联阻抗，$\boldsymbol{H}'_{11}$还应加上对角阵$\begin{bmatrix} R_1 & 0 \\ 0 & R_2 \end{bmatrix}$

故

$$\boldsymbol{H}_{11}=\begin{bmatrix} 7.0000 & -4.0000 \\ -4.0000 & 7.3143 \end{bmatrix}+\begin{bmatrix} 6 & 0 \\ 0 & 5 \end{bmatrix}=\begin{bmatrix} 13.0000 & -4.0000 \\ -4.0000 & 12.3143 \end{bmatrix}$$

4.3.3 短路参数、开路参数和混合参数矩阵的关系

短路参数矩阵 $\boldsymbol{Y}$、开路参数矩阵 $\boldsymbol{Z}$ 和混合参数矩阵 $\boldsymbol{H}$ 各自可以表征一个多端口网络，$\boldsymbol{Z}$ 和 $\boldsymbol{Y}$ 间有互逆关系，$\boldsymbol{H}$ 和 $\boldsymbol{Y}$、$\boldsymbol{Z}$ 间也可以互相转换。为了推出它们的转换公式，可以将式（4-3）矩阵 $\boldsymbol{Y}$ 按一、二类端口分块，即

$$\boldsymbol{Y}=\begin{bmatrix} \boldsymbol{Y}_{11} & \boldsymbol{Y}_{12} \\ \boldsymbol{Y}_{21} & \boldsymbol{Y}_{22} \end{bmatrix} \tag{4-46}$$

则式（4-2）可表示为

$$\begin{bmatrix} \boldsymbol{I}_1 \\ \boldsymbol{I}_2 \end{bmatrix}=\begin{bmatrix} \boldsymbol{Y}_{11} & \boldsymbol{Y}_{12} \\ \boldsymbol{Y}_{21} & \boldsymbol{Y}_{22} \end{bmatrix}\begin{bmatrix} \boldsymbol{V}_1 \\ \boldsymbol{V}_2 \end{bmatrix} \tag{4-47}$$

或展开为

$$\begin{aligned} \boldsymbol{I}_1 &= \boldsymbol{Y}_{11}\boldsymbol{V}_1+\boldsymbol{Y}_{12}\boldsymbol{V}_2 \\ \boldsymbol{I}_2 &= \boldsymbol{Y}_{21}\boldsymbol{V}_1+\boldsymbol{Y}_{22}\boldsymbol{V}_2 \end{aligned} \tag{4-48}$$

同样将式(4-26)展开为

$$\begin{aligned} \boldsymbol{V}_1 &= \boldsymbol{H}_{11}\boldsymbol{I}_1+\boldsymbol{H}_{12}\boldsymbol{V}_2 \\ \boldsymbol{I}_2 &= \boldsymbol{H}_{21}\boldsymbol{I}_1+\boldsymbol{H}_{22}\boldsymbol{V}_2 \end{aligned} \tag{4-49}$$

比较式(4-48)、式(4-49)可得

$$\boldsymbol{H}_{11}=\boldsymbol{Y}_{11}^{-1} \tag{4-50}$$

$$\boldsymbol{H}_{12}=-\boldsymbol{Y}_{11}^{-1}\boldsymbol{Y}_{12} \tag{4-51}$$

$$\boldsymbol{H}_{21}=\boldsymbol{Y}_{21}\boldsymbol{Y}_{11}^{-1} \tag{4-52}$$

$$\boldsymbol{H}_{22}=\boldsymbol{Y}_{22}-\boldsymbol{Y}_{21}\boldsymbol{Y}_{11}^{-1}\boldsymbol{Y}_{12} \tag{4-53}$$

或

$$\boldsymbol{Y}_{11}=\boldsymbol{H}_{11}^{-1} \tag{4-54}$$

$$\boldsymbol{Y}_{12}=-\boldsymbol{H}_{11}^{-1}\boldsymbol{H}_{12} \tag{4-55}$$

$$\boldsymbol{Y}_{21}=\boldsymbol{H}_{21}\boldsymbol{H}_{11}^{-1} \tag{4-56}$$

$$\boldsymbol{Y}_{22}=\boldsymbol{H}_{22}-\boldsymbol{H}_{21}\boldsymbol{H}_{11}^{-1}\boldsymbol{H}_{12} \tag{4-57}$$

同理，将式(4-18)分块展开后为

$$\begin{aligned} \boldsymbol{V}_1 &= \boldsymbol{Z}_{11}\boldsymbol{I}_1+\boldsymbol{Z}_{12}\boldsymbol{I}_2 \\ \boldsymbol{V}_2 &= \boldsymbol{Z}_{21}\boldsymbol{I}_1+\boldsymbol{Z}_{22}\boldsymbol{I}_2 \end{aligned} \tag{4-58}$$

比较式(4-49)、式(4-58)得

$$\boldsymbol{H}_{11}=\boldsymbol{Z}_{11}-\boldsymbol{Z}_{12}\boldsymbol{Z}_{22}^{-1}\boldsymbol{Z}_{21} \tag{4-59}$$

$$\boldsymbol{H}_{12}=\boldsymbol{Z}_{12}\boldsymbol{Z}_{22}^{-1} \tag{4-60}$$

$$\boldsymbol{H}_{21} = -\boldsymbol{Z}_{22}^{-1}\boldsymbol{Z}_{21} \tag{4-61}$$

$$\boldsymbol{H}_{22} = \boldsymbol{Z}_{22}^{-1} \tag{4-62}$$

或

$$\boldsymbol{Z}_{11} = \boldsymbol{H}_{11} - \boldsymbol{H}_{12}\boldsymbol{H}_{22}^{-1}\boldsymbol{H}_{21} \tag{4-63}$$

$$\boldsymbol{Z}_{12} = \boldsymbol{H}_{12}\boldsymbol{H}_{22}^{-1} \tag{4-64}$$

$$\boldsymbol{Z}_{21} = -\boldsymbol{H}_{22}^{-1}\boldsymbol{H}_{21} \tag{4-65}$$

$$\boldsymbol{Z}_{22} = \boldsymbol{H}_{22}^{-1} \tag{4-66}$$

4.4　含源多端口网络的等效电路

4.4.1　含源多端口网络的诺顿等效电路

当多端口网络内部含有独立电源时,仍可应用替代定理将端口电压(或电流)用电压源(或电流源)替换,如图 4-2 所示,应用叠加定理后式(4-1)变为

$$\begin{aligned}
I_1 &= Y_{11}V_1 + Y_{12}V_2 \cdots + Y_{1k}V_k \cdots + Y_{1m}V_m + I_{01} \\
I_2 &= Y_{21}V_1 + Y_{22}V_2 \cdots + Y_{2k}V_k \cdots + Y_{2m}V_m + I_{02} \\
&\vdots \\
I_k &= Y_{k1}V_1 + Y_{k2}V_2 \cdots + Y_{kk}V_k \cdots + Y_{km}V_m + I_{0k} \\
&\vdots \\
I_m &= Y_{m1}V_1 + Y_{m2}V_2 \cdots + Y_{mk}V_k \cdots + Y_{mm}V_m + I_{0m}
\end{aligned} \tag{4-67}$$

其中 I_{01}、I_{02}、…、I_{0m}是全部端口短路时,内部独立源产生的端口电流,写成向量形式为

$$\boldsymbol{I}_0 = [\,I_{01} \quad I_{02} \quad \cdots \quad I_{0k} \quad \cdots \quad I_{0m}\,]^{\mathrm{T}} \tag{4-68}$$

则可将式(4-67)写为矩阵形式

$$\boldsymbol{I} = \boldsymbol{YV} + \boldsymbol{I}_0 \tag{4-69}$$

图 4-13 所示的等效电路当应用叠加定理时产生的端口电流表示式和式(4-67)完全相同,可见可以用图 4-13 网络替代含独立源的多端口网络。即含独立源多端口网络可用一个无独立源的多端口网络(即内部源全为零)和端口并联电流源(值即等于短路电流)共同构成的多端口网络替代。实际上这就是诺顿定理推广到多端口网络的情况。图 4-13 可称为诺顿等效电路。

4.4.2　含源多端口网络的戴维南等效电路

用 $\boldsymbol{Z} = \boldsymbol{Y}^{-1}$左乘式(4-69)并整理得

$$\boldsymbol{V} = \boldsymbol{ZI} + \boldsymbol{V}_0 \tag{4-70}$$

式中

$$\boldsymbol{V}_0 = -\boldsymbol{ZI}_0 \tag{4-71}$$

$$\boldsymbol{V}_0 = [\,V_{01} \quad V_{02} \quad \cdots \quad V_{0k} \quad \cdots \quad V_{0m}\,]^{\mathrm{T}} \tag{4-72}$$

它们即全部端口开路时，相应端口的电压。式（4-71）中负号是由参考方向引起的。对图 4-14 等效电路应用叠加定理产生的端口电压和式（4-70）的展开式完全一样，因此含独

立源多端口网络也可以用图 4-14 所示一个无独立源多端口网络（即内部源全为零）和入端口串联电压源共同构成的多端口网络替代。这实际上就是戴维南定理推广到多端口网络的情况。图 4-14 可称为戴维南等效电路。

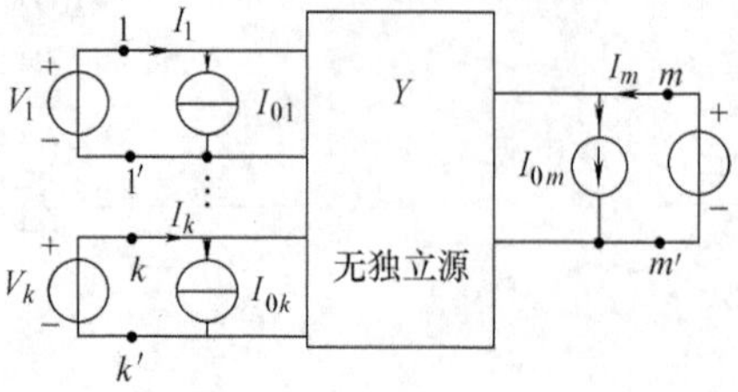

图 4-13　含源多端口网络的诺顿等效电路

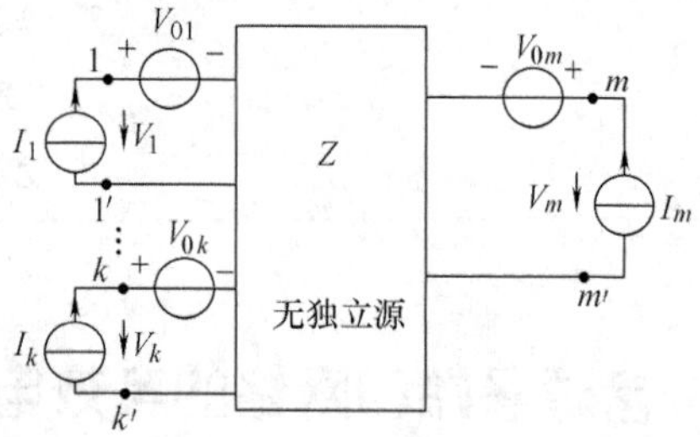

图 4-14　含源多端口网络的戴维南等效电路

4.4.3　含源多端口网络的混合等效电路

同理，若将前 q 个端口用电流源替代，后 $(m-q)$ 个端口用电压源替代，再应用叠加定理，并将结果写为矩阵形式则得

$$\begin{bmatrix} \boldsymbol{V}_1 \\ \boldsymbol{I}_2 \end{bmatrix} = \begin{bmatrix} \boldsymbol{H}_{11} & \boldsymbol{H}_{12} \\ \boldsymbol{H}_{21} & \boldsymbol{H}_{22} \end{bmatrix} \begin{bmatrix} \boldsymbol{I}_1 \\ \boldsymbol{V}_2 \end{bmatrix} + \begin{bmatrix} \boldsymbol{V}_{01} \\ \boldsymbol{I}_{02} \end{bmatrix} \tag{4-73}$$

其中 V_{01} 和 I_{02} 分别为前 q 个端口开断，后 $(m-q)$ 个端口短接情况下，前 q 个端口的电压和后 $(m-q)$ 个端口的电流向量。与式（4-73）相应的等效电路如图 4-15 所示。即用串联于前 q 个各端口的电压源，并联于后 $(m-q)$ 个端口的电流源和混合参数矩阵来表征一个含独立源多端口网络。这相当于戴维南和诺顿混合等效电路。当 $q=m$ 时即戴维南等效电路，当 $q=0$ 时即诺顿等效电路。

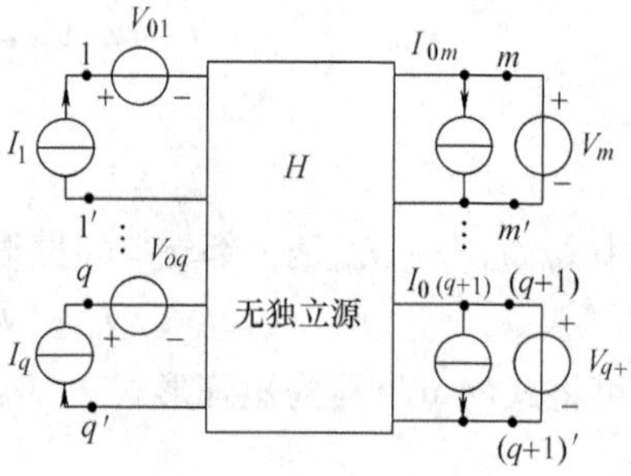

图 4-15　含源多端口网络的混合等效电路

源向量 $\boldsymbol{I}_0$、$\boldsymbol{V}_0$、$\boldsymbol{V}_{01}$、$\boldsymbol{I}_{02}$ 等也可通过关联矩阵、支路导纳矩阵和支路源向量表示。因篇幅所限，此处不进行具体推导。

将 $\boldsymbol{I}_0$、$\boldsymbol{V}_0$、$\boldsymbol{Y}$、$\boldsymbol{Z}$ 分块也可以推导出源向量之间的关系，有兴趣的读者可以自行推演。

4.5　多端网络的不定导纳矩阵

4.5.1　不定导纳矩阵的定义

具有多个端点的网络称为多端网络。图 4-16 所示是一个具有 m 个端点的多端网络，若将每一个端点看作一个端口的进线（正极性点），而将一悬浮点看作公共的回线（负极性点），则仍可将一多端网络视为多端口网络，该多端口网络回线是共有的，即 $1'$、$2'$、…、m' 点是同一点，端电流 I_1、I_2、…、I_m 即端口电流。端电压即端口电压，所以端电流和端电压间的关系仍可以用短路参数矩阵表示，即

$$I = Y_i V \tag{4-74}$$

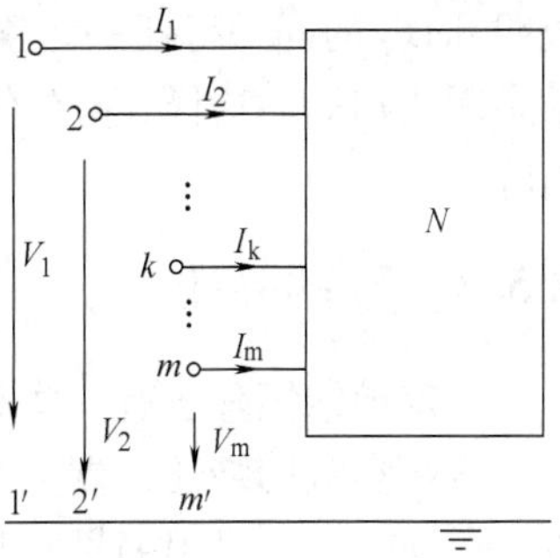

图 4-16　多端网络

这里，将短路参数矩阵 $\boldsymbol{Y}_i$ 称为不定导纳矩阵。为了说明这一道理，展开式（4-74）

$$\begin{aligned} I_1 &= Y_{11}V_1 + Y_{12}V_2 + \cdots + Y_{1k}V_k + \cdots + Y_{1m}V_m \\ &\vdots \\ I_k &= Y_{k1}V_1 + Y_{k2}V_2 + \cdots + Y_{kk}V_k + \cdots + Y_{km}V_m \\ &\vdots \\ I_m &= Y_{m1}V_1 + Y_{m2}V_2 + \cdots + Y_{mk}V_k + \cdots + Y_{mm}V_m \end{aligned} \tag{4-75}$$

令 $V_1 = 1$、$V_2 = V_3 = \cdots = V_m = 0$，即 1、1′间加有单位电压源，其余端点均接公共点 2′、3′、…，则有

$$\sum_{j=1}^{m} Y_{j1} = \sum_{j=1}^{m} I_j \tag{4-76}$$

由 KCL 知式（4-76）右边总和为零，说明 $\boldsymbol{Y}_i$ 的第一列元素为零。令 $V_2 = 1$、$V_1 = V_3 = \cdots = V_m = 0$，可证第二列元素和为零。余此类推得证 $\boldsymbol{Y}_i$ 的每列元素和为零。令 $V_1 = 1$，$I_2 = I_3 = \cdots = I_m = 0$，即端点 1 加单位电压源其余端点全部开断，由 KCL 知 $I_1 = 0$，即网络实际上未被激励，是一等位体，所以 $V_2 = V_3 = \cdots = V_m = 1$，从而得知 $\boldsymbol{Y}_i$ 的第一行元素和为零，以此类推可知它的每一行元素相加也为零。因此 $\boldsymbol{Y}_i$ 是一奇异矩阵，没有定解，故称 $\boldsymbol{Y}_i$ 为不定导纳矩阵。若将 $\boldsymbol{Y}_i$ 划去一行一列并没有丢失信息。例如划去第 m 行 m 列，并用 $\boldsymbol{Y}_d$ 表示，称其为定导纳矩阵。划去第 m 行相当于舍去第 m 个方程，划去第 m 列相当于令 $V_m = 0$，所以 $\boldsymbol{Y}_d$ 实际是将悬浮的公共点移至第 m 点后，具有（$m-1$）个端口，且有公共端点的多端口网络的短路参数矩阵。这种有公共回线的多端口网络可简称为共点多端口网络。给出 $\boldsymbol{Y}_d$ 后恢复原不定导纳矩阵 $\boldsymbol{Y}_i$ 是很方便的，只需将全部行相加变号后作为新的一行，全部列相加变号后作为新的一列。所以知道以 m 点为公共参考点的短路参数矩阵后，用别的端点为公共参考点的网络特性也不难推求。要求以 k 点为参考点的 $\boldsymbol{Y}$ 参数矩阵，只需先恢复第 m 行第 m 列再划去第 k 行 k 列即可。例如由 e、b、c 三端构成晶体管等效电路，知道了共发射极特性（二端口）后，共基极、共集电极特性不难推求。实际特性如果不是用 $\boldsymbol{Y}$ 参数，而是用混合参数等表示的，根据前述基本方程参数矩阵间关系很容易互相推求。因此，不定导纳矩阵是很有应用价值的。

4.5.2　$\boldsymbol{Y}_i$ 的等余因子

不定导纳矩阵具有一个有趣的性质，即它的一阶余因式均相同。因为 $\boldsymbol{Y}_i$ 是奇异矩阵，所以其行列式

$$\det \boldsymbol{Y}_i = 0 \tag{4-77}$$

对 $\det \boldsymbol{Y}_i$ 按第 j 行元素展开，则有

$$\det \boldsymbol{Y}_i = Y_{j1}\Delta_{j1} + Y_{j2}\Delta_{j2} + \cdots + Y_{jk}\Delta_{jk} + \cdots + Y_{jm}\Delta_{jm}$$

而 $\boldsymbol{Y}_{j1} = -(Y_{j2} + Y_{j3} + \cdots + Y_{jk} + \cdots + Y_{jm})$，故得

$$0 = \det \boldsymbol{Y}_i = Y_{j2}(\Delta_{j2} - \Delta_{j1}) + Y_{j3}(\Delta_{j3} - \Delta_{j1}) + \cdots + Y_{jk}(\Delta_{jk} - \Delta_{j1}) + \cdots + Y_{jm}(\Delta_{jm} - \Delta_{j1})$$

对于任何的 Y_{jk}，$\det \boldsymbol{Y}_i$ 均应恒为零，所以必有

$$\Delta_{j2} = \Delta_{j1},\ \Delta_{j3} = \Delta_{j1},\ \cdots,\ \Delta_{jm} = \Delta_{j1}$$

说明 $\det\boldsymbol{Y}_i$ 的同一行任一元素的余因式全部相等。同理，对 $\det\boldsymbol{Y}_i$ 按列展开可证其同一列元素的余因式相等。这样，$\det\boldsymbol{Y}_i$ 任一元素的余因式均相等。有的文献上就称 $\boldsymbol{Y}_i$ 为等余因式导纳矩阵。

4.5.3 $\boldsymbol{Y}_i$ 的并端

不定导纳矩阵还有一些有用的性质，利用这些性质便于分析、计算。

若将多端网络任二端点 k 和 j 并起来接于外部，称为**并端**，并端后端点数减少。此时电压 $V_j=V_k$，如划去 j 仍用编号 k，则电流 $I_k=I_k+I_j$。相当于展开式（4-75）中第 k 和 j 个方程相加置于第 k 个方程的位置并划去第 j 个方程，每个方程中 $V_j=V_k$ 也可合并。也即将原来 $\boldsymbol{Y}_i$ 的第 j 行加于第 k 行划去第 j 行，第 j 列加于第 k 列划去第 j 列后就是并端后多端网络的不定导纳矩阵。多个端点合并或多组端点合并方法可以类推。

4.5.4 $\boldsymbol{Y}_i$ 的并联

当两个有 m 个端点的多端网络 A 与 B 并联时，仍为一多端网络，其不定导纳矩阵

$$\boldsymbol{Y}_i=\boldsymbol{Y}_{iA}+\boldsymbol{Y}_{iB} \tag{4-78}$$

其中 $\boldsymbol{Y}_{iA}$、$\boldsymbol{Y}_{iB}$ 分别为多端网络 A、B 的不定导纳矩阵，式（4-78）可由式（4-18）直接引伸获得。式（4-78）不存在有效性问题，而且两个端点不等的多端网络也可以应用，只需将所少的端点作为空端，其对应的行列均为零就可以了。极端情况下单个导纳也可视为多端网络，例如图 4-17a 所示多端网络 N 的不定导纳矩阵 $\boldsymbol{Y}_{iA}$ 已知，现在 k、j 端间并以导纳 Y，要计算并 Y 后网络的 $\boldsymbol{Y}_i$ 时，可将 Y 视为图 4-17b 所示只含一个元件的多端网络，其不定导纳矩阵

$$\boldsymbol{Y}_{iB}=\begin{array}{c} \\ k \\ \\ j \\ \\ \end{array}\begin{bmatrix} \cdots & \overset{k}{\cdots} & \cdots & \overset{j}{\cdots} & \cdots \\ \cdots & Y & \cdots & -Y & \cdots \\ \cdots & \cdots & \cdots & \cdots & \cdots \\ \cdots & -Y & \cdots & Y & \cdots \\ \cdots & \cdots & \cdots & \cdots & \cdots \end{bmatrix} \tag{4-79}$$

其中只有四个非零元 Y 和 $(-Y)$，其余元均为零。应用式（4-78）即可获得并 Y 后网络的不定导纳矩阵。

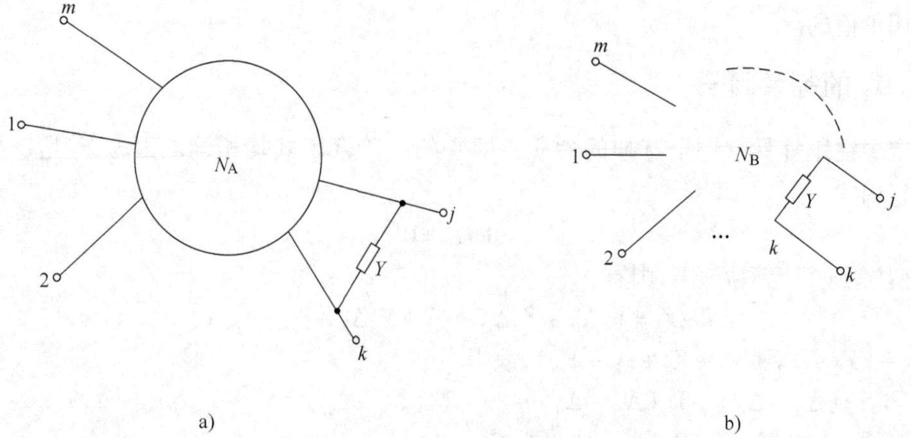

图 4-17 多端网络的并联

a）多端网络 b）并联网络

4.5.5　端点的收缩

端点的**收缩**是另一个有用的性质。将多端网络部分端子不和外部连接,余下的端子仍构成一端数变少了的多端网络。这样的过程称为收缩。设原多端网络的不定导纳矩阵为 $\boldsymbol{Y}_i$。将端子全部重新排列,使被收缩端子放在一起排在后面,将端电压、电流和 $\boldsymbol{Y}_i$ 分块,则式(4-74)改写为

$$\begin{bmatrix}\boldsymbol{I}_1\\ \boldsymbol{I}_2\end{bmatrix}=\begin{bmatrix}\boldsymbol{Y}_{11} & \boldsymbol{Y}_{12}\\ \boldsymbol{Y}_{21} & \boldsymbol{Y}_{22}\end{bmatrix}\begin{bmatrix}\boldsymbol{V}_1\\ \boldsymbol{V}_2\end{bmatrix} \tag{4-80}$$

其中

$$\begin{bmatrix}\boldsymbol{Y}_{11} & \boldsymbol{Y}_{12}\\ \boldsymbol{Y}_{21} & \boldsymbol{Y}_{22}\end{bmatrix}=\boldsymbol{Y}_i$$

$\boldsymbol{V}_2$、$\boldsymbol{I}_2$ 分别是被收缩端子的电压、电流向量,因此 $\boldsymbol{I}_2=0$ 。由式(4-80)得

$$\boldsymbol{Y}_{21}\boldsymbol{V}_1+\boldsymbol{Y}_{22}\boldsymbol{V}_2=0 \tag{4-81}$$

$\boldsymbol{I}_1$、$\boldsymbol{V}_1$ 即余下的端子的电流、电压向量,由式(4-80)得

$$\boldsymbol{I}_1=\boldsymbol{Y}_{11}\boldsymbol{V}_1+\boldsymbol{Y}_{12}\boldsymbol{V}_2 \tag{4-82}$$

以 $\boldsymbol{Y}_{22}^{-1}$(设存在 $\boldsymbol{Y}_{22}^{-1}$)左乘式(4-81)并代入式(4-82),经整理得

$$\boldsymbol{I}_1=(\boldsymbol{Y}_{11}-\boldsymbol{Y}_{12}\boldsymbol{Y}_{22}^{-1}\boldsymbol{Y}_{21})\boldsymbol{V}_1=\boldsymbol{Y}_{i1}\boldsymbol{V}_1 \tag{4-83}$$

其中

$$\boldsymbol{Y}_{i1}=\boldsymbol{Y}_{11}-\boldsymbol{Y}_{12}\boldsymbol{Y}_{22}^{-1}\boldsymbol{Y}_{21} \tag{4-84}$$

$\boldsymbol{Y}_{i1}$就是收缩后剩余多端网络的不定导纳矩阵。可以通过收缩的方法推导多端网络的不定导纳矩阵。先将网络的全部节点看作多端网络的端点,则节点导纳矩阵(参考点也包括)就是有 n_t 个端点的多端网络的不定导纳矩阵,然后将不是端点的端子收缩掉,便获所求多端网络的 $\boldsymbol{Y}_i$。每一节点作为端点(包括参考点)的多端网络的不定导纳矩阵为

$$\boldsymbol{Y}_i=\boldsymbol{A}_a\boldsymbol{Y}_b\boldsymbol{A}_a^{\mathrm{T}} \tag{4-85}$$

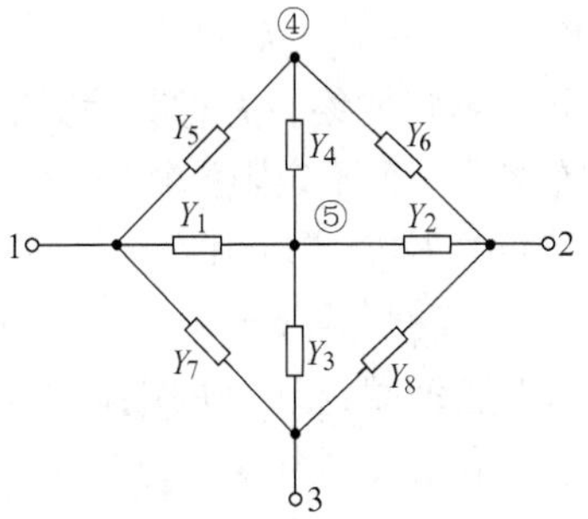

图 4-18　例 4-5 附图

例 4-5　图 4-18 所示三端网络中 $Y_1=1\mathrm{S}$, $Y_2=2\mathrm{S}$, $Y_3=3\mathrm{S}$, $Y_4=4\mathrm{S}$, $Y_5=5\mathrm{S}$, $Y_6=6\mathrm{S}$, $Y_7=7\mathrm{S}$, $Y_8=8\mathrm{S}$,试求其不定导纳矩阵。

解　可用式(4-85)或用直观法得五端网络的不定导纳矩阵(即节点导纳矩阵)

$$\boldsymbol{Y}_i'=\begin{bmatrix}Y_1+Y_5+Y_7 & 0 & -Y_7 & -Y_5 & -Y_1\\ 0 & Y_2+Y_6+Y_8 & -Y_8 & -Y_6 & -Y_2\\ -Y_7 & -Y_8 & Y_3+Y_7+Y_8 & 0 & -Y_3\\ -Y_5 & -Y_6 & 0 & Y_4+Y_5+Y_6 & -Y_4\\ -Y_1 & -Y_2 & -Y_3 & -Y_4 & Y_1+Y_2+Y_3+Y_4\end{bmatrix}$$

$$
=\begin{bmatrix} 13 & 0 & -7 & -5 & -1 \\ 0 & 16 & -8 & -6 & -2 \\ -7 & -8 & 18 & 0 & -3 \\ -5 & -6 & 0 & 15 & -4 \\ -1 & -2 & -3 & -4 & 10 \end{bmatrix}
$$

收缩 4、5 端点后

$$
\boldsymbol{Y}_{11}=\begin{bmatrix} 13 & 0 & -7 \\ 0 & 16 & -8 \\ -7 & -8 & 18 \end{bmatrix} \quad \boldsymbol{Y}_{12}=\begin{bmatrix} -5 & -1 \\ -6 & -2 \\ 0 & -3 \end{bmatrix}
$$

$$
\boldsymbol{Y}_{21}=\begin{bmatrix} -5 & -6 & 0 \\ -1 & -2 & -3 \end{bmatrix} \quad \boldsymbol{Y}_{22}=\begin{bmatrix} 15 & -4 \\ -4 & 10 \end{bmatrix}
$$

$$
\boldsymbol{Y}_{22}^{-1}=\begin{bmatrix} 0.07463 & 0.02985 \\ 0.02985 & 0.11194 \end{bmatrix}
$$

各代入式（4-84）经整理计算得三端网络的不定导纳矩阵

$$
\boldsymbol{Y}_i=\begin{bmatrix} 10.7240 & -2.9404 & -7.7836 \\ -2.9404 & 12.1492 & -9.2088 \\ -7.7836 & -9.2088 & 16.9924 \end{bmatrix}(\mathrm{S})
$$

4.6 多端网络的不定阻抗矩阵

上节以一悬浮点作为公共回线点，可将一 m 端网络视为一 m 端口网络，此网络的 $\boldsymbol{Y}$ 参数为不定导纳矩阵。如果将多端网络各相邻端顺次视为一对端口，且首尾相连，即(1，2)、(2，3)、…（k，$k+1$）…［（$m-1$），m］、（m，1）等各作为一个端口，则同样可视为一个 m 端口网络，并称其为具有公共回路的多端口网络（简称为共圈），这种网络的 $\boldsymbol{Z}$ 参数矩阵将是一个不定阻抗矩阵。

如图 4-19 所示用 $\boldsymbol{I}'=[I'_1 \quad I'_2 \quad \cdots \quad I'_m]^{\mathrm{T}}$ 表示多端网络的端电流向量，用 $\boldsymbol{V}=[V_1 \quad V_2 \quad \cdots \quad V_m]^{\mathrm{T}}$ 和 $\boldsymbol{I}=[I_1 \quad I_2 \quad \cdots \quad I_m]^{\mathrm{T}}$ 表示上述多端口网络的端口电压和电流向量。应用式（4-19）为

$$
\boldsymbol{V}=\boldsymbol{Z}_i\boldsymbol{I} \qquad (4\text{-}85)
$$

其展开式即式（4-19a）。令 $I_1=1$、$I_2=I_3=\cdots=I_m=0$，则可得

$$
\sum_{j=1}^{m} Z_{j1} = \sum_{j=1}^{m} V_j \qquad (4\text{-}86)
$$

由 KVL 知 $\sum\limits_{j=1}^{m} V_j=0$，也即 $\boldsymbol{Z}_i$ 的第一列元素之和为零，同理可证其余列元素之和为零。再令 $I_1=I_2=I_3=\cdots=I_m=1$，则由图 4-19 可见 $I'_1=I'_2=I'_3=\cdots=$

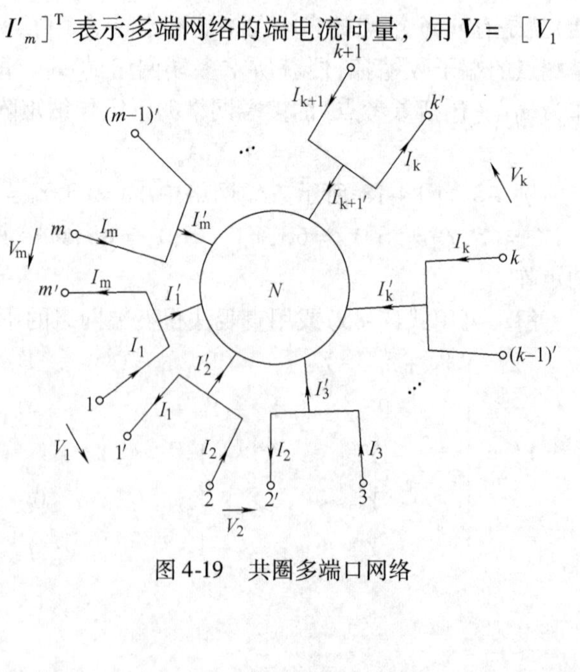

图 4-19 共圈多端口网络

$I'_m=0$，即多端网络实际上未被激励，各端点间的电压均为零，即 $V_1=V_2=V_3=\cdots=V_m=0$。所以，$\boldsymbol{Z}_i$ 的每行元素之和为零，因此称 $\boldsymbol{Z}_i$ 为不定阻抗矩阵。将 $\boldsymbol{Z}_i$ 划去一行一列，例如划去第 m 行 m 列，则称为定阻抗矩阵 $\boldsymbol{Z}_d$。定阻抗矩阵实际上是去掉一个端口（例如去掉第 m 端口）后，余下$(m-1)$端口网络的开路参数矩阵，相当于式（4-19a）中去掉第 m 个方程，且令 $I_m=0$。实际上，将每个端口各加上相同值的电流，对端电流和端间电压均无影响，所以，可以令任意一个端口电流为零，例如令 $I_m=0$，且去掉第 m 个方程，所获的就是定阻抗矩阵 $\boldsymbol{Z}_d$。可以仿照上节方法由 $\boldsymbol{Z}_d$ 恢复不定阻抗矩阵 $\boldsymbol{Z}_i$。再划去 $\boldsymbol{Z}_i$ 的第 k 行第 k 列，则可得第 k 端口 $I_k=0$ 情况下的定阻抗矩阵。

多端网络的不定导纳和不定阻抗矩阵间究竟存在何种关系呢？它们都是奇异矩阵，不存在逆阵。划去一行一列后定导纳和定阻抗矩阵则分别是共点和共圈多端口网络的 $\boldsymbol{Y}$ 和 $\boldsymbol{Z}$ 参数矩阵，也不存在互逆关系。

如图 4-19 所示，若令 $I_m=0$，则有

$$\begin{aligned} I_1 &= I'_1 \\ I_2 &= I_1+I'_2=I'_1+I'_2 \\ I_3 &= I_2+I'_3=I'_1+I'_2+I'_3 \\ &\vdots \\ I_{(m-1)} &= I'_1+I'_2+I'_3\cdots+I'_{(m-1)} \end{aligned} \tag{4-87}$$

I_1、I_2、$\cdots I_{(m-1)}$是具有（$m-1$）个端口共圈多端口网络的端口电流，I'_1、I'_2、$\cdots I'_{(m-1)}$则是以 m 点为共点的也具有（$m-1$）个端口的多端口网络的端口电流。

将式（4-87）写为矩阵形式为

$$\boldsymbol{I}=\boldsymbol{W}\boldsymbol{I}' \tag{4-88}$$

其中

$$\boldsymbol{I}=[I_1 \quad I_2 \quad \cdots \quad I_{m-1}]^{\mathrm{T}} \qquad \boldsymbol{I}'=[I'_1 \quad I'_2 \quad \cdots \quad I'_{m-1}]^{\mathrm{T}} \tag{4-89}$$

$\boldsymbol{W}$ 是（$m-1$）阶的方阵，对角线及对角线以下元素全为 1，以上元素全为零，即

$$\boldsymbol{W}=\begin{bmatrix} 1 & 0 & 0 & 0 & \cdots & 0 \\ 1 & 1 & 0 & 0 & \cdots & 0 \\ 1 & 1 & 1 & 0 & \cdots & 0 \\ \cdots & \cdots & \cdots & \cdots & \cdots & \cdots \\ 1 & 1 & 1 & 1 & \cdots & 1 \end{bmatrix} \tag{4-90}$$

设各端点（例如 k 点）对 m 点的电压用 V'_k 表示，则由图 4-19 得

$$\begin{aligned} V'_{m-1} &= V_{m-1} \\ V'_{m-2} &= V_{m-1}+V_{m-2} \\ &\vdots \\ V'_1 &= V_{m-1}+V_{m-2}+\cdots+V_2+V_1 \end{aligned} \tag{4-91}$$

令

$$\boldsymbol{V}=[V_1 \quad V_2 \quad \cdots \quad V_{m-1}]^{\mathrm{T}} \qquad \boldsymbol{V}'=[V'_1 \quad V'_2 \quad \cdots \quad V'_{m-1}]^{\mathrm{T}}$$

则可将式（4-91）写为矩阵形式

$$\boldsymbol{V}'=\boldsymbol{W}^{\mathrm{T}}\boldsymbol{V} \tag{4-92}$$

通过式（4-88）、式（4-92）可以将定导纳矩阵和定阻抗矩阵之间关系推导出来。考虑到表示式的统一性，采用 $\boldsymbol{Y'}_d$ 表示共点（选 m 点）多端口网络的定导纳矩阵。将式（4-75）的前$(m-1)$个方程和式（4-92）代入式（4-88）得

$$\boldsymbol{I}=\boldsymbol{W}\boldsymbol{Y'}_d\boldsymbol{V'}=\boldsymbol{W}\boldsymbol{Y'}_d\boldsymbol{W}^{\mathrm{T}}\boldsymbol{V} \tag{4-93}$$

由式（4-93）可知共圈多端口网络的定阻抗矩阵

$$\boldsymbol{Z}_d=(\boldsymbol{W}\boldsymbol{Y'}_d\boldsymbol{W}^{\mathrm{T}})^{-1}=(\boldsymbol{W}^{\mathrm{T}})^{-1}(\boldsymbol{Y'}_d)^{-1}\boldsymbol{W}^{-1} \tag{4-94}$$

其中

$$\boldsymbol{W}^{-1}=\boldsymbol{M}=\begin{bmatrix} 1 & 0 & 0 & 0 & \cdots & 0 & 0 \\ -1 & 1 & 0 & 0 & \cdots & 0 & 0 \\ 0 & -1 & 1 & 0 & \cdots & 0 & 0 \\ 0 & 0 & -1 & 1 & \cdots & 0 & 0 \\ \cdots & \cdots & \cdots & \cdots & \cdots & \cdots & \cdots \\ 0 & 0 & 0 & 0 & \cdots & -1 & 1 \end{bmatrix} \tag{4-95}$$

也即 $\boldsymbol{M}$ 的对角元素为1，对角元素左侧为（-1），其余元素均为0，

$$(\boldsymbol{W}^{\mathrm{T}})^{-1}=\boldsymbol{M}^{\mathrm{T}} \tag{4-96}$$

$$\boldsymbol{Y'}_d^{-1}=\boldsymbol{Z'}_d \tag{4-97}$$

$\boldsymbol{Z'}_d$ 即共点多端口网络的 $\boldsymbol{Z}$ 参数矩阵，式（4-94）可改写为

$$\boldsymbol{Z}_d=\boldsymbol{M}^{\mathrm{T}}\boldsymbol{Z'}_d\boldsymbol{M} \tag{4-98}$$

或

$$\boldsymbol{Y}_d=\boldsymbol{Z}_d^{-1}=\boldsymbol{M}^{-1}\boldsymbol{Y'}_d(\boldsymbol{M}^{\mathrm{T}})^{-1}=\boldsymbol{W}\boldsymbol{Y'}_d\boldsymbol{W}^{\mathrm{T}} \tag{4-99}$$

式（4-98）、式（4-99）将共点和共圈多端口网络的开路或短路参数矩阵直接联系起来。由 $\boldsymbol{Y'}_d$和 $\boldsymbol{Z}_d$又分别可恢复为多端网络的不定导纳和不定阻抗矩阵。因此式（4-99）也包含了不定导纳和不定阻抗矩阵间的关系。用 $\boldsymbol{W}^{\mathrm{T}}$、$\boldsymbol{W}$ 分别左右乘式（4-94）两边可得

$$\boldsymbol{Y'}_d^{-1}=\boldsymbol{Z'}_d=\boldsymbol{W}^{\mathrm{T}}\boldsymbol{Z}_d\boldsymbol{W} \tag{4-100}$$

或

$$\boldsymbol{Y'}_d=\boldsymbol{W}^{-1}\boldsymbol{Z}_d^{-1}(\boldsymbol{W}^{\mathrm{T}})^{-1}=\boldsymbol{M}\boldsymbol{Y}_d\boldsymbol{M}^{\mathrm{T}} \tag{4-101}$$

通过式（4-98）、式（4-99）可由共点多端口网络的参数矩阵推导共圈多端口网络的参数矩阵，式（4-100）、式（4-101）则是它们间逆运算过程。

例 4-6 图 4-20 所示三端网络中 $R_1=4\Omega$，$R_2=R_3=6\Omega$，$R_4=12\Omega$，$R_5=1.5\Omega$ 括号内数字是共圈二端口网络的极性（带“′”上角号者为负极性），试通过共点网络参数矩阵推求共圈网络的参数矩阵。

解 由式（4-20）、式（4-21）即可算得共点双口网络的 $\boldsymbol{Z}$ 参数矩阵

$$\boldsymbol{Z'}_d=\begin{bmatrix} 10 & 3 \\ 3 & 6 \end{bmatrix}$$

由式（4-95）得

$$\boldsymbol{M}=\begin{bmatrix} 1 & 0 \\ -1 & 1 \end{bmatrix} \quad 故\ \boldsymbol{M}^{\mathrm{T}}=\begin{bmatrix} 1 & -1 \\ 0 & 1 \end{bmatrix}$$

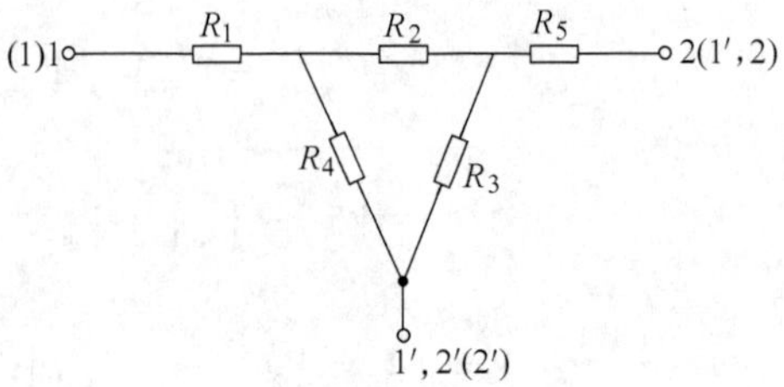

图 4-20 例 4-6 附图

各代入式（4-98）得

$$Z_d = \begin{bmatrix} 1 & -1 \\ 0 & 1 \end{bmatrix}\begin{bmatrix} 10 & 3 \\ 3 & 6 \end{bmatrix}\begin{bmatrix} 1 & 0 \\ -1 & 1 \end{bmatrix} = \begin{bmatrix} 10 & -3 \\ -3 & 6 \end{bmatrix}$$

和通过式（4-20）、式（4-21）直接计算结果一致。

4.7　多端网络的星形等效电路

将式（4-74）中不定导纳矩阵 $\boldsymbol{Y}_i$ 用定导纳矩阵 $\boldsymbol{Y}_d$ 替代后并将其展开为

$$\left.\begin{aligned} I_1 &= Y_{11}V_1 + Y_{12}V_2 + \cdots + Y_{1k}V_k + \cdots + Y_{1(m-1)}V_{m-1} \\ &\vdots \\ I_k &= Y_{k1}V_1 + Y_{k2}V_2 + \cdots + Y_{kk}V_k + \cdots + Y_{k(m-1)}V_{m-1} \\ &\vdots \\ I_{(m-1)} &= Y_{(m-1)1}V_1 + Y_{(m-1)2}V_2 + \cdots + Y_{(m-1)k}V_k + \cdots + Y_{(m-1)(m-1)}V_{m-1} \end{aligned}\right\} \tag{4-102}$$

图 4-21 为一星形电路，中心点为参考点 m，每个端点与 m 点之间支路导纳是 Y_{11}、Y_{22}、⋯ Y_{kk}、⋯、$Y_{(m-1)(m-1)}$，电压控制电流源是多个并在一起的，例如端点 k 与 m 之间接的电压控制电流源是由下式各项相并联的：$Y_{ki}V_i$（$i=1$、2、⋯、$m-1$，$i\neq k$），并联后的结果为

$$\sum_{\substack{i=1 \\ i\neq k}}^{m-1} Y_{ki}V_i \tag{4-103}$$

k 可用 1、2、⋯至（$m-1$）代入。

对图 4-21 建立电流、电压方程显然与式（4-102）完全相同，因此图 4-21 便是多端网络的等效电路。

多端网络的等效电路不是唯一的，当选不同的参考点就可得不同的电路。此外，如果将定导纳矩阵 $\boldsymbol{Y}_d$ 的逆阵 $\boldsymbol{Z}_d$ 表示的方程展开可得另一星形等效电路。将式（4-102）改用端电流表示端电压有

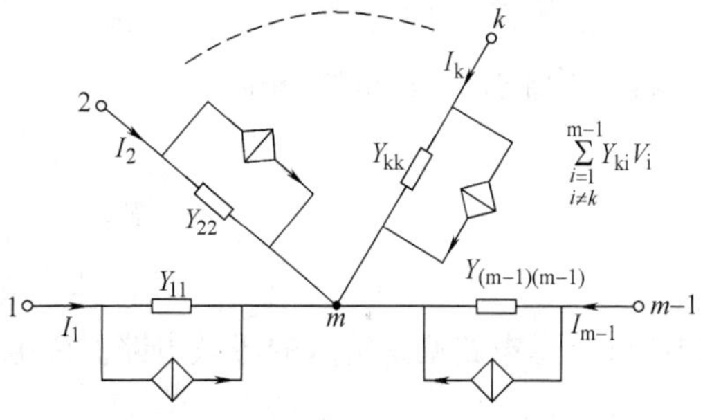

图 4-21　星形电路

$$\left.\begin{aligned} V_1 &= Z_{11}I_1 + Z_{12}I_2 + \cdots + Z_{1k}I_k + \cdots + Z_{1(m-1)}I_{m-1} \\ &\vdots \\ V_k &= Z_{k1}I_1 + Z_{k2}I_2 + \cdots + Z_{kk}I_k + \cdots + Z_{k(m-1)}I_{m-1} \\ &\vdots \\ V_{(m-1)} &= Z_{(m-1)1}I_1 + Z_{(m-1)2}I_2 + \cdots + Z_{(m-1)k}I_k + \cdots + Z_{(m-1)(m-1)}I_{m-1} \end{aligned}\right\} \tag{4-104}$$

根据式（4-104）可作图 4-22 所示的星形等效电路。其中电流控制电压源是由一连串串成的。例如端点 k 与 m 之间是由下式各项串成：$Z_{ki}I_i$（$i=1$、2、⋯、$m-1$，$i\neq k$），串联结果为

$$\sum_{\substack{i=1 \\ i\neq k}}^{m-1} Z_{ki}I_i \tag{4-105}$$

式中 k 分别由 1 至（$m-1$）代入即可得各端点的受控源。与受控源串联的阻抗即 Z_{11}、Z_{22}、

…、Z_{kk}、…、$Z_{(m-1)(m-1)}$等。对图4-22建立电流，电压方程显然与式（4-104）完全一致。还应指出，如果改用混合参数表征多端网络（即共地多端口网络）则又可获得不同类型的星形等效电路，读者有兴趣可自行推演。

以下用一简单的三端网络举例说明。

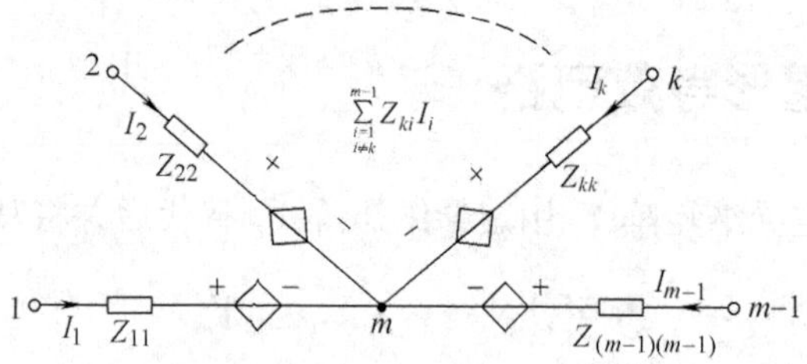

图4-22 星形等效电路

例4-7 图4-23所示电路中$R_1=2\Omega$，$R_2=3\Omega$，$R_3=6\Omega$，试求其等效电路。

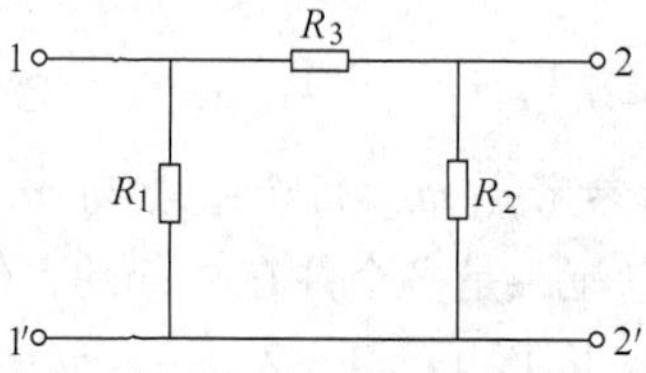

图4-23 例4-7附图

解 不难求得短路参数矩阵

$$\boldsymbol{Y}=\begin{bmatrix}\frac{2}{3} & -\frac{1}{6}\\ -\frac{1}{6} & \frac{1}{2}\end{bmatrix}\text{S}$$

图4-24a所示电路便是待求的等效电路。由电路得

$$I_1=\frac{1}{1.5}V_1-\frac{1}{6}V_2$$

$$I_2=-\frac{1}{6}V_1+\frac{1}{2}V_2$$

符合已求得的$\boldsymbol{Y}$。如将上式改写为用Z参数表示
即

$$V_1=\frac{18}{11}I_1+\frac{6}{11}I_2$$

$$V_2=\frac{6}{11}I_1+\frac{24}{11}I_2$$

则又可以作图4-24b所示的等效电路。如将上式改用混合参数表示即

$$V_1=\frac{3}{2}I_1+\frac{1}{4}V_2$$

$$I_2=-\frac{1}{4}I_1+\frac{11}{24}V_2$$

则又可作图4-24c所示的等效电路。

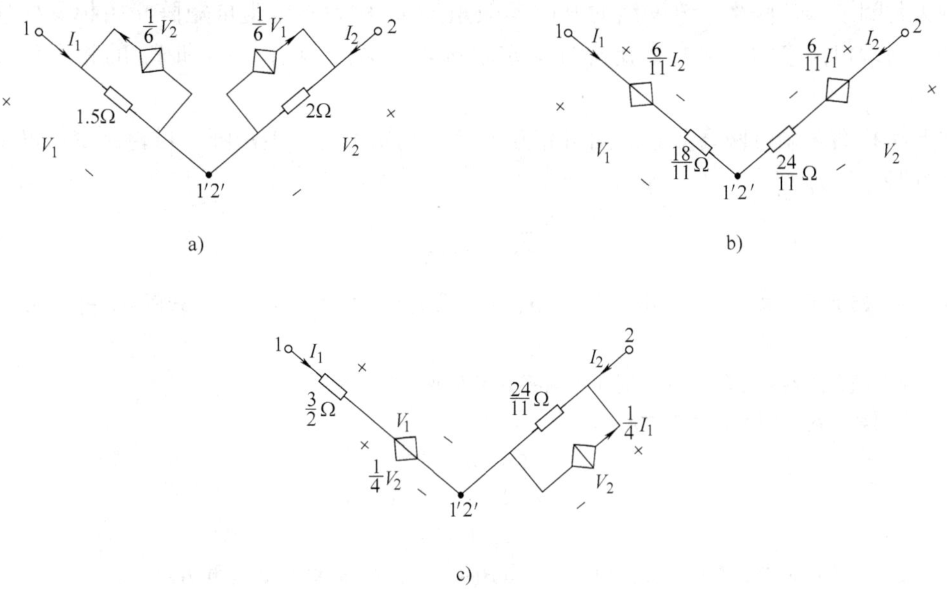

图 4-24　等效电路

a）Y 参数等效电路　b）Z 参数等效电路　c）H 参数等效电路

小　结

与无源一端口网络类似，表征无源多端口网络伏安特性的参数有：短路参数矩阵 $\boldsymbol{Y}$、开路参数矩阵 $\boldsymbol{Z}$ 和混合参数矩阵 $\boldsymbol{H}$。借助筛选矩阵，利用节点电压法，推导了短路参数矩阵 $\boldsymbol{Y}$、开路参数矩阵 $\boldsymbol{Z}$ 和混合参数矩阵 $\boldsymbol{H}$ 的图论计算公式。该公式需要的已知条件为关联矩阵 $\boldsymbol{A}$、支路导纳矩阵 $\boldsymbol{Y}_b$ 和筛选矩阵 $\boldsymbol{E}_0$。短路参数矩阵 $\boldsymbol{Y}$ 和开路参数矩阵 $\boldsymbol{Z}$ 之间有互逆关系，混合参数矩阵 $\boldsymbol{H}$ 和短路参数矩阵 $\boldsymbol{Y}$、开路参数矩阵 $\boldsymbol{Z}$ 间也可以互相转换。

与无源二端口网络相似，端口数相同的无源多端口网络可以并联。若满足并联有效性（即端口电流成对），则并联后的多端口网络的短路参数矩阵 $\boldsymbol{Y}$ 等于各个多端口网络的短路参数之和。

对于有源一端口网络，用戴维南定理可将其简化为理想电压源与阻抗串联的等效电路，而用诺顿定理则可将其简化为理想电流源与阻抗并联的等效电路。同理，有源多端口网络也可以简化。利用戴维南定理、诺顿定理可分别得到有源多端口网络的戴维南等效电路、诺顿等效电路。对不同端口分别用戴维南定理和诺顿定理就得到混合等效电路。

具有多个端点的网络称为多端网络，若将一悬浮点看作公共的负极性点，则可将多端网络视为共点多端口网络。其短路参数矩阵 $\boldsymbol{Y}_i$ 称为不定导纳矩阵，它的一阶余因式均相同。利用不定导纳矩阵 $\boldsymbol{Y}_i$ 计算，任何多端网络并联均有效。其并端、收缩也是非常有用的性质。每一个节点作为端点（包括参考点）的多端网络的不定导纳矩阵为

$$\boldsymbol{Y}_i = \boldsymbol{A}_a \boldsymbol{Y}_b \boldsymbol{A}_a^{\mathrm{T}}$$

若选端点中任一点为悬浮点，则共点多端口网络的短路参数称为定导纳矩阵 $\boldsymbol{Y}_d$。$\boldsymbol{Y}_i$ 和 $\boldsymbol{Y}_d$ 的相互计算很方便。

若将多端网络各相邻端顺次视为一对端口，且首尾相连，则同样可视为一个多端口网

络，称为共圈多端口网络。该网络的开路参数矩阵 $\boldsymbol{Z}_i$ 称为不定阻抗矩阵。去掉其中任一端口，余下的端口网络的开路参数矩阵称为定阻抗矩阵 $\boldsymbol{Z}_d$。同样，$\boldsymbol{Z}_i$ 和 $\boldsymbol{Z}_d$ 的相互计算很方便。

共点和共圈多端口网络参数之间可相互转换。利用不定导纳矩阵，可得到多端网络的星型等效电路。

习　题

4-1　图4-25所示三端口网络中电阻均为1Ω，试画求短路参数矩阵 $\boldsymbol{Y}$ 所需的线图 G，并求 $\boldsymbol{A}$、$\boldsymbol{Y}_b$、$\boldsymbol{Y}_n$ 从而求出 $\boldsymbol{Y}$。

4-2　求上题开路参数矩阵 $\boldsymbol{Z}$ 并验证和上题答案 $\boldsymbol{Y}$ 互逆。

4-3　已知某三端口网络开路参数矩阵

$$\boldsymbol{Z}=\begin{bmatrix}6 & 2 & 3\\ 2 & 8 & 1\\ 3 & 1 & 10\end{bmatrix}\Omega$$

现在端口1、2接上电流源，端口3接上电压源，如图4-26所示，试求 V_1、V_2 和 I_3。

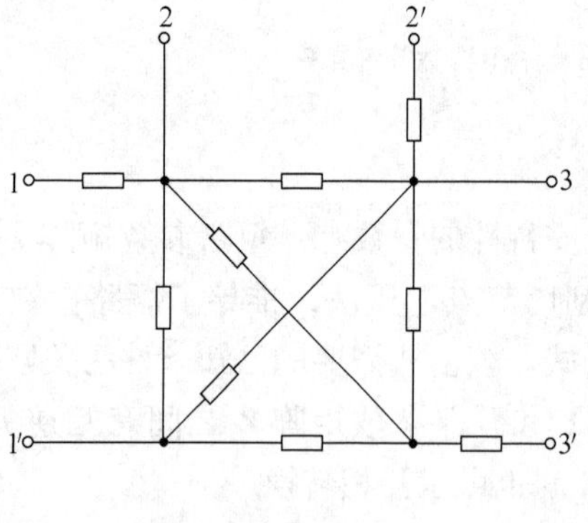

图4-25　题4-1图

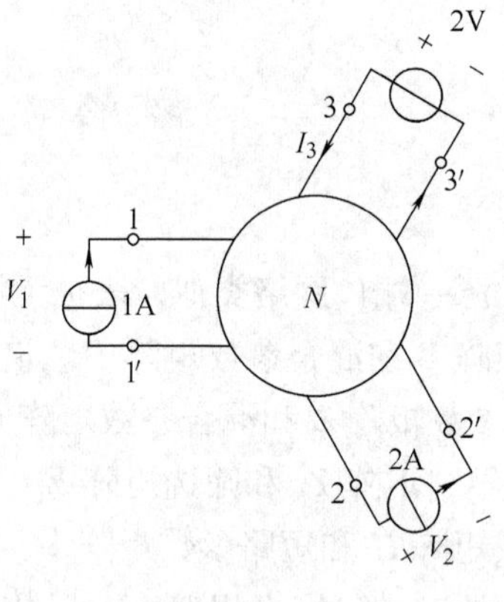

图4-26　题4-3图

4-4　某含源三端口网络

$$\boldsymbol{Y}=\begin{bmatrix}0.5 & -0.2 & 0\\ -0.2 & 0.3 & -0.1\\ 0 & -0.1 & 0.4\end{bmatrix}\text{S},\ \boldsymbol{I}_0=[1\quad 2\quad 3]^{\mathrm{T}}\mathbf{A}$$

现在端口1、2分别接上6V与12V的电压源，端口3接8Ω电阻，求 I_3。

4-5　图4-27所示网络中的电阻均为1Ω，

(a) 如将节点0、1、…、6都视为端点，试直接写出该七端网络的不定导纳矩阵；

(b) 求由端点1、2、…、6构成的六端网络的不定导纳矩阵；

(c) 求由端点1、2、3、4、5构成的五端网络的不定导纳矩阵；

(d) 求由端点1、2、3、4构成的四端网络的不定导纳矩阵。

4-6　已知某四端网络的定导纳矩阵（点4为参考点）

$$\boldsymbol{Y}_d=\begin{bmatrix}0.8 & -0.3 & -0.1\\ -0.3 & 0.6 & -0.2\\ -0.1 & -0.2 & 0.9\end{bmatrix}\text{S}$$

可作图4-28所示等效电路，试求 Y_1、Y_2、Y_3，g_1、g_2、g_3、g_4、g_5、g_6，并写出电流、电压方程。

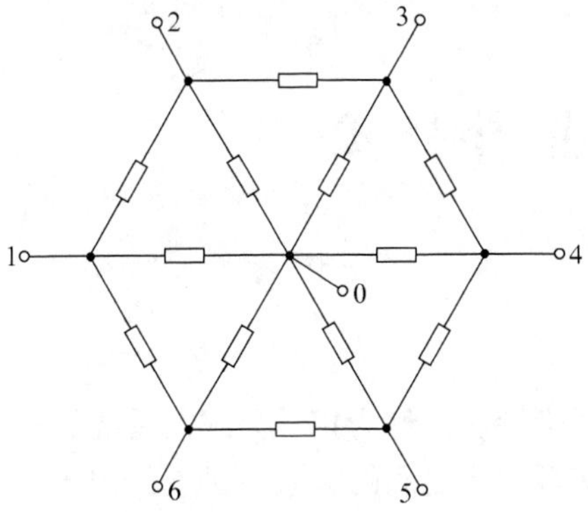

图 4-27　题 4-5 图

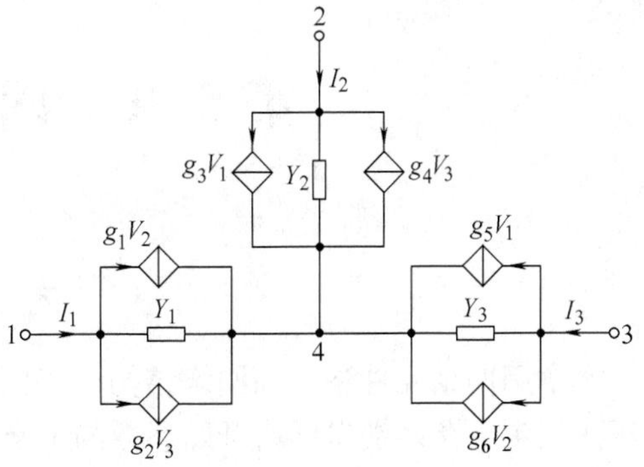

图 4-28　题 4-6 图

4-7　将图 4-29a 所示电路的四端网络当作一个三端口网络，它的电压、电流关系可以用下式表示

$$\begin{bmatrix} I_1 \\ I_2 \\ I_3 \end{bmatrix} = \begin{bmatrix} 5 & -1 & -2 \\ -2 & 6 & -1 \\ -2 & -1 & 4 \end{bmatrix} \begin{bmatrix} V_1 \\ V_2 \\ V_3 \end{bmatrix}$$

现在端口 1 和 2 之间接一个 1Ω 的电阻，并把此网络重新改接成为一个二端口网络，如图4-29b 所示，求此二端口的 ***Y*** 参数矩阵。

4-8　将题 4-5 网络 12、23、34、45、56 各看成一对端口，试求该五端口网络的开路参数矩阵。

4-9　再求上述五端口网络的定导纳矩阵。

4-10　图 4-30 所示为晶体管高频等效电路，试将 e、b、c 三点看成三个端点，求其不定导纳矩阵（频域），并分别写出集电极和基极接地情况下，电压、电流关系。

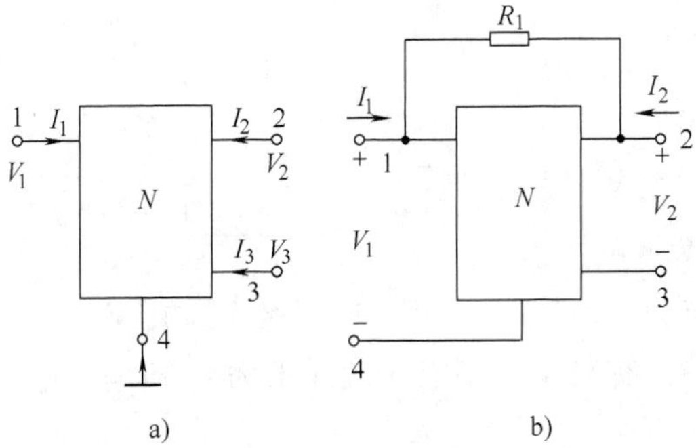

图 4-29　题 4-7 图

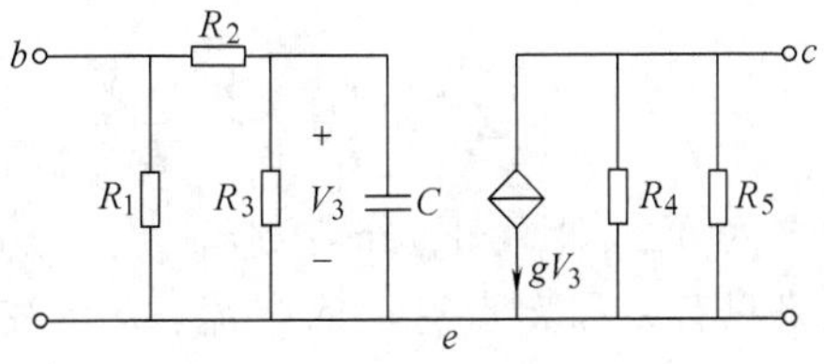

图 4-30　题 4-10 图

第 5 章　网络的拓扑公式

内 容 提 要

本章用网络元件参数和网络结构联接信息表征网络特性，称为拓扑公式。首先，用节点电压法找到无源多端口网络开路参数与节点导纳矩阵行列式之间的关系，进而给出节点导纳矩阵行列式与网络的树、支路导纳矩阵 $\boldsymbol{Y}_b$ 的关系，从而确定无源二端口网络入端阻抗、转移阻抗、开路参数的拓扑公式。还介绍了无源二端口网络短路参数的拓扑公式、无源多端口网络的导纳参数的拓扑公式、无源网络电压传递函数的拓扑公式、有源网络的拓扑公式。也可用回路电流法中的回路阻抗矩阵，给出拓扑公式。

5.1　用节点导纳矩阵的行列式表示开路参数

本章将通过全部树、2 树等的导纳之积表示多端口网络的参数。即先将多端口网络各种参数表示为节点导纳矩阵的行列式及其余因式，然后将这些代数行列式表示为树、2 树的导纳积。如图 5-1 所示设 k、j 分别为多端口网络的任意两端口。其中网络端口 k 施以电流源 I_k，其余端口开断，则

$$Z_{kk} = \frac{V_k}{I_k} = \frac{V_{nk} - V_{nk'}}{I_k} \tag{5-1}$$

$$Z_{jk} = \frac{V_j}{I_k} = \frac{V_{nj} - V_{nj'}}{I_k} \tag{5-2}$$

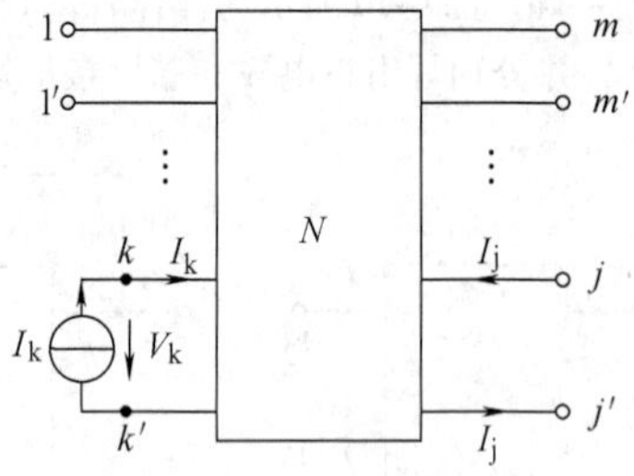

图 5-1　开路参数的计算

式中 V_{nk}、$V_{nk'}$、V_{nj}、$V_{nj'}$ 分别为 k、k'、j、j' 点的节点电压，该网络只有 k 和 k' 点有注入电流，k 点注入电流为 I_k，k' 点注入电流为 $-I_k$，也即式（2-23）中向量 J_n 中只有与 k 和 k' 点对应元素为 I_k 和（$-I_k$），其余元素均为零。这样解式（2-23），V_{nk}、V_{nj} 等可表示为

$$\left.\begin{aligned} V_{nk} &= \frac{\Delta_{kk}}{\Delta_n} I_k + \frac{\Delta_{k'k}}{\Delta_n}(-I_k) \\ V_{nk'} &= \frac{\Delta_{kk'}}{\Delta_n} I_k + \frac{\Delta_{k'k'}}{\Delta_n}(-I_k) \\ V_{nj} &= \frac{\Delta_{kj}}{\Delta_n} I_k + \frac{\Delta_{k'j}}{\Delta_n}(-I_k) \\ V_{nj'} &= \frac{\Delta_{kj'}}{\Delta_n} I_k + \frac{\Delta_{k'j'}}{\Delta_n}(-I_k) \end{aligned}\right\} \tag{5-3}$$

其中 $\Delta_n = \det \boldsymbol{Y}_n$ 是节点导纳矩阵的行列式；Δ_{kj} 是 Δ_n 的余因式，即 Δ_n 中去掉第 k 行第 j 列且乘以 $(-1)^{k+j}$。将式（5-3）代入式（5-1）、式（5-2）经整理得

$$Z_{kk} = \frac{\Delta_{kk} + \Delta_{k'k'} - \Delta_{k'k} - \Delta_{kk'}}{\Delta_n} \tag{5-4}$$

$$Z_{jk} = \frac{\Delta_{kj} + \Delta_{k'j'} - \Delta_{k'j} - \Delta_{kj'}}{\Delta_n} \tag{5-5}$$

对于互易网络 $\Delta_{k'k} = \Delta_{kk'}$，式（5-4）可简化为

$$Z_{kk} = \frac{\Delta_{kk} + \Delta_{k'k'} - 2\Delta_{kk'}}{\Delta_n} \tag{5-6}$$

如果列节点电压方程时以 r_0 为参考点，则 $V_{nr_0} = 0$ 且 $\boldsymbol{Y}_n$ 中没有和参考点相应的行和列，所以 $\Delta_{kr_0} = 0$ 。若 r_0 选为 k'点，则 $\Delta_{k'k'} = 0 = \Delta_{kk'} = \Delta_{k'j} = \Delta_{k'j'}$，则式（5-6）、式（5-5）又可简化为

$$Z_{kk} = \frac{\Delta_{kk}}{\Delta_n}(\text{以 } k' \text{ 为参考点}) \tag{5-7}$$

$$Z_{jk} = \frac{\Delta_{kj} - \Delta_{kj'}}{\Delta_n}(\text{以 } k' \text{ 为参考点}) \tag{5-8}$$

对于双口网络，令 $k = 1$、$j = 2$ 代入式（5-5）得

$$Z_{11} = \frac{\Delta_{11}}{\Delta_n}(\text{以 } 1' \text{ 为参考点}) \tag{5-9}$$

$$Z_{21} = \frac{\Delta_{12} - \Delta_{12'}}{\Delta_n}(\text{以 } 1' \text{ 为参考点}) \tag{5-10}$$

以 $j = 1$、$k = 2$ 代入式（5-5）和式（5-6）得

$$Z_{12} = \frac{\Delta_{21} - \Delta_{21'}}{\Delta_n}(\text{以 } 2' \text{ 为参考点}) \tag{5-11}$$

$$Z_{22} = \frac{\Delta_{22}}{\Delta_n}(\text{以 } 2' \text{ 为参考点}) \tag{5-12}$$

5.2　无源网络入端阻抗的拓扑公式

以下先讨论不含受控源和互感的网络。该情况下支路导纳矩阵 $\boldsymbol{Y}_b$ 即元件导纳矩阵 $\boldsymbol{Y}_e$，为对角阵。由式（2-25）可得

$$\Delta_n = \det\boldsymbol{Y}_n = \det\boldsymbol{A}\boldsymbol{Y}_e\boldsymbol{A}^{\mathrm{T}} \tag{5-13}$$

由矩阵乘法规则可知：$\boldsymbol{A}$ 左乘以对角阵 $\boldsymbol{Y}_e$ 相当于 $\boldsymbol{A}$ 的第一列乘以 Y_1，第二列乘以 $\boldsymbol{Y}_2$…第 b 列乘以 Y_b。1.5 节已叙明 A 的非树大子式是奇异的，由此可知：（$\boldsymbol{A}\boldsymbol{Y}_e$）非树大子式也是奇异的，这是由矩阵不等变换原则所决定的。所以采用比纳-柯西定理计算 Δ_n 时，同样不必考虑不对应于树的（$\boldsymbol{A}\boldsymbol{Y}_e$）的大子式。而 $\det\boldsymbol{A}_t = \pm 1$，故有对应于树的大子式 det（$\boldsymbol{A}_t\boldsymbol{Y}_e$）等于正或负树支导纳乘积，应用比纳-柯西定理得

$$\Delta_n = \sum_{\text{全部树}}(\text{树支导纳乘积}) \tag{5-14}$$

全部树的树支导纳积总和可用 W_t（$\boldsymbol{Y}$）表示，或简写为 W_t，即

$$\Delta_n = W_t(\boldsymbol{Y}) \tag{5-15}$$

现在再来考虑 Δ_n 的对角元余因式 Δ_{kk}。Δ_{kk} 即 $\det\boldsymbol{A}\boldsymbol{Y}_e\boldsymbol{A}^{\mathrm{T}}$ 划去第 k 行、k 列后之值。由矩阵乘

法规则可知 Δ_{kk} 也即划去左矩阵（$\boldsymbol{AY}_e$）的第 k 行和右矩阵（$\boldsymbol{A}^{\mathrm{T}}$）的第 k 列后乘积矩阵的行列式。前已指出（$\boldsymbol{AY}_e$）只是 $\boldsymbol{A}$ 的各列乘以相应支路的导纳，所以划去（$\boldsymbol{AY}_e$）第 k 行和（$\boldsymbol{A}^{\mathrm{T}}$）第 k 列，就是划去 $\boldsymbol{A}$ 的第 k 行。为了表示方便，用 $\boldsymbol{A}_{-k}$ 表示划去 $\boldsymbol{A}$ 的第 k 行后的关联矩阵。关联矩阵每一行对应一个节点，划去第 k 行相当于将节点 k 与参考点相接。设网络 N 的节点 k 与参考点 r_0 短接后的网络用 N_{-k} 表示，则由式（5-14）可得

$$\Delta_{kk} = \sum_{N_{-k}\text{的全部树}} (\text{树支导纳乘积}) \tag{5-16}$$

网络 N 两节点短接之后形成的网络的树，可以表示为网络 N 的 2 树。

连通图 G 的 2 树的定义是这样的：它是 G 的子图，且

1）包含 G 的全部节点；

2）不包含回路；

3）分两个部分。

可见，树去掉任一边就是 2 树。通常 2 树是较多的。图 5-2a 所示的连通图 G，当将②、④点短接后为 G'，如图 5-2b 所示。本来跨接于② 、④间的边变为自环，自环不会出现在树和关联矩阵中，可去掉。图 5-2c、图 5-2d 都是 G'的树，又刚好是 G 的 2 树。G'中②、④ 点在一起，将图 5-2c、图 5-2d 作为 G 的 2 树时，② 、④ 点又被分在不同的两个部分，如图 5-3a、图 5-3b 所示。

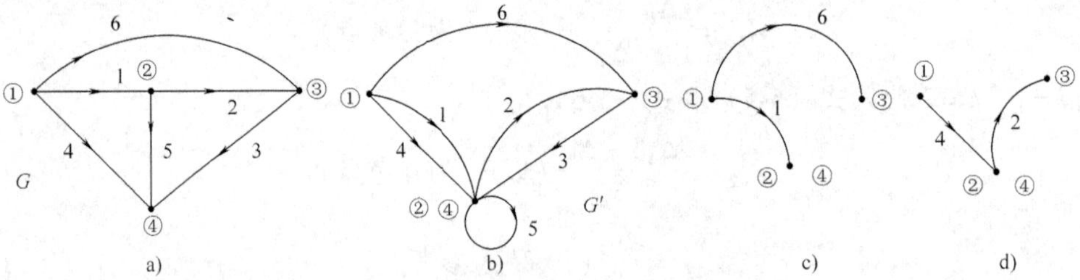

图 5-2　2 树

a）连通图 G　b）2 节点短接的子图 G'　c）G'的树　d）G'的树

这个结论是具有普遍性的，因为若作为图 G 的 2 树，②、④ 点间有通路，则就不会是 G'的树，因为否则 G'中② 、④短接和原通路就会构成回路。连通图 G 任两点短接后图 G'的树是 G 的 2 树，且是短接点在不同部分的 2 树。根据此定理和式（5-16）得

$$\Delta_{kk} = \sum_{\text{全部2树}T_{k,r_0}} 2\text{树导纳乘积} \tag{5-17}$$

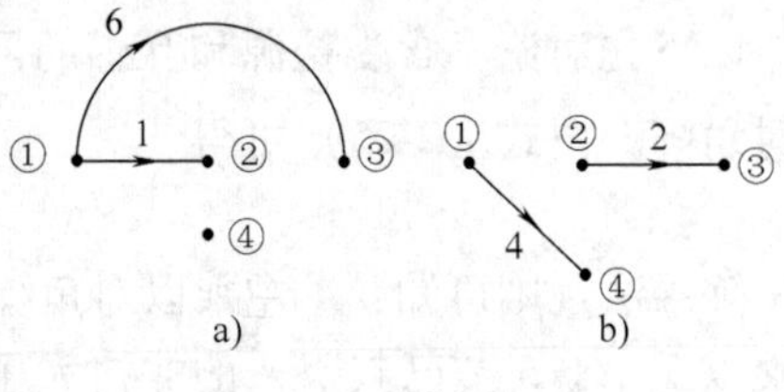

图 5-3　图 5-2 连通图 G 的 2 树

a）2 树 1　b）2 树 2

r_0 为参考点。为了便于表述，式（5-17）右边可写为 $W_{k,r_0}(\boldsymbol{Y})$ 或简写为 W_{k,r_0}。通常 $W_{a,b}(\boldsymbol{Y})$ 即代表 a、b 点不在一起的全部 2 树导纳积之和。故有

$$\Delta_{kk} = W_{k,r_0}(\boldsymbol{Y}) \tag{5-18}$$

应用式（5-7）、式（5-15）、式（5-18），令 $r_0 = k'$ 得多端口网络 $\boldsymbol{Z}$ 参数矩阵的任一对角元素

$$Z_{kk} = \frac{W_{k,k'}(\boldsymbol{Y})}{W_t(\boldsymbol{Y})} \tag{5-19}$$

一端口网络的入端阻抗

$$Z_i = \frac{W_{1,1'}(\boldsymbol{Y})}{W_t(\boldsymbol{Y})} \tag{5-20}$$

点 1、1′的入端导纳

$$Y_i = \frac{W_t(\boldsymbol{Y})}{W_{1,1'}(\boldsymbol{Y})} \tag{5-21}$$

从式（5-19)、式（5-20）等可以看出，用这种拓扑公式计算参数时，实际上不需要建立电路方程，也不必选参考点和支路的参考方向，只需找出全部树及有关 2 树，计算导纳积并求总和就可以了。

例 5-1　图 5-4a 所示一端口网络中 $R_1=1\Omega$，$R_2=2\Omega$，$C_1=1\text{F}$，$C_2=2\text{F}$，$L=1\text{H}$，试求入端运算阻抗。

解　将支路编号并作线图如图 5-4b 所示。

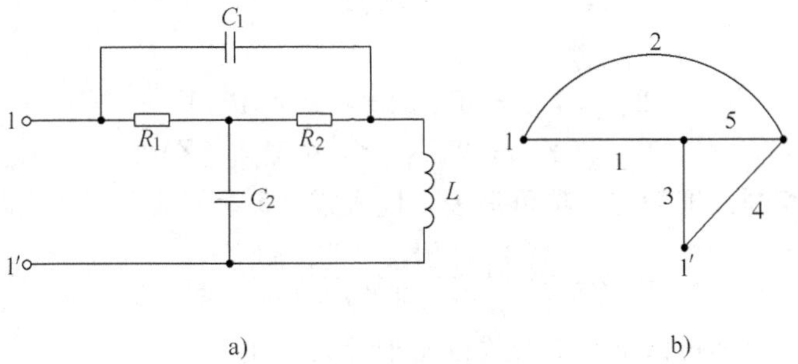

图 5-4　例 5-1 附图

a）例 5-1 电路图　b）对应线图

故知 $Y_1=1$，$Y_2=s$，$Y_3=2s$，$Y_4=\frac{1}{s}$，$Y_5=\frac{1}{2}$，图 5-4b 的树为支路集合（123），（124），（134），（135），（145），（234），（235），（245）故得

$$\begin{aligned}W_t(Y) &= Y_1Y_2Y_3+Y_1Y_2Y_4+Y_1Y_3Y_4+Y_1Y_3Y_5+Y_1Y_4Y_5+Y_2Y_3Y_4+Y_2Y_3Y_5+Y_2Y_4Y_5\\ &= \frac{6s^3+6s^2+7s+1}{2s}\end{aligned}$$

图 5-4b 2 树 $T_{1,1'}$为支路集合（12)，(14)，(15)，(23)，(25)，(34)，(35)，(45)，故得

$$\begin{aligned}W_{1,1'}(Y) &= Y_1Y_2+Y_1Y_4+Y_1Y_5+Y_2Y_3+Y_2Y_5+Y_3Y_4+Y_3Y_5+Y_4Y_5\\ &= \frac{4s^3+5s^2+5s+3}{2s}\end{aligned}$$

各代入式（5-20）得

$$Z_i = \frac{4s^3+5s^2+5s+3}{6s^3+6s^2+7s+1}$$

5.3　无源网络转移阻抗的拓扑公式

Δ_n 非对角元素的余因式

$$\Delta_{kj} = (-1)^{k+j}M_{kj} \tag{5-22}$$

而

$$M_{kj} = \det\boldsymbol{A}_{-k}\boldsymbol{Y}_e(\boldsymbol{A}_{-j})^{\mathrm{T}} \tag{5-23}$$

其中 $\boldsymbol{A}_{-k}$、$\boldsymbol{A}_{-j}$ 分别为图 G 的点 k，j 与参考点 r_0 短接后图的关联矩阵。采用比纳-柯西定理计算 M_{kj} 时，只需考虑那种既是 2 树 T_{k,r_0} 又是 2 树 T_{j,r_0} 相对应的大子式，换言之，只需考虑那种 k，j 点同时和参考点 r_0 分在两个部分的 2 树 T_{kj,r_0}。可以证明（参考文献）$\boldsymbol{A}_{-k}$ 和 $\boldsymbol{A}_{-j}$ 的对应大子式之积为 $(-1)^{k+j}$。由式（5-22）、式（5-23）得

$$\Delta_{kj} = \sum_{\text{全部2树}T_{kj,r_0}} 2\text{ 树 }T_{kj,r_0}\text{ 导纳乘积} \tag{5-24}$$

式（5-24）右边可写为 $W_{kj,r_0}(\boldsymbol{Y})$ 或简为 W_{kj,r_0}。则

$$\Delta_{kj} = W_{kj,r_0}(\boldsymbol{Y}) \tag{5-25}$$

选 $r_0 = k'$，并将式（5-25）、式（5-15）代入式（5-8）得

$$Z_{jk} = \frac{W_{kj,k'}(\boldsymbol{Y}) - W_{kj',k'}(\boldsymbol{Y})}{W_t(\boldsymbol{Y})} \tag{5-26}$$

其中

$$W_{kj,k'}(\boldsymbol{Y}) = W_{kjj',k'}(\boldsymbol{Y}) + W_{kj,k'j'}(\boldsymbol{Y}) \tag{5-27}$$
$$W_{kj',k'}(\boldsymbol{Y}) = W_{kjj',k'}(\boldsymbol{Y}) + W_{kj',k'j}(\boldsymbol{Y})$$

上二式右边第一项相同，即为冗余项可消去，代入式（5-26）得

$$Z_{jk} = \frac{W_{kj,k'j'}(\boldsymbol{Y}) - W_{kj',k'j}(\boldsymbol{Y})}{W_t(\boldsymbol{Y})} \tag{5-28}$$

式（5-28）的分子可以通过以下图形等式以便于记忆。即

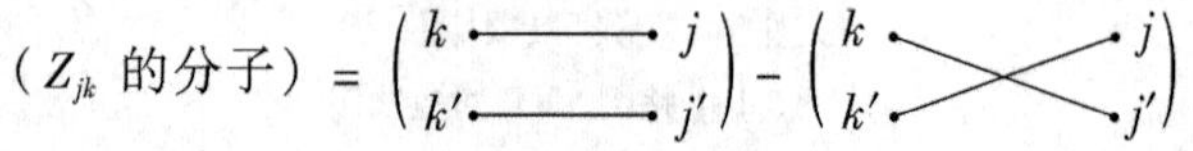

$$(Z_{jk}\text{ 的分子}) = \begin{pmatrix} k \bullet\!\!-\!\!\!-\!\!\!-\!\!\bullet j \\ k' \bullet\!\!-\!\!\!-\!\!\!-\!\!\bullet j' \end{pmatrix} - \begin{pmatrix} k \bullet \qquad \bullet j \\ k' \bullet \qquad \bullet j' \end{pmatrix} \tag{5-29}$$

对于双口网络由式（5-19）、式（5-28）得

$$Z_{11} = \frac{W_{1,1'}(\boldsymbol{Y})}{W_t(\boldsymbol{Y})}$$

$$Z_{22} = \frac{W_{2,2'}(\boldsymbol{Y})}{W_t(\boldsymbol{Y})} \tag{5-30}$$

$$Z_{12} = Z_{21} = \frac{W_{12,1'2'}(\boldsymbol{Y}) - W_{12',1'2}(\boldsymbol{Y})}{W_t(\boldsymbol{Y})}$$

例 5-2 求图 5-5a 所示双口网络的开路参数矩阵。其中 $R_1 = 1\Omega$，$R_2 = 2\Omega$，$C_1 = 1\mathrm{F}$，$C_2 = 2\mathrm{F}$，$L = 1\mathrm{H}$。

解 本例与例 5-1 的一端口为同一网络，已求得

$$W_t(Y) = \frac{6s^3 + 6s^2 + 7s + 1}{2s}$$

$$Z_{11} = \frac{4s^3 + 5s^2 + 5s + 3}{6s^3 + 6s^2 + 7s + 1}$$

$$W_{2,2'}(Y) = Y_1Y_2 + Y_1Y_5 + Y_2Y_5 + Y_1Y_3 + Y_2Y_3 = 2s^2 + 3.5s + 0.5$$

故得

$$Z_{22} = \frac{4s^3 + 7s^2 + s}{6s^3 + 6s^2 + 7s + 1}$$

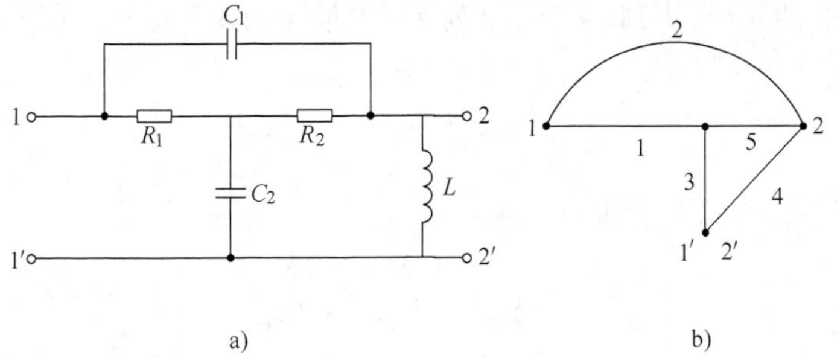

图 5-5　例 5-2 附图
a）例 5-2 电路图　b）对应线图

$$W_{12,1'2'}(Y) = Y_1Y_2 + Y_1Y_5 + Y_2Y_3 + Y_2Y_5 = 2s^2 + 1.5s + 0.5$$

$$W_{12',1'2}(Y) = 0$$

从而得

$$Z_{12} = Z_{21} = \frac{4s^3 + 3s^2 + s}{6s^3 + 6s^2 + 7s + 1}$$

5.4　无源网络导纳的拓扑公式

5.4.1　用节点导纳矩阵的行列式表示双口网络的短路参数

本节先推导双口网络的公式，由于短路参数和开路参数矩阵互为逆矩阵，对于双口网络有

$$\left.\begin{aligned} Y_{11} &= \frac{Z_{22}}{\Delta_Z} \\ Y_{22} &= \frac{Z_{11}}{\Delta_Z} \\ Y_{12} &= \frac{-Z_{12}}{\Delta_Z} \\ Y_{21} &= \frac{-Z_{21}}{\Delta_Z} \end{aligned}\right\} \tag{5-31}$$

其中 $\Delta_Z = Z_{11}Z_{22} - Z_{12}Z_{21}$，如果仍采用开路状况下的拓扑图并以 1′为参考点，则由式（5-9）、式（5-10）、式（5-8）可得

$$\begin{aligned} \Delta_Z &= \frac{\Delta_{11}(\Delta_{22} + \Delta_{2'2'} - 2\Delta_{22'}) - (\Delta_{12} - \Delta_{12'})^2}{\Delta_n^2} \\ &= \frac{(\Delta_{11}\Delta_{22} - \Delta_{12}^2) + (\Delta_{11}\Delta_{2'2'} - \Delta_{12'}^2) - 2(\Delta_{11}\Delta_{22'} - \Delta_{12}\Delta_{12'})}{\Delta_n^2} \end{aligned} \tag{5-32}$$

其中 Δ_n仍为端口 1、2 开断条件下节点导纳矩阵的行列式。Δ_{11}、Δ_{12}等为其首阶余因式。由代数中雅可比定理，有

$$\Delta_{ab}\Delta_{cd} - \Delta_{ad}\Delta_{cb} = \Delta_n\Delta_{abcd} \tag{5-33}$$

其中 Δ_{abcd}是划去 Δ_n的 a 行、b 列、c 行、d 列后的二阶余因式，将式（5-33）代入式（5-32）经整理得

$$\Delta_Z = \frac{\Delta_{1122} + \Delta_{112'2'} - 2\Delta_{1122'}}{\Delta_n} \tag{5-34}$$

将式（5-34）代入式（5-31）则得

$$Y_{11} = \frac{\Delta_{22} + \Delta_{2'2'} - 2\Delta_{22'}}{\Delta_{1122} + \Delta_{112'2'} - 2\Delta_{1122'}} \tag{5-35}$$

$$Y_{22} = \frac{\Delta_{11}}{\Delta_{1122} + \Delta_{112'2'} - 2\Delta_{1122'}} \tag{5-36}$$

$$Y_{12} = Y_{21} = \frac{\Delta_{12'} - \Delta_{12}}{\Delta_{1122} + \Delta_{112'2'} - 2\Delta_{1122'}} \tag{5-37}$$

5.4.2 节点导纳矩阵的二阶余因式的拓扑公式

树导纳积可表示行列式 Δ_n，2 树导纳积可表示 Δ_n的一阶余因式。同理，可以用 3 树导纳积表示二阶余因式。3 树 T 是连通图 G 的子图，且满足以下三个条件：

（1）包含 G 的全部节点；

（2）不包含回路；

（3）分三个部分。

可见，2 树去掉一边后便是 3 树。将图 G 的 k，j 点与参考点 r_0 短接后变为图 $\hat{G}$，则图 $\hat{G}$ 的树就是图 G 的 3 树，而且是 k、j、r_0 点分别在三个分离部分的 3 树 T_{k,j,r_0}，其理由同前，具体说明从略。例如图 5-6a 所示的图 G 中点③、④各和参考点短接后为图 $\hat{G}$，如图 5-6b 的所示。从该图可以看出，图 $\hat{G}$ 的任一树（例如边 6、9），刚好是图 G 的 3 树 $T_{3,4,0}$。

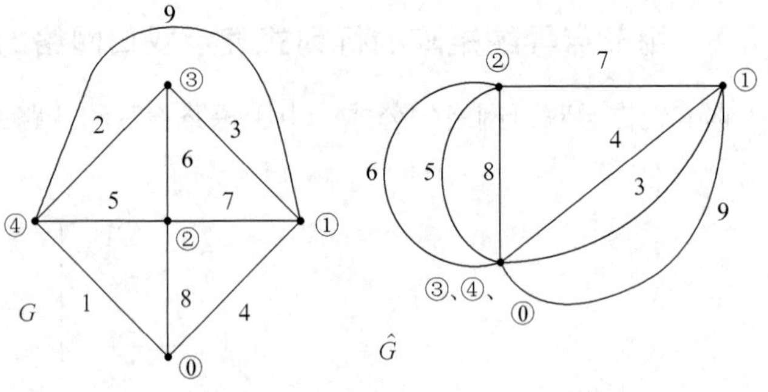

图 5-6 3 树

a）连通图 G b）3 树

仿照前法可以证明

$$\Delta_{aabb} = W_{a,b,r_0}(Y) \tag{5-38}$$

$$\Delta_{abcd} = W_{ab,cd,r_0}(Y) \tag{5-39}$$

其中 $W_{a,b,c}(Y)$ 是代表图 G 中 a、b、c 三点不在一起的全部 3 树导纳积之和。若仍选 1′点为参考点，则式（5-35）~式（5-37）的分母可以表示为

$$W_{\Sigma}(Y) = W_{1,2,1'}(Y) + W_{1,2',1'}(Y) - 2W_{1,22',1'}(Y) \tag{5-40}$$

式（5-40）中仍含有可以互相抵消的冗余项，因为

$$W_{1,2,1'}(Y) = W_{12',2,1'}(Y) + W_{1,22',1'}(Y) + W_{1,2,1'2'}(Y)$$

$$W_{1,2',1'}(Y) = W_{12,2',1'}(Y) + W_{1,22',1'}(Y) + W_{1,2',1'2}(Y)$$

显然 $W_{1,22',1'}(Y)$ 是冗余项。将上二式代入式（5-40）得

$$W_{\Sigma}(Y) = W_{12',2,1'}(Y) + W_{1,2,1'2'}(Y) + W_{12,2',1'}(Y) + W_{1,2',1'2}(Y) \tag{5-41}$$

式（5-41 ）还可以用以下图形等式表示以便记忆。

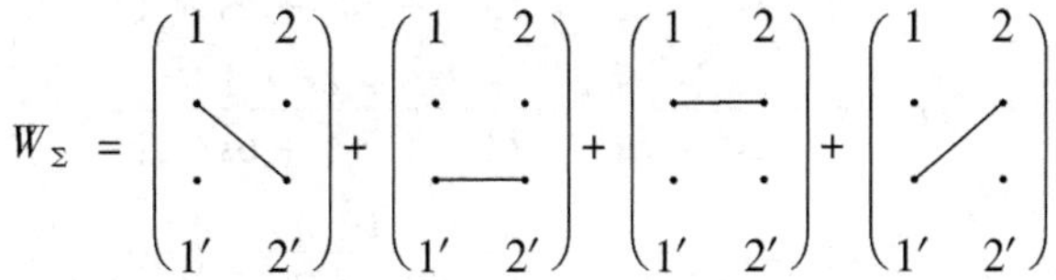

(5-42)

5.4.3　双口网络短路参数的拓扑公式

将式（5-41 ）、式（5-18）、式（5-25）代入式（5-35）、式（5-36）、式（5-37）得

$$Y_{11} = \frac{W_{2,2'}(Y)}{W_{\Sigma}(Y)} \tag{5-43}$$

$$Y_{22} = \frac{W_{1,1'}(Y)}{W_{\Sigma}(Y)} \tag{5-44}$$

$$Y_{12} = Y_{21} = \frac{W_{12',1'2}(Y) - W_{12,1'2'}(Y)}{W_{\Sigma}(Y)} \tag{5-45}$$

应该指出，这里计算双口网络的短路参数时，采用的网络仍是计算开路参数的网络，即 11′、22′均开断。

例 5-3　试求图 5-7a 所示双口网络的 ***Y*** 参数。

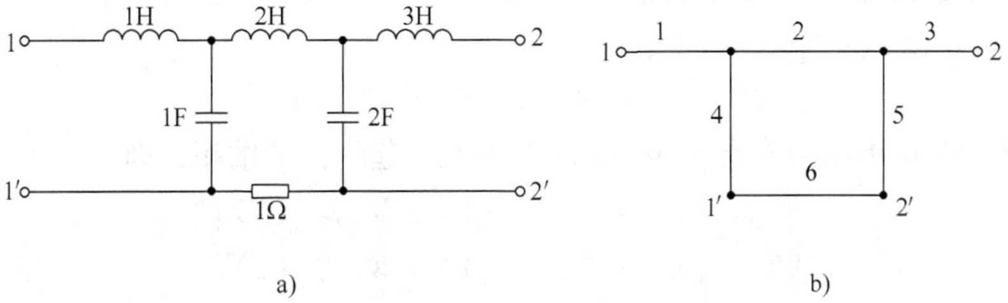

图 5-7　例 5-3 附图

a）例 5-3 电路图　b）对应线图

解　图 5-7b 为开路网络的拓扑图。由该图可知：

3 树 $T_{1,2,1'2'}$：(245)，(246)，(256)，(456)，(136)，(126)，(236)，(156)，(346)；

3 树 $T_{12,1',2'}$：(123)；

3 树 $T_{1,2',1'2}$：(234)；

3 树 $T_{12',1',2}$：(125)；

2 树 $T_{1,1'}$：(1235)，(1236)，(1356)，(2345)，(2346)，(2356)，(3456)；

2 树 $T_{2,2'}$：(1234)，(1236)，(1245)，(1246)，(1256)，(1346)，(1456)；

2 树 $T_{12,1'2'}$：(1236)；

2 树 $T_{12',1'2}$不存在。

且知 $Y_1 = \frac{1}{s}$，$Y_2 = \frac{1}{2s}$，$Y_3 = \frac{1}{3s}$，$Y_4 = s$，$Y_5 = 2s$，$Y_6 = 1$，各代入式（5-41）、式（5-43）~式（5-45），经整理得

$$W_\Sigma = \frac{12s^5 + 6s^4 + 23s^3 + 7s^2 + 6s + 1}{6s^3}$$

$$Y_{11} = \frac{12s^4 + 6s^3 + 11s^2 + s + 1}{12s^5 + 6s^4 + 23s^3 + 7s^2 + 6s + 1}$$

$$Y_{22} = \frac{4s^4 + 2s^3 + 7s^2 + 2s + 1}{12s^5 + 6s^4 + 23s^3 + 7s^2 + 6s + 1}$$

$$Y_{12} = Y_{21} = \frac{-1}{12s^5 + 6s^4 + 23s^3 + 7s^2 + 6s + 1}$$

以上是通过开路双口网络的 3 树导纳积计算 Y 参数的分母 $W_\Sigma(Y)$ 的，实际上 $W_\Sigma(Y)$ 也等于短路双口网络的树导纳积之和。

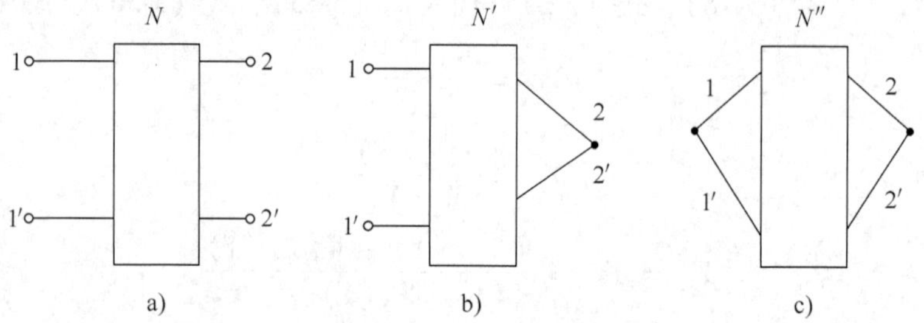

图 5-8　利用短路双口网络计算 $W_\Sigma(Y)$

a）开路双口网络　b）1 端口短路的双口网络　c）2 端口短路的双口网络

图 5-8a ~ 图 5-8c 所示分别为开路双口网络 N，$11'$开路、$22'$短接的网络 N'和短路双口网络 N''。对网络 N'的 2 树 $T'_{1,1'}$导纳积之和为

$$W'_{1,1'}(Y) = W'_{1,1'22'}(Y) + W'_{122',1'}(Y) \tag{5-46}$$

其中 2 树导纳积又可表示为 N 的 3 树（2 和 $2'$不在一起的）导纳积，即

$$\left.\begin{aligned} W'_{1,1'22'}(Y) &= W_{1,1'2,2'}(Y) + W_{1,1'2',2}(Y) \\ W'_{122',1'}(Y) &= W_{12,2',1'}(Y) + W_{12',2,1'}(Y) \end{aligned}\right\} \tag{5-47}$$

将式（5-47）代入式（5-46）得

$$W'_{1,1'}(Y) = W_{12,2',1'}(Y) + W_{12',2,1'}(Y) + W_{1,1'2,2'}(Y) + W_{1,1'2',2}(Y) \tag{5-48}$$

式（5-48）说明 $W'_{1,1'}(Y)$ 即等于 $W_\Sigma(Y)$。2 树 $T_{1,1'}$ 导纳积之和，又等于 1 与 $1'$ 短接后的网络 N'' 的树导纳积之和，即

$$W_\Sigma(Y) = W''_t(Y) \tag{5-49}$$

式(5-49)说明 Y 参数的分母 $W_\Sigma(Y)$ ，即各端口短路状况下网络 N 的树导纳积之和。

5.4.4　多端口网络导纳参数的拓扑公式

这个结论还可以推广到多端口网络中去。对于多端口网络参照式(5-43)、式(5-44)以及 $\boldsymbol{Y}$ 参数的定义可知 $\boldsymbol{Y}$ 矩阵的对角元素

$$Y_{kk} = \left.\frac{W_{j,j'}(Y)}{W_\Sigma(Y)}\right|_{j\neq k} \tag{5-50}$$

式中 $W_\Sigma(Y)$ 即全部端口短接状况下的树导纳积之和，$W_{j,j'}(Y)$ 是 k,j 端口开断，其余端口短接网络的 2 树 $T_{j,j'}$ 导纳积之和。即求端口 k 入端导纳 Y_{kk}时，任选一端口 j 开断，其余端口短接，实

际上 k、j 之间仍相当于双口网络的两个端口之间的关系。2 树 $T_{j,j'}$ 也即将 j、j' 点短接后网络的树，所以式(5-50)中的分子也就是 k 除外的全部端口短接网络 N_k 的树导纳积之和，所以式(5-50)又可改写为

$$Y_{kk} = \frac{W_{kt}}{\overline{W}_t} \tag{5-51}$$

式中 $\overline{W}_t$ 是全部端口短接网络的树导纳积之和，W_{kt} 是 k 除外其余端口短接网络的树导纳积之和。$\boldsymbol{Y}$ 矩阵的非对角元素

$$Y_{kj} = Y_{jk} = \frac{W_{kj',k'j} - W_{kj,k'j'}}{\overline{W}_t} \tag{5-52}$$

$W_{kj',k'j}(Y)$ 和 $W_{kj,k'j'}(Y)$ 是 k 和 j 端口之外全部端口短接条件下网络的 2 树导纳积之和。

这两节分别推导了 $\boldsymbol{Y}$ 参数的拓扑公式，对于其余参数可以仿照类同的方法推出有关拓扑公式，因篇幅所限这里不进行具体推导。

5.5　无源网络电压传递函数的拓扑公式

在滤波器等设计过程中，电压比函数应用得较多，如图 5-9 所示，用 H 表示输出电压 V_2 与输入电压 V_1 之比，即

$$H = \frac{V_2}{V_1}$$

根据上章双口网络的公式有

$$V_1 = Z_{11}I_1 + Z_{12}I_2$$
$$V_2 = Z_{21}I_1 + Z_{22}I_2$$

现 $I_2 = 0$，故有

$$H = \frac{V_2}{V_1} = \frac{Z_{21}}{Z_{11}}$$

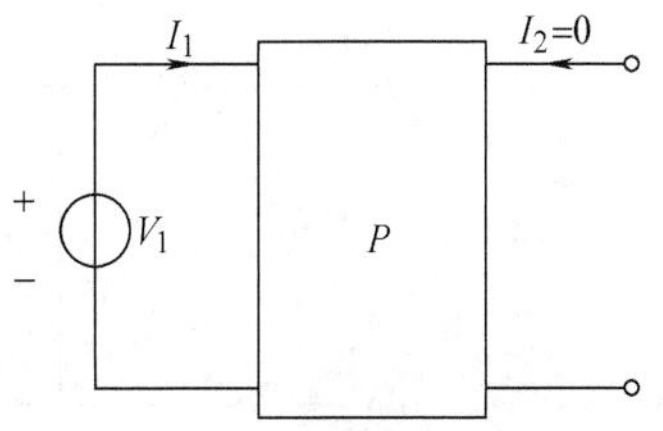

图 5-9　电压比函数

将式(5-30)代入上式得

$$H = \frac{W_{12,1'2'}(Y) - W_{12',1'2}(Y)}{W_{1,1'}(Y)} \tag{5-53}$$

可见求电压比函数时不必推求电路的树，只需求有关 2 树导纳积之和就可以了。

例 5-4　求图 5-10a 所示电路的 $H(s) = \dfrac{V_2(s)}{V_1(s)}$。

解　作线图如图 5-10b 所示，2 树 $T_{1,1'}$ 有(13)，(23)，(34)，(14)，(24)；2 树 $T_{12,1'2'}$ 有(13)；而 2 树 $T_{12',1'2}$ 不存在。事实上当三端共点双口网络 1′2′在一起，$T_{12',1'2}$ 都不存在。对照图 5-10a、b 用导纳值代入可得

$$W_{1,1'}(Y) = \frac{1}{R_1R_2} + \frac{sC_1}{R_2} + \frac{sC_2}{R_2} + \frac{sC_2}{R_1} + s^2C_1C_2$$

$$W_{12,1'2'}(Y) = \frac{1}{R_1R_2}$$

代入式(5-53)经整理得

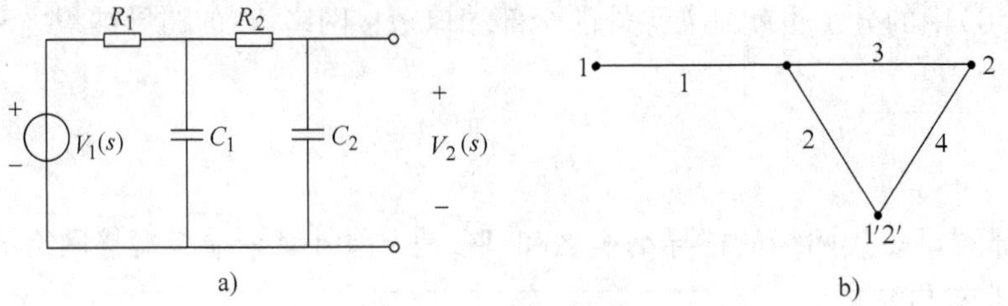

图 5-10 例 5-4 附图

a) 例 5-1 电路图 b) 对应线图

$$H(s)=\frac{V_2(s)}{V_1(s)}=\frac{\dfrac{1}{R_1R_2C_1C_2}}{s^2+\left(\dfrac{1}{R_1C_1}+\dfrac{1}{R_2C_2}+\dfrac{1}{R_2C_1}\right)s+\dfrac{1}{R_1R_2C_1C_2}}$$

例 5-5 求图 5-11a 所示电路 $H(s)=\dfrac{V_2(s)}{V_1(s)}$。

解 由图 5-11b 看出

2 树 $T_{1,1'}$ 有(12),(23),(31),(24),(34)

2 树 $T_{12,1'2'}$ 有(12),(23),(31),(34)

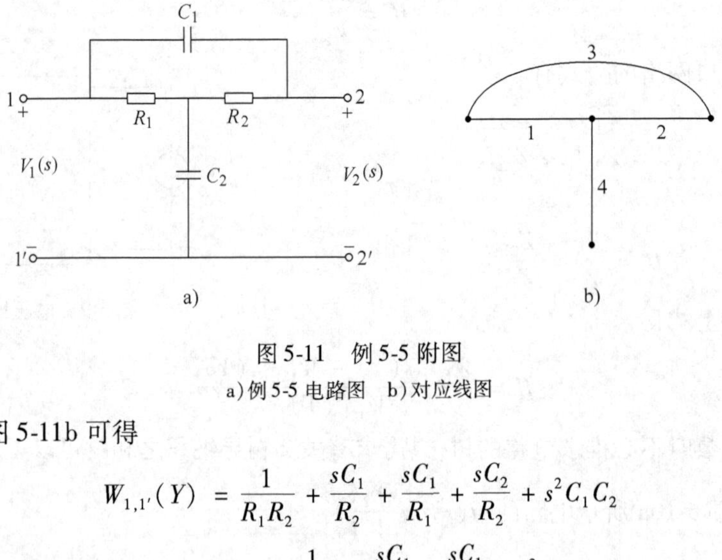

图 5-11 例 5-5 附图

a) 例 5-5 电路图 b) 对应线图

对照图 5-11a、图 5-11b 可得

$$W_{1,1'}(Y)=\frac{1}{R_1R_2}+\frac{sC_1}{R_2}+\frac{sC_1}{R_1}+\frac{sC_2}{R_2}+s^2C_1C_2$$

$$W_{12,1'2'}(Y)=\frac{1}{R_1R_2}+\frac{sC_1}{R_2}+\frac{sC_1}{R_1}+s^2C_1C_2$$

代入式(5-53)整理得

$$H(s)=\frac{V_2(s)}{V_1(s)}=\frac{s^2+\left(\dfrac{1}{R_2C_2}+\dfrac{1}{R_1C_2}\right)s+\dfrac{1}{R_1R_2C_1C_2}}{s^2+\left(\dfrac{1}{R_2C_2}+\dfrac{1}{R_1C_2}+\dfrac{1}{R_2C_1}\right)s+\dfrac{1}{R_1R_2C_1C_2}}$$

例 5-6 图 5-12a 所示电路是视频系统中常用的桥式吸收电路（即单阻滤波器），试求

$H(s)=\dfrac{V_2(s)}{V_1(s)}$，并说明哪个频率的信号不能通过，参数必须满足什么条件。

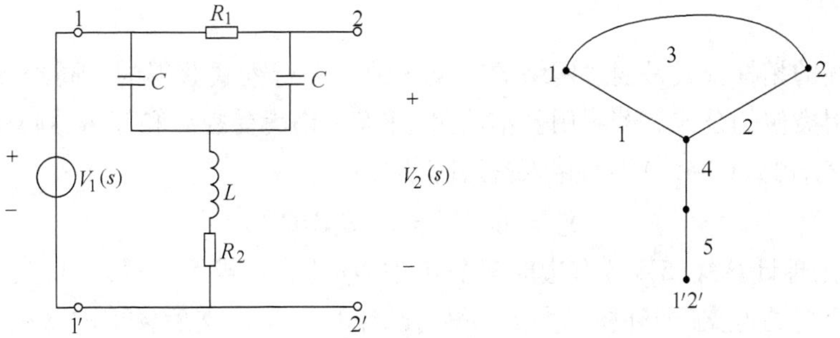

a)　　b)

图 5-12　例 5-6 附图

a) 例 5-6 电路图　b) 对应线图

解　作线图如图 5-12b 所示，由该图看出

2 树 $T_{1,1'}$有(124)，(234)，(134)，(125)，(235)，(135)，(345)，(245)

2 树 $T_{12,1'2'}$有(124)，(234)，(134)，(125)，(235)，(135)，(345)

$$W_{1,1'}=\frac{C^2s}{L}+2\frac{G_1C}{L}+C^2G_2s^2+2G_1G_2Cs+\frac{G_1G_2}{sL}+\frac{G_2C}{L}$$

$$W_{12,1'2'}=\frac{C^2s}{L}+2\frac{G_1C}{L}+C^2G_2s^2+2G_1G_2Cs+\frac{G_1G_2}{sL}$$

各代入式(5-53)经整理得

$$H(s)=\frac{V_2(s)}{V_1(s)}=\frac{s^3+\left(\dfrac{R_2}{L}+\dfrac{2}{R_1C}\right)s^2+\dfrac{2R_2}{R_1LC}s+\dfrac{1}{LC^2R_1}}{s^3+\left(\dfrac{R_2}{L}+\dfrac{2}{R_1C}\right)s^2+\left(\dfrac{2R_2}{R_1LC}+\dfrac{1}{LC}\right)s+\dfrac{1}{LC^2R_1}}$$

令上式分子 $=(s^2+\alpha)(s+\beta)=s^3+\beta s^2+\alpha s+\alpha\beta$ 得

$$\alpha=2\frac{R_2}{R_1}\frac{1}{LC}\quad\beta=\left(\frac{R_2}{L}+\frac{2}{R_1C}\right)$$

且

$$\alpha\beta=\frac{1}{LC^2R_1}$$

代入解得

$$\frac{L}{C}=\frac{2R_2^2R_1}{R_1-4R_2}$$

当满足此条件时，$s=\mathrm{j}\omega=\mathrm{j}\sqrt{\dfrac{2R_2}{R_1}\dfrac{1}{LC}}$ 时 $H(\mathrm{j}\omega)=0$

也即信号频率 $\omega=\sqrt{\dfrac{2R_2}{R_1}}\dfrac{1}{\sqrt{LC}}$输出为零。$R_2$ 实际上为线圈的电阻，单个 LC 串联电路当信号频率为 ω 时不能完全滤掉，而采用图 5-10a 桥式电路在正弦稳态条件下，上面 Δ 结构变为 Y 后实部为负，刚好和 R_2 抵消，频率为 ω 的输出完全滤掉。

5.6 用补树阻抗积表示的拓扑公式

前几节叙述的拓扑公式是通过网络的节点导纳矩阵行列式获得的。同理，通过回路阻抗矩阵也可以获得类似的公式。若采用基本回路，并设网络无受控源和互感，则支路阻抗矩阵即元件阻抗矩阵 $\boldsymbol{Z}_e$，由式(2-49)得回路阻抗矩阵的行列式

$$\Delta_l = \det\boldsymbol{Z}_l = \det\boldsymbol{B}_f\boldsymbol{Z}_e\boldsymbol{B}_f^{\mathrm{T}} \tag{5-54}$$

采用比纳-柯西定理计算式(5-54)右边时只需考虑 $\boldsymbol{B}_f$ 的非奇异大子式。可以证明，非奇异大子式刚好与一个树的连支（即补树）对应。我们已经知道先连支后树支顺次列写 $\boldsymbol{B}_f$ 时，连支部分刚好构成一个么阵，其行列式值为（+1）。任一树的补树连支构成的方阵相当于上述么阵经过列变换所形成，其行列式值为（±1），故得

$$\Delta_l = \sum_{\text{全部树的补树}}（\text{补树连支阻抗积}） \tag{5-55}$$

式(5-55)右边可用 $W_c(Z)$ 表示，或简写为 W_c 即

$$\Delta_l = W_c(Z)$$

显然

$$(\det\boldsymbol{Z}_e)\Delta_n = (Z_1Z_2\cdots Z_b)\sum_{\text{全部树}}（\text{树支导纳积}） = \sum_{\text{全部树}}（\text{连支阻抗积}） \tag{5-56}$$

因而获得节点导纳矩阵和回路阻抗矩阵行列式之间的关系式，即

$$\Delta_l = (\det\boldsymbol{Z}_e)\Delta_n \tag{5-57}$$

$\det\boldsymbol{Z}_e$ 由 R、sL、$1/sC$ 相乘构成，必等于 ks^p。可见 Δ_l 和 Δ_n 不在 $s=0$ 和 $s=\infty$ 处的零极点是相同的，这是电网络一个重要的性质。

Δ_l 的对角元余因式 Δ_{jj} 相当于划去 $\boldsymbol{B}_f$ 的第 j 行后矩阵 $\boldsymbol{B}_{-j}$ 所对应的网络补树阻抗积之和，划去 $\boldsymbol{B}_f$ 的第 j 行就是移走第 j 条连支，设用 $N_{(-j)}$ 代表该网络，则得

$$\Delta_{jj} = \sum_{(N_{(-j)}\text{的全部补树})}（\text{支路阻抗积}） \tag{5-58}$$

5.7 不定导纳矩阵的伴随有向图

拓扑公式法避免了建立电路方程，而且可以生成符号公式、对中小规模的网络具有明显的优点。但是上述分析方法不适用于含受控源或互感的网络。

对于含受控源的网络也有许多拓扑分析方法，其中以陈惠开教授（美）发表的有向图法最为有效，以下将介绍有向图法。为了便于叙述，以下简称含受控源网络为有源网络。

有源网络的有向图法是让其不定导纳矩阵 $\boldsymbol{Y}_i$ 和一有向图对应。这里的不定导纳矩阵 $\boldsymbol{Y}_i$，是以每一个节点均作为一个端点所建立的，所以实际上就是节点导纳矩阵，而且参考点也保留在内。所以生成节点导纳矩阵仍可以用直观法或按式(2-24)建立，而且式(2-24)中降阶关联矩阵 $\boldsymbol{A}$ 要改为关联矩阵 A_a，即

$$\boldsymbol{Y}_i = \boldsymbol{A}_a\boldsymbol{Y}_b\boldsymbol{A}_a^{\mathrm{T}} \tag{5-59}$$

其中 $\boldsymbol{Y}_b$ 仍为支路导纳矩阵。展开 $\boldsymbol{Y}_i$ 为

$$
\boldsymbol{Y}_i = \begin{bmatrix} Y_{11} & Y_{12} & \cdots & Y_{1k} & \cdots & Y_{1n_t} \\ Y_{21} & Y_{22} & \cdots & Y_{2k} & \cdots & Y_{2n_t} \\ \cdots & \cdots & \cdots & \cdots & \cdots & \cdots \\ Y_{k1} & Y_{k2} & \cdots & Y_{kk} & \cdots & Y_{kn_t} \\ \cdots & \cdots & \cdots & \cdots & \cdots & \cdots \\ Y_{n_t1} & Y_{n_t2} & \cdots & Y_{n_tk} & \cdots & Y_{n_tn_t} \end{bmatrix} \tag{5-60}
$$

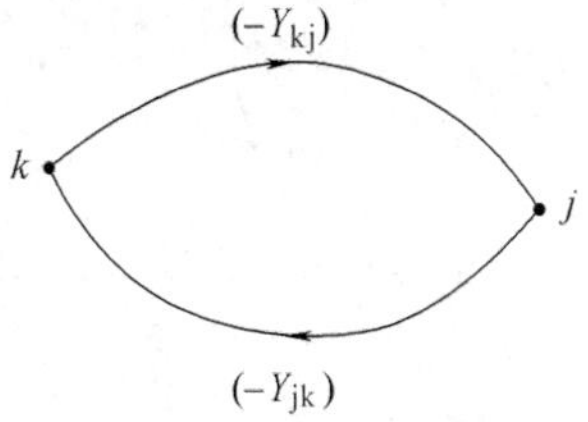

图 5-12-1　不定导纳矩阵的非对角元素

其中 n_t 为节点总数。定义加权有向图 G_d，其点数等于 $\boldsymbol{Y}_i$ 的阶数 n_t，任两点 k、j 之间，有两条有向边，权分别为$(-Y_{kj})$和$(-Y_{jk})$，如图 5-12-1 所示。所以 G_d 的边刚好与 $\boldsymbol{Y}_i$ 的非对角元素对应，$\boldsymbol{Y}_i$ 对角元素等于同行(或列)非对角元素之和，即 G_d 中已包含该信息，因而 G_d 和 $\boldsymbol{Y}_i$ 一一对应，故称 G_d 为 $\boldsymbol{Y}_i$ 的加权伴随有向图。例如图 5-13a 所示的网络不难求得其不定导纳矩阵

$$
\boldsymbol{Y}_i = \begin{bmatrix} G_1 + sC_1 + sC_2 & -sC_2 & -G_1 & -sC_1 \\ -sC_2 & sC_2 + 1/sL & -\alpha G_2 & -1/sL + \alpha G_2 \\ -G_1 & 0 & G_1 + (1+\alpha)G_2 & -(1+\alpha)G_2 \\ -sC_1 & -1/sL & -G_2 & G_2 + sC_1 + 1/sL \end{bmatrix}
$$

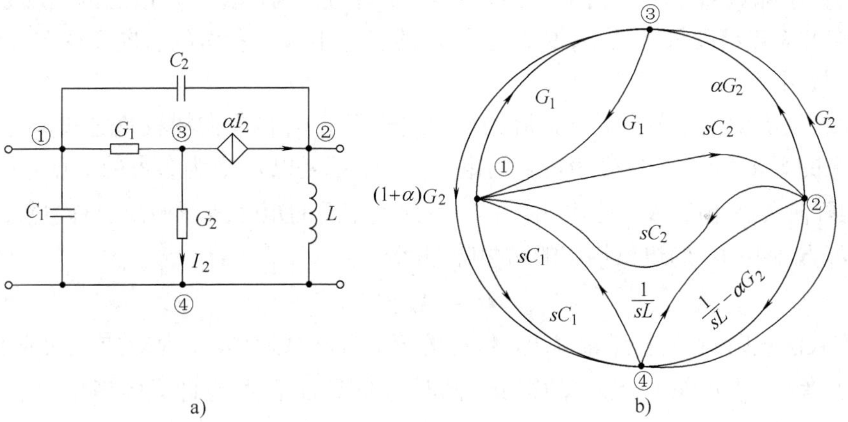

图 5-13　不定导纳矩阵的计算

a）待求电路图　b）加权伴随有向图

和 $\boldsymbol{Y}_i$ 对应的有向图 G_d 如图 5-13b 所示。其中点②、③间因 $Y_{32}=0$ 只有一条有向边。有向图 G_d 的子图，且具备以下条件者称为有向树 T_{r_0}

(1) 去掉方向后仍旧是一个树；

(2) r_0 为参考点，r_0 的出度 $d_{outr_0}=0$，并称参考点为根；

(3) 其余点出度 $d_{out}=1$。

若选图 5-13b 的点④为参考，图 5-14a ~ 图 5-14c 所示均为有向树 $T_④$。由有向树定义可知，与参考点相联的射出边不会出现在有向树上，在找有向树时可以先去掉。同理可以定义有向 2 树。G_d 的子图，且满足以下条件者称为有向 2 树：

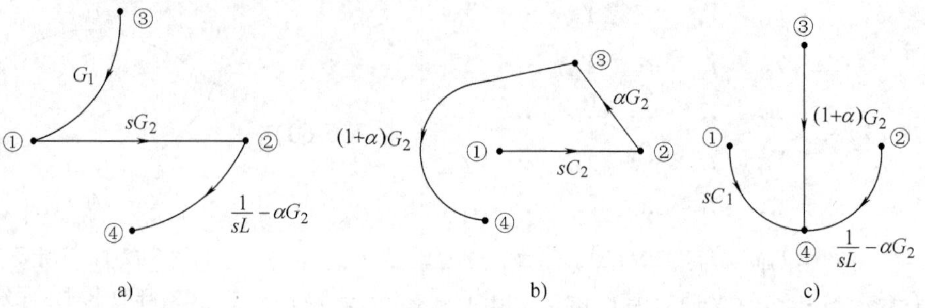

图 5-14 有向树

a)有向树 1 b)有向树 2 c)有向树 3

(1)去方向仍为 2 树；

(2) 每一独立部分有一参考点(根)，参考点出度为零；

(3) 其余点出度 $d_{out}=1$。

2 树 $T_{ab,cd}$代表分别以 a、c 点为根，ab、cd 各自在一起的 2 树。余此类推可以定义有向 3 树、4 树。

有向图 G_d 某点 k 和参考点 r_0 短接后，仍为有向图且用 G'_d表示。可以看出 G'_d的有向树 T_{r_0} 即 G_d 的有向 2 树 $T_{r_0,k}$。k 和 r_0 短接后是 k 和 r_0 分开的 2 树的道理在第 5.2 节已叙述过，G'_d以 r_0 为根有向树中除点 r_0 和点 k 外其余点出度均为 1，边数为(n_t-2)，故总的出度数为(n_t-2)，因此 r_0 点和 k 点出度只能是零，说明它是 G_d 的以 r_0 和 k 为参考的有向 2 树 $T_{r_0,k}$，这个性质在下节将直接引用。

以下来证明有源网络节点导纳矩阵的行列式即等于 G_d 的有向树权积之和。

划去 $\boldsymbol{Y}_i$ 的第 n_t 行和 n_t 列变为定导纳矩阵 $\boldsymbol{Y}_d$，$\boldsymbol{Y}_d$ 就是以 n_t 点为参考的节点导纳矩阵。设 $\boldsymbol{A}_d$ 是 G_d 的降阶关联矩阵，$\boldsymbol{A}_d^+$ 是 $\boldsymbol{A}_d$ 中(-1)全部置零后的矩阵，b_d 是 G_d 的总边数，$\boldsymbol{A}_d$ 的阶为 $(n_t-1)\times b_d$，$\boldsymbol{\gamma}$ 是由 G_d 的边权构成的对角阵，并令

$$\boldsymbol{D}=\boldsymbol{A}_d^+\boldsymbol{\gamma}\boldsymbol{A}_d^{\mathrm{T}} \tag{5-61}$$

由矩阵乘法规则知 $\boldsymbol{D}$ 的元素 d_{ij}即 $\boldsymbol{A}_d^+\boldsymbol{\gamma}$ 的第 i 行和 $\boldsymbol{A}_d^{\mathrm{T}}$ 的第 j 列对应元素乘积之和，当 $i\neq j$ 时，只需考虑 $\boldsymbol{A}_d^+$ 的第 i 行，$\boldsymbol{A}_d$ 的第 j 行同时为非零的元素，也即只需考虑由点 i 指向点 j 的边。此时 $\boldsymbol{A}_d^+$ 第 i 行元素为$(+1)$，$\boldsymbol{A}_d$ 第 j 行元素为(-1)，$\boldsymbol{A}_d^+\boldsymbol{\gamma}$ 的相应元素即 i 指向 j 的边权$(-Y_{ij})$，故

$$d_{ij}=Y_{ij} \tag{5-62}$$

式(5-62)说明 $\boldsymbol{D}$ 的非对角元即 $\boldsymbol{Y}_d$ 的非对角元。当 $i=j$ 时，则

$$d_{ii}=\sum_{\text{全部}i\text{点射出边}}(G_d\text{ 的边权})=\sum_{\substack{k=1\\k\neq i}}^{n_t}(-Y_{ik}) \tag{5-63}$$

可见 $\boldsymbol{D}$ 的对角元也即 $\boldsymbol{Y}_d$ 的对角元。故有

$$\boldsymbol{Y}_n=\boldsymbol{Y}_d=\boldsymbol{A}_d^+\boldsymbol{\gamma}\boldsymbol{A}_d^{\mathrm{T}} \tag{5-64}$$

$$\Delta_n=\det\boldsymbol{Y}_n=\det(\boldsymbol{A}_d^+\boldsymbol{\gamma}\boldsymbol{A}_d^{\mathrm{T}}) \tag{5-65}$$

用比纳-柯西定理计算 Δ_n 时：

(1) 从 $\boldsymbol{A}_d$ 中抽出 $n(=n_t-1)$列构成大子阵若不对应于一个树，必为奇异矩阵，该大子式

为零不必考虑，也不必再去探讨对应的 $\boldsymbol{A}_d^+$ 是否奇异；

（2）若抽出 n 列对应于一个树，则有可能是有向树或非有向树。对于一个树，树支数为 n，点数为 $n_t=n+1$，各点出度 d_{out} 总和也是 n，若有一点出度超过 1，则必有两点出度为零，因此非有向树除参考点之外至少还有一点出度为零，该情况下 $\boldsymbol{A}_d^+$ 中与该点对应的行为全零，因此非有向树对应的大子阵也是奇异的，其大子式为零，不必考虑。即不必考虑非有向树。

（3）对于有向树，若不以已选的参考点 n_t 为根，根的出度为零，则 $\boldsymbol{A}_d^+$ 出度为零的点对应的行为全零，大子式为零，也不必考虑；

（4）最后只考虑以 n_t 为根的有向树。对于和以 n_t 为根的有向图对应的大子式 $\boldsymbol{A}_t^+$ 每行每列都有一个非零元（$+1$），所以 $\det\boldsymbol{A}_t^+=\pm1$；大子阵 $\boldsymbol{A}_t$ 非零元（$+1$）出现的位置和 $\boldsymbol{A}_t^+$ 完全一样，但每列还可能出现一个非零元（-1），这种非零元（-1）都可以通过行相加的初等运算（值和符号不变）而去掉，可见 $\det\boldsymbol{A}_t^+$ 和 $\det\boldsymbol{A}_t$ 只能同时为（$+1$）或（-1），从而证得：

$$\Delta_n=\sum_{\text{全部以}n_t\text{为根的有向树}}(\text{有向树权之积}) \tag{5-66}$$

式（5-66）右边可简写为

$$\Delta_n=W_{dt} \tag{5-67}$$

其中下标 d 代表有向树，W_{dt} 即全部以 n_t 为根的有向树权乘积之总和。因参考点不同不影响 Δ_n 值，故不必指出 n_t。对于互易性网络，节点导纳矩阵是对称矩阵，因此，有向图 G_d 的有向边必成对，而且每对有向边权都相同，这样可以去掉方向且只画一条边，成为无向图 G_u 并称 G_u 是 G_d 的伴随无向图。图 5-15a、图 5-15b 分别为 G_d 及其无向图 G_u。对于非互易网络不存在伴随无向图。

由有向树的定义知 G_d 的有向树去方向后即为 G_u 的树，而 G_u 的树标上方向后总可以变为指定参考点的有向树。因此，对于互易网络，可得

$$\Delta_n=\sum_{G_u\text{的树}}(G_u\text{ 的树权之积}) \tag{5-68}$$

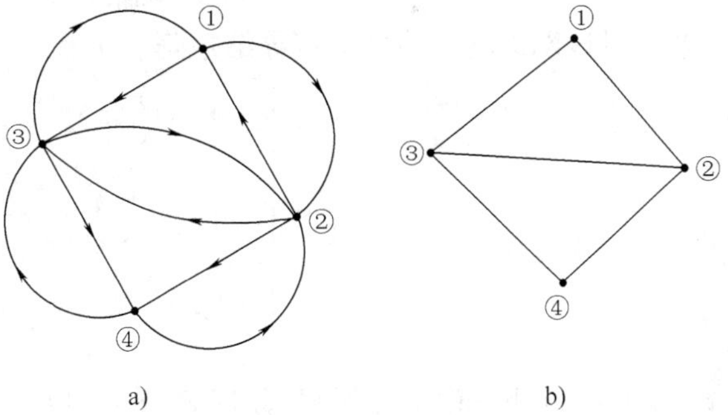

图 5-15　伴随无向图
a）有向图 G_d　b）无向图 G_u

实际上对于无受控源和互感的 RLC 网络，G_u 就是原来的网络所对应的线图，G_u 的权就是支路导纳，所以式（5-68）和式（5-14）一致。但是式（5-68）能应用于含互感网络，式（5-14）和式（5-15）则只能适用于无互感网络。

5.8　有源网络的拓扑公式

由式（5-65）可得 Δ_n 对角元素的余因式

$$\Delta_{kk}=\det\boldsymbol{A}_{d(-k)}^{+}\boldsymbol{\gamma}\boldsymbol{A}_{d(-k)}^{\mathrm{T}} \tag{5-69}$$

其中$\boldsymbol{A}_{d(-k)}^{+}$、$\boldsymbol{A}_{d(-k)}^{\mathrm{T}}$是划去$\boldsymbol{A}_{d}^{+}$、$\boldsymbol{A}_{d}$的第$k$行后形成的。也就是将$k$点和参考点$r_0$短接后有向图的关联矩阵，由上节关于有向2树的论述可知

$$\Delta_{kk} = \sum_{(\text{全部有向2树}T_{r_0,k})} (\text{有向2树}\ T_{r_0,k}\ \text{权积}) \tag{5-70}$$

式（5-70）右边可简写为$W_{d(r_0,k)}$，其中下标d代表有向2树，r_0、k分别代表两部分的根。$W_{d(ab,cd)}$代表有向2树$T_{ab,cd}$的权乘积之总和。

由式（5-70）即可得有源一端口网络入端阻抗的拓扑公式

$$Z_i = \frac{W_{d(1,1')}}{W_{dt}} \tag{5-71}$$

或入端导纳

$$Y_i = \frac{W_{dt}}{W_{d(1,1')}} \tag{5-72}$$

例5-7 试求图5-16a双口网络的$Z_{11}(s)$、$Z_{22}(s)$。其中$R=1\Omega$，$L=1\text{H}$，$C=1\text{F}$。

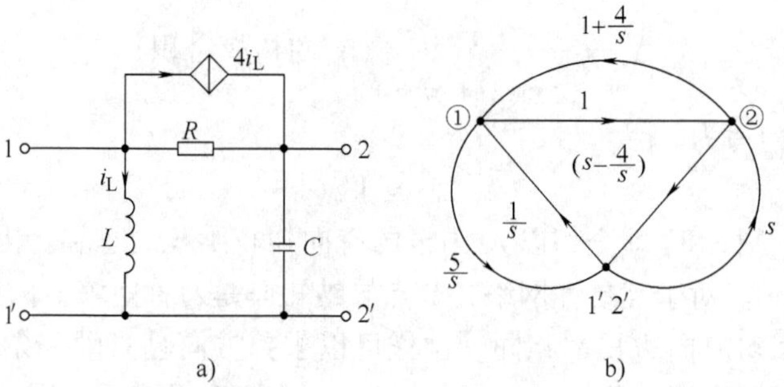

图5-16 例5-7附图

a）例5-7电路图 b）伴随有向图

解 对该网络不难建立不定导纳矩阵

$$\boldsymbol{Y}_i = \begin{bmatrix} 1+\dfrac{5}{s} & -1 & -\dfrac{5}{s} \\ -\left(1+\dfrac{4}{s}\right) & s+1 & -s+\dfrac{4}{s} \\ -\dfrac{1}{s} & -s & s+\dfrac{1}{s} \end{bmatrix} \tag{5-73}$$

由$\boldsymbol{Y}_i$得图5-16b所示的伴随有向图G_d，以$1'$为参考点的有向树有$(1)\left(s-\dfrac{4}{s}\right)$、$\left(\dfrac{5}{s}\right)\left(1+\dfrac{4}{s}\right)$、$\left(s-\dfrac{4}{s}\right)\left(\dfrac{5}{s}\right)$等3个，故得

$$W_{dt} = s - \frac{4}{s} + \frac{5}{s} + \frac{20}{s^2} + 5 - \frac{20}{s^2} = \frac{s^2+5s+1}{s}$$

若改以1为参考，则

$$W_{dt} = s\left(1+\frac{4}{s}\right) + \frac{1}{s}\left(1+\frac{4}{s}\right) + \frac{1}{s}\left(s-\frac{4}{s}\right) = \frac{s^2+5s+1}{s}$$

结果一样。2树$T_{1,1'}$有$\left(1+\dfrac{4}{s}\right)$，$\left(s-\dfrac{4}{s}\right)$故得

$$W_{d(1,1')}=1+\frac{4}{s}+s-\frac{4}{s}=s+1$$

$$W_{d(2,2')}=1+\frac{5}{s}=\frac{s+5}{s}$$

代入式（5-71）得

$$Z_{11}(s)=\frac{W_{d(1,1')}}{W_{dt}}=\frac{s^2+s}{s^2+5s+1}$$

$$Z_{22}(s)=\frac{W_{d(2,2')}}{W_{dt}}=\frac{s+5}{s^2+5s+1}$$

由式（5-65）可得 Δ_n 的非对角元余因式

$$\Delta_{kj}=(-1)^{k+j}\det A^{+}_{d(-k)}\gamma A^{\mathrm{T}}_{d(-j)} \tag{5-74}$$

由比纳-柯西定理计算上式右边时只需考虑那种既是 k，r_0 点短接后图的有向树又是 j，r_0 短接后图的有向树所对应的大子式，也即只需考虑 G_d 的2树 $T_{r_0,kj}$。前已说明 $A_{d(-k)}$ 和 $A_{d(-j)}$ 对应大子式相乘为 $(-1)^{k+j}$ 而 $A^{+}_{d(-k)}$ 和有向树对应的大子式和 $A_{d(-k)}$ 相同，综上所述最终得

$$\Delta_{kj}=\sum_{(\text{全部有向2树}T_{r_0,kj})}(\text{有向2树}\ T_{r_0,kj}\ \text{权积}) \tag{5-75}$$

式（5-75）右边可简写为 $W_{d(r_0,kj)}$，即 G_d 的以 r_0 和 k 为根，k、j 在一起的2树 $T_{r_0,kj}$ 权乘积之总和。

$$\Delta_{kj}=W_{d(r_0,kj)} \tag{5-76}$$

对于多端口网络若 k' 为参考点，将式（5-67）、式（5-76）代入式（5-8）得

$$Z_{jk}=\frac{W_{d(k',kj)}(Y)-W_{d(k',kj')}(Y)}{W_{dt}(Y)} \tag{5-77}$$

其中

$$W_{d(k',kj)}=W_{d(k'j',kj)}+W_{d(k',kjj')}\qquad W_{d(k',kj')}=W_{d(k'j,kj')}+W_{d(k',kj'j)}$$

将上两式代入式（5-77）可抵消冗余项得

$$Z_{jk}=\frac{W_{d(kj,k'j')}(Y)-W_{d(kj',k'j)}(Y)}{W_{dt}(Y)} \tag{5-78}$$

同理得

$$Z_{kj}=\frac{W_{d(jk,j'k')}(Y)-W_{d(jk',j'k)}(Y)}{W_{dt}(Y)} \tag{5-79}$$

为便于记忆仍可用以下图形式表示即

（Z_{jk}的分子）＝ 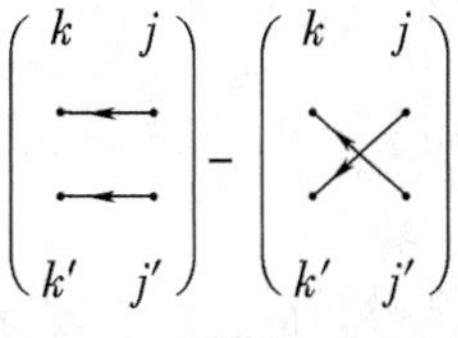 （5-80）

（Z_{kj}的分子）＝ 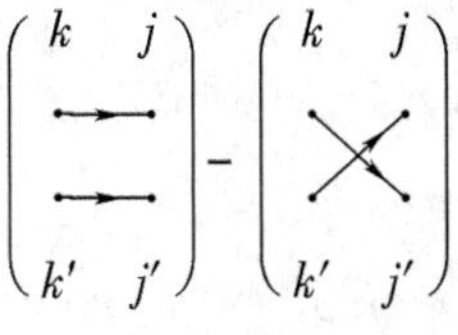 （5-81）

例 5-8 试求例 5-7 双口网络的 $Z_{12}(s)$ 和 $Z_{21}(s)$。

解 由图 5-16b 可知

$$W_{d(21',2'1)}=0, W_{d(1'2,12')}=0$$

$$W_{d(21,2'1')}=1 \qquad W_{d(12,1'2')}=1+\frac{4}{s}$$

各代入（$j=1$，$k=2$）式（5-78）、式（5-79）得

$$Z_{12}(s)=\frac{s}{s^2+5s+1}$$

$$Z_{21}(s)=\frac{s+4}{s^2+5s+1}$$

以上推得了有源多端口网络开路参数矩阵元素的拓扑公式。有向图 G_d 是由开路多端口网络的不定导纳矩阵（以每一节点作为一端点的多端网络）伴随产生的。对于短路参数，可以仿照无源网络的情况先推导二端口网络的参数。以 $1'$ 点为参考，用 $j=1$、$k=2$ 和 $j=2$、$k=1$ 分别代入式（5-4）、式（5-5）可得

$$\left.\begin{aligned} Z_{11}&=\frac{\Delta_{11}}{\Delta_n}\\ Z_{21}&=\frac{\Delta_{12}-\Delta_{12'}}{\Delta_n}\\ Z_{12}&=\frac{\Delta_{21}-\Delta_{2'1}}{\Delta_n}\\ Z_{22}&=\frac{\Delta_{22}+\Delta_{2'2'}-\Delta_{22'}-\Delta_{2'2}}{\Delta_n}\end{aligned}\right\} \tag{5-82}$$

于是式（5-31）中

$$\Delta_Z=Z_{11}Z_{22}-Z_{12}Z_{21}=\frac{\Delta_{11}(\Delta_{22}+\Delta_{2'2'}-\Delta_{22'}-\Delta_{2'2})-(\Delta_{21}-\Delta_{2'1})(\Delta_{12}-\Delta_{12'})}{\Delta_n^2}$$

$$=\frac{(\Delta_{11}\Delta_{22}-\Delta_{12}\Delta_{21})+(\Delta_{11}\Delta_{2'2'}-\Delta_{12'}\Delta_{2'1})-(\Delta_{11}\Delta_{22'}-\Delta_{12'}\Delta_{21})-(\Delta_{11}\Delta_{2'2}-\Delta_{12}\Delta_{2'1})}{\Delta_n^2}$$

应用雅可比定理即式（5-33）则得

$$\Delta_Z=\frac{\Delta_{1122}+\Delta_{112'2'}-\Delta_{1122'}-\Delta_{112'2}}{\Delta_n} \tag{5-83}$$

$$W_{d\Sigma}=\Delta_{1122}+\Delta_{112'2'}-\Delta_{1122'}-\Delta_{112'2}=W_{d(1',1,2)}+W_{d(1',1,2')}-W_{d(1',1,22')}-W_{d(1',1,2'2)}$$

式中

$$W_{d(1',1,2)}=W_{d(1',12',2)}+W_{d(1'2',1,2)}+W_{d(1',1,22')}$$

$$W_{d(1',1,2')}=W_{d(1',12,2')}+W_{d(1'2,1,2')}+W_{d(1',1,2'2)}$$

可得

$$W_{d\Sigma}=W_{d(1',12',2)}+W_{d(1'2',1,2)}+W_{d(1',12,2')}+W_{d(1'2,1,2')} \tag{5-84}$$

式（5-84）用图形表示为

$W_{d\Sigma}=$ 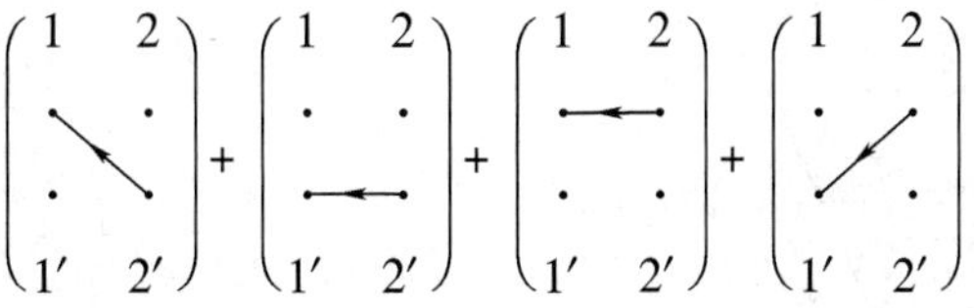 (5-85)

综前所述参照式（5-35）、式（5-36）、式（5-37）、式（5-31）、式（5-78）、式（5-79）、式（5-85）可得

$$Y_{11}=\frac{W_{d(2,2')}}{W_{d\Sigma}} \tag{5-86}$$

$$Y_{22}=\frac{W_{d(1,1')}}{W_{d\Sigma}} \tag{5-87}$$

$$Y_{21}=\frac{W_{d(1'2,12')}-W_{d(1'2',12)}}{W_{d\Sigma}} \tag{5-88}$$

$$Y_{12}=\frac{W_{d(21',2'1)}-W_{d(21,2'1')}}{W_{d\Sigma}} \tag{5-89}$$

仿照式（5-46）～式（5-48）的推导，还可以看出双口网络 **Y** 参数拓扑公式的分母 $W_{d\Sigma}$ 实际就是11′和22′各自短接后网络有向图的有向树乘积总和。可见短路参数的分母是短路网络有向图的有向树积之和，有了这个结论就可以将拓扑公式推广至求多端口网络的 **Y** 参数矩阵。**Y** 的对角元素

$$Y_{kk}=\frac{W'_{d(j',j)}}{W_{d\Sigma}} \tag{5-90}$$

其中 $W'_{d(j',j)}$ 是 k、j 之外全部端口短接网络有向图的有向 2 树 $T_{d(j',j)}$ 权乘积之和，j 是任选的端口。

$$Y_{jk}=\frac{W'_{d(kj',k'j)}-W'_{d(kj,k'j')}}{W_{d\Sigma}} \tag{5-91}$$

$W'_{d(kj',k'j)}$ 等是 k、j 之外全部端口短接网络有向图 2 树 $T_{kj',k'j}$ 权乘积之和。

小　结

拓扑公式是符号化计算的一种方法，该方法不需要建立电路方程，用结构联接信息和元件参数表征了网络特性。对于无源网络，利用网络中的树、2 树、3 树等结构联接信息，直接描述元件参数与网络特性之间的关系，对中小规模的网络具有明显的优点，特别是应用于网络设计时的特性分析。

利用伴随有向图、有向树、有向 2 树等概念，解决了含有受控源网络的拓扑分析。

常用拓扑公式计算无源和含有受控源的二端口网络的开路参数矩阵、短路参数矩阵及电压传递函数。

习　题

5-1　求图 5-17 所示线图的全部树，并求 2 树 $T_{1,4}$；$T_{1,2}$；$T_{13,4}$；$T_{13,24}$。

5-2　求图 5-18 所示线图的 2 树 $T_{1,5}$；$T_{3,5}$；$T_{12,5}$；$T_{34,5}$。

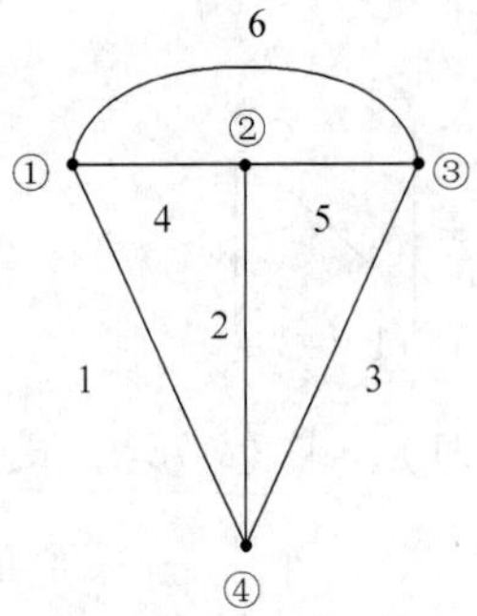

图 5-17　题 5-1 图

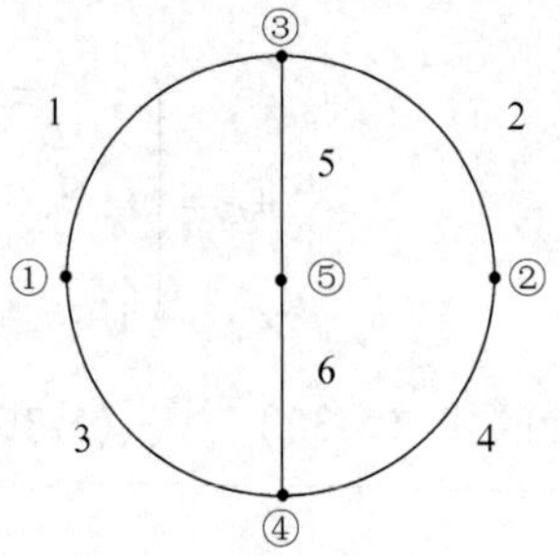

图 5-18　题 5-2 图

5-3　求图 5-19 所示线图的 2 树 $T_{1,1'}$；$T_{2,2'}$；$T_{12,1'2'}$ 和 3 树 $T_{1,2,2'}$；$T_{1,1',2'}$；$T_{12,1',2'}$；$T_{1'2',1,2}$。

5-4　试应用拓扑法求图 5-20 所示电路的策动点阻抗函数。

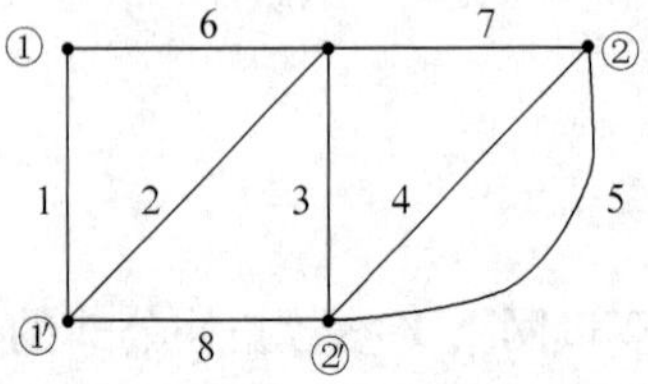

图 5-19　题 5-3 图

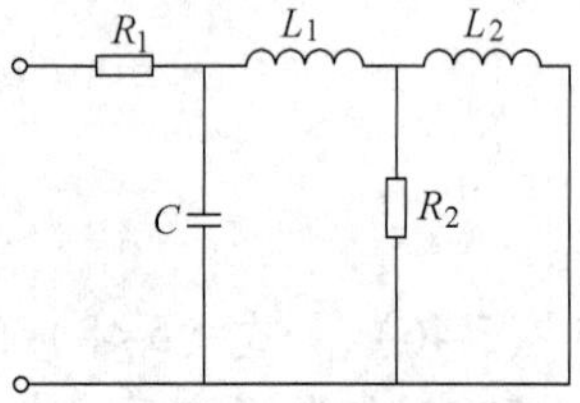

图 5-20　题 5-4 图

5-5　试用拓扑法求图 5-21 所示一端口网络的导纳函数 $\boldsymbol{Y}(s)$，并说明当参数满足什么条件时 $\boldsymbol{Y}(s)$ 将与 s 无关。

5-6　已知图 5-22 所示电路中 $R_1 = 1\Omega$，$R_2 = 2\Omega$，$C_1 = 1\text{F}$，$C_2 = 2\text{F}$，试求策动点函数 $Z(s)$，并求当 s 用 j2 代入（即角频率 $\omega = 2\text{rad/s}$）时的复阻抗。

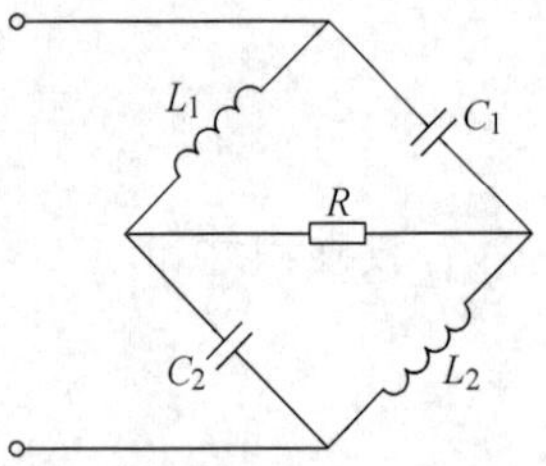

图 5-21　题 5-5 图

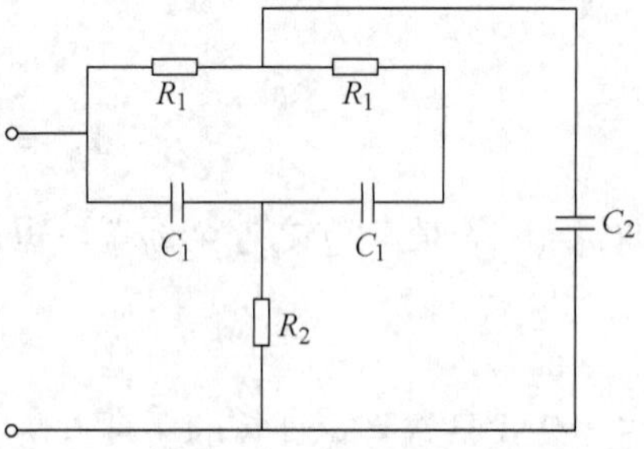

图 5-22　题 5-6 图

5-7　图 5-23 所示双口网络中 $R_1 = R_3 = 1\Omega$，$R_2 = 2\Omega$，$C_1 = C_2 = 1\text{F}$，试通过拓扑公式求开路参数矩阵。

5-8　试通过拓扑公式求上题的短路参数矩阵，并验证和上题结果互逆。

5-9　求图 5-24 所示电路的电压传输函数 $H(s) = \dfrac{V_2(s)}{V_1(s)}$。

5-10　图 5-25 所示电路中 $C = 1\text{F}$，$L = 1\text{H}$，试求 $H(s) = \dfrac{V_2(s)}{V_1(s)}$。

5-11　求图 5-26 所示电路的电压传输函数 $H(s) = \dfrac{V_2(s)}{V_1(s)}$。

5-12　求图 5-27 所示双 T 滤波电路的电压传输函数 $H(s) = \dfrac{V_2(s)}{V_1(s)}$。

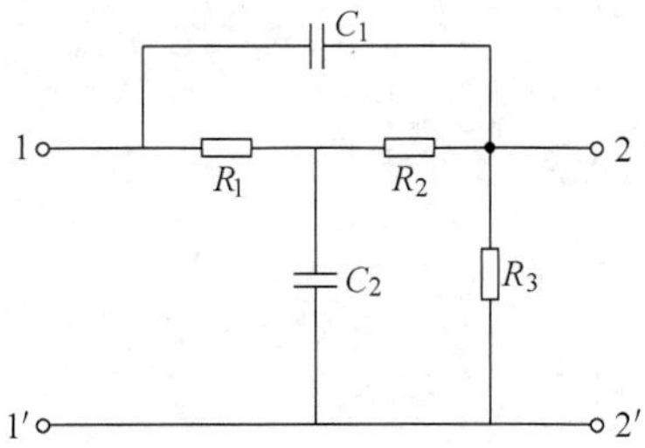

图 5-23　题 5-7 图

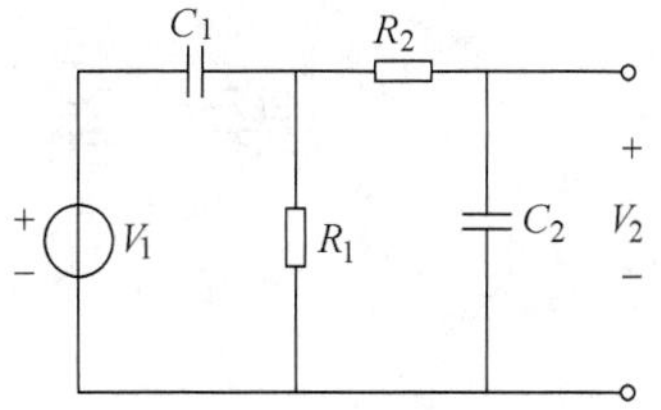

图 5-24　题 5-9 图

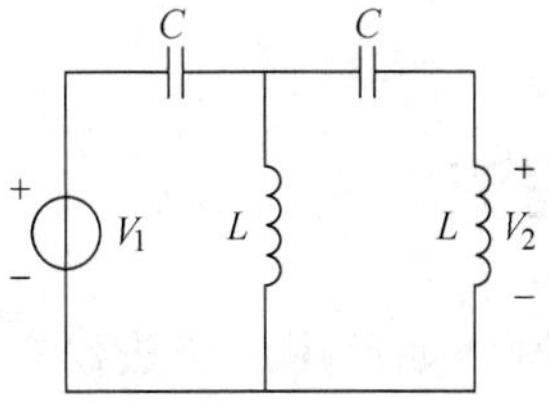

图 5-25　题 5-10 图

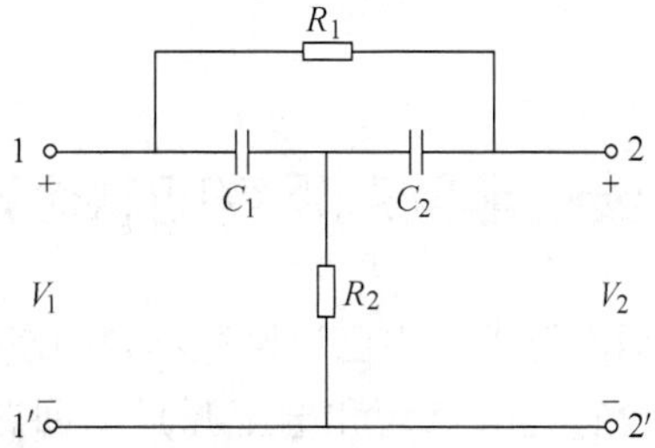

图 5-26　题 5-11 图

5-13　图 5-28 所示双口网络中 $R=4\Omega$，试通过拓扑公式求开路参数矩阵。

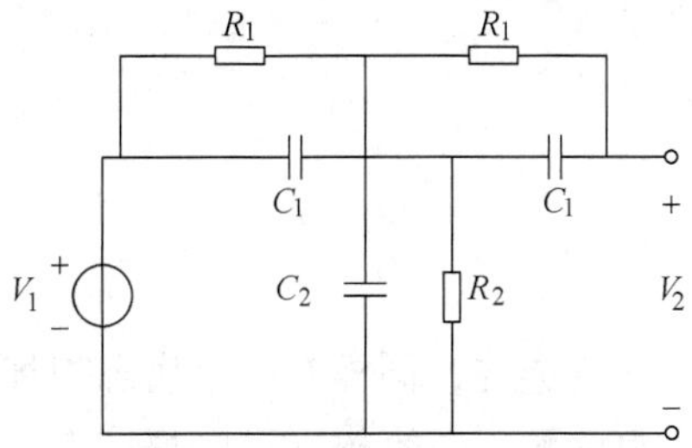

图 5-27　题 5-12 图

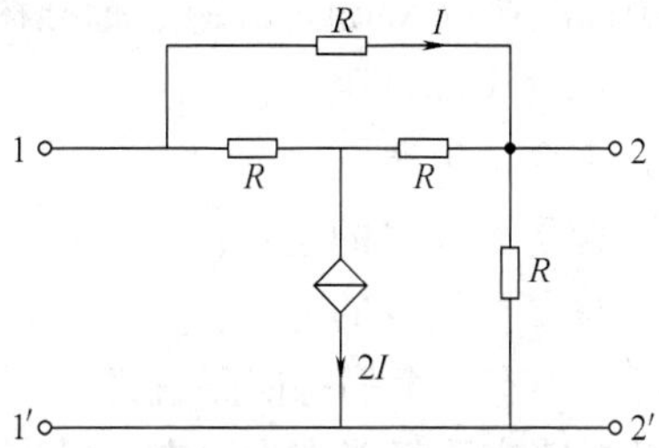

图 5-28　题 5-13 图

第 6 章　网络的状态方程

内 容 提 要

本章介绍编写电网络状态方程的各种方法。内容包括：线性非常态网络的状态方程的系统编写法、多端口法和差分形式的状态方程。另外，还介绍输出方程的建立及网络状态方程的解。

6.1　线性非常态网络的状态方程的系统编写法

普通电路课程中已讨论过不含病态回路和病态割集的网络如何用系统法建立状态方程。当网络含有纯电容（和电压源）的回路和纯电感（和电流源）的割集时称其为病态网络，或称其为非常态网络，以下将讨论非常态网络状态方程建立的方法。

设网络不含受控源，二端元件 R、L、C 和独立电压、电流源均选作为一条支路，首先选择一个标准树（Normal tree），标准树选择的准则是：

（1）包含全部电压源；

（2）不含电流源；

（3）含尽可能多的电容；

（4）含尽可能少的电感。

实际上，有一个病态回路就必有一条电容支路只能作为连支，同样有一个病态割集，就必有一条电感支路只能作为树支。可见，共有电压源、电流源、电容树支、电容连支、电感树支、电感连支、电阻树支、电阻连支等八类支路。设支路排列以先树支后连支，八类支路排列依次为电压源、树支电容、树支电阻、树支电感、电流源、连支电感、连支电阻、连支电容。

将式（1-15）、式（1-17）连支和树支次序对调后分别为

$$\boldsymbol{Q}_f = [\boldsymbol{1}_t \mid \boldsymbol{Q}_l] \tag{6-1}$$

$$\boldsymbol{B}_f = [\boldsymbol{B}_t \mid \boldsymbol{1}_l] \tag{6-2}$$

按上述八类支路将式（6-1）分块为

$$\boldsymbol{Q}_f = \begin{bmatrix} \boldsymbol{1}_{Vt} & \boldsymbol{0} & \boldsymbol{0} & \boldsymbol{0} & \boldsymbol{Q}_{11} & \boldsymbol{Q}_{12} & \boldsymbol{Q}_{13} & \boldsymbol{Q}_{14} \\ \boldsymbol{0} & \boldsymbol{1}_{Ct} & \boldsymbol{0} & \boldsymbol{0} & \boldsymbol{Q}_{21} & \boldsymbol{Q}_{22} & \boldsymbol{Q}_{23} & \boldsymbol{Q}_{24} \\ \boldsymbol{0} & \boldsymbol{0} & \boldsymbol{1}_{Rt} & \boldsymbol{0} & \boldsymbol{Q}_{31} & \boldsymbol{Q}_{32} & \boldsymbol{Q}_{33} & \boldsymbol{Q}_{34} \\ \boldsymbol{0} & \boldsymbol{0} & \boldsymbol{0} & \boldsymbol{1}_{Lt} & \boldsymbol{Q}_{41} & \boldsymbol{Q}_{42} & \boldsymbol{Q}_{43} & \boldsymbol{Q}_{44} \end{bmatrix} \tag{6-3}$$

割集矩阵的四条行（块）分别和独立电压源、树支电容、树支电阻和树支电感对应，所以横方向第四块行数即等于病态割集数，在这些单树支割集中不可能包含电阻连支和电容连支。也即这些行的第七、八列全部为零元，故

$$\boldsymbol{Q}_{43}=\boldsymbol{Q}_{44}=\boldsymbol{0} \tag{6-4}$$

同理，将式（6-2）分块可知

$$\boldsymbol{B}_{43}=\boldsymbol{B}_{44}=\boldsymbol{0} \tag{6-5}$$

由式（1-24）知 $\boldsymbol{Q}_l=-\boldsymbol{B}_t^{\mathrm{T}}$，故

$$\boldsymbol{Q}_{34}=-\boldsymbol{B}_{43}^{\mathrm{T}}=\boldsymbol{0} \tag{6-6}$$

式（6-4）、式（6-6）说明 $\boldsymbol{Q}_l$ 分块矩阵中 $\boldsymbol{Q}_{34}=\boldsymbol{Q}_{44}=\boldsymbol{Q}_{43}=\boldsymbol{0}$。

将式（1-23）代入式（6-2）写成分块形式为

$$\boldsymbol{B}_f=\begin{bmatrix} -\boldsymbol{Q}_{11}^{\mathrm{T}} & -\boldsymbol{Q}_{21}^{\mathrm{T}} & -\boldsymbol{Q}_{31}^{\mathrm{T}} & -\boldsymbol{Q}_{41}^{\mathrm{T}} & \boldsymbol{1}_{Il} & \boldsymbol{0} & \boldsymbol{0} & \boldsymbol{0} \\ -\boldsymbol{Q}_{12}^{\mathrm{T}} & -\boldsymbol{Q}_{22}^{\mathrm{T}} & -\boldsymbol{Q}_{32}^{\mathrm{T}} & -\boldsymbol{Q}_{42}^{\mathrm{T}} & \boldsymbol{0} & \boldsymbol{1}_{Ll} & \boldsymbol{0} & \boldsymbol{0} \\ -\boldsymbol{Q}_{13}^{\mathrm{T}} & -\boldsymbol{Q}_{23}^{\mathrm{T}} & -\boldsymbol{Q}_{33}^{\mathrm{T}} & \boldsymbol{0} & \boldsymbol{0} & \boldsymbol{0} & \boldsymbol{1}_{Rl} & \boldsymbol{0} \\ -\boldsymbol{Q}_{14}^{\mathrm{T}} & -\boldsymbol{Q}_{24}^{\mathrm{T}} & \boldsymbol{0} & \boldsymbol{0} & \boldsymbol{0} & \boldsymbol{0} & \boldsymbol{0} & \boldsymbol{1}_{Cl} \end{bmatrix} \tag{6-7}$$

按上述支路排列，支路电流和电压向量分别表示为

$$\boldsymbol{i}_b=[\boldsymbol{i}_{t1}\quad \boldsymbol{i}_{t2}\quad \boldsymbol{i}_{t3}\quad \boldsymbol{i}_{t4}\quad \boldsymbol{i}_{l1}\quad \boldsymbol{i}_{l2}\quad \boldsymbol{i}_{l3}\quad \boldsymbol{i}_{l4}]^{\mathrm{T}} \tag{6-8}$$

$$\boldsymbol{V}_b=[\boldsymbol{V}_{t1}\quad \boldsymbol{V}_{t2}\quad \boldsymbol{V}_{t3}\quad \boldsymbol{V}_{t4}\quad \boldsymbol{V}_{l1}\quad \boldsymbol{V}_{l2}\quad \boldsymbol{V}_{l3}\quad \boldsymbol{V}_{l4}]^{\mathrm{T}} \tag{6-9}$$

其中，$\boldsymbol{V}_{t1}$ 和 $\boldsymbol{i}_{l1}$ 是已知的激励源向量，$\boldsymbol{V}_{t2}$ 和 $\boldsymbol{i}_{l2}$ 是状态变量，其余十二个向量均应消去。将式（6-3）、式（6-7）~式（6-9）代入式（1-29）、式（1-31），即代 $\boldsymbol{Q}_f\boldsymbol{i}_b=\boldsymbol{0}$ 和 $\boldsymbol{B}_f\boldsymbol{V}_b=\boldsymbol{0}$ 得

$$\boldsymbol{i}_{t1}=-\boldsymbol{Q}_{11}\boldsymbol{i}_{l1}-\boldsymbol{Q}_{12}\boldsymbol{i}_{l2}-\boldsymbol{Q}_{13}\boldsymbol{i}_{l3}-\boldsymbol{Q}_{14}\boldsymbol{i}_{l4} \tag{6-10}$$

$$\boldsymbol{i}_{t2}=-\boldsymbol{Q}_{21}\boldsymbol{i}_{l1}-\boldsymbol{Q}_{22}\boldsymbol{i}_{l2}-\boldsymbol{Q}_{23}\boldsymbol{i}_{l3}-\boldsymbol{Q}_{24}\boldsymbol{i}_{l4} \tag{6-11}$$

$$\boldsymbol{i}_{t3}=-\boldsymbol{Q}_{31}\boldsymbol{i}_{l1}-\boldsymbol{Q}_{32}\boldsymbol{i}_{l2}-\boldsymbol{Q}_{33}\boldsymbol{i}_{l3} \tag{6-12}$$

$$\boldsymbol{i}_{t4}=-\boldsymbol{Q}_{41}\boldsymbol{i}_{l1}-\boldsymbol{Q}_{42}\boldsymbol{i}_{l2} \tag{6-13}$$

$$\boldsymbol{V}_{l1}=\boldsymbol{Q}_{11}^{\mathrm{T}}\boldsymbol{V}_{t1}+\boldsymbol{Q}_{21}^{\mathrm{T}}\boldsymbol{V}_{t2}+\boldsymbol{Q}_{31}^{\mathrm{T}}\boldsymbol{V}_{t3}+\boldsymbol{Q}_{41}^{\mathrm{T}}\boldsymbol{V}_{t4} \tag{6-14}$$

$$\boldsymbol{V}_{l2}=\boldsymbol{Q}_{12}^{\mathrm{T}}\boldsymbol{V}_{t1}+\boldsymbol{Q}_{22}^{\mathrm{T}}\boldsymbol{V}_{t2}+\boldsymbol{Q}_{32}^{\mathrm{T}}\boldsymbol{V}_{t3}+\boldsymbol{Q}_{42}^{\mathrm{T}}\boldsymbol{V}_{t4} \tag{6-15}$$

$$\boldsymbol{V}_{l3}=\boldsymbol{Q}_{13}^{\mathrm{T}}\boldsymbol{V}_{t1}+\boldsymbol{Q}_{23}^{\mathrm{T}}\boldsymbol{V}_{t2}+\boldsymbol{Q}_{33}^{\mathrm{T}}\boldsymbol{V}_{t3} \tag{6-16}$$

$$\boldsymbol{V}_{l4}=\boldsymbol{Q}_{14}^{\mathrm{T}}\boldsymbol{V}_{t1}+\boldsymbol{Q}_{24}^{\mathrm{T}}\boldsymbol{V}_{t2} \tag{6-17}$$

式（6-10）~式（6-13）将树支电流用连支电流表示，式（6-14）~式（6-17）则将连支电压用树支电压表示。以上八组方程完全由联接信息给出。此外，八类支路也可以给出八组元件方程。例如对于树支电阻和连支电阻有

$$\boldsymbol{V}_{t3}=\boldsymbol{R}_t\boldsymbol{i}_{t3} \tag{6-18}$$

$$\boldsymbol{i}_{l3}=\boldsymbol{G}_l\boldsymbol{V}_{l3} \tag{6-19}$$

树支电容和连支电容的电流可表示为

$$\boldsymbol{i}_{t2}=\boldsymbol{C}_t\frac{\mathrm{d}\boldsymbol{V}_{t2}}{\mathrm{d}t} \tag{6-20}$$

$$\boldsymbol{i}_{l4}=\boldsymbol{C}_l\frac{\mathrm{d}\boldsymbol{V}_{l4}}{\mathrm{d}t} \tag{6-21}$$

其中 $\boldsymbol{R}_t$、$\boldsymbol{G}_l$、$\boldsymbol{C}_t$、$\boldsymbol{C}_l$ 分别为树支电阻、连支电导、树支电容和连支电容构成的对角阵。考虑到互感树支和连支电感的电压可表示为

$$\begin{bmatrix} \boldsymbol{V}_{t4} \\ \boldsymbol{V}_{l2} \end{bmatrix} = \begin{bmatrix} \boldsymbol{L}_{tt} & \boldsymbol{L}_{tl} \\ \boldsymbol{L}_{lt} & \boldsymbol{L}_{ll} \end{bmatrix} \begin{bmatrix} \dfrac{\mathrm{d}\boldsymbol{i}_{t4}}{\mathrm{d}t} \\ \dfrac{\mathrm{d}\boldsymbol{i}_{l2}}{\mathrm{d}t} \end{bmatrix} \tag{6-22}$$

将式（6-11）代入式（6-20）左边得

$$\boldsymbol{C}_t \frac{\mathrm{d}\boldsymbol{V}_{t2}}{\mathrm{d}t} = \boldsymbol{i}_{t2} = -\boldsymbol{Q}_{21}\boldsymbol{i}_{l1} - \boldsymbol{Q}_{22}\boldsymbol{i}_{l2} - \boldsymbol{Q}_{23}\boldsymbol{i}_{l3} - \boldsymbol{Q}_{24}\boldsymbol{i}_{l4} \tag{6-23}$$

由式（6-21）、式（6-17）知其中

$$\boldsymbol{i}_{l4} = \boldsymbol{C}_l \frac{\mathrm{d}\boldsymbol{V}_{l4}}{\mathrm{d}t} = \boldsymbol{C}_l\boldsymbol{Q}_{14}^{\mathrm{T}} \frac{\mathrm{d}\boldsymbol{V}_{t1}}{\mathrm{d}t} + \boldsymbol{C}_l\boldsymbol{Q}_{24}^{\mathrm{T}} \frac{\mathrm{d}\boldsymbol{V}_{t2}}{\mathrm{d}t}$$

将上式代入式（6-23）经整理得

$$(\boldsymbol{C}_t + \boldsymbol{Q}_{24}\boldsymbol{C}_l\boldsymbol{Q}_{24}^{\mathrm{T}}) \frac{\mathrm{d}\boldsymbol{V}_{t2}}{\mathrm{d}t} = -\boldsymbol{Q}_{21}\boldsymbol{i}_{l1} - \boldsymbol{Q}_{22}\boldsymbol{i}_{l2} - \boldsymbol{Q}_{24}\boldsymbol{C}_l\boldsymbol{Q}_{14}^{\mathrm{T}} \frac{\mathrm{d}\boldsymbol{V}_{t1}}{\mathrm{d}t} - \boldsymbol{Q}_{23}\boldsymbol{i}_{l3} \tag{6-24}$$

式（6-24）中 $\boldsymbol{i}_{l3}$ 需要消去。由式（6-19）、式（6-16）得

$$\boldsymbol{i}_{l3} = \boldsymbol{G}_l\boldsymbol{V}_{l3} = \boldsymbol{G}_l\boldsymbol{Q}_{13}^{\mathrm{T}}\boldsymbol{V}_{t1} + \boldsymbol{G}_l\boldsymbol{Q}_{23}^{\mathrm{T}}\boldsymbol{V}_{t2} + \boldsymbol{G}_l\boldsymbol{Q}_{33}^{\mathrm{T}}\boldsymbol{V}_{t3} \tag{6-25}$$

由式（6-18）、式（6-12）得

$$\boldsymbol{V}_{t3} = \boldsymbol{R}_t\boldsymbol{i}_{t3} = -\boldsymbol{R}_t\boldsymbol{Q}_{31}\boldsymbol{i}_{l1} - \boldsymbol{R}_t\boldsymbol{Q}_{32}\boldsymbol{i}_{l2} - \boldsymbol{R}_t\boldsymbol{Q}_{33}\boldsymbol{i}_{l3} \tag{6-26}$$

将式（6-26）代入式（6-25）得

$$\boldsymbol{i}_{l3} = \boldsymbol{G}_l\boldsymbol{Q}_{13}^{\mathrm{T}}\boldsymbol{V}_{t1} + \boldsymbol{G}_l\boldsymbol{Q}_{23}^{\mathrm{T}}\boldsymbol{V}_{t2} - \boldsymbol{G}_l\boldsymbol{Q}_{33}^{\mathrm{T}}\boldsymbol{R}_t\boldsymbol{Q}_{31}\boldsymbol{i}_{l1} - \boldsymbol{G}_l\boldsymbol{Q}_{33}^{\mathrm{T}}\boldsymbol{R}_t\boldsymbol{Q}_{32}\boldsymbol{i}_{l2} - \boldsymbol{G}_l\boldsymbol{Q}_{33}^{\mathrm{T}}\boldsymbol{R}_t\boldsymbol{Q}_{33}\boldsymbol{i}_{l3}$$

令 $\boldsymbol{R}_l = \boldsymbol{G}_l^{-1}$ 左乘上式，并移项得

$$(\boldsymbol{R}_l + \boldsymbol{Q}_{33}^{\mathrm{T}}\boldsymbol{R}_t\boldsymbol{Q}_{33})\boldsymbol{i}_{l3} = \boldsymbol{Q}_{13}^{\mathrm{T}}\boldsymbol{V}_{t1} + \boldsymbol{Q}_{23}^{\mathrm{T}}\boldsymbol{V}_{t2} - \boldsymbol{Q}_{33}^{\mathrm{T}}\boldsymbol{R}_t\boldsymbol{Q}_{31}\boldsymbol{i}_{l1} - \boldsymbol{Q}_{33}^{\mathrm{T}}\boldsymbol{R}_t\boldsymbol{Q}_{32}\boldsymbol{i}_{l2}$$

令

$$\boldsymbol{R} = \boldsymbol{R}_l + \boldsymbol{Q}_{33}^{\mathrm{T}}\boldsymbol{R}_t\boldsymbol{Q}_{33} \tag{6-27}$$

以 $\boldsymbol{R}^{-1}$ 左乘上式得

$$\boldsymbol{i}_{l3} = \boldsymbol{R}^{-1}\boldsymbol{Q}_{13}^{\mathrm{T}}\boldsymbol{V}_{t1} + \boldsymbol{R}^{-1}\boldsymbol{Q}_{23}^{\mathrm{T}}\boldsymbol{V}_{t2} - \boldsymbol{R}^{-1}\boldsymbol{Q}_{33}^{\mathrm{T}}\boldsymbol{R}_t\boldsymbol{Q}_{31}\boldsymbol{i}_{l1} - \boldsymbol{R}^{-1}\boldsymbol{Q}_{33}^{\mathrm{T}}\boldsymbol{R}_t\boldsymbol{Q}_{32}\boldsymbol{i}_{l2} \tag{6-28}$$

将式（6-28）代入式（6-24）即得所需要的方程

$$\begin{aligned}(\boldsymbol{C}_t + \boldsymbol{Q}_{24}\boldsymbol{C}_l\boldsymbol{Q}_{24}^{\mathrm{T}}) \frac{\mathrm{d}\boldsymbol{V}_{t2}}{\mathrm{d}t} = &-\boldsymbol{Q}_{23}\boldsymbol{R}^{-1}\boldsymbol{Q}_{23}^{\mathrm{T}}\boldsymbol{V}_{t2} + (\boldsymbol{Q}_{23}\boldsymbol{R}^{-1}\boldsymbol{Q}_{33}^{\mathrm{T}}\boldsymbol{R}_t\boldsymbol{Q}_{32} - \boldsymbol{Q}_{22})\boldsymbol{i}_{l2} - \\ &\boldsymbol{Q}_{23}\boldsymbol{R}^{-1}\boldsymbol{Q}_{13}^{\mathrm{T}}\boldsymbol{V}_{t1} + (\boldsymbol{Q}_{23}\boldsymbol{R}^{-1}\boldsymbol{Q}_{33}^{\mathrm{T}}\boldsymbol{R}_t\boldsymbol{Q}_{31} - \boldsymbol{Q}_{21})\boldsymbol{i}_{l1} - \\ &\boldsymbol{Q}_{24}\boldsymbol{C}_l\boldsymbol{Q}_{14}^{\mathrm{T}} \frac{\mathrm{d}\boldsymbol{V}_{t1}}{\mathrm{d}t}\end{aligned} \tag{6-29}$$

由式（6-22）和式（6-13）可得

$$\boldsymbol{L}_{ll}\frac{\mathrm{d}\boldsymbol{i}_{l2}}{\mathrm{d}t}=\boldsymbol{V}_{l2}-\boldsymbol{L}_{lt}\frac{\mathrm{d}\boldsymbol{i}_{t4}}{\mathrm{d}t}=\boldsymbol{V}_{l2}+\boldsymbol{L}_{lt}\boldsymbol{Q}_{42}\frac{\mathrm{d}\boldsymbol{i}_{l2}}{\mathrm{d}t}+\boldsymbol{L}_{lt}\boldsymbol{Q}_{41}\frac{\mathrm{d}\boldsymbol{i}_{l1}}{\mathrm{d}t}$$

即

$$(\boldsymbol{L}_{ll}-\boldsymbol{L}_{lt}\boldsymbol{Q}_{42})\frac{\mathrm{d}\boldsymbol{i}_{l2}}{\mathrm{d}t}=\boldsymbol{V}_{l2}+\boldsymbol{L}_{lt}\boldsymbol{Q}_{41}\frac{\mathrm{d}\boldsymbol{i}_{l1}}{\mathrm{d}t}\tag{6-30}$$

式（6-30）中的 $\boldsymbol{V}_{l2}$ 可表示为树支电压，而树支电压中的 $\boldsymbol{V}_{t4}$ 由式（6-22）可表示为

$$\boldsymbol{V}_{t4}=\boldsymbol{L}_{tt}\frac{\mathrm{d}\boldsymbol{i}_{t4}}{\mathrm{d}t}+\boldsymbol{L}_{tl}\frac{\mathrm{d}\boldsymbol{i}_{l2}}{\mathrm{d}t}=-\boldsymbol{L}_{tt}\boldsymbol{Q}_{41}\frac{\mathrm{d}\boldsymbol{i}_{l1}}{\mathrm{d}t}-\boldsymbol{L}_{tt}\boldsymbol{Q}_{42}\frac{\mathrm{d}\boldsymbol{i}_{l2}}{\mathrm{d}t}+\boldsymbol{L}_{tl}\frac{\mathrm{d}\boldsymbol{i}_{l2}}{\mathrm{d}t}$$

将上式和式（6-15）、式（6-26）、式（6-28）各代入式（6-30）经整理得

$$\begin{aligned}&(\boldsymbol{L}_{ll}+\boldsymbol{Q}_{42}^{\mathrm{T}}\boldsymbol{L}_{tt}\boldsymbol{Q}_{42}-\boldsymbol{Q}_{42}^{\mathrm{T}}\boldsymbol{L}_{tl}-\boldsymbol{L}_{lt}\boldsymbol{Q}_{42})\frac{\mathrm{d}\boldsymbol{i}_{l2}}{\mathrm{d}t}\\&=(\boldsymbol{Q}_{22}^{\mathrm{T}}-\boldsymbol{Q}_{32}^{\mathrm{T}}\boldsymbol{R}_{t}\boldsymbol{Q}_{33}\boldsymbol{R}^{-1}\boldsymbol{Q}_{23}^{\mathrm{T}})\boldsymbol{V}_{t2}+(\boldsymbol{Q}_{32}^{\mathrm{T}}\boldsymbol{R}_{t}\boldsymbol{Q}_{33}\boldsymbol{R}^{-1}\boldsymbol{Q}_{33}^{\mathrm{T}}\boldsymbol{R}_{t}\boldsymbol{Q}_{32}-\boldsymbol{Q}_{32}^{\mathrm{T}}\boldsymbol{R}_{t}\boldsymbol{Q}_{32})\boldsymbol{i}_{l2}\\&\quad+(\boldsymbol{Q}_{12}^{\mathrm{T}}-\boldsymbol{Q}_{32}^{\mathrm{T}}\boldsymbol{R}_{t}\boldsymbol{Q}_{33}\boldsymbol{R}^{-1}\boldsymbol{Q}_{13}^{\mathrm{T}})\boldsymbol{V}_{t1}+(\boldsymbol{Q}_{32}^{\mathrm{T}}\boldsymbol{R}_{t}\boldsymbol{Q}_{33}\boldsymbol{R}^{-1}\boldsymbol{Q}_{33}^{\mathrm{T}}\boldsymbol{R}_{t}\boldsymbol{Q}_{31}-\boldsymbol{Q}_{32}^{\mathrm{T}}\boldsymbol{R}_{t}\boldsymbol{Q}_{31})\boldsymbol{i}_{l1}\\&\quad+(\boldsymbol{L}_{lt}\boldsymbol{Q}_{41}-\boldsymbol{Q}_{42}^{\mathrm{T}}\boldsymbol{L}_{tt}\boldsymbol{Q}_{41})\frac{\mathrm{d}\boldsymbol{i}_{l1}}{\mathrm{d}t}\end{aligned}\tag{6-31}$$

式（6-29）和式（6-31）构成了状态方程。可以合并写成

$$\boldsymbol{M}\begin{bmatrix}\dfrac{\mathrm{d}\boldsymbol{V}_{t2}}{\mathrm{d}t}\\\dfrac{\mathrm{d}\boldsymbol{i}_{l2}}{\mathrm{d}t}\end{bmatrix}=\boldsymbol{A}\begin{bmatrix}\boldsymbol{V}_{t2}\\\boldsymbol{i}_{l2}\end{bmatrix}+\boldsymbol{B}\begin{bmatrix}\boldsymbol{V}_{t1}\\\boldsymbol{i}_{l1}\end{bmatrix}+\boldsymbol{B}'\begin{bmatrix}\dfrac{\mathrm{d}\boldsymbol{V}_{t1}}{\mathrm{d}t}\\\dfrac{\mathrm{d}\boldsymbol{i}_{l1}}{\mathrm{d}t}\end{bmatrix}\tag{6-32}$$

式（6-32）就是状态方程。其中

$$\boldsymbol{M}=\begin{bmatrix}\boldsymbol{C}_M&\boldsymbol{0}\\\boldsymbol{0}&\boldsymbol{L}_M\end{bmatrix}\tag{6-33}$$

$$\boldsymbol{A}=\begin{bmatrix}\boldsymbol{A}_{11}&\boldsymbol{A}_{12}\\\boldsymbol{A}_{21}&\boldsymbol{A}_{22}\end{bmatrix}\tag{6-34}$$

$$\boldsymbol{B}=\begin{bmatrix}\boldsymbol{B}_{11}&\boldsymbol{B}_{12}\\\boldsymbol{B}_{21}&\boldsymbol{B}_{22}\end{bmatrix}\tag{6-35}$$

$$\boldsymbol{B}'=\begin{bmatrix}\boldsymbol{B}'_{11}&\boldsymbol{0}\\\boldsymbol{0}&\boldsymbol{B}'_{22}\end{bmatrix}\tag{6-36}$$

$$\boldsymbol{C}_M=\boldsymbol{C}_t+\boldsymbol{Q}_{24}\boldsymbol{C}_l\boldsymbol{Q}_{24}^{\mathrm{T}}\tag{6-37}$$

$$\boldsymbol{L}_M=\boldsymbol{L}_{ll}+\boldsymbol{Q}_{42}^{\mathrm{T}}\boldsymbol{L}_{tt}\boldsymbol{Q}_{42}-\boldsymbol{Q}_{42}^{\mathrm{T}}\boldsymbol{L}_{tl}-\boldsymbol{L}_{lt}\boldsymbol{Q}_{42}\tag{6-38}$$

$$\boldsymbol{A}_{11}=-\boldsymbol{Q}_{23}\boldsymbol{R}^{-1}\boldsymbol{Q}_{23}^{\mathrm{T}}\tag{6-39}$$

$$\boldsymbol{A}_{12}=\boldsymbol{Q}_{23}\boldsymbol{R}^{-1}\boldsymbol{Q}_{33}^{\mathrm{T}}\boldsymbol{R}_{t}\boldsymbol{Q}_{32}-\boldsymbol{Q}_{22}\tag{6-40}$$

$$\boldsymbol{A}_{21}=\boldsymbol{Q}_{22}^{\mathrm{T}}-\boldsymbol{Q}_{32}^{\mathrm{T}}\boldsymbol{R}_{t}\boldsymbol{Q}_{33}\boldsymbol{R}^{-1}\boldsymbol{Q}_{23}^{\mathrm{T}}\tag{6-41}$$

$$A_{22} = Q_{32}^{\mathrm{T}} R_t Q_{33} R^{-1} Q_{33}^{\mathrm{T}} R_t Q_{32} - Q_{32}^{\mathrm{T}} R_t Q_{32} \tag{6-42}$$

$$B_{11} = -Q_{23} R^{-1} Q_{13}^{\mathrm{T}} \tag{6-43}$$

$$B_{12} = Q_{23} R^{-1} Q_{33}^{\mathrm{T}} R_t Q_{31} - Q_{21} \tag{6-44}$$

$$B_{21} = Q_{12}^{\mathrm{T}} - Q_{32}^{\mathrm{T}} R_t Q_{33} R^{-1} Q_{13}^{\mathrm{T}} \tag{6-45}$$

$$B_{22} = Q_{32}^{\mathrm{T}} R_t Q_{33} R^{-1} Q_{33}^{\mathrm{T}} R_t Q_{31} - Q_{32}^{\mathrm{T}} R_t Q_{31} \tag{6-46}$$

$$B_{11}' = -Q_{24} C_l Q_{14}^{\mathrm{T}} \tag{6-47}$$

$$B_{22}' = L_{lt} Q_{41} - Q_{42}^{\mathrm{T}} L_{tt} Q_{41} \tag{6-48}$$

式中 R 由式（6-27）确定，为了简化 A_{22}、B_{22} 的表达式，可令

$$G = G_t + Q_{33} G_l Q_{33}^{\mathrm{T}} \tag{6-49}$$

$$\begin{aligned} G R_t Q_{33} R^{-1} &= (G_t + Q_{33} G_l Q_{33}^{\mathrm{T}}) R_t Q_{33} R^{-1} \\ &= Q_{33} R^{-1} + Q_{33} G_l Q_{33}^{\mathrm{T}} R_t Q_{33} R^{-1} \\ &= Q_{33} G_l (R_l + Q_{33}^{\mathrm{T}} R_t Q_{33}) R^{-1} = Q_{33} G_l \end{aligned}$$

以 G^{-1} 左乘上式得

$$R_t Q_{33} R^{-1} = G^{-1} Q_{33} G_l \tag{6-50}$$

以 G 左乘 A_{22} 和 B_{22} 中的公共因子，并将式（6-27）、式（6-49）、式（6-50）代入得

$$\begin{aligned} G(R_t - R_t Q_{33} R^{-1} Q_{33}^{\mathrm{T}} R_t) &= G R_t - G(R_t Q_{33} R^{-1}) Q_{33}^{\mathrm{T}} R_t \\ &= 1 + Q_{33} G_l Q_{33}^{\mathrm{T}} R_t - G(G^{-1} Q_{33} G_l) Q_{33}^{\mathrm{T}} R_t = 1 \end{aligned}$$

即

$$R_t - R_t Q_{33} R^{-1} Q_{33}^{\mathrm{T}} R_t = G^{-1} \tag{6-51}$$

将式（6-51）代入式（6-42）、式（6-46）得

$$A_{22} = -Q_{32}^{\mathrm{T}} G^{-1} Q_{32} \tag{6-52}$$

$$B_{22} = -Q_{32}^{\mathrm{T}} G^{-1} Q_{31} \tag{6-53}$$

式（6-41）和式（6-45）也可用式（6-50）代入改为

$$A_{21} = Q_{22}^{\mathrm{T}} - Q_{32}^{\mathrm{T}} G^{-1} Q_{33} G_l Q_{23}^{\mathrm{T}} \tag{6-54}$$

$$B_{21} = Q_{12}^{\mathrm{T}} - Q_{32}^{\mathrm{T}} G^{-1} Q_{33} G_l Q_{13}^{\mathrm{T}} \tag{6-55}$$

经这样改动之后，不仅表示式简明了，而且具有对应相似的形式。

综上所述，用系统法建立状态方程可分以下几步骤：

（1）将支路按规定排列、编号定方向；

（2）作相应线图 G，并画出标准树；

（3）列写基本割集矩阵及其各分块矩阵；

（4）求矩阵 G_t、G_l、C_t、C_l、L_{ll}、L_{tt}、L_{tl}、L_{lt}、R、G；

（5）由式（6-37）~式（6-40）、式（6-54）、式（6-52）、式（6-43）、式（6-44）、式（6-55）、式（6-53）、式（6-47）、式（6-48），求式（6-32）中的各分块矩阵，即获得所需方程。

例 6-1　试建立图 6-1a 所示网络的状态方程。

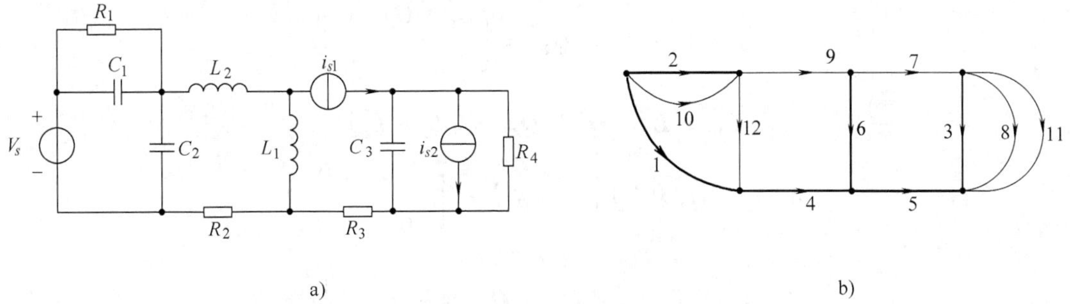

图 6-1　例 6-1 附图
a）例 6-1 电路图　b）对应线图

解　按规定将支路排列，作线图如图 6-1b 所示。1、2、3、4、5、6 为树支（已加粗画）。由该图可得基本割集矩阵

$$Q_f = \begin{bmatrix} 1 & 0 & 0 & 0 & 0 & 0 & 0 & 0 & 1 & 0 & 0 & 1 \\ 0 & 1 & 0 & 0 & 0 & 0 & 0 & 0 & -1 & 1 & 0 & -1 \\ 0 & 0 & 1 & 0 & 0 & 0 & -1 & 1 & 0 & 0 & 1 & 0 \\ 0 & 0 & 0 & 1 & 0 & 0 & 0 & 0 & 1 & 0 & 0 & 0 \\ 0 & 0 & 0 & 0 & 1 & 0 & 1 & 0 & 0 & 0 & 0 & 0 \\ 0 & 0 & 0 & 0 & 0 & 1 & 1 & 0 & -1 & 0 & 0 & 0 \end{bmatrix}$$

故知

$$\boldsymbol{Q}_{11} = [0 \quad 0] \quad \boldsymbol{Q}_{12} = [1] \quad \boldsymbol{Q}_{13} = [0 \quad 0] \quad \boldsymbol{Q}_{14} = [1]$$

$$\boldsymbol{Q}_{21} = \begin{bmatrix} 0 & 0 \\ -1 & 1 \end{bmatrix} \quad \boldsymbol{Q}_{22} = \begin{bmatrix} -1 \\ 0 \end{bmatrix} \quad \boldsymbol{Q}_{23} = \begin{bmatrix} 1 & 0 \\ 0 & 1 \end{bmatrix} \quad \boldsymbol{Q}_{24} = \begin{bmatrix} -1 \\ 0 \end{bmatrix}$$

$$\boldsymbol{Q}_{31} = \begin{bmatrix} 0 & 0 \\ 1 & 0 \end{bmatrix} \quad \boldsymbol{Q}_{32} = \begin{bmatrix} 1 \\ 0 \end{bmatrix} \quad \boldsymbol{Q}_{33} = \boldsymbol{Q}_{34} = \boldsymbol{0}$$

$$\boldsymbol{Q}_{41} = [1 \quad 0] \quad \boldsymbol{Q}_{42} = [-1] \quad \boldsymbol{Q}_{43} = \boldsymbol{Q}_{44} = \boldsymbol{0}$$

$$\boldsymbol{C}_t = \begin{bmatrix} C_1 & 0 \\ 0 & C_3 \end{bmatrix} \quad \boldsymbol{C}_l = [C_2]$$

$$\boldsymbol{L} = \begin{bmatrix} \boldsymbol{L}_{tt} & \boldsymbol{0} \\ \boldsymbol{0} & \boldsymbol{L}_{ll} \end{bmatrix} = \begin{bmatrix} L_1 & 0 \\ 0 & L_2 \end{bmatrix}$$

$$\boldsymbol{G} = \boldsymbol{G}_t + \boldsymbol{Q}_{33}\boldsymbol{G}_l\boldsymbol{G}_{33}^{\mathrm{T}} = \boldsymbol{G}_t = \begin{bmatrix} G_2 & 0 \\ 0 & G_3 \end{bmatrix}$$

$$\boldsymbol{R} = \boldsymbol{R}_l = \begin{bmatrix} R_1 & 0 \\ 0 & R_4 \end{bmatrix}$$

各代入式（6-37）~式（6-55）整理得

$$\boldsymbol{C}_M = \boldsymbol{C}_t + \boldsymbol{Q}_{24}\boldsymbol{C}_l\boldsymbol{Q}_{24}^{\mathrm{T}} = \begin{bmatrix} C_1 + C_2 & 0 \\ 0 & C_3 \end{bmatrix}$$

$$\boldsymbol{L}_M = \boldsymbol{L}_{ll} + \boldsymbol{Q}_{42}^{\mathrm{T}}\boldsymbol{L}_{tt}\boldsymbol{Q}_{42} = [L_1 + L_2]$$

$$\boldsymbol{A}_{11} = -\boldsymbol{Q}_{23}\boldsymbol{R}^{-1}\boldsymbol{Q}_{23}^{\mathrm{T}} = -\boldsymbol{R}^{-1} = \begin{bmatrix} -G_1 & 0 \\ 0 & -G_4 \end{bmatrix}$$

$$\boldsymbol{A}_{12} = \boldsymbol{Q}_{23}\boldsymbol{R}^{-1}\boldsymbol{Q}_{33}^{\mathrm{T}}\boldsymbol{R}_t\boldsymbol{Q}_{32} - \boldsymbol{Q}_{22} = -\boldsymbol{Q}_{22} = \begin{bmatrix} 1 \\ 0 \end{bmatrix}$$

$$\boldsymbol{A}_{21} = \boldsymbol{Q}_{22}^{\mathrm{T}} - \boldsymbol{Q}_{32}^{\mathrm{T}}\boldsymbol{G}^{-1}\boldsymbol{Q}_{33}\boldsymbol{G}_l\boldsymbol{Q}_{23}^{\mathrm{T}} = [-1 \quad 0]$$

$$\boldsymbol{A}_{22} = -\boldsymbol{Q}_{32}^{\mathrm{T}}\boldsymbol{G}^{-1}\boldsymbol{Q}_{32} = -[1 \quad 0]\begin{bmatrix} R_2 & 0 \\ 0 & R_3 \end{bmatrix}\begin{bmatrix} 1 \\ 0 \end{bmatrix} = [-R_2]$$

$$\boldsymbol{B}_{11} = -\boldsymbol{Q}_{23}\boldsymbol{R}^{-1}\boldsymbol{Q}_{13}^{\mathrm{T}} = \begin{bmatrix} 0 \\ 0 \end{bmatrix}$$

$$\boldsymbol{B}_{12} = \boldsymbol{Q}_{23}\boldsymbol{R}^{-1}\boldsymbol{Q}_{33}^{\mathrm{T}}\boldsymbol{R}_t\boldsymbol{Q}_{31} - \boldsymbol{Q}_{21} = \begin{bmatrix} 0 & 0 \\ 1 & -1 \end{bmatrix}$$

$$\boldsymbol{B}_{21} = \boldsymbol{Q}_{12}^{\mathrm{T}} - \boldsymbol{Q}_{32}^{\mathrm{T}}\boldsymbol{G}^{-1}\boldsymbol{Q}_{33}\boldsymbol{G}_l\boldsymbol{Q}_{13}^{\mathrm{T}} = [1]$$

$$\boldsymbol{B}_{22} = -\boldsymbol{Q}_{32}^{\mathrm{T}}\boldsymbol{G}^{-1}\boldsymbol{Q}_{31} = [-1 \quad 0]\begin{bmatrix} R_2 & 0 \\ 0 & R_3 \end{bmatrix}\begin{bmatrix} 0 & 0 \\ 1 & 0 \end{bmatrix} = [0 \quad 0]$$

$$\boldsymbol{B}_{11}{}' = -\boldsymbol{Q}_{24}\boldsymbol{C}_l\boldsymbol{Q}_{14}^{\mathrm{T}} = \begin{bmatrix} C_2 \\ 0 \end{bmatrix}$$

$$\boldsymbol{B}_{22}{}' = \boldsymbol{L}_{lt}\boldsymbol{Q}_{41} - \boldsymbol{Q}_{42}^{\mathrm{T}}\boldsymbol{L}_{tt}\boldsymbol{Q}_{41} = [L_1 \quad 0]$$

各代入式（6-32）~式（6-36）整理得

$$\begin{bmatrix} C_1 + C_2 & 0 & 0 \\ 0 & C_3 & 0 \\ 0 & 0 & L_1 + L_2 \end{bmatrix}\begin{bmatrix} \dfrac{\mathrm{d}V_{C1}}{\mathrm{d}t} \\ \dfrac{\mathrm{d}V_{C3}}{\mathrm{d}t} \\ \dfrac{\mathrm{d}i_{L2}}{\mathrm{d}t} \end{bmatrix} = \begin{bmatrix} -G_1 & 0 & 1 \\ 0 & -G_4 & 0 \\ -1 & 0 & -R_2 \end{bmatrix}\begin{bmatrix} V_{C1} \\ V_{C3} \\ i_{L2} \end{bmatrix}$$

$$+\begin{bmatrix} 0 & 0 & 0 \\ 0 & 1 & -1 \\ 1 & 0 & 0 \end{bmatrix}\begin{bmatrix} V_S \\ i_{S1} \\ i_{S2} \end{bmatrix} + \begin{bmatrix} C_2 & 0 & 0 \\ 0 & 0 & 0 \\ 0 & L_1 & 0 \end{bmatrix}\begin{bmatrix} \dfrac{\mathrm{d}V_S}{\mathrm{d}t} \\ \dfrac{\mathrm{d}i_{S1}}{\mathrm{d}t} \\ \dfrac{\mathrm{d}i_{S2}}{\mathrm{d}t} \end{bmatrix}$$

6.2　多端口法

将电容、电感以及独立源抽出，余下的将是一个多端口电阻网络。然后，根据多端口网络端口电压、电流的关系式，即可获状态方程。这种方法对线性和非线性网络均适用。如图 6-2 所示，设网络有 u 个电感，$(q-u)$ 个独立电流源，w 个独立电压源，$(m-q-w)$ 个电容。将 u 个电感抽出接第 1 至 u 个端口；将电流源接第 $u+1$ 至 q 端口；将电压源接 $q+1$ 至 $q+w$ 端口；电容接第 $(q+w+1)$ 至第 m 个端口。如 4.3 节所述前 q 个端口和后 $(m-q)$ 个端口的电压、电流，分别用向量 $\boldsymbol{V}_1$、$\boldsymbol{i}_1$、$\boldsymbol{V}_2$、$\boldsymbol{i}_2$ 表示，则

$$\begin{bmatrix}\boldsymbol{V}_1\\ \boldsymbol{i}_2\end{bmatrix}=\begin{bmatrix}\boldsymbol{H}_{11} & \boldsymbol{H}_{12}\\ \boldsymbol{H}_{21} & \boldsymbol{H}_{22}\end{bmatrix}\begin{bmatrix}\boldsymbol{i}_1\\ \boldsymbol{V}_2\end{bmatrix} \tag{6-56}$$

式中

$$\begin{bmatrix}\boldsymbol{H}_{11} & \boldsymbol{H}_{12}\\ \boldsymbol{H}_{21} & \boldsymbol{H}_{22}\end{bmatrix}=\boldsymbol{H} \tag{6-57}$$

为多端口网络的混合参数矩阵。式（6-57）各分块矩阵可以根据第 4 章用直观法计算或通过关联矩阵和支路导纳矩阵计算。为使与抽出的元件对应 $\boldsymbol{H}_{11}$、$\boldsymbol{H}_{12}$、$\boldsymbol{H}_{21}$、$\boldsymbol{H}_{22}$ 都可以再分成四个分块矩阵，即

$$\boldsymbol{H}=\begin{bmatrix}\boldsymbol{H}_{11a} & \boldsymbol{H}_{11b} & \boldsymbol{H}_{12a} & \boldsymbol{H}_{12b}\\ \boldsymbol{H}_{11c} & \boldsymbol{H}_{11d} & \boldsymbol{H}_{12c} & \boldsymbol{H}_{12d}\\ \boldsymbol{H}_{21a} & \boldsymbol{H}_{21b} & \boldsymbol{H}_{22a} & \boldsymbol{H}_{22b}\\ \boldsymbol{H}_{21c} & \boldsymbol{H}_{21d} & \boldsymbol{H}_{22c} & \boldsymbol{H}_{22d}\end{bmatrix} \tag{6-58}$$

对照图 6-2，同样 $\boldsymbol{V}_1$、$\boldsymbol{i}_1$、$\boldsymbol{V}_2$、$\boldsymbol{i}_2$ 也可以表示为

$$\boldsymbol{V}_1=\begin{bmatrix}\boldsymbol{V}_L\\ \boldsymbol{V}_{is}\end{bmatrix} \tag{6-59}$$

$$\boldsymbol{i}_1=\begin{bmatrix}\boldsymbol{i}_L\\ \boldsymbol{i}_s\end{bmatrix} \tag{6-60}$$

$$\boldsymbol{V}_2=\begin{bmatrix}\boldsymbol{V}_s\\ \boldsymbol{V}_C\end{bmatrix} \tag{6-61}$$

$$\boldsymbol{i}_2=\begin{bmatrix}\boldsymbol{i}_{vs}\\ \boldsymbol{i}_C\end{bmatrix} \tag{6-62}$$

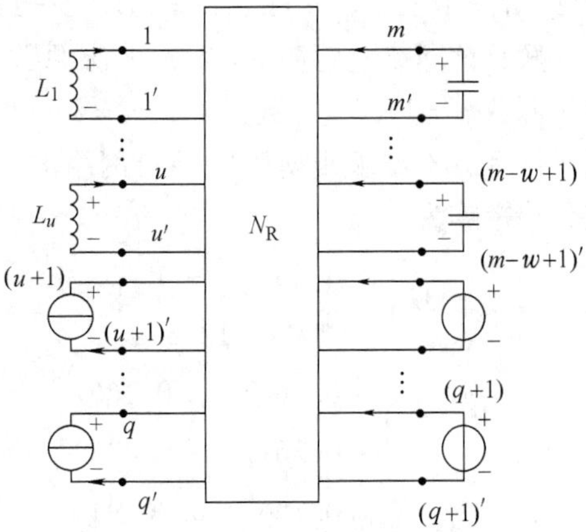

图 6-2　混合参数矩阵

式中 $\boldsymbol{V}_s$、$\boldsymbol{i}_s$ 分别为独立电压源和电流源向量。$\boldsymbol{V}_{is}$、$\boldsymbol{i}_{vs}$分别为电流源端电压向量和电压源端电流向量。$\boldsymbol{V}_L$、$\boldsymbol{i}_L$ 分别为电感的电压向量和电流向量。$\boldsymbol{V}_C$、$\boldsymbol{i}_C$ 分别为电容的电压向量和电流向量。式中 $\boldsymbol{i}_L$、$\boldsymbol{i}_C$ 和端口电流方向一致，也即电感和电容上电压和电流的参考方向均相反，故有

$$\boldsymbol{V}_L=-\boldsymbol{L}\frac{\mathrm{d}\boldsymbol{i}_L}{\mathrm{d}t} \tag{6-63}$$

$$\boldsymbol{i}_C = -\boldsymbol{C}\frac{\mathrm{d}\boldsymbol{V}_C}{\mathrm{d}t} \tag{6-64}$$

式（6-63）和式（6-64）中 $\boldsymbol{C}$ 是由电容组成的对角阵，当电感间不存在互感时，$\boldsymbol{L}$ 也是对角阵。将式（6-58）~式（6-62）代入式（6-56）得

$$\begin{bmatrix} \boldsymbol{V}_L \\ \boldsymbol{V}_{is} \\ \boldsymbol{i}_{vs} \\ \boldsymbol{i}_C \end{bmatrix} = \begin{bmatrix} \boldsymbol{H}_{11a} & \boldsymbol{H}_{11b} & \boldsymbol{H}_{12a} & \boldsymbol{H}_{12b} \\ \boldsymbol{H}_{11c} & \boldsymbol{H}_{11d} & \boldsymbol{H}_{12c} & \boldsymbol{H}_{12d} \\ \boldsymbol{H}_{21a} & \boldsymbol{H}_{21b} & \boldsymbol{H}_{22a} & \boldsymbol{H}_{22b} \\ \boldsymbol{H}_{21c} & \boldsymbol{H}_{21d} & \boldsymbol{H}_{22c} & \boldsymbol{H}_{22d} \end{bmatrix} \begin{bmatrix} \boldsymbol{i}_L \\ \boldsymbol{i}_s \\ \boldsymbol{V}_s \\ \boldsymbol{V}_C \end{bmatrix} \tag{6-65}$$

取式（6-65）第一、四行等式并用式（6-63）、式（6-64）代入得

$$-\boldsymbol{L}\frac{\mathrm{d}\boldsymbol{i}_L}{\mathrm{d}t} = \boldsymbol{H}_{11a}\boldsymbol{i}_L + \boldsymbol{H}_{11b}\boldsymbol{i}_s + \boldsymbol{H}_{12a}\boldsymbol{V}_s + \boldsymbol{H}_{12b}\boldsymbol{V}_C \tag{6-66}$$

$$-\boldsymbol{C}\frac{\mathrm{d}\boldsymbol{V}_C}{\mathrm{d}t} = \boldsymbol{H}_{21c}\boldsymbol{i}_L + \boldsymbol{H}_{21d}\boldsymbol{i}_s + \boldsymbol{H}_{22c}\boldsymbol{V}_s + \boldsymbol{H}_{22d}\boldsymbol{V}_C \tag{6-67}$$

将式（6-66）与式（6-67）合并，并令

$$\begin{bmatrix} -\boldsymbol{L} & \boldsymbol{0} \\ \boldsymbol{0} & -\boldsymbol{C} \end{bmatrix} = \boldsymbol{M} \tag{6-68}$$

则有

$$\begin{bmatrix} \dfrac{\mathrm{d}\boldsymbol{i}_L}{\mathrm{d}t} \\ \dfrac{\mathrm{d}\boldsymbol{V}_C}{\mathrm{d}t} \end{bmatrix} = \boldsymbol{M}^{-1}\begin{bmatrix} \boldsymbol{H}_{11a} & \boldsymbol{H}_{12b} \\ \boldsymbol{H}_{21c} & \boldsymbol{H}_{22d} \end{bmatrix}\begin{bmatrix} \boldsymbol{i}_L \\ \boldsymbol{V}_C \end{bmatrix} + \boldsymbol{M}^{-1}\begin{bmatrix} \boldsymbol{H}_{11b} & \boldsymbol{H}_{12a} \\ \boldsymbol{H}_{21d} & \boldsymbol{H}_{22c} \end{bmatrix}\begin{bmatrix} \boldsymbol{i}_s \\ \boldsymbol{V}_s \end{bmatrix} \tag{6-69}$$

例 6-2 图 6-3 所示电路 $R_1 = R_3 = R_6 = 6\Omega$，$R_2 = 5\Omega$，$R_4 = R_8 = 12\Omega$，$R_5 = 20\Omega$，$R_7 = 16\Omega$，$R_9 = 14\Omega$，$L_1 = 1\mathrm{H}$，$L_2 = 2\mathrm{H}$，$C = 1\mathrm{F}$，现以 i_{L1}、i_{L2}、V_C 为状态变量试建立状态方程。

解 该网络电感数 $u = 2$，电流源数为零，电压源数 $w = 1$，电容数为 1，$m = 4$，抽出这些元件后，不难求出电阻四端口网络的混合参数分块矩阵为

$$\boldsymbol{H}_{11} = \begin{bmatrix} 13 & -4 \\ -4 & 12.314 \end{bmatrix}$$

$$\boldsymbol{H}_{12} = \begin{bmatrix} -0.1667 & -0.1667 \\ -0.3619 & -0.0952 \end{bmatrix}$$

$$\boldsymbol{H}_{21} = \begin{bmatrix} 0.1667 & 0.3619 \\ 0.1667 & 0.0952 \end{bmatrix}$$

$$\boldsymbol{H}_{22} = \begin{bmatrix} 0.070635 & 0.003968 \\ 0.003968 & 0.059523 \end{bmatrix}$$

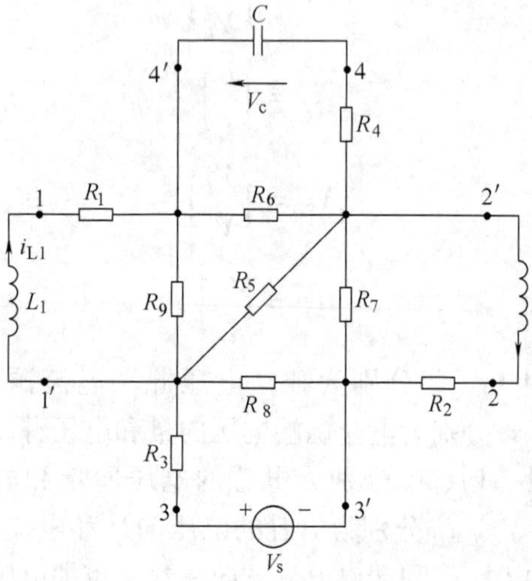

图 6-3 例 6-2 附图

因为 $u = q = 2$，故知

$$\boldsymbol{H}_{11a}=\boldsymbol{H}_{11}=\begin{bmatrix}13 & -4\\ -4 & 12.314\end{bmatrix}$$

$\boldsymbol{H}_{11b}$、$\boldsymbol{H}_{11c}$、$\boldsymbol{H}_{11d}$、$\boldsymbol{H}_{12c}$、$\boldsymbol{H}_{12d}$、$\boldsymbol{H}_{21b}$、$\boldsymbol{H}_{21d}$均不存在，

$$\boldsymbol{H}_{12a}=\begin{bmatrix}-0.1667\\ -0.3619\end{bmatrix}\quad \boldsymbol{H}_{12b}=\begin{bmatrix}-0.1667\\ -0.0952\end{bmatrix}$$

$$\boldsymbol{H}_{21a}=[0.1667\quad 0.3619]\quad \boldsymbol{H}_{21c}=[0.1667\quad 0.0952]$$

$$\boldsymbol{H}_{22a}=0.070635\quad \boldsymbol{H}_{22b}=0.003968$$

$$\boldsymbol{H}_{22c}=0.003968\quad \boldsymbol{H}_{22d}=0.059523$$

$$\boldsymbol{L}^{-1}=\begin{bmatrix}1 & 0\\ 0 & 0.5\end{bmatrix}\quad \boldsymbol{C}^{-1}=[1]\quad \boldsymbol{M}^{-1}=\begin{bmatrix}-1 & 0 & 0\\ 0 & -0.5 & 0\\ 0 & 0 & -1\end{bmatrix}$$

各代入式（6-69）经计算整理得

$$\begin{bmatrix}\dfrac{\mathrm{d}i_{L1}}{\mathrm{d}t}\\ \dfrac{\mathrm{d}i_{L2}}{\mathrm{d}t}\\ \dfrac{\mathrm{d}V_C}{\mathrm{d}t}\end{bmatrix}=\begin{bmatrix}-13 & 4 & 0.1667\\ 2 & -6.1572 & 0.0476\\ -0.1667 & -0.0952 & -0.0595\end{bmatrix}\begin{bmatrix}i_{L1}\\ i_{L2}\\ V_C\end{bmatrix}+\begin{bmatrix}0.1667\\ 0.1810\\ -0.0039\end{bmatrix}V_s$$

6.3 差分形式的状态方程

如果将时间分成相等的小间隔，经过一个小间隔后的状态可以表示为现有时刻的状态和激励的线性组合，这种形式的方程称为差分形式的状态方程。根据差分形式的状态方程和状态初值，可以依次递推出各时刻的状态量。将电感和电容用线性化的模型代替后即可推出差分形式的状态方程。设电感（或电容）的电压、电流参考方向取一致，则

$$V_L(t_k)=L\frac{\mathrm{d}i_L(t_k)}{\mathrm{d}t}\bigg|_{t=t_k}\approx L\frac{i_L(t_k)-i_L(t_k-\Delta t)}{\Delta t}\tag{6-70}$$

其中 Δt 为时间间隔，t_k 代表任意时刻，$t_k-\Delta t$ 为前一瞬间，可以用 t_{k-1} 表示。由式（6-70）可得

$$i_L(t_k)\approx G_LV_L(t_k)+i_L(t_{k-1})\tag{6-71}$$

或

$$i_{Lk}\approx G_LV_{Lk}+i_{s(k-1)}\tag{6-72}$$

式中

$$G_L=\frac{\Delta t}{L}\tag{6-73}$$

$$i_{s(k-1)}=i_L(t_{k-1})\tag{6-74}$$

由式（6-71）可作图 6-4 所示等效电路。时间间隔是确定的，所以 G_L 相当于确定的线性电

导。同理，对电容有

$$i_C(t_k) \approx C\frac{V_C(t_k) - V_C(t_{k-1})}{\Delta t} \tag{6-75}$$

或

$$i_C(t_k) \approx G_C V_C(t_k) + i_s(t_{k-1}) \tag{6-76}$$

并简化为

$$i_{Ck} \approx G_C V_{Ck} + i_{s(k-1)} \tag{6-77}$$

式中

$$G_C = \frac{C}{\Delta t} \tag{6-78}$$

$$i_{s(k-1)} = -G_C V_{C(k-1)} \tag{6-79}$$

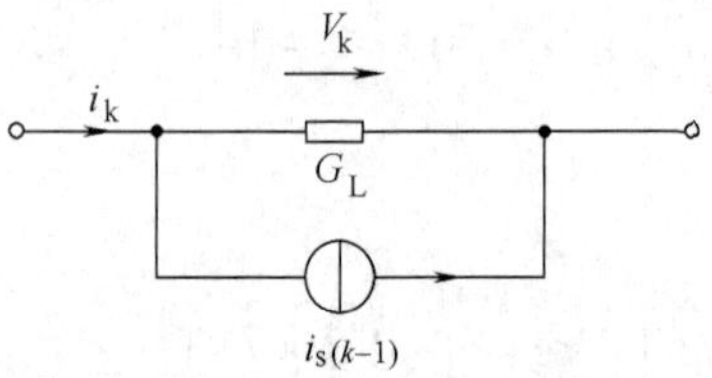

图 6-4　电感的等效电路

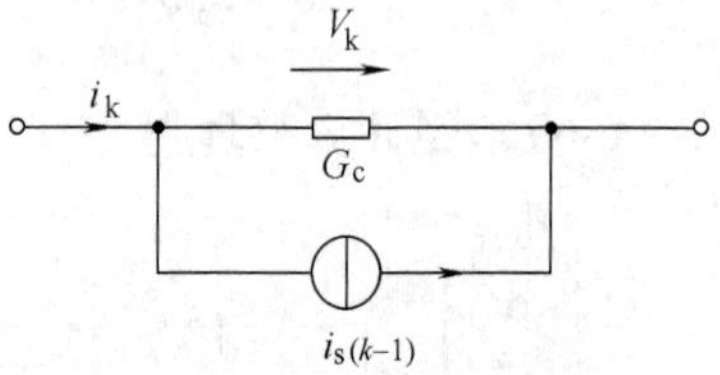

图 6-5　电容的等效电路

可作等效电路如图 6-5 所示。不同瞬间计算时 G_C、G_L 值不变，只有等效电流源 $i_{s(k-1)}$ 变动。所有电感和电容用图 6-4、图 6-5 的等效电路替代后，所面对的仅是一个纯电阻网络，通过 2.1 节方法不难建立节点电压方程，每一瞬间计算时节点导纳矩阵都是一样的，可先求出其逆矩阵 $\boldsymbol{Y}_n^{-1}$，由式（2-23）～式（2-25）则可得

$$\boldsymbol{V}_{nk} = \boldsymbol{Y}_n^{-1}[-\boldsymbol{A}\boldsymbol{i}_{s(k-1)} + \boldsymbol{A}\boldsymbol{Y}_b\boldsymbol{V}_{sk} - \boldsymbol{A}\boldsymbol{i}_{sk}] \tag{6-80}$$

其中 $\boldsymbol{V}_{sk}$、$\boldsymbol{i}_{sk}$ 是支路电压、电流源。$\boldsymbol{i}_{s(k-1)}$ 是图 6-4、图 6-5 等效电路的等效源，它们是 $\boldsymbol{V}_{C(k-1)}$ 和 $\boldsymbol{i}_{L(k-1)}$ 的线性组合，整理式（6-80）可简为

$$\boldsymbol{V}_{nk} = \boldsymbol{K}_1'\begin{bmatrix}\boldsymbol{V}_{C(k-1)}\\ \boldsymbol{i}_{L(k-1)}\end{bmatrix} + \boldsymbol{K}_2'\begin{bmatrix}\boldsymbol{V}_{sk}\\ \boldsymbol{i}_{sk}\end{bmatrix} \tag{6-81}$$

显然电容电压和电感电流又可以表示为节点电压的线性组合。于是，可得

$$\begin{bmatrix}\boldsymbol{V}_{Ck}\\ \boldsymbol{i}_{Lk}\end{bmatrix} = \boldsymbol{K}_1\begin{bmatrix}\boldsymbol{V}_{C(k-1)}\\ \boldsymbol{i}_{L(k-1)}\end{bmatrix} + \boldsymbol{K}_2\begin{bmatrix}\boldsymbol{V}_{sk}\\ \boldsymbol{i}_{sk}\end{bmatrix} \tag{6-82}$$

式（6-82）即差分形式的状态方程。

6.4 输出方程

待求的电压、电流等输出量可用列向量 $\boldsymbol{Y}$ 表示，则有

$$\boldsymbol{Y} = \boldsymbol{C}\begin{bmatrix}\boldsymbol{V}_C\\ \boldsymbol{i}_L\end{bmatrix} + \boldsymbol{D}\begin{bmatrix}\boldsymbol{V}_s\\ \boldsymbol{i}_s\end{bmatrix} \tag{6-83}$$

其中 $\boldsymbol{C}$、$\boldsymbol{D}$ 为参数矩阵，可由电阻部分（也可包含受控源）网络推出。由式（6-83）可知：当令第一个电容用 1 伏电压源替换，其余电容和电压源短路，电感和电流源断开，所解得输

出向量即 C 的第一列；第二个电容用 1 伏电压源替换时获 C 的第二列，依次类推，可得矩阵 C 的前面各列。轮到电感时应用 1 安的电流源替换，同样可得 C 的后面各列，同理求矩阵 D 各列时，可依次将各电压源和电流源用单位源替换，其余皆短接或开断。

例 6-3 以图 6-3（例 6-2）网络中节点 4′为参考并以节点 1′、2′、3′的电压为输出。试求输出方程。

解 将电感用电流源替代电容用电压源替代后，可画图 6-3 电阻网络的对应拓扑图如图 6-6 所示。由图得关联矩阵

$$\boldsymbol{A}=\begin{bmatrix}1 & 0 & 1 & 0 & -1 & 0 & 0 & -1 & -1\\ 0 & 1 & 0 & 1 & 1 & -1 & 1 & 0 & 0\\ 0 & -1 & -1 & 0 & 0 & 0 & -1 & 1 & 0\end{bmatrix}$$

支路导纳矩阵

$$\boldsymbol{Y}_b=\mathrm{diag}\begin{bmatrix}0 & 0 & \frac{1}{6} & \frac{1}{12} & \frac{1}{20} & \frac{1}{6} & \frac{1}{16} & \frac{1}{12} & \frac{1}{14}\end{bmatrix}$$

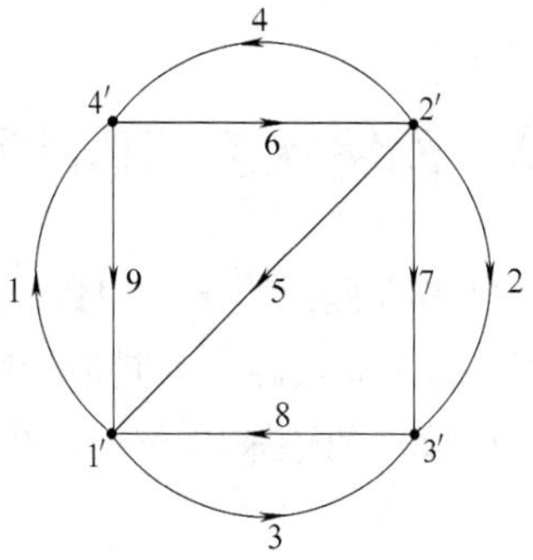

图 6-6 例 6-3 线图

支路电压源和电流源向量分别为

$$\boldsymbol{V}_s=[0\quad 0\quad V_s\quad V_C\quad 0\quad 0\quad 0\quad 0\quad 0]^{\mathrm{T}}$$

$$\boldsymbol{i}_s=[i_{L1}\quad i_{L2}\quad 0\quad 0\quad 0\quad 0\quad 0\quad 0\quad 0]^{\mathrm{T}}$$

各代入式（2-24）、式（2-25 ）分别得

$$\boldsymbol{Y}_n=\boldsymbol{A}\boldsymbol{Y}_b\boldsymbol{A}^{\mathrm{T}}=\begin{bmatrix}0.37143 & -0.05000 & -0.25000\\ -0.05000 & 0.36250 & -0.06250\\ -0.25000 & -0.06250 & 0.31250\end{bmatrix}$$

$$\boldsymbol{J}_n=\boldsymbol{A}\boldsymbol{Y}_b\boldsymbol{V}_s-\boldsymbol{A}\boldsymbol{i}_s$$

$$=\begin{bmatrix}\frac{V_s}{6}-i_{L1}\\ \frac{V_C}{12}-i_{L2}\\ -\frac{V_s}{6}+i_{L2}\end{bmatrix}=\begin{bmatrix}-i_{L1}\\ \frac{V_C}{12}-i_{L2}\\ i_{L2}\end{bmatrix}+\begin{bmatrix}\frac{V_s}{6}\\ 0\\ -\frac{V_s}{6}\end{bmatrix}$$

对 $\boldsymbol{Y}_n$ 求逆得

$$\boldsymbol{Y}_n^{-1}=\begin{bmatrix}7.0000 & 2.0000 & 6.0000\\ 2.0000 & 3.4286 & 2.2857\\ 6.0000 & 2.2857 & 8.4572\end{bmatrix}$$

故得输出向量

$$\boldsymbol{Y}=\begin{bmatrix}V_{n1}\\V_{n2}\\V_{n3}\end{bmatrix}=\boldsymbol{Y}_n^{-1}\begin{bmatrix}-i_{L1}\\\dfrac{V_C}{12}-i_{L2}\\i_{L2}\end{bmatrix}+\boldsymbol{Y}_n^{-1}\begin{bmatrix}\dfrac{V_s}{6}\\0\\-\dfrac{V_s}{6}\end{bmatrix}$$

或

$$\boldsymbol{Y}=\begin{bmatrix}0.16667 & 7.0000 & 4.0000\\0.2857 & 2.0000 & -1.1429\\0.19048 & 6.0000 & 6.1715\end{bmatrix}\begin{bmatrix}V_C\\i_{L1}\\i_{L2}\end{bmatrix}+\begin{bmatrix}0.16667\\-0.04762\\-0.40953\end{bmatrix}[V_s]$$

6.5 网络状态方程的解

状态方程适宜于采用数值求解。数值计算的欧拉法和龙格库塔法均可直接适用于解状态方程。6.3 节实际上就是应用欧拉法推出差分形式的迭代公式。本节将推导方程解析解。将式（6-32）两边乘以 $\boldsymbol{M}^{-1}$，并将激励源向量和激励源的一阶导数向量合并可简写为

$$\left[\frac{\mathrm{d}\boldsymbol{X}}{\mathrm{d}t}\right]=\boldsymbol{AX}+\boldsymbol{BF} \tag{6-84}$$

其中 $\boldsymbol{X}$ 即状态向量，$\boldsymbol{A}$ 实际上是(6-32)中 $\boldsymbol{M}^{-1}\boldsymbol{A}$，$\boldsymbol{F}$ 是激励源向量(已包括它们的一阶导数)，$\boldsymbol{B}$ 实际上是 $\boldsymbol{M}^{-1}[\boldsymbol{B}\quad\boldsymbol{B}']$。对式(6-84)两边取拉氏变换得

$$s\mathbf{1}\boldsymbol{X}(s)-\boldsymbol{X}(0)=\boldsymbol{AX}(s)+\boldsymbol{BF}(s) \tag{6-85}$$

或

$$[s\mathbf{1}-\boldsymbol{A}]\boldsymbol{X}(s)=\boldsymbol{X}(0)+\boldsymbol{BF}(s) \tag{6-86}$$

令

$$\boldsymbol{\phi}(s)=[s\mathbf{1}-\boldsymbol{A}]^{-1} \tag{6-87}$$

并以 $\boldsymbol{\phi}(s)$ 左乘式(6-86)两边得

$$\boldsymbol{X}(s)=\boldsymbol{\phi}(s)\boldsymbol{X}(0)+\boldsymbol{\phi}(s)\boldsymbol{BF}(s) \tag{6-88}$$

式(6-88)就是状态向量的频域解，其中第一项是零输入响应；第二项是零状态响应。$\boldsymbol{\phi}(s)$ 称为预解矩阵。或称为分解矩阵(resolvent matrix)由式(6-88)得

$$\boldsymbol{X}(t)=L^{-1}[\boldsymbol{\phi}(s)\boldsymbol{X}(0)+\boldsymbol{\phi}(s)\boldsymbol{BF}(s)] \tag{6-89}$$

预解矩阵 $\boldsymbol{\phi}(s)$ 包含了网络的固有特性。可以求出 $\boldsymbol{\phi}(s)$ 的原函数，并用 $\phi(t)$ 表示，即

$$\boldsymbol{\phi}(t)=\boldsymbol{L}^{-1}[\boldsymbol{\phi}(s)] \tag{6-90}$$

称为 $\boldsymbol{\phi}(t)$ 是网络的状态转移矩阵，它是一个 n 阶方阵，此处 n 是状态方程的阶数。

由式(6-89)、式(6-90)以及拉氏变换的卷积定理得

$$\boldsymbol{X}(t)=\boldsymbol{\phi}(t)\boldsymbol{X}(0)+\int_0^t\boldsymbol{\phi}(t-\tau)\boldsymbol{Bf}(\tau)\mathrm{d}\tau \tag{6-91}$$

或

$$X(t) = \boldsymbol{\phi}(t-t_0)X(t_0) + \int_{t_0}^{t} \boldsymbol{\phi}(t-\tau)\boldsymbol{B}\boldsymbol{f}(\tau)\mathrm{d}\tau \tag{6-92}$$

式(6-92)表明：由状态转移矩阵中 $\boldsymbol{\phi}(t)$ 可以将 t_0 时的状态 $\boldsymbol{X}(t_0)$ 转移至任意瞬间 t 时的状态 $\boldsymbol{X}(t)$，只需知道大于 t_0 的激励向量就可以了。因此也可称它为状态转移矩阵。由此可见，状态转移矩阵中 $\boldsymbol{\phi}(t)$ 是网络所固有的。对给定网络建立网络的状态方程获得系数矩阵 $\boldsymbol{A}$ 后，可以直接通过时域法表示 $\boldsymbol{\phi}(t)$（证明从略）

$$\boldsymbol{\phi}(t) = \mathrm{e}^{\boldsymbol{A}t} \tag{6-93}$$

其中

$$\mathrm{e}^{\boldsymbol{A}t} = \boldsymbol{1} + \boldsymbol{A}t + \frac{t^2}{2!}\boldsymbol{A}^2 + \cdots + \frac{t^k}{k!}\boldsymbol{A}^k + \cdots \tag{6-94}$$

$\mathrm{e}^{\boldsymbol{A}t}$ 称为矩阵指数函数，$\boldsymbol{A}$ 即状态方程的系数矩阵，$\boldsymbol{A}$、$\boldsymbol{A}^2$、…、$\boldsymbol{A}^k$ 都是 n 阶方阵。

例 6-4　$\boldsymbol{A} = \begin{bmatrix} 0 & 2 \\ -1 & -3 \end{bmatrix}$，求 $\mathrm{e}^{\boldsymbol{A}t}$。

解

$$\mathrm{e}^{\boldsymbol{A}t} = \begin{bmatrix} 1 & 0 \\ 0 & 1 \end{bmatrix} + t\begin{bmatrix} 0 & 2 \\ -1 & -3 \end{bmatrix} + \frac{t^2}{2!}\begin{bmatrix} -2 & -6 \\ 3 & 7 \end{bmatrix} + \frac{t^3}{3!}\begin{bmatrix} 6 & 14 \\ -7 & -15 \end{bmatrix} + \cdots$$

$$= \begin{bmatrix} 1 - t^2 + t^3 + \cdots & 2t - 3t^2 + \frac{7}{3}t^3 + \cdots \\ -t + \frac{3}{2}t^2 - \frac{7}{6}t^3 + \cdots & 1 - 3t + 3.5t^2 - 2.5t^3 + \cdots \end{bmatrix}$$

式(6-93)、式(6-94)矩阵无穷级数可以用来由数值法计算状态转移矩阵 $\boldsymbol{\phi}(t)$。然而通过频域变换还可以获闭合形式的解。

例如 $\boldsymbol{A} = \begin{bmatrix} 0 & 2 \\ -1 & -3 \end{bmatrix}$

$$\boldsymbol{\phi}(s) = [s\boldsymbol{1} - \boldsymbol{A}]^{-1} = \begin{bmatrix} s & -2 \\ 1 & s+3 \end{bmatrix}^{-1} = \frac{1}{(s+1)(s+2)}\begin{bmatrix} s+3 & 2 \\ -1 & s \end{bmatrix}$$

其中分母多项式等于 $\det[s\boldsymbol{1} - \boldsymbol{A}]$ 的根就是网络的固有频率。将上式每一元素按部分分式展开，则为

$$\boldsymbol{\phi}(s) = \frac{1}{(s+1)}\begin{bmatrix} 2 & 2 \\ -1 & -1 \end{bmatrix} + \frac{1}{(s+2)}\begin{bmatrix} -1 & -2 \\ 1 & 2 \end{bmatrix}$$

于是得状态转移矩阵

$$\boldsymbol{\phi}(t) = L^{-1}[\boldsymbol{\phi}(s)] = \mathrm{e}^{-t}\begin{bmatrix} 2 & 2 \\ -1 & -1 \end{bmatrix} + \mathrm{e}^{-2t}\begin{bmatrix} -1 & -2 \\ 1 & 2 \end{bmatrix}$$

$$= \begin{bmatrix} 2\mathrm{e}^{-t} - \mathrm{e}^{-2t} & 2\mathrm{e}^{-t} - 2\mathrm{e}^{-2t} \\ -\mathrm{e}^{-t} + \mathrm{e}^{-2t} & -\mathrm{e}^{-t} + 2\mathrm{e}^{-2t} \end{bmatrix}$$

将其中每个元素再用无穷级数展开将和前述结果一致。

设

$$\det[s\boldsymbol{1} - \boldsymbol{A}] = (s - P_1)^{q_1}(s - P_2)^{q_2}\cdots(s - P_m)^{q_m} \tag{6-95}$$

即设 P_k 有 q_k 重根。则将预解矩阵每个元作有理分式分解后表示为

$$
\begin{aligned}
\boldsymbol{\phi}(s) &= [s\mathbf{1} - \boldsymbol{A}]^{-1} = \frac{\boldsymbol{k}_{11}}{s - P_1} + \frac{\boldsymbol{k}_{12}}{(s - P_1)^2} + \cdots + \frac{\boldsymbol{k}_{1q_1}}{(s - P_1)^{q_1}} + \\
&\quad \frac{\boldsymbol{k}_{21}}{(s - P_2)} + \frac{\boldsymbol{k}_{22}}{(s - P_2)^2} + \cdots + \frac{\boldsymbol{k}_{2q_2}}{(s - P_2)^{q_2}} + \cdots \\
&\quad + \frac{\boldsymbol{k}_{m1}}{(s - P_m)} + \frac{\boldsymbol{k}_{m2}}{(s - P_m)^2} + \cdots + \frac{\boldsymbol{k}_{mq_m}}{(s - P_m)^{q_m}} \\
&= \sum_{i=1}^{m} \sum_{j=1}^{q_i} \frac{\boldsymbol{k}_{ij}}{(s - P_i)^j}
\end{aligned}
\tag{6-96}
$$

称系数矩阵 $\boldsymbol{K}_{ij}$ 为组元矩阵。式(6-96)中因为考虑网络的多重极点表示式较复杂，如无重根形式则简单得多。组元矩阵求得后，状态转移矩阵中 $\boldsymbol{\phi}(t)$ 的解析式即可写出。

小　结

系统编写法也称为拓扑法适用于无受控源（可含互感）的线性常态和非常态网络。对此方法进行修正后，仍可用于含受控源的线性网络。

多端口法适用于含受控源的线性网络，计算时必须将独立源、电容、电感放在端口支路，以形成多端口电阻网络（包含受控源在内）。此方法直接应用于含病态结构的网络有困难，修正网络结构后，可以使用，要求病态电容回路中不含电压源，病态电感割集中不含电流源。该方法可使用于含非线性电感、非线性电容的网络的暂态分析。

差分形式的状态方程将每次计算电路等效为直流电阻电路，直接给出了每一时刻的电感电流和电容电压。是一种数值解法，适用于线性网络。

本章介绍的输出方程的建立方法简洁、有效，适用于线性常态网络。

网络状态方程适合用数值方法求解。

习　题

6-1　图 6-7 所示电路中 $L_1 = 1\text{H}$，$L_2 = \frac{1}{2}\text{H}$，$R_1 = R_3 = 1\Omega$，$R_2 = R_4 = 2\Omega$，$C_1 = 1\text{F}$，$C_2 = \frac{1}{2}\text{F}$，$C_3 = \frac{1}{3}\text{F}$,试列状态方程。

6-2　图 6-8 中 $L_1 = L_2 = 1\text{H}$，$C_1 = C_2 = 1\text{F}$，$R = 1\Omega$，试以 V_{C1}、i_{L1} 为状态变量建立方程。

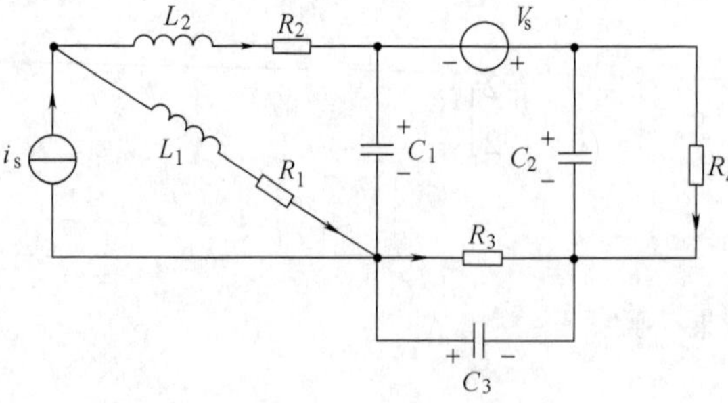

图 6-7　题 6-1 图

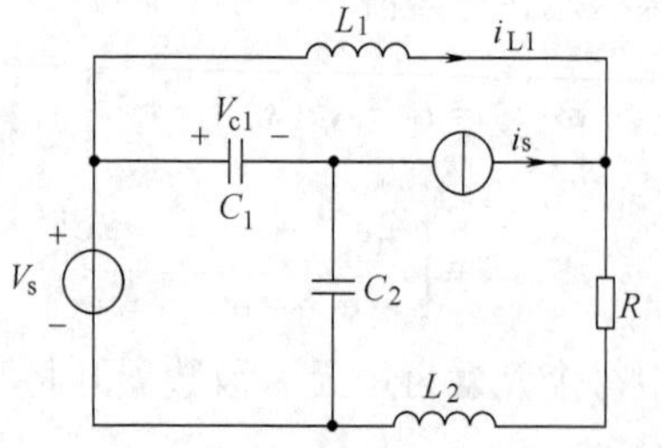

图 6-8　题 6-2 图

6-3　已知图 6-9 所示电路中 $L_1=L_2=1\text{H}$，$M=\frac{1}{2}\text{H}$，$L_3=1\text{H}$，$C_1=C_2=C_3=C_4=\frac{1}{2}\text{F}$，$R=R_1=R_2=R_3=1\Omega$，试列状态方程。

6-4　已知图 6-10 所示电路中四端口网络 N 的短路参数矩阵 $\boldsymbol{Y}$，$L_1=1\text{H}$，$C_1=\frac{1}{2}\text{F}$，$C_2=\frac{1}{2}\text{F}$，试列状态方程。

$$\boldsymbol{Y}=\begin{bmatrix} 0.2 & -0.1 & 0 & 0.05 \\ -0.1 & 0.4 & 0.1 & 0.2 \\ 0 & 0.1 & 0.6 & -0.2 \\ 0.05 & 0.2 & -0.2 & 0.8 \end{bmatrix}\text{S}$$

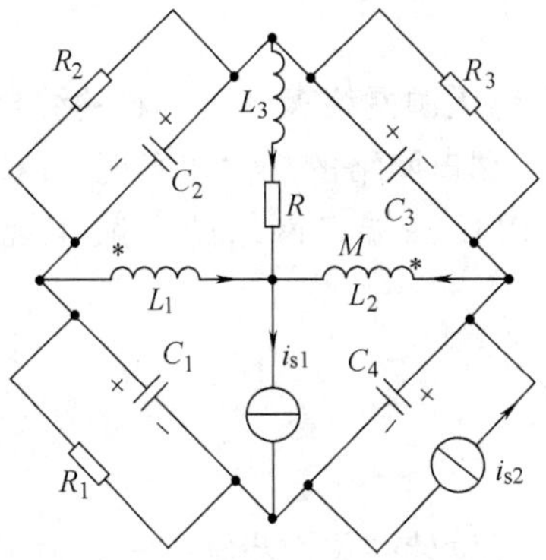

图 6-9　题 6-3 图

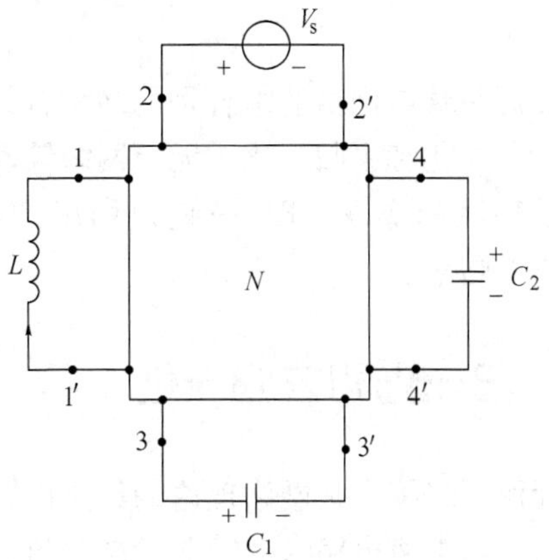

图 6-10　题 6-4 图

6-5　若以题 6-1 中电阻 R_3、R_4 的电流为输出，试列输出方程。

6-6　若以题 6-3 中电流源端电压为输出，试列输出方程。

6-7　试求例 6-2 网络的预解矩阵 $\boldsymbol{\phi}(s)$。

6-8　试求例 6-2 网络的状态转移矩阵中 $\boldsymbol{\phi}(t)$。

第 2 篇　无源和有源网络综合概论

第 7 章　无源网络的策动点函数

内 容 提 要

无源一端口网络的综合是网络综合的基础。本章介绍无源网络策动点函数的综合，内容包括：归一化和去归一化、无源网络策动点函数、LC 一端口网络的特性和实现、RC 一端口网络的特性和实现、RL 一端口网络的特性和实现、RLC 一端口网络的一般实现步骤和 Brune 实现法。

7.1　归一化和去归一化

无源网络综合是网络理论的经典课题，是无源滤波器设计的关键步骤之一。为了便于理论分析，通常将电路参数等取标准化值，即将电路参数作归一化处理。如果将网络的全部阻抗除以 k_z，对电压比、电流比等将没有影响，只是所有阻抗值缩小 k_z 倍或者导纳值放大了 k_z 倍。阻抗除以 k_z 相当于所有电阻、电感除以 k_z，电容乘以 k_z。称 k_z 为阻抗归一化系数。同样可将角频率（或频率 f）除以 k_ω，称 k_ω 为角频率归一化系数。将阻抗和角频率同时作归一化处理后所有电阻将被除以 k_z；所有电感将被乘以$\dfrac{k_\omega}{k_z}$；所有电容将被乘以 $k_\omega k_z$。适当选择 k_ω、k_z 后，将使实用值常以千欧计的电阻（或常以千微法计的电容、以毫亨计的电感）变为若干 Ω、F 、H。

由综合获得以归一化参数表示的网络后，尚需返回到实际网络参数，称此逆运算过程为去归一化。设归一化参数加下标“N”表示，则有

$$\left.\begin{aligned} R &= k_z R_N \\ L &= \frac{k_z}{k_\omega} L_N \\ C &= \frac{1}{k_z k_\omega} C_N \end{aligned}\right\} \tag{7-1}$$

如图 7-1 所示的为归一化带通二阶滤波电路，传递函数为

$$H(s) = \frac{V_2(s)}{V_1(s)} = \frac{1}{s + 1/s + 1} = \frac{s}{s^2 + s + 1}$$

其中心归一化角频率为 $\omega_N = 1\text{rad/s}$，$L_N = 1\text{H}$，$C_N = 1\text{F}$，若想去归一化后电路的中心频率为 10kHz，则应使

$$k_\omega = 2\pi \times 10^4 = 6.28 \times 10^4$$

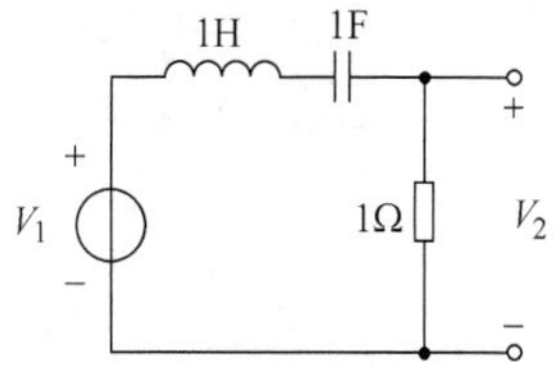

图7-1　归一化带通二阶滤波电路

再适当选取 k_z 值，使 R、L、C 参数值落在实用的范围之内。例如可使电容 $C=0.1\mu F$，则

$$k_z = \frac{C_N}{Ck_\omega} = \frac{1}{6.28\times10^4\times10^{-7}} = 159.2$$

所以，去归一化电阻和电感值分别为

$$R = 1\Omega\times159.2 = 159.2\Omega$$

$$L = \frac{159.2\times1\text{H}}{6.28\times10^4} = 0.00254\text{H}$$

当然也可以使电阻 $R=600\Omega$，则 $k_z=600$，$L=0.0955\text{H}$

$$C = \frac{1\text{F}}{600\times62800} = 0.0266\mu\text{F}$$

7.2　无源网络策动点函数

无源一端口网络入端阻抗 $Z(s)$［或导纳 $Y(s)$］的综合是最基本的。入端阻抗也称策动点阻抗，策动点函数与转移函数相比，有自己的固有特性。如图 7-2 所示的一端口网络，其策动点阻抗函数

$$Z(s) = \frac{V_1(s)}{I_1(s)} = \frac{V_1(s)}{I_1(s)}\times\frac{\overset{*}{I}_1(s)}{\overset{*}{I}_1(s)} = \frac{V_1(s)\overset{*}{I}_1(s)}{|I_1(s)|^2} \tag{7-2}$$

其中 $\overset{*}{I}_1(s)$ 是 $I_1(s)$ 的共扼复数。由复功率平衡或直接由特勒根定理得

$$\sum_{j=1}^{b} V_j\overset{*}{I}_j = 0 \tag{7-3}$$

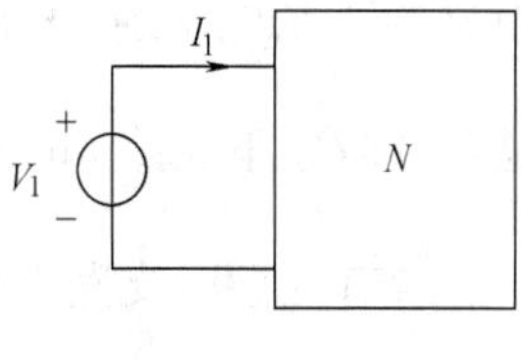

图 7-2　一端口网络的入端阻抗

其中 b 为支路总数，支路电压和支路电流取同方向，现支路 1 的 I_1 和 V_1 反方向，故得

$$V_1\overset{*}{I}_1 = \sum_{j=2}^{b} V_j\overset{*}{I}_j \tag{7-4}$$

将式（7-4）代入式（7-2）得

$$Z(s) = \frac{\sum_{j=2}^{b} V_j\overset{*}{I}_j}{|I_1|^2} \tag{7-5}$$

当不含有互感时支路电压 V_j 应满足

$$V_j = \left(R_j + sL_j + \frac{1}{sC_j}\right)I_j \tag{7-6}$$

代入式（7-5）则可得

$$Z(s) = \frac{1}{|I_1|^2}\sum_{j=2}^{b}|I_j|^2\left(R_j + sL_j + \frac{1}{sC_j}\right) \tag{7-7}$$

令

$$F_0(s) = \sum_{j=2}^{b}|I_j|^2 R_j \tag{7-8}$$

$$V_0(s)=\sum_{j=2}^{b}|I_j|^2\frac{1}{C_j} \tag{7-9}$$

$$T_0(s)=\sum_{j=2}^{b}|I_j|^2L_j \tag{7-10}$$

则

$$Z(s)=\frac{1}{|I_1|^2}\left[F_0(s)+sT_0(s)+\frac{1}{s}V_0(s)\right] \tag{7-11}$$

称 $F_0(s)$、$V_0(s)$、$T_0(s)$ 为能量函数。对无源 R、L、C(参数均为正值）网络，由式（7-8）~式（7-10）看出，在整个复平面上能量函数必大于或等于零。即

$$F_0(s)\geqslant 0$$
$$V_0(s)\geqslant 0$$
$$T_0(s)\geqslant 0$$

所以称它们为能量函数是因为当 $s=\mathrm{j}\omega$ 时，也即为正弦稳态时

$$F_0(\mathrm{j}\omega)=\sum_{j=2}^{b}I_j^2R_j=2\sum_{j=2}^{b}\left(\frac{I_j}{\sqrt{2}}\right)^2R_j=2P \tag{7-12}$$

$$T_0(\mathrm{j}\omega)=\sum_{j=2}^{b}(I_j^2L_j)=4\sum_{j=2}^{b}\left[\frac{\left(\frac{I_j}{\sqrt{2}}\right)^2L_j}{2}\right]=4W_m \tag{7-13}$$

$$V_0(\mathrm{j}\omega)=\sum_{j=2}^{b}I_j^2\frac{1}{C_j}=4\omega^2\sum_{j=2}^{b}\left[\left(\frac{I_j}{\sqrt{2}}\frac{1}{\omega C_j}\right)^2\frac{C_j}{2}\right]$$
$$=4\omega^2\sum_{j=2}^{b}\left[\frac{C_j}{2}\left(\frac{V_j}{\sqrt{2}}\right)^2\right]=4\omega^2W_e \tag{7-14}$$

其中 P 为正弦电路的有功功率，W_m 和 W_e 分别为正弦电路磁场储能和电场储能的平均值。$\frac{I_j}{\sqrt{2}}$是正弦激励下支路 j 电流的有效值。

当含有互感时支路电压还应包含互感电压

$$V_j=\left(R+sL_j+\frac{1}{sC_j}\right)I_j+s\sum_{\substack{k=2\\ j\neq k}}^{b}M_{jk}I_k \tag{7-15}$$

代入式（7-5）后可令

$$M_0(s)=\sum_{j=2}^{b}\left[L_j|I_j|^2+\sum_{\substack{k=2\\ k\neq j}}^{b}\overset{*}{I}_jI_kM_{kj}\right] \tag{7-16}$$

则

$$Z(s)=\frac{1}{|I_1|^2}\left[F_0(s)+sM_0(s)+\frac{1}{s}V_0(s)\right] \tag{7-17}$$

式（7-16）右边总和中第二项虚部相抵消，只剩下实部。由电磁场中磁能公式不难证明

$$M_0(\mathrm{j}\omega)=4W_m \tag{7-18}$$

可见 $M_0(s)$ 也是能量函数，在整个复平面上 $M_0(s)\geqslant 0$。

同理得策动点导纳

$$Y(s) = \frac{I_1(s)}{V_1(s)} = \frac{I_1(s)\overset{*}{V}_1(s)}{|V_1|^2} = \frac{1}{|V_1|^2}\sum_{j=2}^{b}\overset{*}{V}_j I_j$$

$$= \frac{1}{|V_1|^2}\sum_{j=2}^{b} I_j\left(R_j + \overset{*}{s}L_j + \frac{1}{\overset{*}{s}C_j}\right)\overset{*}{I}_j \tag{7-19}$$

所以得

$$Y(s) = \frac{1}{|V_1|^2}\left[F_0(s) + \frac{1}{\overset{*}{s}}V_0(s) + \overset{*}{s}T_0(s)\right] \tag{7-20}$$

或考虑互感为

$$Y(s) = \frac{1}{|V_1|^2}\left[F_0(s) + \frac{1}{\overset{*}{s}}V_0(s) + \overset{*}{s}M_0(s)\right] \tag{7-21}$$

策动点阻抗和导纳函数通称为无源导抗函数，以下将说明无源导抗函数是正实函数。由复变函数知识可得正实函数 $F(s)$ 的条件：

(1) 当自变量为实数时，$F(s)$ 是实数，即 s 面的实轴变换到 F 面实轴。

(2) $\mathrm{Re}(s) \geqslant 0$ 时，$\mathrm{Re}[F(s)] \geqslant 0$，即 s 的右半闭面变换到 F 的右半闭面。

由式 (7-17)、式 (7-21) 看出 $Z(s)$、$Y(s)$ 满足条件 (1)。用 $s = \sigma + \mathrm{j}\omega$ 代入式 (7-17)，并考虑到能量函数均为正实数后，得 $Z(s)$ 的实部

$$\mathrm{Re}[Z(s)] = \frac{1}{|I_1|^2}\left[F_0(s) + \frac{\sigma}{\sigma^2+\omega^2}V_0(s) + \sigma M_0(s)\right] \tag{7-22}$$

可见当 $\sigma \geqslant 0$ 时，$\mathrm{Re}[Z(s)] \geqslant 0$，也即 $Z(s)$ 满足条件 (2)。同理 $Y(s)$ 也满足条件 (2)。实际上正实函数的倒数必为正实函数，因此 $Z(s)$ 是正实函数，必然 $Y(s)$ 也是正实函数。

7.3　无源导抗函数的性质

为了判别给定的 $Z(s)$、$Y(s)$ 能否用无源一端口网络实现，必须判别 $Z(s)$、$Y(s)$ 是否是正实函数。判别 $Z(s)$ 是否是正实函数的条件 (2)，需要将整个右半平面的点代入验证，具体实现起来将有困难。充分掌握正实函数的一些性质后，可以得出一些易于实现的等价条件。以下分别讨论无源导抗函数的一些性质：

(1) $Z(s)$ 在右半平面是解析的。

以下用反证法来证明这些性质。设 $Z(s)$ 在右半平面有一 p 阶极点 s_0。可用劳伦级数展开 $Z(s)$

$$Z(s) = \frac{k_p}{(s-s_0)^p} + \frac{k_{(p-1)}}{(s-s_0)^{p-1}} + \cdots + \frac{k_1}{(s-s_0)} + k_0 + k_1'(s-s_0) + \cdots \tag{7-23}$$

在 s 充分趋近极点 s_0 的区域内，式 (7-23) 可以近似地表为

$$Z(s) \approx \frac{k_p}{(s-s_0)^p} \tag{7-24}$$

将式 (7-24) 改用极坐标表示。设

$$k_p = ke^{\mathrm{j}\theta} \qquad (s-s_0) = re^{\mathrm{j}\phi}$$

则

$$Z(s) \approx \frac{k}{r^p} e^{j(\theta - p\phi)} \tag{7-25}$$

其实部

$$\mathrm{Re}[Z(s)] \approx \frac{k}{r^p} \cos(\theta - p\phi) \tag{7-26}$$

如图 7-3 所示，以 s_0 为圆心取一半径充分小的圆（图中放大画以便观察）。考察圆上的点 s 时，相量 $(s-s_0)$ 即图中 s_0 指向 s 的相量。当考察圆上的全部点时，相当于 ϕ 角在 0 ~ 2π 之间变动。按正实函数的条件，$\sigma \geqslant 0$ 时，式（7-26）右边在 ϕ 在 0 ~ 2π 之间变动时必须恒大于零，也即只能是 $p=0$。换言之，$Z(s)$ 右半平面不可能有极点。因此证得 $Z(s)$ 在右半平面解析。

实际上 $Z(s)$ 的原函数 $z(t)$ 就是端口加单位冲激 $\delta(t)$ 电流源时端口电压的零状态响应。对无源网络电压不可能随时间增幅，即极点的实部不可能大于零，因此 $Z(s)$ 在右半平面不可能存在极点。

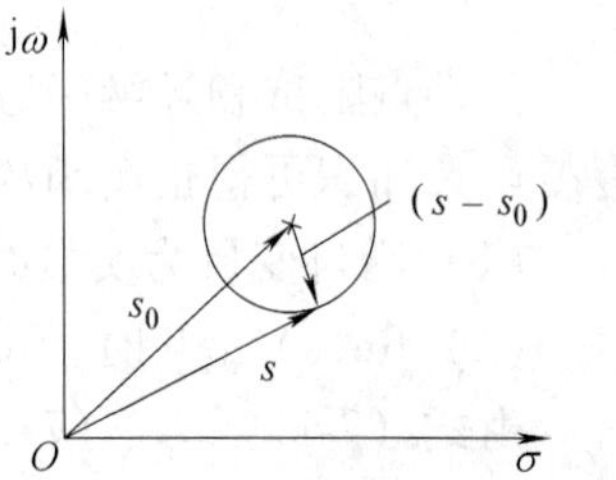

图 7-3 $Z(s)$ 在右半平面解析

（2）$Z(s)$ 在右半平面内也不可能有零点。

前已指出正实函数的倒数也是正实函数，所以其倒数在右半平面也无极点，即说明本身在右半平面无零点。导纳 $Y(s)$ 和阻抗 $Z(s)$ 一样在右半平面都没有零极点。

（3）$Z(s)$[或 $Y(s)$] 在虚轴上若有极点只能是一阶的，其留数是正的。

仍旧应用反证法。如图 7-4 所示，设虚轴上有 p 阶极点 s_0，在右半平面充分靠近 s_0 区域内取一半圆，半圆上点移动时，ϕ 角在 $-\frac{\pi}{2} \sim \frac{\pi}{2}$ 之间变动，若公式（7-26）右边大于等于零，只有当 $p=1$、$\theta=0$ 才可能。换言之虚轴上极点只能是一阶的（因为 $p=1$），留数 $k_p = ke^{j\theta} = ke^{j0} = k$ 为正。

同理，虚轴上的零点也只能是一阶的。

（4）设 $Y(s)$ 或 $Z(s) = \dfrac{N(s)}{D(s)}$

$N(s)$，$D(s)$ 多项式的最高、最低幂之差不能超过 1。因为虚轴上零极点阶数不能大于 1，所以在 $s=0$ 处和 $s=\infty$ 处极点都不能超过一阶。若 $D(s)$ 和 $N(s)$ 最高次幂差超过 1，例如为 2，则在 $s=\infty$ 处 $Z(s) = ks^2\left(\text{或}\dfrac{k}{s^2}\right)$ 与零极点 $s=\infty$ 处不能超过 1 的结论不符。同理，若最低幂次超过 1，将和 $s=0$ 处零极点不超过 1 相违背。

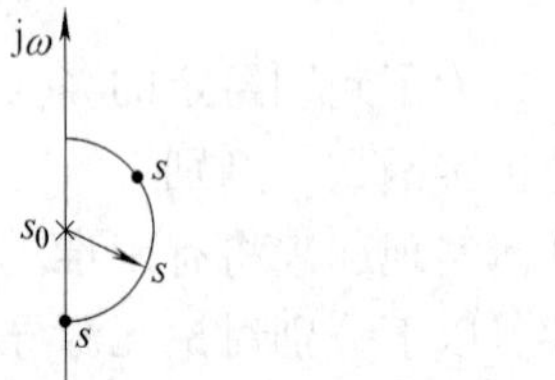

图 7-4 $Z(s)$[或 $Y(s)$] 虚轴极点特性

（5）$Z(s)$[或 $Y(s)$] 在虚轴上实部非负，即

$$\mathrm{Re}[Z(j\omega)] \geqslant 0$$

只需将 $s=j\omega$ 代入式（7-17）[或式（7-21）] 即可得此结论。此结论和无源一端口网络正弦激励下等效阻抗的实部等效电阻必为非负的事实一致的。上述性质（1）、（3）、（5）可以作为判别正实函数的等价条件（2）。证明如下：条件（1）、（3）、（5）显然是必要的，当证其充分性时，$Z(s)$ 可展开为

$$Z(s) = k_\infty s + \frac{k_0}{s} + \sum_i \frac{2k_i s}{s^2 + \omega_i^2} + F_1(s) \tag{7-27}$$

其中 ω_i 是虚轴上的极点，$j\omega_i$ 和（$-j\omega_i$）二项合并后$\frac{k_i}{s-j\omega_i}+\frac{k_i}{s+j\omega_i}=\frac{2k_is}{s^2+\omega_i^2}$。$F_1(s)$ 是 $Z(s)$ 全部虚轴（包括 $s=0$、$s=\infty$ 处）上极点项扣除后的剩余函数。所以 $F_1(s)$ 的极点只在左半平面，它在右半平面和 $j\omega$ 轴上都解析。对于 $F_1(s)$ 这样的函数，它的解析域上实部最小值位于边界上［参见复变函数参考书籍］，即位于 $j\omega$ 轴上。换言之，对全部 $\mathrm{Re}(s)\geqslant 0$，$\mathrm{Re}[F_1(s)]$ 的最小值出现在 $j\omega$ 轴上。由式（7-27）可知

$$\mathrm{Re}[Z(j\omega)] = \mathrm{Re}[F_1(j\omega)]$$

可见当 $\mathrm{Re}[Z(j\omega)]\geqslant 0$ 时，

$$\mathrm{Re}[F_1(s)] \geqslant \mathrm{Re}[F_1(j\omega)] \geqslant 0 \text{ 当 } \mathrm{Re}s \geqslant 0 \text{ 时} \tag{7-28}$$

式（7-28）说明，性质（1）、（3）、（5）也可作为 $F_1(s)$ 是正实函数的充分条件。而式（7-27）的前三项每项都是正实函数，而且正实函数之和也是正实函数，从而说明 $Z(s)$ 是正实函数。到此可得结论：

条件（1）和性质（1）、（3）、（5）可以作为判别正实函数的充要条件。

不妨将正实函数的等价充要条件归纳如下：

（1）s 是实数时，$F(s)$ 是实数；

（2）$F(s)$ 在右半平面解析；

（3）虚轴上极点为一阶，留数为正；

（4）$\mathrm{Re}[F(j\omega)]\geqslant 0$。

7.4　LC 一端口网络

7.4.1　LC 一端口网络的性质

没有电阻的 LC 一端口网络也称为电抗网络，此时能量函数 $F_0(s)=0$。由式(7-17)，式(7-21)得

$$Z(s) = \frac{1}{|I_1|^2}\left[sM_0(s) + \frac{1}{s}V_0(s)\right] \tag{7-29}$$

$$Y(s) = \frac{1}{|V_1|^2}\left[\overset{*}{s}M_0(s) + \frac{1}{\overset{*}{s}}V_0(s)\right] \tag{7-30}$$

可见 $Z(s)$ 的零点 s_z 满足式子 $s_z^2=-\frac{V_0(s)}{M_0(s)}$，为负实数，也即零点在虚轴上，同理极点也在虚轴上。当然也包含 $s=0$、$s=\infty$ 处。由式（7-29）、式（7-30）还可以看出

$$\mathrm{Re}[Z(j\omega)] = 0 = \mathrm{Re}[Y(j\omega)] \tag{7-31}$$

所以 $Z(s)$ 分子、分母多项式中除虚根构成的因子之外，必需还有一个单一 s（在分子、分母都可以），否则式（7-31）不能满足，可见电抗函数必为奇函数。这样 $Z(s)$ 或 $Y(s)$ 的形式大体上是

$$Z(s)=\frac{s(s^2+\omega_{z1}^2)(s^2+\omega_{z2}^2)\cdots}{(s^2+\omega_{p1}^2)(s^2+\omega_{p2}^2)\cdots}$$

它的展开式为

$$Z(s)=k_{\infty}s+\frac{k_0}{s}+\frac{k_1 s}{s^2+\omega_1^2}+\frac{k_2 s}{s^2+\omega_2^2}+\cdots \tag{7-32}$$

其中 k_0、k_{∞} 分别是 $s=0$、$s=\infty$ 处极点的留数，k_1 是极点 $\mathrm{j}\omega_1$ 处留数的两倍。它们都是非负的。以 $s=\mathrm{j}\omega$ 代入式（7-32）得

$$\begin{aligned}Z(\mathrm{j}\omega)&=\mathrm{j}\left[k_{\infty}\omega-k_0\frac{1}{\omega}+\frac{k_1\omega}{\omega_1^2-\omega^2}+\frac{k_2\omega}{\omega_2^2-\omega^2}+\cdots\right]\\&=\mathrm{j}X(\omega)\end{aligned} \tag{7-33}$$

$X(\omega)$ 是电抗值，即

$$X(\omega)=k_{\infty}\omega-\frac{k_0}{\omega}+\sum_{i=1}^{p}\frac{k_i\omega}{\omega_i^2-\omega^2} \tag{7-34}$$

$$\frac{\mathrm{d}X(\omega)}{\mathrm{d}\omega}=k_{\infty}+\frac{k_0}{\omega^2}+\sum_{i=1}^{p}\frac{k_i(\omega_i^2+\omega^2)}{(\omega_i^2-\omega^2)^2} \tag{7-35}$$

p 是虚轴上总的极点数（不包括 $s=0$、$s=\infty$ 处极点）。

由式（7-35）可见，当 $0<\omega<\infty$ 时，$\frac{\mathrm{d}X(\omega)}{\mathrm{d}\omega}>0$，也即实函数 $X(\omega)$ 随 ω 单调增加。如图 7-5 所示，$X(\omega)$ 单调增加的特性必然导致 $Z(s)$ 虚轴上的零极点是交替分布的。图 7-5 中，$s=0$ 处是极点，$s=\infty$ 处是零点。电抗函数在 $s=0$ 和 $s=\infty$ 处不是极点就是零点。为了便于叙述，设 $\omega_1<\omega_2\cdots<\omega_k$ 则电抗函数 $Z(s)$[或 $Y(s)$]不外乎有以下四种形式

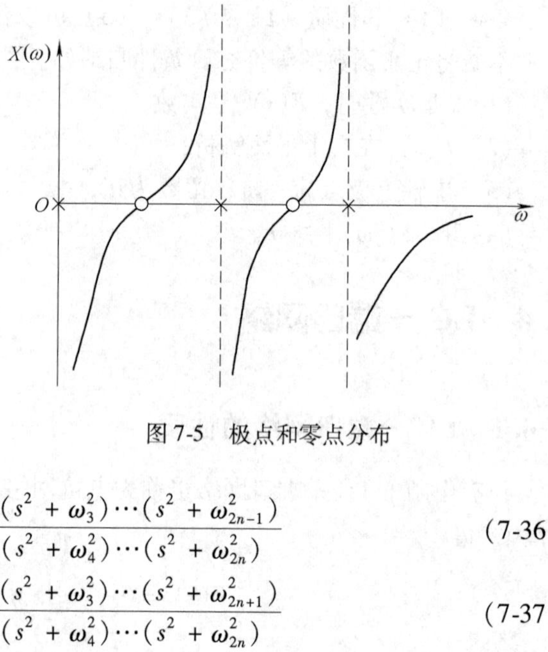

图 7-5 极点和零点分布

(1) $$Z(s)=\frac{A_1(s^2+\omega_1^2)(s^2+\omega_3^2)\cdots(s^2+\omega_{2n-1}^2)}{s(s^2+\omega_2^2)(s^2+\omega_4^2)\cdots(s^2+\omega_{2n}^2)} \tag{7-36}$$

(2) $$Z(s)=\frac{A_2(s^2+\omega_1^2)(s^2+\omega_3^2)\cdots(s^2+\omega_{2n+1}^2)}{s(s^2+\omega_2^2)(s^2+\omega_4^2)\cdots(s^2+\omega_{2n}^2)} \tag{7-37}$$

(3) $$Z(s)=\frac{A_3 s(s^2+\omega_2^2)(s^2+\omega_4^2)\cdots(s^2+\omega_{2n}^2)}{(s^2+\omega_1^2)(s^2+\omega_3^2)\cdots(s^2+\omega_{2n-1}^2)} \tag{7-38}$$

(4) $$Z(s)=\frac{A_4 s(s^2+\omega_2^2)(s^2+\omega_4^2)\cdots(s^2+\omega_{2n}^2)}{(s^2+\omega_1^2)(s^2+\omega_3^2)\cdots(s^2+\omega_{2n+1}^2)} \tag{7-39}$$

其中第（1）种，$s=0$ 处是极点、$s=\infty$ 处是零点；第（2）种，$s=0$、$s=\infty$ 处都是极点；第（3）$s=0$ 是零点、$s=\infty$ 处是极点；第（4）种在 $s=0$ 和 $s=\infty$ 处都是零点。

7.4.2 LC 一端口网络的实现

以上四种形式均可按式（7-32）形式展开，由式（7-32）得

$$k_0 = Z(s)s \big|_{s=0} \tag{7-40}$$

$$k_\infty = \frac{Z(s)}{s} \Big|_{s=\infty} \tag{7-41}$$

$$k_i = \frac{s^2+\omega_i^2}{s} Z(s) \Big|_{s^2=-\omega_i^2} \tag{7-42}$$

展开式（7-32）直接可以按 LC 网络实现，其中$\frac{k_i s}{s^2+\omega_i^2}$项，相当于 L_iC_i 并联电路的阻抗。对比图 7-6 所示电路知阻抗

$$Z_i(s) = \frac{1}{sC_i + \frac{1}{sL_i}} = \frac{\frac{s}{C_i}}{s^2 + \frac{1}{L_iC_i}} \tag{7-43}$$

所以知

$$C_i = \frac{1}{k_i} \tag{7-44}$$

$$L_i = \frac{1}{\omega_i^2 C_i} = \frac{k_i}{\omega_i^2} \tag{7-45}$$

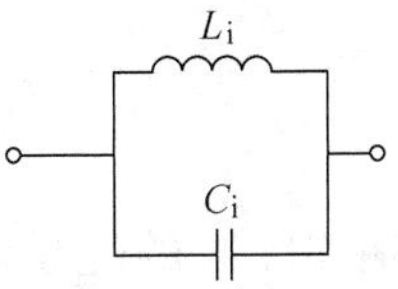

图 7-6　L_iC_i 并联电路的阻抗

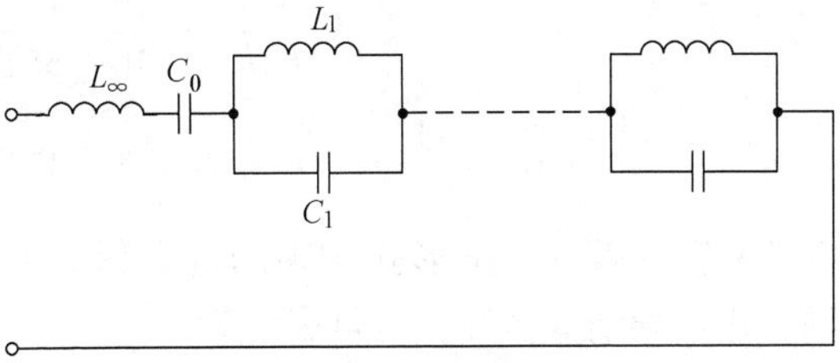

图 7-7　LC 电路的福斯特（Foster）Ⅰ型

图 7-7 所示 LC 网络其中 $L_\infty = k_\infty$，$C_0 = \frac{1}{k_0}$，$L_1 = \frac{k_1}{\omega_1^2}$，$C_1 = \frac{1}{k_1}$其余类推。因为正实函数的性质决定了这些留数为非负的，均能用正值参数实现。图 7-7 这种实现形式称为福斯特（Foster）Ⅰ型。

例 7-1　$Z(s) = \frac{s(s^4+6s^2+8)}{s^4+4s^2+3}$，试用福斯特Ⅰ型实现一端口网络。

解

$$Z(s) = \frac{s(s^2+2)(s^2+4)}{(s^2+1)(s^2+3)} = \frac{k_1 s}{s^2+1} + \frac{k_2 s}{s^2+3} + k_\infty s$$

由式（7-41）、式（7-42）得

$$k_\infty = 1$$

$$k_1 = \frac{(-1+2)(-1+4)}{(-1+3)} = \frac{3}{2}$$

$$k_2 = \frac{(-3+2)(-3+4)}{(-3+1)} = \frac{1}{2}$$

由式（7-44）、式（7-45）得

$$L = 1\text{H},\ C_1 = \frac{1}{k_1} = \frac{2}{3}\text{F},\ L_1 = \frac{3}{2}\text{H},\ C_2 = 2\text{F},\ L_2 = \frac{1/2}{3}\text{H} = \frac{1}{6}\text{H}$$

电路如图 7-8 所示。

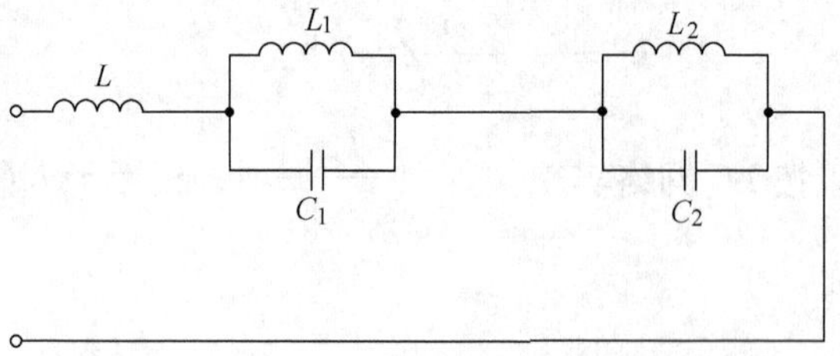

图 7-8　例 7-1 附图

例 7-2　若上题第一个极点在 1.592kHz 处，且希望最大的电容为 1μF，试决定归一化系数 k_z、k_ω 并求去归一化参数。

解

$$k_\omega = \frac{1.59 \times 10^3}{1} \times 2\pi = 10^4$$

由式（7-1）得

$$k_z = \frac{C_{2N}}{C_2 k_\omega} = \frac{2}{10^{-6} \times 10^4} = 200$$

$$C_1 = \frac{1}{3}\mu\text{F},\ L = L_N\frac{k_z}{k_\omega} = 0.02\text{H},\ L_1 = 0.03\text{H}$$

福斯特Ⅰ型是通过阻抗形式实现的，实际上 LC 一端口网络导纳 $Y(s)$ 的性质和阻抗 $Z(s)$ 相同，也即导纳的展开式也可表示为

$$Y(s) = k_\infty s + \frac{k_0}{s} + \sum_i \frac{k_i s}{s^2 + \omega_i^2}$$

将上式右边第三项总和的一项 $\frac{k_i s}{s^2 + \omega_i^2}$ 和图 7-9 电路的导纳比较不难得

$$L_i = \frac{1}{k_i} \tag{7-46}$$

$$C_i = \frac{k_i}{\omega_i^2} \tag{7-47}$$

通过导纳实现的电路称为福斯特Ⅱ型电路。图 7-10 所示即为一般福斯特Ⅱ型电路。其中 $C_\infty = k_\infty$，$L_0 = \frac{1}{k_0}$，L_i，C_i 由式（7-46）、式（7-47）确定。

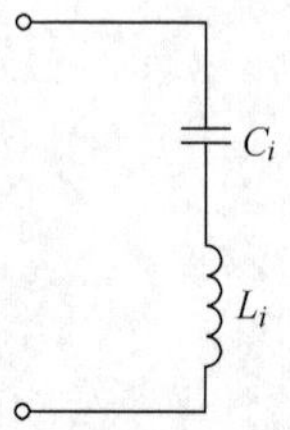

图 7-9　L_iC_i 串联电路的导纳

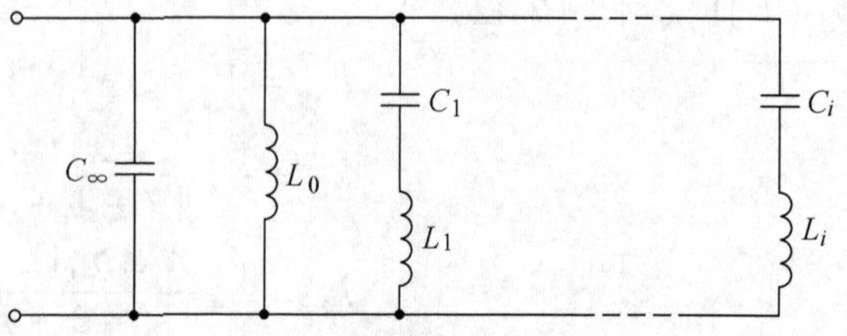

图 7-10　LC 电路的福斯特（Foster）Ⅱ型

例 7-3　试用 Foster Ⅱ电路实现例 7-1 函数。

解

$$Y(s)=\frac{(s^2+1)(s^2+3)}{s(s^2+2)(s^2+4)}=\frac{k_0}{s}+\frac{k_1 s}{s^2+2}+\frac{k_2 s}{s^2+4}$$

$$k_0=\frac{3}{8}$$

$$k_1=\frac{(-2+1)(-2+3)}{(-2)(-2+4)}=\frac{1}{4}$$

$$k_2=\frac{(-4+1)(-4+3)}{(-4)(-4+2)}=\frac{3}{8}$$

具体电路如图 7-11 所示。

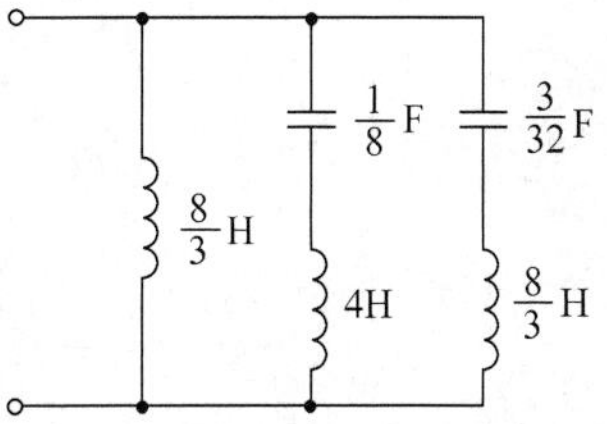

图 7-11　例 7-3 附图

前已指出电抗函数在 $s=\infty$ 处不是极点便是零点。如果是极点，将 $k_\infty s$ 项减去后，剩余部分函数也必是电抗函数，它在 $s=\infty$ 处将是零点，它的倒数在 $s=\infty$ 处又将是极点，再将它减去，…。如此反复将 $s=\infty$ 处的极点移走，移走后的极点可用串联电感［$Y(s)$ 的极点用并联电容］实现。具体过程可用下式表示

$$Z(s)=k_1 s+Z_1(s)=k_1 s+\frac{1}{Y_1(s)}=k_1 s+\cfrac{1}{k_2 s+\cfrac{1}{Z_2(s)}}$$

即可用连分式表示

$$Z(s)=k_1 s+\cfrac{1}{k_2 s+\cfrac{1}{k_3 s+\cfrac{1}{k_4 s+\cdots}}} \tag{7-48}$$

图 7-12 即实现了式（7-48）的阻抗函数。其中 $L_1=k_1$，$C_2=k_2$，$L_3=k_3$，余类推之。具体计算时可以用一个连除分式进行。

这样的方法称为考尔（Cauer）法。图 7-12 称为考尔 I 型电路。

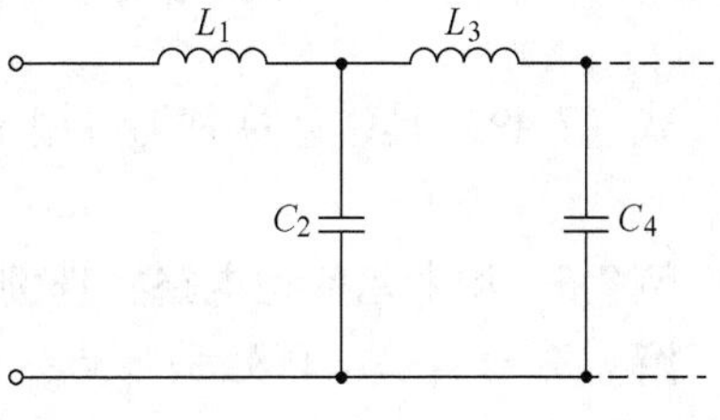

图 7-12　LC 电路的考尔（Cauer）Ⅰ型

例 7-4　试用考尔 I 型电路实现例 7-1 阻抗 $Z(s)$。

解　$Z(s)$ 在 $s=\infty$ 处有极点，所以先用它的分子除以分母，作连分式

$$s^4+4s^2+3)\,s^5+6s^3+8s\,(s$$

$$\underline{s^5+4s^3+3s}$$

$$2s^3+5s)\,s^4+4s^2+3\,(\frac{s}{2}$$

$$\underline{s^4+\frac{5}{2}s^2}$$

$$\frac{3}{2}s^2+3)\,2s^3+5s\,(\frac{4}{3}s$$

$$
\begin{array}{l}
2s^3+4s \\
\hline
s)\ \frac{3}{2}s^2+3\ (\frac{3}{2}s \\
\quad \frac{3}{2}s^2 \\
\hline
\quad 3)\ s\ (\frac{s}{3}
\end{array}
$$

于是得一端口网络如图 7-13 所示。

处理 $s=\infty$ 处极点获得考尔 I 型电路。同理也可以逐步减去 $s=0$ 处的极点项$\frac{k_0}{s}$剩余函数的倒数必又在 $s=0$ 处形成极点，依次连除同样可获考尔 Ⅱ 型电路，即

$$
Z(s)=\frac{k_1}{s}+\cfrac{1}{\cfrac{k_2}{s}+\cfrac{1}{\cfrac{k_3}{s}+\cfrac{1}{\cfrac{k_4}{s}+\cdots}}} \tag{7-49}
$$

图 7-14 即实现了式（6-49）的阻抗函数，其中 $C_1=\frac{1}{k_1}$，$L_2=\frac{1}{k_2}$，$C_3=\frac{1}{k_3}$，余类推之。

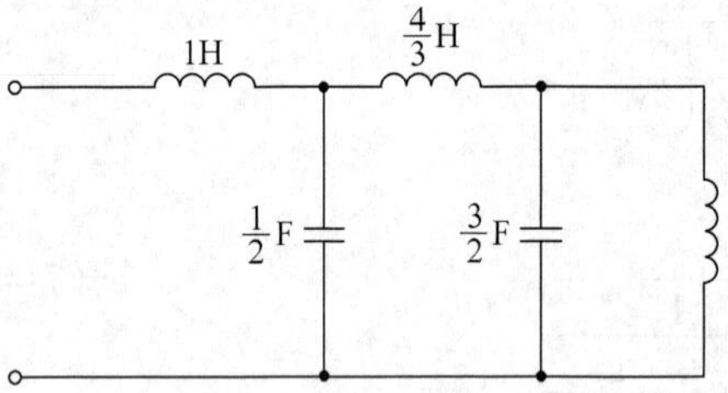

图 7-13 例 7-4 附图

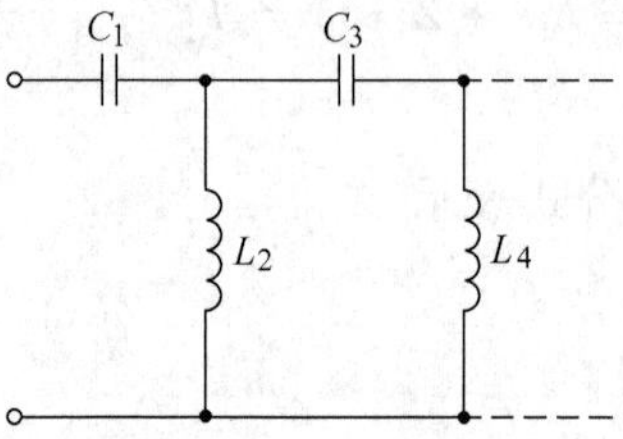

图 7-14 LC 电路的考尔（Cauer）Ⅱ型

式（7-49）具体计算时仍可用一个连除分式。多项式排列时应由低次幂至高次幂较为方便。

例 7-5 用考尔Ⅱ型电路实现例 7-1 阻抗 $Z(s)$。

解 $Z(s)$ 在 $s=0$ 处是零点。所以 $Y(s)$ 在 $s=0$ 处是极点。第一步应移走 $Y(s)$ 在 $s=0$ 处极点，即先用多项式（$3+4s^2+s^4$）作为被除数。作连分式

$$
\begin{array}{l}
8s+6s^3+s^5)\ 3+4s^2+s^4\quad (\frac{3}{8s} \\
\qquad 3+\frac{9}{4}s^2+\frac{3}{8}s^4 \\
\hline
\qquad \frac{7}{4}s^2+\frac{5}{8}s^4)\ 8s+6s^3+s^5\ (\frac{32}{7s} \\
\qquad\qquad 8s+\frac{160}{56}s^3 \\
\hline
\qquad\qquad \frac{22}{7}s^3+s^5)\ \frac{7}{4}s^2+\frac{5}{8}s^4\ (\frac{49}{88s}
\end{array}
$$

$$\frac{7}{4}s^2+\frac{49}{88}s^4$$

$$\frac{3}{44}s^4\overline{)\frac{22}{7}s^3+s^5}\left(\frac{968}{21s}\right.$$

$$\frac{22}{7}s^3$$

$$s^5\overline{)\frac{3}{44}s^4}\left(\frac{3}{44s}\right.$$

得图 7-15 所示电路。

由前各例可见，电路综合实现网络的解答不是唯一的，同一阻抗可以有完全不同的电网络。原则上可以有无穷多的解答。Foster（Ⅰ、Ⅱ），Cauer（Ⅰ、Ⅱ）都用了五个元件，实际上是实现给定函数最少的元件数，称为规范实现。规范实现元件数刚好等于 $0<\omega<\infty$ 范围内零极点总数加 1（不计 $s=0$、$s=\infty$ 处的零极点）。

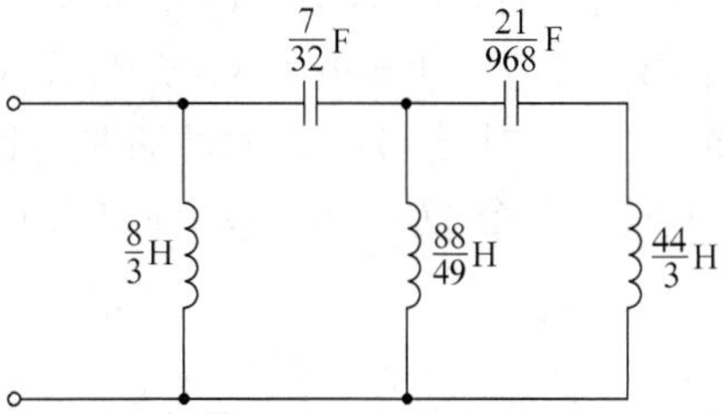

图 7-15　例 7-5 附图

7.5　RC 一端口网络

7.5.1　RC 一端口网络的性质

将 $M_0(s)=0$ 代入式（7-17）、式（7-21）得

$$Z(s)=\frac{1}{|I_1(s)|^2}\left[F_0(s)+\frac{V_0(s)}{s}\right] \tag{7-50}$$

$$Y(s)=\frac{1}{|V_1(s)|^2}\left[F_0(s)+\frac{V_0(s)}{\overset{*}{s}}\right] \tag{7-51}$$

由式（7-50）、式（7-51）看出它们的零点在负实轴上。换言之，它们的零极点都在负实轴上。以 $s=\sigma+\mathrm{j}\omega$ 代入式（7-50）得

$$Z(s)=\frac{F_0(s)+\dfrac{V_0(s)}{(\sigma+\mathrm{j}\omega)}}{|I_1(s)|^2}=R(s)+\mathrm{j}X(s)$$

则可得

$$R(s)=\frac{F_0(s)}{|I_1(s)|^2}+\frac{\sigma V_0(s)}{|I_1(s)|^2(\sigma^2+\omega_0^2)} \tag{7-52}$$

$$X(s)=\frac{-\omega V_0(s)}{|I_1(s)|^2(\sigma^2+\omega^2)} \tag{7-53}$$

由式（7-53）看出：$X(s)$ 和 ω 恒反号，即 s 面的上半平面（$\omega>0$）时 $X(s)<0$，下半平面 $X(s)>0$，此结果可以推断出 RC 网络 $Z(s)$ 在负实轴上极点只能是一阶的，且留数为正。仍采用反证法，设负实轴上有 p 阶极点 s_0，在 s_0 附近上部取半圆弧，如图 7-16 所示，

应用式（7-25）可得

$$X(s)=\frac{k}{r^{p}}\sin(\theta-p\phi) \tag{7-54}$$

当考察点 s 在半圆上移动时，ϕ 角在 $0\sim\pi$ 之间变动，又因为 $\omega>0$ 情况下式（7-54）右边必须为非正，可见必须 $\theta=0$、$p=1$，也即负实轴上（包含 $s=0$ 处）极点只能为一阶，留数为正。RC 网络在 $s=\infty$ 处不可能存在极点，因为 RC 网络在 $s=\infty$ 处电容 C 相当于短接，此时入端阻抗若为 ∞，说明电路是开断的，不在讨论之列。$s=\infty$ 处 $Z(s)$ 可以是零点，也可以是常数。LC 网络阻抗 $Z(s)$ 和导纳 $Y(s)$ 的性质是完全一样的，而 RC 网络阻抗 $Z(s)$ 和导纳 $Y(s)$ 的性质是有区别的。将 $s=\sigma+\mathrm{j}\omega$ 代入式(7-51）并令 $Y(s)=G(s)+\mathrm{j}B(s)$，整理后不难得

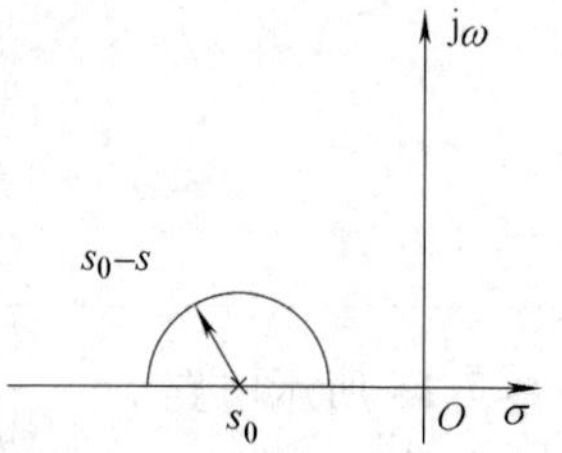

图 7-16 RC 网络 $Z(s)$ 极点特性

$$B(s)=\frac{\omega V_0(s)}{|V_1(s)|^2(\sigma^2+\omega^2)} \tag{7-55}$$

也即 $\omega>0$ 时，$B(s)>0$，因此得 $p=1$、$\theta=180°$，也即 RC 网络 $Y(s)$ 在负实轴极点是一阶的，留数为负。$Y(s)$ 在 $s=\infty$ 处可以有一阶极点，但在 $s=0$ 处不能是极点。因为 $s=0$ 时，电容相当于开断，导纳若为∞，相当于端口被短接也不在讨论之列。

综上所述可得阻抗 $Z(s)$ 的展开式为

$$Z(s)=k_\infty+\frac{k_0}{s}+\frac{k_1}{s+\sigma_1}+\frac{k_2}{s+\sigma_2}+\cdots+\frac{k_i}{s+\sigma_i}+\cdots \tag{7-56}$$

其中 $\sigma_i>0$、$k_i>0$、$k_0\geqslant0$，由 $Z(\infty)\geqslant0$ 可得 $k_\infty\geqslant0$

导纳 $Y(s)$ 的展开式为

$$Y(s)=k'_\infty s+k'_0+\frac{k'_1}{s+\sigma_1}+\frac{k'_2}{s+\sigma_2}+\cdots+\frac{k'_i}{s+\sigma_i}+\cdots \tag{7-57}$$

其中 $k'_\infty\geqslant0$、$\sigma_i>0$，$k'_i<0$，由 $Y(0)\geqslant0$ 得

$$k'_0+\frac{k'}{\sigma_1}+\frac{k'_2}{\sigma_2}+\cdots+\frac{k'_i}{\sigma_i}\cdots\geqslant0$$

而

$$\frac{k'_i}{\sigma_i}<0$$

所以

$$k'_0\geqslant-\sum\frac{k'_i}{\sigma_i}=\sum\left|\frac{k'_i}{\sigma_i}\right|>0$$

以 s 除以 $Y(s)$ 得

$$\frac{Y(s)}{s}=k'_\infty+\frac{k'_0}{s}+\sum_i\frac{k'_i}{s(s+\sigma_i)}$$

其中

$$\frac{k'_i}{s(s+\sigma_i)}=\frac{k'_i}{\sigma_i s}-\frac{k'_i}{\sigma_i(s+\sigma_i)}$$

代入上式得

$$\frac{Y(s)}{s}=k'_{\infty}+\frac{1}{s}\left(k'_0+\sum_i\frac{k'_i}{\sigma_i}\right)+\sum_i\frac{-\frac{k'_i}{\sigma_i}}{s+\sigma_i}$$

或

$$\frac{Y(s)}{s}=\alpha_{\infty}+\frac{\alpha_0}{s}+\sum_i\frac{\alpha_i}{s+\sigma_i}\tag{7-58}$$

即

$$Y(s)=\alpha_{\infty}s+\alpha_0+\sum_i\frac{\alpha_i s}{s+\sigma_i}\tag{7-59}$$

其中

$$\alpha_{\infty}=k_{\infty}\geqslant 0,\ \alpha_0=k'_0+\sum_i\frac{k'_i}{\sigma_i}\geqslant 0,\ \alpha_i=-\frac{k'_i}{\sigma_i}>0$$

由式（7-58）表示的函数$\frac{Y(s)}{s}$负实轴上留数也为正值。以 $s=\sigma$ 代入式（7-56）、式（7-57）并对 σ 求导得

$$\frac{\mathrm{d}Z(\sigma)}{\mathrm{d}\sigma}=\frac{-k_0}{\sigma^2}-\sum_i\frac{k_i}{(\sigma+\sigma_i)^2}<0\tag{7-60}$$

可见实函数 $Z(\sigma)$ 随 σ 单调下降，同样可证 $Y(\sigma)$ 随 σ 单调增加。如图 7-17 所示，$Z(\sigma)$ 在负实轴上的零、极点也必交替分布。

综上所述可知 RC 一端口网络的性质为：

（1）$Z(s)$、$Y(s)$ 全部零、极点在负实轴上，且为一阶；

（2）零、极点交替分布；

（3）$Z(s)$ 极点的留数为正，$Y(s)$ 的极点的留数为负（$s=\infty$ 处除外）；

（4）$Z(s)$ 最靠近原点处的临界点（即零极点）是一个极点。因为原点可以是极点，否则 $Z(0)$ 为正数，由图 7-17 单调下降特性看出，最靠近原点的临界点必为极点；同理 $Z(s)$ 最远处的临近点是零点。因为 $s=\infty$ 处 $Z(s)$ 可以是零点，否则 $Z(\infty)$ 为正数，由图 7-17 的单调下降特性应先出现零点；

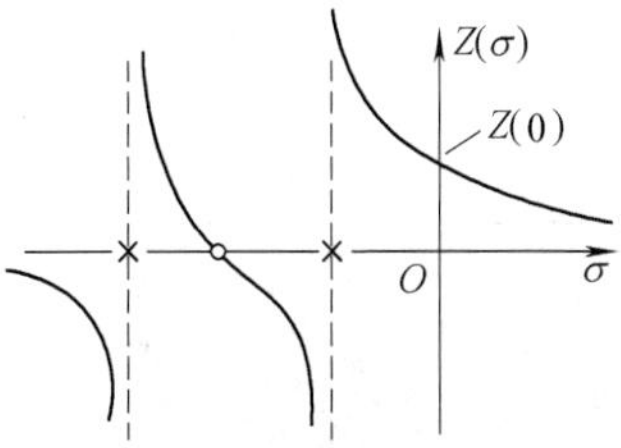

图 7-17　$Z(\sigma)$ 曲线

（5）导纳 $Y(s)$ 的零、极点只需同阻抗反一反，即原点或最靠原点的是零点，∞ 处或最远处为极点。

根据以上性质 $Z(s)$ 不外乎有以下四种形式

（1）
$$Z(s)=\frac{A_1(s+\sigma_1)(s+\sigma_3)\cdots(s+\sigma_{2n-1})}{s(s+\sigma_2)(s+\sigma_4)\cdots(s+\sigma_{2n})}\tag{7-61}$$

（2）
$$Z(s)=\frac{A_2(s+\sigma_1)(s+\sigma_3)\cdots(s+\sigma_{2n+1})}{s(s+\sigma_2)(s+\sigma_4)\cdots(s+\sigma_{2n})}\tag{7-62}$$

（3）
$$Z(s)=\frac{A_3(s+\sigma_2)(s+\sigma_4)\cdots(s+\sigma_{2n})}{(s+\sigma_1)(s+\sigma_3)\cdots(s+\sigma_{2n-1})}\tag{7-63}$$

（4）
$$Z(s)=\frac{A_4(s+\sigma_2)(s+\sigma_4)\cdots(s+\sigma_{2n})}{(s+\sigma_1)(s+\sigma_3)\cdots(s+\sigma_{2n+1})}\tag{7-64}$$

其中

$$\sigma_1 < \sigma_2 < \sigma_3 \cdots$$

在 $s=0$ 处，(1)、(2) 为极点，(3)、(4) 为常数；在 $s=\infty$ 处，(1)、(4) 为零点，(2)、(3) 为常数。

7.5.2 RC 一端口网络的实现

仿照 LC 一端口网络，RC 一端口网络也可用 Foster Ⅰ、Ⅱ型和 Cauer Ⅰ、Ⅱ型电路实现。Foster Ⅰ型电路式（7-56）中 k_∞ 和 $\frac{k_0}{s}$ 可用串联电阻和电容实现。$\frac{k_i}{s+\sigma_i}$ 项用 RC 并联电路实现。

图 7-18a 所示即 Foster Ⅰ型电路，其中 $R=k_\infty$，$C_0=\frac{1}{k_0}$，$C_i=\frac{1}{k_i}$，$R_i=\frac{k_i}{\sigma_i}$。

图 7-18b 所示为 Foster Ⅱ型电路，比较式（7-59）可知：

$$R_0 = \frac{1}{\alpha_0},\ C = \alpha_\infty,\ R_i = \frac{1}{\alpha_i},\ C_i = \frac{\alpha_i}{\sigma_i}$$

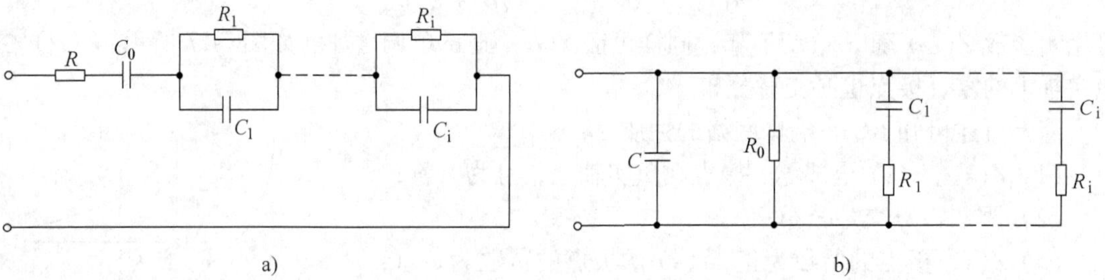

图 7-18 RC 电路 Foster 型
a）RC 电路 Foster Ⅰ型 b）RC 电路 Foster Ⅱ型

Cauer Ⅰ型电路也是处理 $s=\infty$ 处的极点或常数后获得的。将 $Z(s)$ 的 K_∞ 减去后，剩余函数 $Z_1(s)$ 在 $s=\infty$ 处是零点，其倒数为极点。该极点移走后剩余部分及其倒数在 $s=\infty$ 处又是常数，依此类推。具体可以写成连分式

$$Z(s) = k_1 + \cfrac{1}{k_2 s + \cfrac{1}{k_3 + \cfrac{1}{k_4 s + \cdots}}} \tag{7-65}$$

式（7-65）可用图 7-19 所示的梯型电路实现。

同理 Cauer Ⅱ型电路是先处理 $s=0$ 处的极点和常数。写成连分式后为

$$Z(s) = \frac{k_1}{s} + \cfrac{1}{k_2 + \cfrac{1}{\cfrac{k_3}{s} + \cfrac{1}{k_4 + \cdots}}} \tag{7-66}$$

式（7-66）可用图 7-20 所示电路实现。

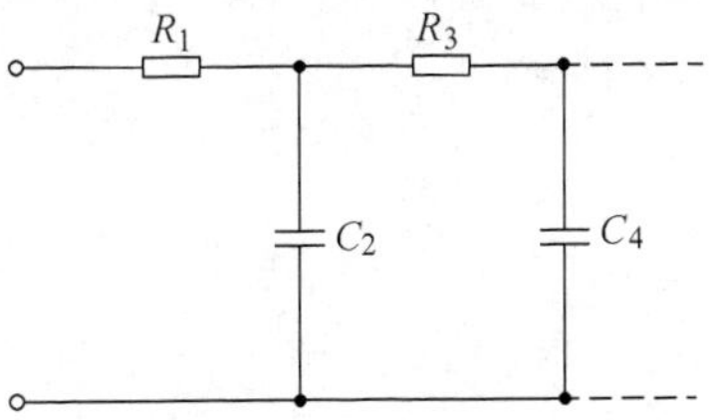

图 7-19　RC 电路 Cauer Ⅰ型

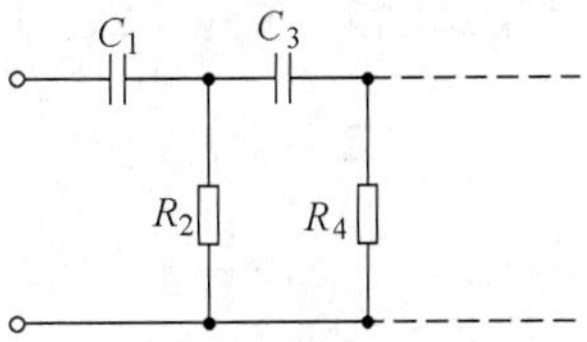

图 7-20　RC 电路 Cauer Ⅱ型

例 7-6　设 $Z(s)=\dfrac{24(s+1)(s+3)}{s(s+2)(s+4)}$，试分别用 Foster Ⅰ、Ⅱ和 Cauer Ⅰ、Ⅱ实现该电路。

解　(1) Foster Ⅰ型

$$Z(s)=\frac{k_0}{s}+\frac{k_1}{s+2}+\frac{k_2}{s+4}$$

式中

$$k_0=\frac{72}{8}=9,k_1=\frac{24(-2+1)(-2+3)}{(-2)(-2+4)}=6$$

$$k_2=\frac{24(-4+1)(-4+3)}{(-4)(-4+2)}=9$$

(2) Foster Ⅱ型

$$\frac{Y(s)}{s}=\frac{(s+2)(s+4)}{24(s+1)(s+3)}=k_1+\frac{k_2}{s+1}+\frac{k_3}{s+3}$$

$$=\frac{1}{24}+\frac{1}{16(s+1)}+\frac{1}{48(s+3)}$$

得

$$Y(s)=\frac{s}{24}+\frac{s}{16(s+1)}+\frac{s}{48(s+3)}$$

(3) Cauer Ⅰ型应先移 $Y(s)$ 在 $s=\infty$ 处的极点，即

$$24s^2+96s+72)\ s^3+6s^2+8s\left(\frac{s}{24}\right.$$

$$\underline{s^3+4s^2+3s}$$

$$2s^2+5s)\ 24s^2+96s+72\left(12\right.$$

$$\underline{24s^2+60s}$$

$$36s+72)\ 2s^2+5s\left(\frac{s}{18}\right.$$

$$\underline{2s^2+4s}$$

$$s)\ 36s+72\left(36\right.$$

$$\underline{36s}$$

$$72)\ s\left(\frac{s}{72}\right.$$

(4) Cauer Ⅱ型应先移走 $Z(s)$ 在 $s=0$ 处的极点，即

$$8s+6s^2+s^3\,)\;72+96s+24s^2\,\left(\frac{9}{s}\right.$$

$$\underline{72+54s+9s^2}$$

$$42s+15s^2\,)\;8s+6s^2+s^3\,\left(\frac{4}{21}\right.$$

$$\underline{8s+\frac{20}{7}s^2}$$

$$\frac{22}{7}s^2+s^3\,)\;42s+15s^2\,\left(\frac{147}{11s}\right.$$

$$\underline{42s+\frac{147}{11}s^2}$$

$$\frac{18}{11}s^2\,)\;\frac{22}{7}s^2+s^3\,\left(\frac{121}{63}\right.$$

$$\underline{\frac{22}{7}s^2}$$

$$s^3\,)\;\frac{18}{11}s^2\,\left(\frac{18}{11s}\right.$$

图 7-21a、b、c、d 分别为所实现的四种电路。

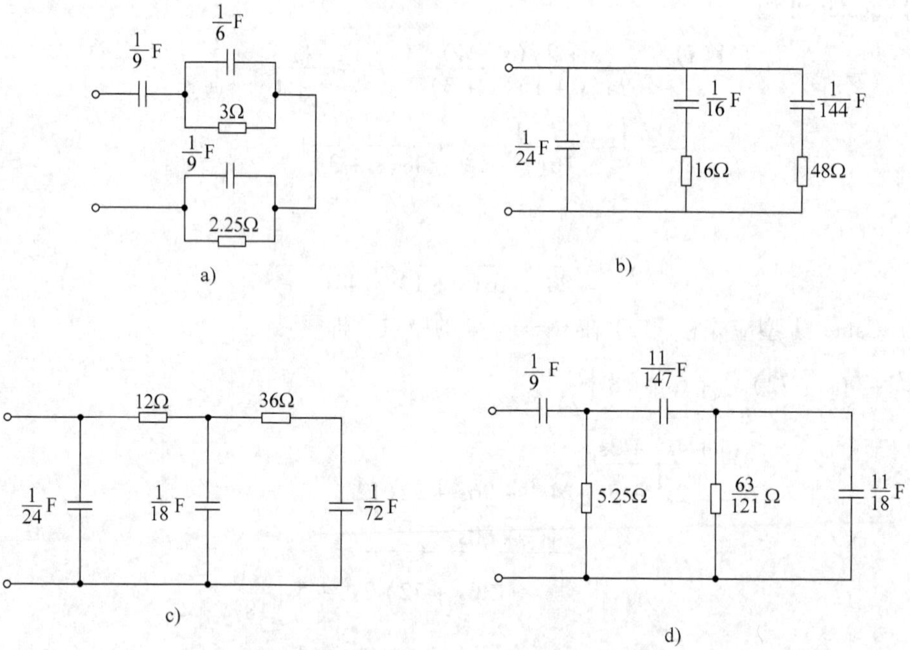

图 7-21 例 7-6 附图

a）Foster Ⅰ型电路 b）Foster Ⅱ型电路 c）Cauer Ⅰ型电路 d）Cauer Ⅱ型电路

LC 电抗函数 $Z_{LC}(s)$ 和 RC 阻抗函数 $Z_{RC}(s)$ 之间究竟有什么联系？若将 RC 网络中所有电阻 R_i 换成同值的电感 L_i 则各支路的导纳变化如表 7-1 所示。

表7-1　LC 电抗函数 $Z_{LC}(s)$ 和 RC 阻抗函数 $Z_{RC}(s)$ 的关系

	原电路导纳	置换后电路导纳
RC 并联支路	$SC_i+\frac{1}{R_i}$	$SC_i+\frac{1}{sR_i}=\frac{1}{s}\left(s^2C_i+\frac{1}{R_i}\right)$
串联支路	$\frac{1}{R_i+1/sC_i}$	$\frac{1}{sR_i+1/sC_i}=\frac{1}{s}\frac{1}{R_i+1/s^2C_i}$
单个电阻支路	$\frac{1}{R_i}$	$\frac{1}{sR_i}=\frac{1}{s}\cdot\frac{1}{R_i}$
单个电容支路	sC_i	$\frac{1}{s}(s^2)C_i$

由表7-1 可见。每一支路导纳变化是本来 s 变为 s^2，另外除以 s。换言之，每一支路阻抗变化是 s 换为 s^2，再乘以 s，每一支路作同样变换后，总的策动点阻抗显然也作一样的变动，即

$$Z_{LC}(s)=sZ_{RC}(s^2) \tag{7-67}$$

例如有 $Z_{RC}(s)=\frac{(s+1)(s+3)}{s(s+2)(s+4)}$ 按（7-67）变换后得

$$Z_{LC}=\frac{s(s^2+1)(s^2+3)}{s^2(s^2+2)(s^2+4)}=\frac{(s^2+1)(s^2+3)}{s(s^2+2)(s^2+4)}$$

知道了 RC 网络零极点在负实轴上是一阶的，且交叉分布，由式（7-67）即可推断得 LC 网络零极点在虚轴上也是一阶的，且交叉分布。同理可以推得逆运算公式

$$Z_{RC}(s)=\frac{1}{\sqrt{s}}Z_{LC}(\sqrt{s}) \tag{7-68}$$

同样可以推出导纳的转换关系式。

式（7-36）~式（7-39）四种电抗函数经变换便直接可得式（7-61）~式（7-64）四种 RC 阻抗函数的公式。

7.6　RL 一端口网络

将 $V_0(s)=0$ 代入式（7-17）、式（7-21）得

$$Z(s)=\frac{1}{|I_1(s)|^2}[F_0(s)+sM_0(s)] \tag{7-69}$$

$$Y(s)=\frac{1}{|V_1(s)|^2}[F_0(s)+\overset{*}{s}M_0(s)] \tag{7-70}$$

仿照 RC 电路的方法不难得 RL 电路的性质

(1) $Z(s)$、$Y(s)$ 的零、极点在负实轴上，且为一阶的；

(2) $Z(s)$ 负实轴上极点的留数为负，$Y(s)$ 的为正；

(3) 零、极点交替分布；

(4) $Z(s)$ 最靠近原点的临界点是零点；最远离原点的临界点是极点；$Y(s)$ 情况反一反。

例 7-7　试用 Foster I 和 Cauer I 型电路实现阻抗 $Z(s)=\frac{s(s+2)}{(s+1)(s+3)}$。

解

$$\frac{Z(s)}{s}=\frac{s+2}{(s+1)(s+3)}=\frac{1}{2(s+1)}+\frac{1}{2(s+3)}$$

$$Z(s)=\frac{s}{2(s+1)}+\frac{s}{2(s+3)}$$

因此得 Foster Ⅰ型电路如图 7-22a 所示。列连除分式后可获 Cauer Ⅰ型电路如图 7-22b 所示。

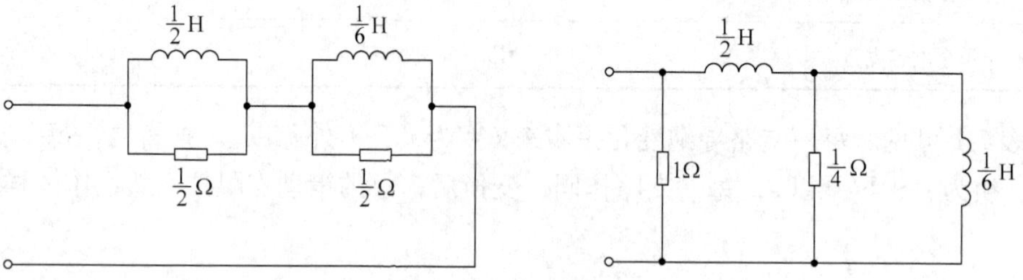

a)　　　　b)

图 7-22　例 7-7 附图

a）Foster Ⅰ型电路　b）Cauer Ⅰ型电路

同样可以推出 RL 网络和 LC 网络之间的关系。若 RL 网络中所有电导 G_i 用同值电容 C_i 替换后，则原网络电阻支路阻抗 $\frac{1}{G_i}$ 变为电容支路阻抗 $\frac{1}{sC_i}=\frac{1}{sG_i}=\frac{1}{s}\left(\frac{1}{G_i}\right)$，电感支路阻抗 $sL_i=\frac{1}{s}(s^2L_i)$，即只需所有支路阻抗中 s 变为 s^2，然后再除以 s。所以总的策动点阻抗函数也只需将 s 变为 s^2 后，再除以 s，即

$$Z_{LC}(s)=\frac{1}{s}Z_{RL}(s^2) \tag{7-71}$$

或

$$Z_{RL}(s)=\sqrt{s}Z_{LC}(\sqrt{s}) \tag{7-72}$$

例如例 7-1 的电抗函数，经式（7-72）变换后为

$$Z(s)=\sqrt{s}\frac{\sqrt{s}(s+2)(s+4)}{(s+1)(s+3)}=\frac{s(s+2)(s+4)}{(s+1)(s+3)}$$

它是 RL 一端口网络的阻抗函数。

7.7　RLC 一端口网络

7.7.1　RLC 一端口网络的一般实现步骤

前面已说明无源 RLC 一端口网络的导抗函数是一正实函数。给定一有理正实函数如何用网络实现？

对于有些正实函数，通过反复移走 $s=0$ 或 $s=\infty$ 处极点或减去常数使剩余部分仍是正实函数，最终可以用简单的梯型电路实现。例如给定

$$Y(s) = \frac{2s^4 + 2s^3 + 5s^2 + 3s + 2}{4s^3 + 4s^2 + 6s + 2} = \frac{s}{2} + \frac{s^2 + s + 1}{2s^3 + 2s^2 + 3s + 1} = \frac{s}{2} + Y_1(s)$$

$Y_1(s)$ 仍为正实函数，$Z_1(s) = \frac{1}{Y_1(s)} = 2s + \frac{s+1}{s^2+s+1} = 2s + Z_2(s)$。同理，$Z_2(s)$ 也为正实函数，$Y_2(s) = \frac{1}{Z_2(s)} = s + \frac{1}{s+1}$。最后得电路如图 7-23 所示。又如给定

$$Z(s) = \frac{2s^3 + 3s^2 + 4s + 2}{s^2 + s + 1} = 2s + 1 + \frac{s+1}{s^2+s+1}$$

则可用图 7-24 电路实现。

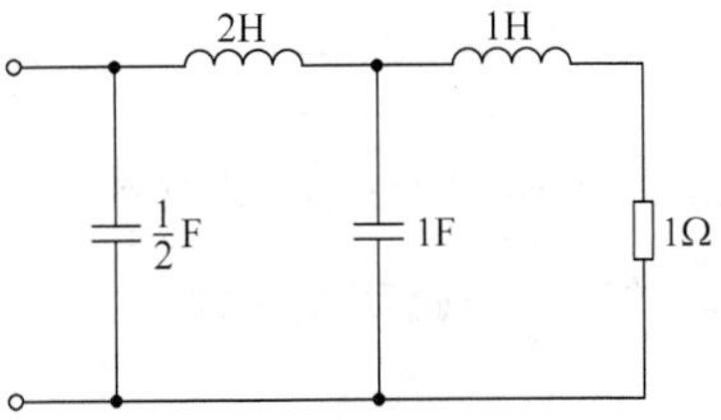

图 7-23　$Y(s)$ 梯形电路

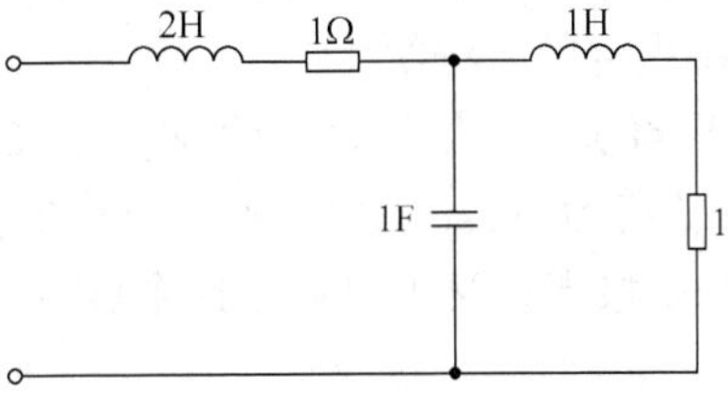

图 7-24　$Z(s)$ 梯形电路

再如

$$Z(s) = \frac{s^3 + 2s^2 + 2s + 2}{s^2 + s + 1} = s + \frac{s^2 + s + 2}{s^2 + s + 1}$$

则不能用前二例方法实现。

7.7.2　RLC 一端口网络的 Brune 实现法

对于这种虚轴和 $s=0$、$s=\infty$ 处无极点，若移出常数后剩余函数不再是正实函数的导抗函数，勃隆（Brune）提出了一方法。该法具体步骤如下：

（1）移走 $Z(s)$ 中的电抗函数：设

$$Z(s) = Z_{LC}(s) + Z_m(s) \tag{7-73}$$

其中 $Z_{LC}(s)$ 为电抗函数，包括虚轴及 $s=0$、$s=\infty$ 处的极点，$Z_m(s)$ 是剩余函数，没有虚轴及 $s=0$、$s=\infty$ 处的极点。因为 $\text{Re}[Z_{LC}(j\omega)] = 0$ 所以 $\text{Re}[Z_m(j\omega)] = \text{Re}[Z(j\omega)] \geqslant 0$ 且 $Z_m(s)$ 在右半平面及虚轴上均无极点，可见 $Z_m(s)$ 仍为正实函数。$Z_{LC}(s)$ 可用一串联电抗网络实现。设 $Z_m(s)$ 在虚轴和 $s=0$、$s=\infty$ 处也无零点。如果有这些零点，其倒数的极点也应移走。

（2）虚轴（和 $s=0$、$s=\infty$）无零、极点的函数称为极小电抗函数。函数分子、分母多项式 $N(s)$、$D(s)$ 均含常数项（因为 $s=0$ 处无零极点），最高次也相同（否则 $s=\infty$ 有零极点）。设

$$Z_m(j\omega) = R(\omega) + jX(\omega) \tag{7-74}$$

前已指出 $R(\omega) \geqslant 0$，设在 $\omega=\omega_1$ 处有一最小值 R_1。令

$$Z_1(s) = Z_m(s) - R_1 \tag{7-75}$$

$\text{Re}[Z_1(j\omega)]$ 除 $\omega = \omega_1$ 处为零外别处均大于零，可见 $Z_1(s)$ 仍为正实函数。

（3）设

$$Z_1(j\omega_1)=jX_1 \tag{7-76}$$

其中 X_1 可以是大于零或小于零，现先设 $X_1<0$。令

$$L_1=\frac{X_1}{\omega_1} \tag{7-77}$$

则 $L_1<0$，再令

$$Z_2(s)=Z_1(s)-sL_1=Z_1(s)+s|L_1| \tag{7-78}$$

$Z_1(s)$ 和 $s|L_1|$ 都是正实函数，所以 $Z_2(s)$ 也为正实函数。图 7-25 表示前三步综合所得参数。其中负值电感可以用下述互感耦合的方法解决。

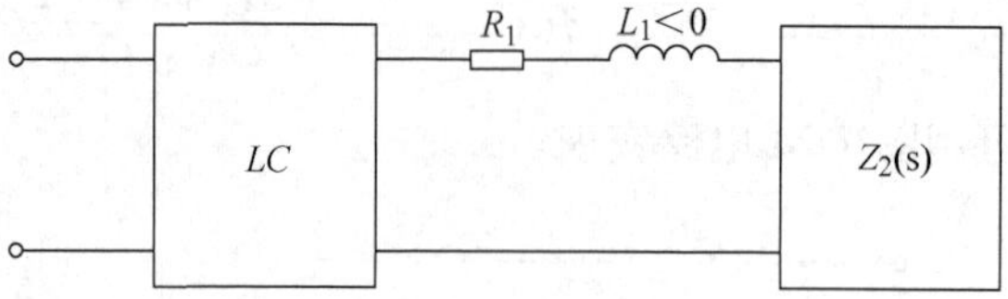

图 7-25　Brune 法前三步实现电路

（4）经这样处理后，使 $Z_2(s)$ 在 $s=j\omega_1$ 处变为零点，其倒数 $Y_2(s)$ 在 $s=j\omega_1$ 处是极点，又可以移走这个极点，具体用 L_2 与 C_2 的串联电路实现，即

$$Y_2(s)=Y_3(s)+\frac{\frac{s}{L_2}}{s^2+\omega_1^2} \tag{7-79}$$

由式（7-79）可见

$$\mathrm{Re}[Y_2(j\omega)]=\mathrm{Re}[Y_3(j\omega)]\geqslant 0 \tag{7-80}$$

（5）可见 $Y_3(s)$ 仍为正实函数。由式（7-78）看出 $Z_2(s)$ 在 $s=\infty$ 处有一极点，因此 $Y_2(s)$ 在 $s=\infty$ 处为零点，式（7-79）说明 $Y_3(s)$ 在 $s=\infty$ 处仍为零点，则其倒数 $Z_3(s)$ 在 $s=\infty$ 处有一极点，用 L_3 移走此极点，剩余部分 $Z_4(s)$ 仍为正实函数，而且是极小电抗函数，可以重复（2）～（5）步骤。图 7-26 所示即为前面各步骤所获电路。

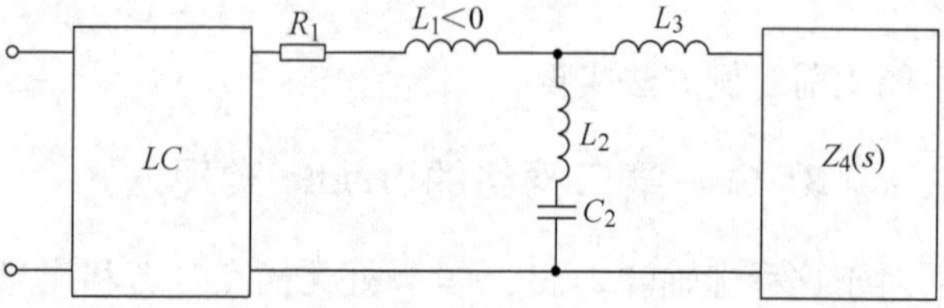

图 7-26　Brune 法实现电路

现在再来看如何解决 L_1 为负值的问题。

由于 $Z_4(\infty)\neq\infty$，由图可看出当 $s=\infty$ 时 $Z_4(s)$ 相对 sL_3 可略。同理 $\frac{1}{sC_2}$ 也可略。所以在 $s=\infty$ 处

$$Z_1(s)=sL_1+s\left(\frac{L_2L_3}{L_2+L_3}\right)=s\left(L_1+\frac{L_2L_3}{L_2+L_3}\right)$$

而 $Z_1(s)$ 在 $s=\infty$ 处不是极点，所以必须满足

$$L_1+\frac{L_2L_3}{L_2+L_3}=0 \tag{7-81}$$

或

$$\frac{1}{L_1}+\frac{1}{L_2}+\frac{1}{L_3}=0 \tag{7-82}$$

可见电感值必须满足式（7-82）。用图 7-27a 所示的互感线圈 L_a,L_b 可以满足要求。该电路去

耦后可得图 7-27b 所示等效电路，使

$$\left.\begin{aligned} M &= L_2 \\ L_b &= M + L_3 \end{aligned}\right\}$$

则

$$L_a = L_1 + M = L_2 - \frac{L_2 L_3}{L_2 + L_3} = \frac{L_2^2}{L_2 + L_3} > 0$$

而

$$L_a = \frac{M^2}{L_2 + L_3} = \frac{M^2}{L_b}$$

$$\frac{M}{\sqrt{L_a L_b}} = 1$$

可见 L_a、L_b 必须是全耦合互感线圈，全耦合线圈的等效电路可以有一个为负值电感。

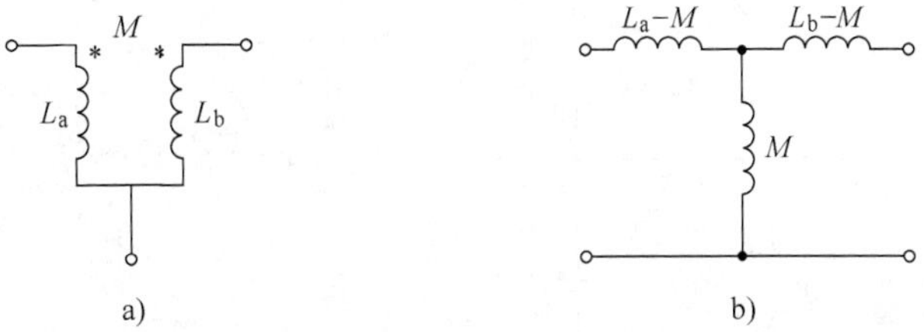

图 7-27　负电感的实现

a）耦合电路　b）去耦等效电路

以上处理过程中设法在虚轴上产生新的零极点，且保证剩余函数仍为正实函数。当 $X_1(\omega_1) > 0$ 时，若按前述步骤处理，剩余函数将不能保证是正实的。该情况下可令

$$Y_1(j\omega_1) = \frac{1}{Z_1(j\omega)} = \frac{1}{jX} = jB \tag{7-83}$$

其中 $B < 0$，如令 $\omega_1 C_1 = B, C_1 < 0$，则

$$Y_2(s) = Y_1(s) - sC_1 = Y_1(s) + s\,|\,C_1\,| \tag{7-84}$$

式（7-84）说明 $Y_2(s)$ 为正实的。它在 $s = \infty$ 处是极点，在 $s = j\omega_1$ 处为零点，因此 $Z_2(s) = \dfrac{1}{Y_2(s)}$ 在 $s = j\omega_1$ 处是极点。

$$Z_2(s) = Z_3 + \frac{s/C_2}{s^2 + \omega_1^2} \tag{7-85}$$

在 $s = \infty$ 处也是极点，即

$$Y_3(s) = Y_4(s) + sC_3 \tag{7-86}$$

过程如图 7-28 所示，负值的 C_1 经过变换后也可用全耦合变压器实现。

同理可证

$$\frac{1}{C_1} + \frac{1}{C_2} + \frac{1}{C_3} = 0 \tag{7-87}$$

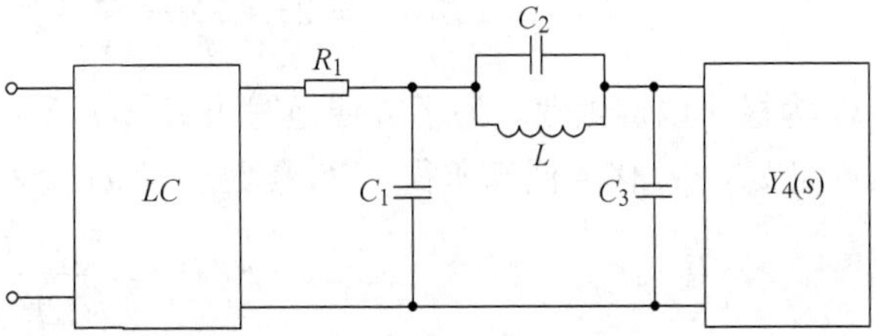

图 7-28　$X_1(\omega_1) > 0$ 时的实现电路

图 7-29a 所示电路，通过△-Y 变换，并考虑到式（7-87）可以得图 7-29b 等效电路。其中

$$L_1 = \frac{LC_3}{C_1 + C_3} \tag{7-88}$$

$$L_2 = \frac{LC_2}{C_1 + C_3} \tag{7-89}$$

$$L_3 = \frac{LC_1}{C_1 + C_3} \tag{7-90}$$

$$C = C_1 + C_3 \tag{7-91}$$

L_3 为负值。仿照前面全耦合互感可以实现，如图 7-29c 所示。其中

$$M = \sqrt{L_a L_b} = L\frac{C_2}{C} \tag{7-92}$$

$$L_a = L\frac{C_2 + C_3}{C} \tag{7-93}$$

$$L_b = L\frac{C_1 + C_2}{C} \tag{7-94}$$

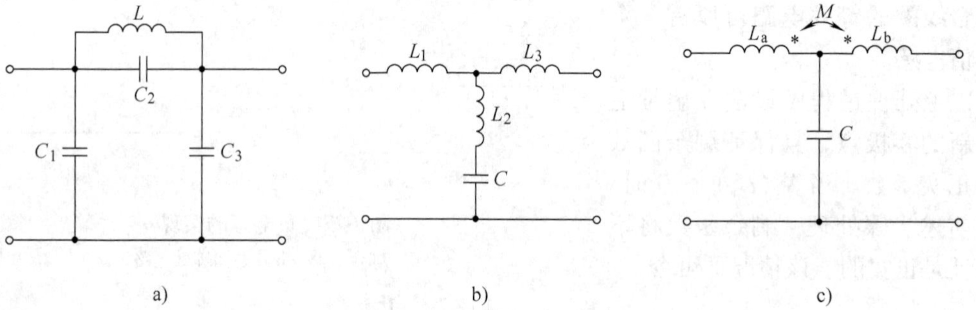

图 7-29　负电容的实现

a）△形电路　b）等效 Y 形电路　c）耦合电路

实际上述具体步骤仍可照 $X_1 < 0$ 情况那样进行，即不论 $Z_2(s)$ 是否正实，如前进行，最后只不过得负值 L_3，结果是相同的。

例 7-8　设一端口网络入端阻抗为

$$Z(s) = \frac{2s^3 + 9s^2 + 7s + 4}{s^2 + 2s + 2}$$

试实现该一端口网络。

解

先移走 $Z(s)$ 在 $s = \infty$ 处极点，即

$$Z(s) = 2s + \frac{5s^2 + 3s + 4}{s^2 + 2s + 2} = 2s + Z_1(s)$$

$Z_1(s)$ 为极小电抗函数。为了方便地写出 $R(\omega)$、$X(\omega)$，可将 $Z_1(s)$ 分为奇部、偶部。显然 $R(\omega)$ 即 $s = \mathrm{j}\omega$ 代入偶部所得，$X(\omega)$ 是 $s = \mathrm{j}\omega$ 代入奇部得到的。设

$$F(s) = \frac{E_1 + O_1}{E_2 + O_2}$$

其中 E_1、E_2 分别为分子、分母的偶部，O_1，O_2 分别为分子、分母的奇部，则

$$F(s) = \frac{(E_1 + O_1)(E_2 - O_2)}{E_2^2 - O_2^2} = \frac{E_1E_2 - O_1O_2}{E_2^2 - O_2^2} + \frac{O_1E_2 - O_2E_1}{E_2^2 - O_2^2} = F_e(s) + F_o(s)$$

其中 $F_e(s) = \dfrac{E_1E_2 - O_1O_2}{E_2^2 - O_2^2}$ 是 $F(s)$ 的偶部，$F_o(s)$ 是 $F(s)$ 的奇部。现 $Z_1(s)$ 中

$$E_1 = 5s^2 + 4 \qquad O_1 = 3s \qquad E_2 = s^2 + 2 \qquad O_2 = 2s$$

故得 $Z_1(s)$ 的偶部为

$$\frac{(s^2+2)(5s^2+4) - 6s^2}{(s^2+2)^2 - (2s)^2} = \frac{5s^4 + 8s^2 + 8}{s^4 + 4}$$

将 $s = j\omega$ 代入得

$$R(\omega) = \frac{5\omega^4 - 8\omega^2 + 8}{\omega^4 + 4}$$

令

$$\frac{dR(\omega)}{d\omega} = 0$$

解得 $\omega = \omega_1 = 1\mathrm{rad/s} \qquad R(\omega_1) = R_1 = 1\Omega$

同理，得 $Z_1(s)$ 的奇部为

$$\frac{-7s^3 - 2s}{s^4 + 4}$$

而

$$X(\omega) = \frac{7\omega^3 - 2\omega}{\omega^4 + 4}, X_1(\omega_1) = 1\Omega > 0$$

$$Z_2(s) = Z_1(s) - R_1 = \frac{5s^2 + 3s + 4}{s^2 + 2s + 2} - 1 = \frac{4s^2 + s + 2}{s^2 + 2s + 2}$$

$$B_1(\omega_1) = -1$$

令

$$C_1 = \frac{B_1}{\omega} = -1\mathrm{F}$$

$$Y_2(s) = \frac{s^2 + 2s + 2}{4s^2 + s + 2} = Y_3(s) - C_1 s$$

$$Y_3(s) = Y_2(s) + |C_1| s = Y_2(s) + s = \frac{4s^3 + 2s^2 + 4s + 2}{4s^2 + s + 2}$$

$$Z_3(s) = \frac{1}{Y_3(s)} = \frac{4s^2 + s + 2}{4s^3 + 2s^2 + 4s + 2} = \frac{4s^2 + s + 2}{2(s^2+1)(2s+1)}$$

$$= \frac{k_1 s}{s^2 + 1} + \frac{k_2}{s + \frac{1}{2}}$$

$$k_1 = Z_3(s)\frac{s^2+1}{s}\bigg|_{s^2=-1} = \frac{-4 + j + 2}{-4 + j2} = \frac{1}{2}$$

$$k_2 = Z_3(s)\left(s + \frac{1}{2}\right)\bigg|_{s=-\frac{1}{2}} = \frac{4\left(-\frac{1}{2}\right)^2 - \frac{1}{2} + 2}{4\left[\left(-\frac{1}{2}\right)^2 + 1\right]} = \frac{1}{2}$$

故得 $C_2 = 2\mathrm{F}, L = 1/2\mathrm{H}, C_3 = 2\mathrm{F}, R_2 = 1\Omega$。

整个电路如图 7-30a 所示。变换后的电路分别为图 7-30b、c 电路。

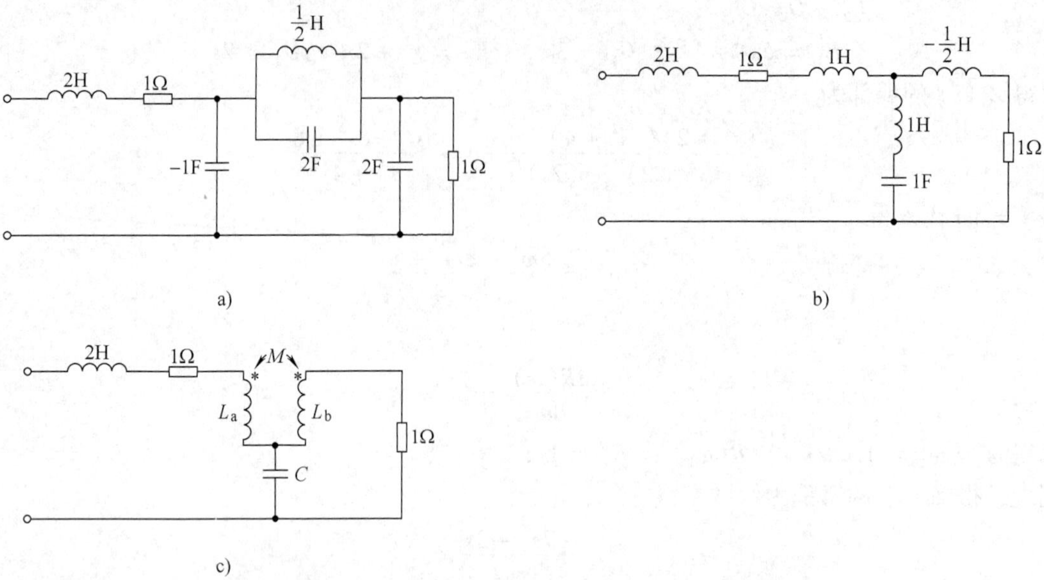

图 7-30　例 7-8 附图

a）含负电容实现电路　b）含负电感实现电路　c）含耦合电感实现电路

以上电阻极小值 R_1 如果出现在 $\omega_1=0$ 或∞处，处理起来将更加方便。$\mathrm{Im}[Z_1(\mathrm{j}\omega)]$ 是由 $Z_1(s)$ 奇部决定的，在 $\omega=0$ 或∞处之值只能是零或无穷大，但 $Z_1(s)$ 在 $s=\infty$ 处无极点，所以只能 $X_1=0$。图 7-31a、b 所示分别为最小电阻发生在 $\omega_1=0$ 和∞时的电路。

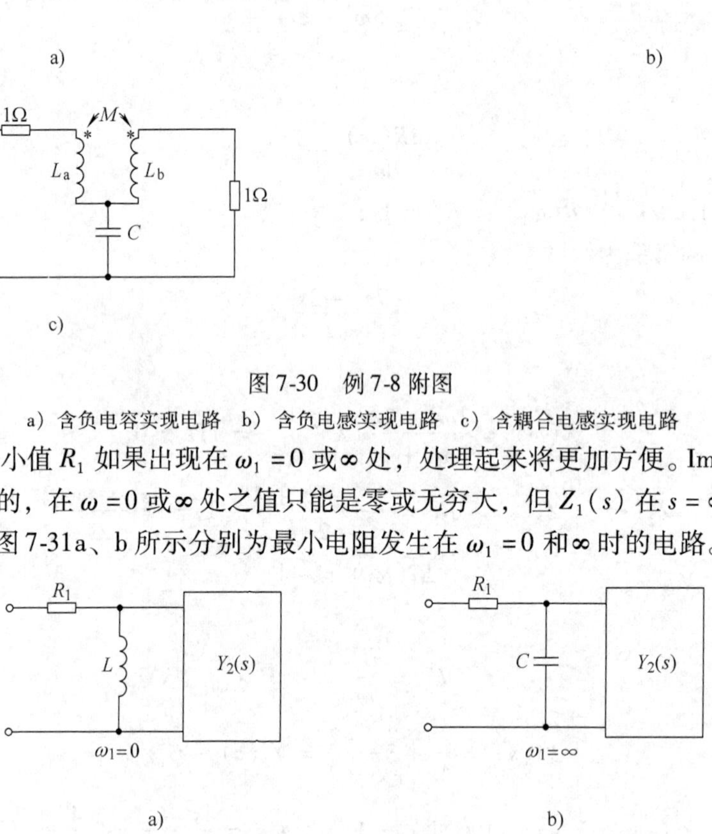

图 7-31　电阻极小值

a）最小电阻发生在 $\omega_1=0$ 的电路　b）最小电阻发生在 $\omega_1=\infty$ 时的电路

小　　结

将实际元件参数经阻抗和频率折算后，所得参数称为归一化参数，该运算称为归一化。按各种综合方法得到的网络参数通常为归一化参数。归一化参数需归算为实际的参数，此运算称为去归一化。设 k_Z 和 k_ω 为分别阻抗和频率的归一化系数，且以下标 'N' 表示归一化参数，无下标者为实际参数，两者关系如下：

$$R=k_zR_N,L=\frac{k_z}{k_\omega}L_N,C=\frac{1}{k_zk_\omega}C_N$$

无源网络策动点导抗函数包括策动点阻抗函数和策动点导纳函数，当给定的策动点导抗函数是正实函数时，才能用无源一端口网络实现。福斯特（Foster）法和考尔（Cauer）法是两个典型规范实现（用最少元件实现）方式。

福斯特（Foster）Ⅰ型实现的电路结构为阻抗串联电路，每个串联阻抗单元对应 $Z(s)$ 的一个极点；福斯特（Foster）Ⅱ型实现的电路结构为阻抗并联电路，每个阻抗单元对应 $Z(s)$ 的一个零点；考尔（Cauer）Ⅰ实现为梯形结构电路，串臂和并臂交替实现 $Z(s)$ 和 $Y(s)$ 在 $s=\infty$ 处的特性；考尔（Cauer）Ⅱ实现也为梯形结构电路，串臂和并臂交替实现 $Z(s)$ 和 $Y(s)$ 在 $s=0$ 处的特性。四种方法可混合使用，以便得到最佳网络。

RLC 一端口网络中的极小函数，可用 Brune 综合法实现。一般来说，该方法实现的电路中需要全耦合电感，这在实际应用中会存在一定的困难。

习　题

7-1　指明下列各阻抗导纳函数哪些可以用 LC、RC 或 RL 电路实现？哪些不能？

(a) $Z(s)=\dfrac{s(s^2+2)}{(s^2+1)(s^2+3)}$　　(b) $Z(s)=\dfrac{(s^2+1)(s^2+3)}{(s^2+2)(s^2+4)}$

(c) $Z(s)=\dfrac{(s^2+1)(s^2+3)}{s(s^2+2)(s^2+4)}$　　(d) $Y(s)=\dfrac{s(s^2+2)(s^2+4)}{(s^2+1)(s^2+3)}$

(e) $Z(s)=\dfrac{s(s^2+1)(s^2+3)}{(s^2+2)(s^2+4)}$　　(f) $Z(s)=\dfrac{(s+1)(s+3)}{s(s+2)(s+4)}$

(g) $Y(s)=\dfrac{s(s+1)(s+3)}{(s+2)(s+4)}$　　(h) $Y(s)=\dfrac{(s+1)(s+3)}{(s+2)(s+4)}$

(i) $Z(s)=\dfrac{s(s+2)}{(s+1)(s+3)}$　　(j) $Y(s)=\dfrac{(s+2)}{(s+1)(s+3)}$

7-2　$Z(s)=\dfrac{(s^2+1)(s^2+3)}{s(s^2+2)}$ 试求其福斯特Ⅰ、Ⅱ型电路。如该电路工作频率为 10kHz，并希望最小的电容为 0.1μF。试求归一化系数 k_ω、k_z 和电路的实际参数。

7-3　试分别用考尔Ⅰ、Ⅱ型电路实现导纳 $\dfrac{s(s^2+2)}{(s^2+1)(s^2+4)}$。

7-4　试求与图 7-32 所示电路阻抗完全相同的三个电路（要求元件数不能超过 4 个）。

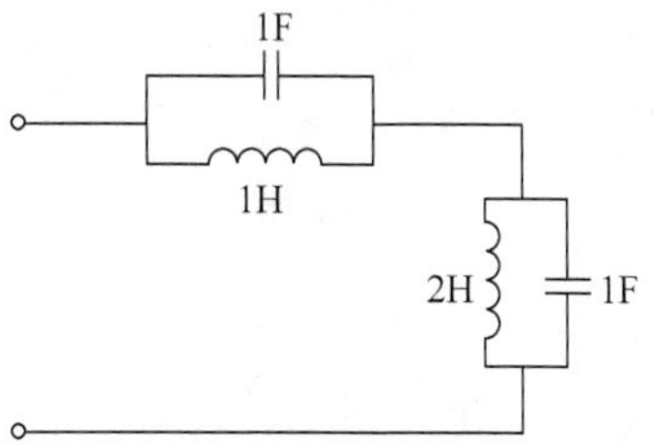

图 7-32　题 7-4 图

7-5　已知 $Z(0)=Z(\mathrm{j}10000\sqrt{2})=Z(\mathrm{j}20000)=0, Z(\mathrm{j}10000)=Z(\mathrm{j}10000\sqrt{3})=Z(\infty)=\infty, Z(\mathrm{j}5000\sqrt{2})=\dfrac{25\sqrt{2}}{21}$ 选 $k_\omega=10^4$，试求 $Z(s)$，并实现该电路。

7-6　已知一端口网络 $\omega=10^4$，3×10^4 rad/s 发生串联谐振，$\omega=2\times10^4$ rad/s 发生并联谐振，$Z(\mathrm{j}5000)=-\mathrm{j}28\Omega$

(a) $Z(0)=?, Z(\infty)=?$；

(b) k_ω 选多少为宜；

(c) $Z(s)=?$ 并求考尔Ⅱ型归一化网络；

(d) 求去归一化网络。

7-7　$Z(s)=\dfrac{(s+2)(s+4)}{(s+1)(s+3)}$ 求福斯特Ⅰ、Ⅱ型电路。

7-8　$Y(s)=\dfrac{s(s+2)(s+4)}{(s+1)(s+3)}$ 求考尔Ⅰ、Ⅱ型电路。

7-9　$Y(s)=\dfrac{(s+2)(s+4)}{(s+1)(s+3)}$ 求考尔Ⅰ、Ⅱ型电路。

7-10 $Z(s) = \dfrac{s(s+2)(s+4)}{(s+1)(s+3)}$ 求考尔Ⅰ、Ⅱ型电路。

7-11 图7-33b、图7-33c电路的阻抗和图7-33a电路完全相同，求 R_1、R_2、R_3、R_4、C_1、C_2、C_3、C_4 的数值。

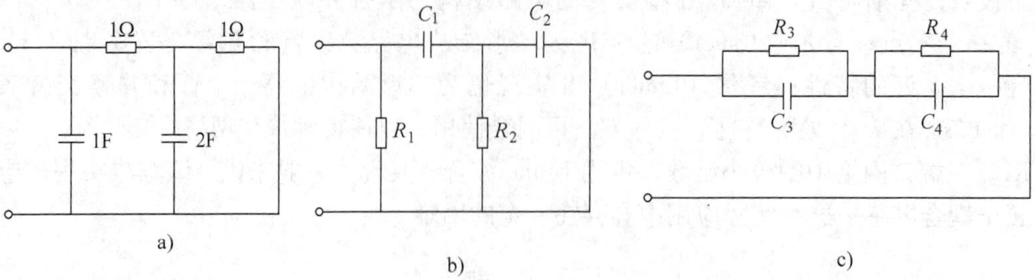

图7-33 题7-11图

7-12 已知 $Z(0) = Z(-2000) = Z(-4000) = \infty, Z(-1000) = Z(-3000) = Z(\infty) = 0, Z(-1500) = \dfrac{100}{21}$，试用考尔Ⅰ型电路实现它，并希望最小的电容为0.1μF，试问选用 k_ω、k_z 多少为好？

7-13 已知 $Z_1(s) = \dfrac{s(s^2+2)(s^2+4)}{(s^2+1)(s^2+3)}, Z_2(s) = \dfrac{1}{\sqrt{s}}Z_1(s)$ 试实现 $Z_2(\sqrt{s})$。

7-14 若上题 $Z_2(s) = \sqrt{s}Z_1(\sqrt{s})$ 再用考尔Ⅰ、Ⅱ型电路实现它。

7-15 已知 $Z_1(s) = \dfrac{(s+1)(s+3)}{s(s+2)}, Z_2(s) = sZ_1(s^2), Z_3(s) = \sqrt{s}Z_2(\sqrt{s})$ 试用考尔Ⅰ型电路分别实现 $Z_1(s)$、$Z_2(s)$、$Z_3(s)$，并比较它们的参数。

7-16 已知 $Z_1(s) = \dfrac{(s+2)(s+4)}{(s+1)(s+3)}, Z_2(s) = sZ_1(s)$ 试分别用考尔Ⅰ型电路实现它们

7-17 $Z(s) = \dfrac{s^3+5s^2+4s+2}{2s^3+s^2+s}$ 试证明 $Z(s)$ 为正实函数，并用RLC一端口网络实现。

7-18 $Z(s) = \dfrac{3s^3+4s^2+3s+1}{s^3+s^2+s}$ 试证明 $Z(s)$ 为正实函数，并实现 $Z(s)$。

第 8 章　无源网络传递函数的综合

内 容 提 要

网络综合常用的另一个指标是二端口网络的电压比传递函数。本章介绍无源网络传递函数的综合。主要内容有：转移参数的性质、传输零点、梯形 RC 网络、一臂多元件的梯形 RC 网络、并联梯形网络、梯形 LC 网络、单边带载 LC 网络和双边带载 LC 网络的达林顿实现。

8.1　转移参数的性质

网络综合的一般问题应是给出多端口网络的各种参数矩阵（其元素为复变量 s 的函数）来综合网络。但是那样系统地讨论将超出本书的范围。这里只讨论较有代表性的传递函数 $H(s)=\dfrac{V_2(s)}{V_1(s)}$的综合。$H(s)$的综合实际上是无源滤波器设计的关键步骤之一，较为实用，而且也有代表性。

如图 8-1 所示，当 $I_2=0$ 时，由双口网络的开路参数方程可得

$$H(s)=\frac{V_2(s)}{V_1(s)}=\frac{Z_{21}(s)}{Z_{11}(s)} \tag{8-1}$$

或由双口网络的短路参数方程可得

$$H(s)=\frac{V_2(s)}{V_1(s)}=\frac{-Y_{21}(s)}{Y_{22}(s)} \tag{8-2}$$

式(8-1)、式(8-2)的分母是策动点函数。上章已说明对于无源网络，它们必须是正实函数。分子是开路时转移阻抗 $Z_{21}(s)$或短路时的转移导纳 $Y_{21}(s)$，所以必须先讨论这些转移参数的特性。应用特勒根定理并考虑端口电流方向得

$$\boldsymbol{V}^{\mathrm{T}}\overset{*}{\boldsymbol{I}}=V_1\overset{*}{I_1}+V_2\overset{*}{I_2}=\sum_{j=3}^{b}V_j\overset{*}{I_j} \tag{8-3}$$

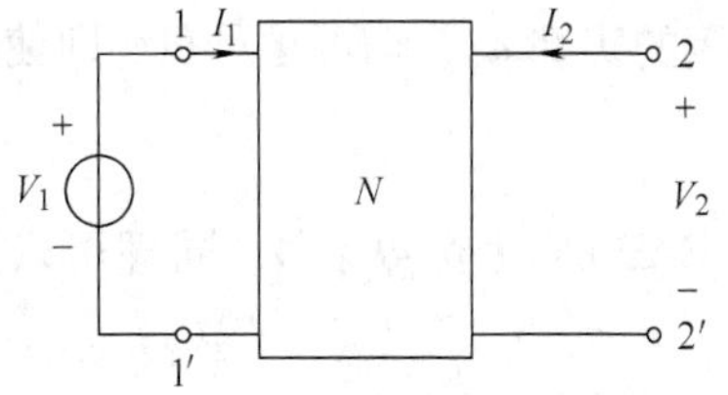

图 8-1　利用开路参数计算传递函数

其中 $\boldsymbol{V}^{\mathrm{T}}$ 是端口电压向量的转置，$\overset{*}{\boldsymbol{I}}$是端口电流向量的共扼，参照第 7.2 节的推导，可知，式 (8-3) 右边为

$$F_0(s)+sM_0(s)+\frac{1}{s}V_0(s)=F(s) \tag{8-4}$$

即

$$\boldsymbol{V}^{\mathrm{T}}\overset{*}{\boldsymbol{I}}=F(s) \tag{8-5}$$

其中 $F(s)$为正实函数。端口电压向量

$$\boldsymbol{V}=\boldsymbol{Z}\boldsymbol{I} \tag{8-6}$$

设 $I_1=a_1+\mathrm{j}b_1$，$I_2=a_2+\mathrm{j}b_2$，$\boldsymbol{V}^{\mathrm{T}}=\boldsymbol{I}^{\mathrm{T}}\boldsymbol{Z}^{\mathrm{T}}=\boldsymbol{I}^{\mathrm{T}}\boldsymbol{Z}$

其中　$\boldsymbol{Z}$ 是双口网络的开路参数矩阵，将上式和 $Z_{12}(s)=Z_{21}(s)$ 代入式(8-5)得

$$\begin{aligned}\boldsymbol{V}^{\mathrm{T}}\overset{*}{\boldsymbol{I}}=\boldsymbol{I}^{\mathrm{T}}\boldsymbol{Z}\overset{*}{\boldsymbol{I}}&=Z_{11}\,|I_1|^2+Z_{22}\,|I_2|^2+I_1Z_{12}\overset{*}{I}_2+I_2Z_{21}\overset{*}{I}_1\\&=Z_{11}\,|I_1|^2+Z_{22}\,|I_2|^2+2Z_{21}\mathrm{Re}[I_1\overset{*}{I}_2]\\&=Z_{11}\,|I_1|^2+Z_{22}\,|I_2|^2+2Z_{21}(a_1a_2+b_1b_2)=F(s)\end{aligned}\tag{8-7}$$

因此得

$$Z_{21}(s)=\frac{F(s)-Z_{11}(s)\,|I_1|^2-Z_{22}(s)\,|I_2|^2}{2(a_1a_2+b_1b_2)}\tag{8-8}$$

式(8-8)分母为实数，分子三项都是正实函数，即它们在右半平面无极点，在虚轴上极点是一阶的，由此可见转移阻抗 $Z_{21}(s)$ 在右半平面也无极点，虚轴上的极点是一阶的。$Z_{21}(s)$ 在虚轴上极点的留数应满足一定条件。设 $F(s)$、$Z_{11}(s)$、$Z_{22}(s)$、$Z_{21}(s)$ 在 $\mathrm{j}\omega$ 轴上某极点处留数分别为 k、k_{11}、k_{22}、k_{21} 显然 k、k_{11}、k_{22} 各自大于等于零，故有

$$k=k_{11}\,|I_1|^2+k_{22}\,|I_2|^2+2k_{21}(a_1a_2+b_1b_2)\tag{8-9}$$

其中 $|I_1|^2=a_1^2+b_1^2$，$|I_2|^2=a_2^2+b_2^2$，代入式(8-9)后得

$$(a_1^2k_{11}+2k_{21}a_1a_2+a_2^2k_{22})+(b_1^2k_{11}+2k_{21}b_1b_2+b_2^2k_{22})\geqslant 0$$

a、b 为任意实数时上式均需满足，所以每个括号项分别均应为非负。其中第一括号项可以改写为

$$k_{11}a_2^2\left[\left(\frac{a_1}{a_2}\right)^2+2\frac{k_{21}}{k_{11}}\left(\frac{a_1}{a_2}\right)+\frac{k_{22}}{k_{11}}\right]\tag{8-10}$$

或

$$k_{11}a_2^2\left[\left(\frac{a_1}{a_2}+\frac{k_{21}}{k_{11}}\right)^2+\frac{k_{22}}{k_{11}}-\left(\frac{k_{21}}{k_{11}}\right)^2\right]\geqslant 0\tag{8-11}$$

电流的实部 a_1、a_2 可正可负，即使 $\left(\frac{a_1}{a_2}+\frac{k_{21}}{k_{11}}\right)=0$ 时，式(8-11)也应满足，故得

$$k_{11}k_{22}-k_{21}^2\geqslant 0\tag{8-12}$$

式(8-12)称为留数条件。同理可以推实部条件。

设 $F(s)$、$Z_{11}(s)$、$Z_{22}(s)$、$Z_{21}(s)$ 当 $s=\mathrm{j}\omega$ 时实部分别用 r、r_{11}、r_{22}、r_{21} 表示，各代入式(8-7)取等式的实部得

$$r_{11}(a_1^2+b_1^2)+r_{22}(a_2^2+b_2^2)+2r_{21}(a_1a_2+b_1b_2)=r\geqslant 0\tag{8-13}$$

仿照上述方法不难证得实部条件

$$r_{11}r_{22}-r_{21}^2\geqslant 0\tag{8-14}$$

同理可证转移导纳 $Y_{21}(s)$ 具有和 $Z_{21}(s)$ 类同的性质。因为

$$\begin{aligned}\boldsymbol{I}^{\mathrm{T}}\overset{*}{\boldsymbol{V}}=\boldsymbol{V}^{\mathrm{T}}\boldsymbol{Y}\overset{*}{\boldsymbol{V}}&=Y_{11}\,|V_1|^2+Y_{22}\,|V_2|^2+2Y_{21}\mathrm{Re}[V_1\overset{*}{V}_2]\\&=\sum_{j=3}^{b}I_j\overset{*}{V}_j=F_0(s)+\overset{*}{s}M_0(s)+\frac{1}{\overset{*}{s}}V_0(s)=\phi(s)\end{aligned}$$

其中 $\phi(s)$ 为正实函数，再将 V_1、V_2 分为实部、虚部，即可证 $Y_{21}(s)$ 的性质。综上所述，$Z_{21}(s)$ 或 $Y_{21}(s)$ 性质为：

(1) 右半平面解析；

(2) 虚轴上极点为一阶；

(3) 虚轴上极点的留数满足留数条件；

(4) 虚轴上实部满足实部条件；

(5) 对它们的零点没有限制。

由留数条件可见，若 k_{11}(或 k_{22})等于零，即 $Z_{11}(s)$或 $Z_{22}(s)$在虚轴上某处无极点，则 k_{21}必为零，即 $Z_{21}(s)$也必无此极点。但是入端阻抗 $Z_{11}(s)$、$Z_{22}(s)$在虚轴上可以存在自己单独的极点。如图 8-2 所示，串联 L_1、C_1 并联电路只对 $Z_{11}(s)$有影响，对 $Z_{22}(s)$、$Z_{21}(s)$等都没有影响，所以该并联电路给 $Z_{11}(s)$在虚轴上提供了一个私有极点。总之转移阻抗 $Z_{21}(s)$虚轴上的极点必定同时是入端阻抗 $Z_{11}(s)$、$Z_{22}(s)$的极点，它不可能有虚轴上的私有极点。同理也可以说明转移导纳这一特性。

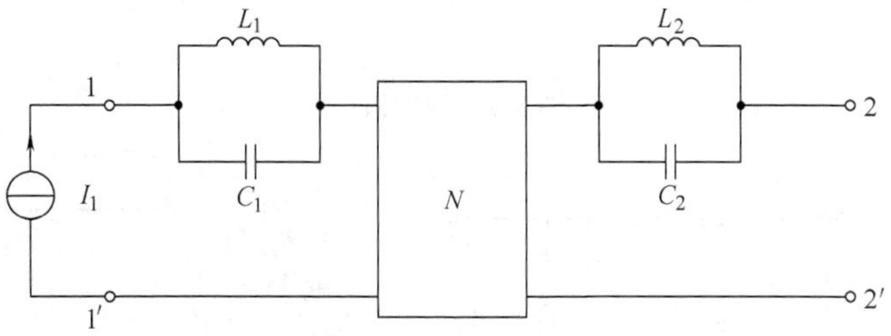

图 8-2　私有极点

8.2　传输零点

$H(s)=\dfrac{V_2(s)}{V_1(s)}$的零点也称传输零点。如图 8-3 所示梯形电路，$Z_1$、$Z_3$、$Z_5$ 等称为串臂阻抗，Y_2、Y_4 等称为并臂导纳，显然它们为∞时将使 V_2 为零。所以梯形电路的串臂阻抗的极点和并臂导纳的极点都是 $H(s)$的传输零点。阻抗极点出现在图 8-4 所示的五种情况之一。导纳的极点则出现在图 8-5 所示的五种情况之一。

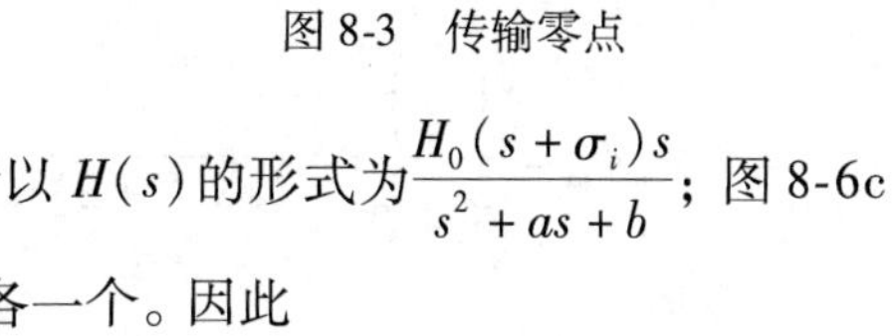

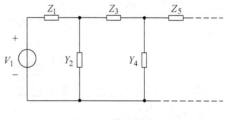

图 8-3　传输零点

可见梯形电路的传输零点是比较容易判别的。例如图 8-6a 三个传输零点都在 $s=\infty$ 处，所以 $H(s)$的形式必为$\dfrac{H_0}{s^3+as^2+bs+c}$。图 8-6b 电路的传输零点一个在 $s=0$ 处，一个在 $s=-\sigma_i$ 处。所以 $H(s)$的形式为$\dfrac{H_0(s+\sigma_i)s}{s^2+as+b}$；图 8-6c 电路的传输零点在虚轴上有两对，在 $s=0$ 和 $s=\infty$ 处各一个。因此

$$H(s)=\frac{H_0(s^2+\omega_1^2)(s^2+\omega_2^2)s}{s^6+as^5+bs^4+cs^3+ds^2+es+f}$$

图 8-7 所示串臂阻抗的极点(C_1 支路 $s=0$ 时)不能误为传输零点，因为 $s=0$ 时，并臂阻抗也为无穷，仍可通过分压传输至输出端。

对于不是梯形的网络，若能通过网络变换变为梯形网络，也可方便地找出它们的传输零

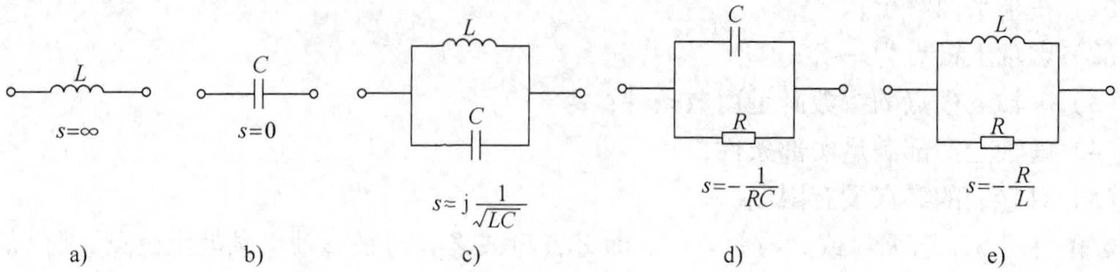

图 8-4　阻抗极点

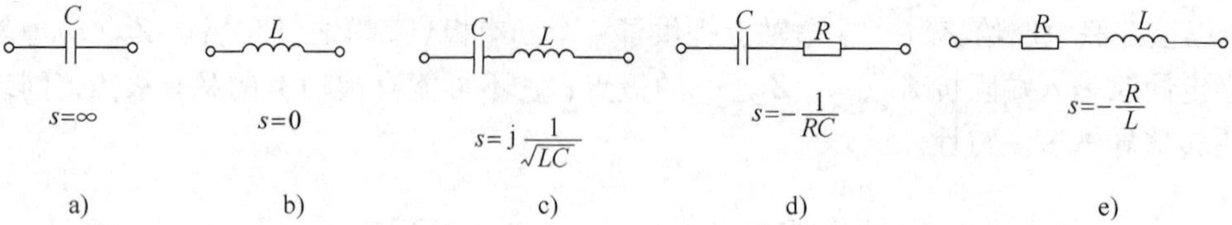

图 8-5　导纳极点

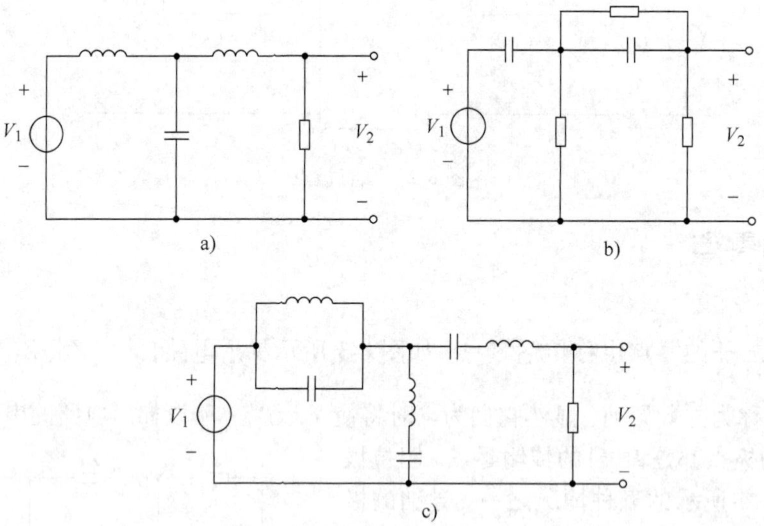

图 8-6　梯形电路的传输零点

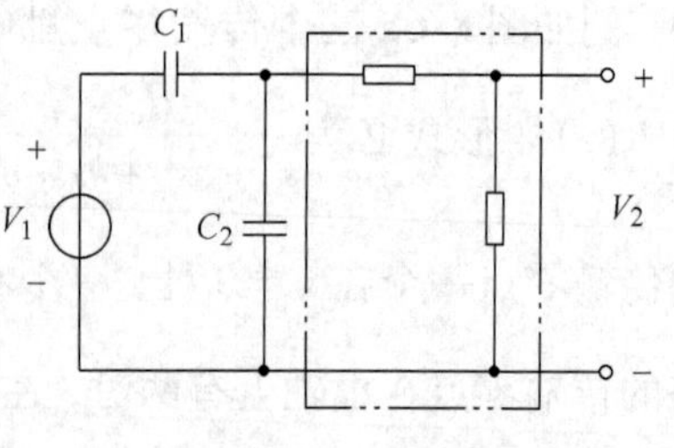

图 8-7　串臂阻抗极点与传输零点

点。例如图 8-8a 所示桥式电路通过△-Y 变换后，变为图 8-8b 电路，其中

$$Z_{T3}=\frac{\left(\frac{1}{sC}\right)^2}{\frac{2}{sC}+R_2}=\frac{1}{(sR_2C+2)sC}$$

$$Z_{T1}=Z_{T2}=\frac{R_2\frac{1}{sC}}{\frac{2}{sC}+R_2}=\frac{R_2}{sCR_2+2}$$

Z_{T1}的极点 $s=-\frac{2}{R_2C}$，也是 Z_{T3}的极点，所以不是传输零点。Z_{T2}直接输出，它的极点也不是传

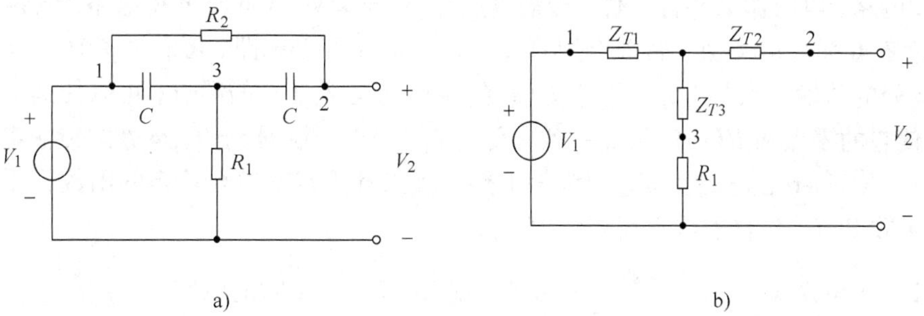

图 8-8　桥式电路的传输零点

a）桥式电路　b）等效梯形电路

输零点。只有 Z_{T3} 串上 R_1 后的导纳极点才是传输零点。该导纳

$$Y(s)=\frac{1}{R_1+Z_{T3}}=\frac{s^2C^2R_2+2Cs}{s^2C^2R_1R_2+2R_1Cs+1}$$

$$=\frac{s^2\dfrac{1}{R_1}+\dfrac{2}{R_1R_2C}s}{s^2+\dfrac{2}{R_2C}s+\dfrac{1}{R_1R_2C^2}}$$

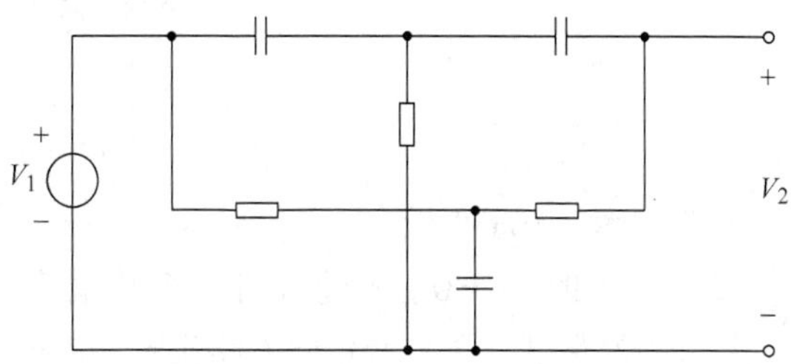

图 8-9　双 T 形电路的传输零点

所以传输零点在左半平面上（包括负实轴）。对图 8-9 所示双 T 型电路，在电路分析课中已知某频率下输出为零，也即有一个传输零点在虚轴上。通过△-Y 变换变为梯型电路后也容易看出。图 8-8、图 8-9 在分析 RC 有源电路时是有用的。

8.3　梯形 RC 网络

我们已经知道 $Z_{11}(s)$ 的零、极点都在负实轴上。由电路分析可知，$Z_{11}(s)$、$Z_{21}(s)$ 的原函数是端口 1 施以单位冲激电流源时端口 1、2 电压的零状态响应，它们的极点也就是响应的自然频率，对于 RC 网络来说端口 2 的电压响应不可能包含 V_1 所没有的指数项，也即 $Z_{21}(s)$ 不可能含有负实轴上的私有极点。设 $Z_{11}(s)$ 也不含负实轴上的私有极点，则由式(8-1)可得

$$H(s)=\frac{Z_{21}(s)}{Z_{11}(s)}=\frac{N_{21}(s)/D_{21}(s)}{N_{11}(s)/D_{11}(s)}=\frac{N_{21}(s)}{N_{11}(s)} \tag{8-15}$$

由式(8-15)可知 $H(s)$ 的极点（即 $N_{11}(s)=0$ 的根）在负实轴上。对于梯型 RC 网络来说串臂阻抗极点和并臂导纳极点只可能在 $s=0$、∞ 和负实轴（图 8-5）上，即传输零点只能在 $s=0$、∞ 和负实轴上。对于一臂只含一个元件的 RC 网络，传输零点只能在 $s=0$、∞ 处，可见 $N_{21}(s)=H_0s^p$，即

$$H(s)=\frac{H_0s^p}{(s+\sigma_1)(s+\sigma_2)(s+\sigma_3)\cdots(s+\sigma_n)} \tag{8-16}$$

其中 p 为 $s=0$ 处的传输零点数；$(n-p)$ 为 $s=\infty$ 处的零点数，所以 $n>p$。

给定式(8-16)形式的 $H(s)$ 后，如何实现 RC 网络呢？Cauer 电路属于梯型电路，考察 Cauer Ⅰ型电路，电容作为并臂元件，传输零点都在 $s=\infty$ 处；Cauer Ⅱ型电路，电容作为串臂元件，传输零点都在 $s=0$ 处。若混合用 Cauer Ⅰ、Cauer Ⅱ型电路，可满足 p 个 $s=0$ 处，$(n-p)$ 个 $s=\infty$ 处的传输零点的要求。至于 $H(s)$ 的极点就是 $Z_{11}(s)$ 的零点，可以任选 RC 阻抗函数 $Z_{11}(s)$ 使它的零点和 $H(s)$ 的极点一致，实现 $Z_{11}(s)$ 时，根据 $s=0$，∞ 处的传输零点数，分别用 Cauer Ⅰ、Cauer Ⅱ电路实现。因为该电路的极点和零点都符合给定的函数，可见只需综合策动点函数 $Z_{11}(s)$，自然就得所需的 $H(s)$。

例 8-1 已知 $H(s)=\dfrac{4s^p}{(s+1)(s+3)}$ 试分别求 $p=0$，1，2 时的电路。

解 三种情况下选相同的 $Z_{11}(s)=\dfrac{(s+1)(s+3)}{s(s+2)}$

（1）$p=0$ 时，$s=\infty$ 处有 2 个传输零点。可用考尔Ⅰ型电路实现。即

$$Z_{11}(s)=1+\cfrac{1}{\cfrac{s}{2}+\cfrac{1}{4+\cfrac{1}{\cfrac{s}{6}}}}$$

电路如图 8-10a 所示。

（2）$p=1$ 时，$s=0$、∞ 处各有一个传输零点，先用考尔Ⅰ型，再考尔Ⅱ型电路实现（也可以先考尔Ⅱ型，再用考尔Ⅰ型），

$$Z_{11}(s)=1+\cfrac{1}{\cfrac{s}{2}+\cfrac{1}{\cfrac{6}{s}+\cfrac{1}{\cfrac{1}{4}}}}$$

电路如图 8-10b 所示。

（3）$p=2$、$s=0$ 处两个传输零点，用考尔Ⅱ型电路，即

$$Z_{11}(s)=\frac{3}{2s}+\cfrac{1}{\cfrac{4}{5}+\cfrac{1}{\cfrac{25}{2s}+\cfrac{1}{\cfrac{1}{5}}}}$$

电路如图 8-10c 所示。

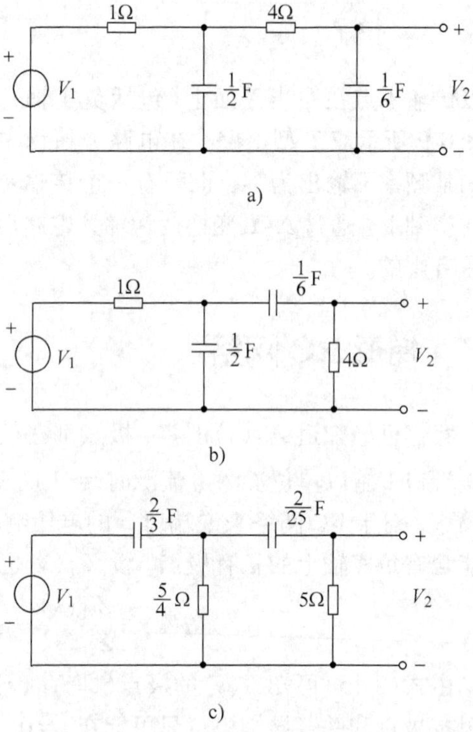

图 8-10 例 8-1 附图

输出电压 V_2 是在最后一元件上取出。图 8-10a 与 8-10b 实际只是 4Ω 电阻和 $\frac{1}{6}$F 电容对调了一下。如果将图 8-10c 中 $\frac{2}{25}$F 电容和 5Ω 电阻对调一下，也变为 $p=1$ 情况的电路了。图 8-10a 电路看出 $H(0)=1$，所以它的实际 $H(s)=\dfrac{V_2}{V_1}=\dfrac{3}{s^2+4s+3}$。图 8-10c 电路 $H(\infty)=1$，所以

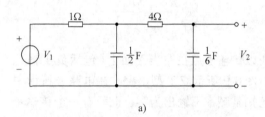

它的实际 $H(s)=\frac{V_2}{V_1}=\frac{s^2}{s^2+4s+3}$。可见图 8-10a $H_0=3$、图 8-10c $H_0=1$ 和给定的值均不符，只能用理想变压器或加运算放大器解决。对图 8-10b 若想直接从电路中确定 H_0 时不能用 $s=0$、∞ 代入，但可以选任一特定 s 值，例如 $s=1$ 代入，则$\frac{1}{6}$F 电容的阻抗为 6Ω，另一电容的阻抗为 2Ω，由电阻分压关系不难得

$$H(1)=\frac{V_2(1)}{V_1(1)}=\frac{\frac{20}{12}}{1+\frac{2(6+4)}{2+(6+4)}}\times\frac{4}{4+6}=\frac{1}{4}$$

可见

$$H(s)=\frac{2s}{s^2+4s+3}$$

同理，也可以应用式(8-2)，通过选择 $Y_{22}(s)$ 使 $Y_{22}(s)$ 的零点和所给 $H(s)$ 的极点相同，再考虑传输零点情况实现 $Y_{22}(s)$，实现 $Y_{22}(s)$ 后输入电压源 V_1 与最后一元件串联。

例 8-2　试通过 $Y_{22}(s)$ 重新解上题。

解　选

$$Y_{22}(s)=\frac{(s+1)(s+3)}{s+2}$$

当 $p=0$ 时

$$Y_{22}(s)=s+\frac{1}{\frac{1}{2}+\frac{1}{4s+\frac{1}{\frac{1}{6}}}}$$

当 $p=1$ 时

$$Y_{22}(s)=s+\frac{1}{\frac{1}{2}+\frac{1}{6+\frac{1}{\frac{1}{4s}}}}$$

当 $p=2$ 时

$$Y_{22}(s)=1.5+\frac{1}{\frac{4}{5s}+\frac{1}{12.5+\frac{1}{\frac{1}{5s}}}}$$

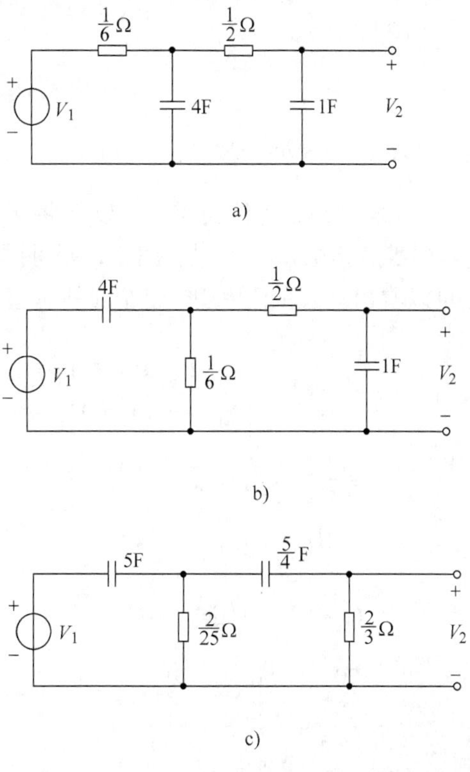

图 8-11　例 8-2 附图

实现电路如图 8-11 所示，图 8-11a 的 $H(0)=1$，图 8-11c 的 $H(\infty)=1$，图 8-11b 的 $H(1)=1/4$。结果说明图 8-11 中三个电路和图 8-10 中对应三个电路的 $H(s)$ 完全相同，H_0 也一样，读者可以自行验证。这里 $Y_{22}(s)$ 的分母因子比分子因子少一个。$Z_{11}(s)$ 的分母因子数不可能比分子少，这是 RC 入端阻抗性质所决定的。当然

若选 $Y_{22}(s)=\dfrac{(s+1)(s+3)}{(s+2)(s+4)}$同样可以实现 $H(s)$，但这个函数在 $0<\omega<\infty$ 区间零极点总数为 4。至少要五个元件才能实现。

例 8-3 上题若选 $Y_{22}(s)=\dfrac{2(s+1)(s+3)}{(s+2)}$，试问所实现网络参数和 $H(s)$有否变动?

解 将上题连分式乘以 2，可知相当于每个元件的导纳乘以 2，对电压比 $H(s)$无影响，即转移导纳 $Y_{21}(s)$也增加了两倍。可见将元件的导纳值乘以 K 相当于同时对 $Y_{22}(s)$、$Y_{21}(s)$乘以 K。这个结论对分析并联梯形网络是有用的。

8.4 一臂多元件的梯形 RC 网络

若所给 $H(s)$除了 $s=0$，∞ 处之外，负实轴上还有传输零点，则不能只按考尔Ⅰ、Ⅱ型电路实现 $Z_{11}(s)$［或 $Y_{22}(s)$］，要设法产生负实轴上的零点。以下通过一个实例来说明。

设 $H(s)=\dfrac{(s+1)(s+5)}{(s+2)(s+4)}$

即在 $s=-5$ 及 $s=-1$ 处各有一传输零点。选

$$Z_{11}(s)=\frac{(s+2)(s+4)}{s(s+3)}\quad Z_{11}(-5)=\frac{(-3)(-1)}{(-5)(-2)}=0.3$$

令

$$Z_1(s)=Z_{11}(s)-0.3$$

则 $Z_1(s)$在 $s=-5$ 处为零点，$Y_1(s)=\dfrac{1}{Z_1(s)}$在 $s=-5$ 处有一极点，移出该极点为并臂导纳，即产生了 $s=-5$ 处的传输零点。以上将 $Z_{11}(s)$减去 0.3，实际上就是将原来 $s=-4$ 处的 $Z_{11}(s)$的零点移至 $s=-5$ 处。图 8-12 表明零点移动过程,实线为 $Z_{11}(\sigma)$，虚线为 $Z_1(\sigma)$。该图还可以看出减去正值电阻，整个曲线垂直下移，零点往左移动。

$$Z_1(s)=Z_{11}(s)-0.3=\frac{0.7s^2+5.1s+8}{s^2+3s}$$

$$Y_1(s)=\frac{s^2+3s}{0.7s^2+5.1s+8}$$

$$=\frac{\frac{10}{7}(s^2+3s)}{(s+5)\left(s+\frac{16}{7}\right)}$$

$$=\frac{\frac{20}{19}s}{s+5}+\frac{\frac{50}{133}s}{s+\frac{16}{7}}=\frac{\frac{20}{19}s}{s+5}+Y_2(s)$$

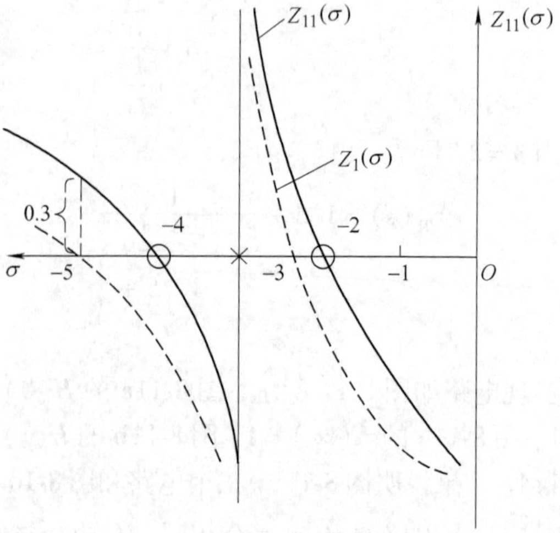

图 8-12 零点的移动

其中 $Y_2(s)=\dfrac{\frac{50}{133}s}{s+\frac{16}{7}}$，实现它时还应照顾到

$s=-1$ 处的传输零点。$Z_2(s)=\frac{1}{Y_2(s)}=\frac{s+1}{\frac{50}{133}s}+\frac{133\times\frac{9}{7}}{50s}$，其中第二项可用电容实现，第一项的倒数在 $s=-1$ 处有一极点，刚好实现了所需的传输零点，最终得电路如图 8-13 所示。其中 $R_1=0.3\Omega$，$R_2=\frac{19}{20}\Omega$，$C_1=\frac{4}{19}\text{F}$，$C_2=\frac{50}{19\times 9}=0.292\text{F}$，$R_3=\frac{133}{50}=2.66\Omega$，$C_3=0.376\text{F}$。

实现过程中应对照负实轴上的零极点分布图，较为合理。上例若先求 $Z_{11}(-1)=\frac{1\times 3}{-1\times 2}=-\frac{3}{2}$，不能用负电阻实现。对照图 8-12 也可知，减去正电阻后零点左移，不可能移至 $s=-1$ 处。所以

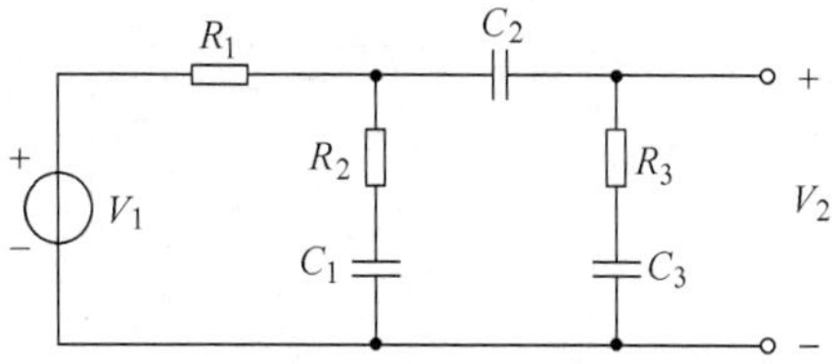

图 8-13　零点移动电路

(1) $Z_{11}(\sigma_i)$不能为负；

(2) $Z_{11}(\sigma_i)$不可大于 $Z(\infty)$，这从图 8-12 也可以看出，若该电阻比 $Z_{11}(\infty)$大，移走后将使为 $Z_1(\infty)$负，将和 RC 入端阻抗的性质抵触。

例如
$$H(s)=\frac{(s+2)(s+4)}{(s+1)(s+5)}$$

若选
$$Z_{11}(s)=\frac{(s+1)(s+5)}{s(s+3)}$$

则 $Z_{11}(-2)=1.5>Z_{11}(\infty)$，$Z_{11}(-4)=-\frac{3}{4}<0$ 均不成功。但是可以改选 $Z_{11}(s)$为 $\frac{(s+1)(s+5)}{s(s+4.5)}$，则 $Z_{11}(-2)=0.6$。也即 $Z_{11}(s)$的极点是任选的，选在适当的位置，左移能使零点落在所需的点。

例 8-4　图 8-14 所示网络接有负载电阻和信号源内阻，设它们的归一化值各为1Ω，给定 $H(s)=\frac{V_2}{V_1}=\frac{s+1}{(s+3)(s+5)}$，试实现该网络。

解　RC 网络双边接载情况和空载情况基本上没有什么差别，因为总可以将综合开始和最后一个元件用电阻实现。

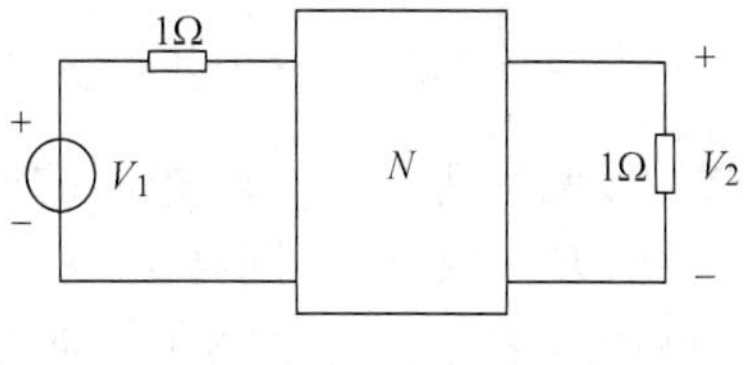

图 8-14　例 8-4 附图

选 $Z_{11}(s)=\frac{(s+3)(s+5)}{(s+2)(s+4)}$

且使

$$Z_1(s)=Z_{11}(s)-1=\frac{2s+7}{(s+2)(s+4)}$$

传输零点在 $s=-1$ 和∞处，$Z_1(s)$在 $s=\infty$ 处有零点，则 $Y_1(s)=\frac{1}{Z_1(s)}$在∞处有极点，可先移出，满足∞处传输零点的要求。即

$$Y_1(s)=\frac{1}{2}s+\frac{2.5s+8}{2s+7}$$

其中

$$Y_2(s)=\frac{2.5s+8}{2s+7}=\frac{(2.2s+7.7)+0.3(s+1)}{2s+7}=1.1+\frac{0.3(s+1)}{2s+7}=1.1+Y_3(s)$$

$$Z_3(s)=\frac{1}{Y_3(s)}=\frac{2s+7}{0.3(s+1)}=\frac{20s+70}{3(s+1)}=\frac{20(s+1)+50}{3(s+1)}=\frac{50}{3(s+1)}+\frac{17}{3}+1$$

最终得 RC 网络如图 8-15 所示。

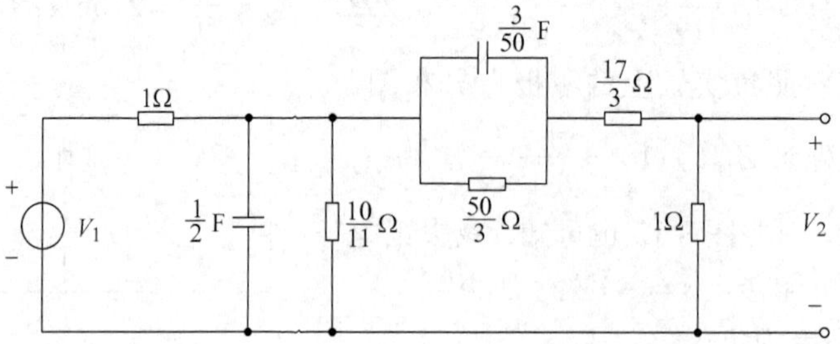

图 8-15　例 8-4 实现电路

8.5　并联梯形网络

图 8-16 所示两个双口网络（有公共地线）并联时，它的短路参数矩阵为

$$\boldsymbol{Y}=\boldsymbol{Y}_A+\boldsymbol{Y}_B \tag{8-17}$$

$\boldsymbol{Y}_A$、$\boldsymbol{Y}_B$ 分别为双口网络 N_A、N_B 的短路参数矩阵。由式(8-2)可得并联网络的

$$H(s)=\frac{V_2(s)}{V_1(s)}=-\frac{Y_{21}(s)}{Y_{22}(s)}=-\frac{Y_{21A}(s)+Y_{21B}(s)}{Y_{22A}(s)+Y_{22B}(s)} \tag{8-18}$$

若 N_A、N_B 的 $Y_{22}(s)$完全相同，即 $Y_{22A}(s)=Y_{22B}(s)=Y_{22}(s)$，则式(8-18)变为

$$H(s)=\frac{V_2}{V_1}=-\frac{Y_{21A}(s)}{2Y_{22}(s)}-\frac{Y_{21B}(s)}{2Y_{22}(s)}=\frac{1}{2}[H_A(s)+H_B(s)] \tag{8-19}$$

式(8-19)说明两个 $Y_{22}(s)$ 相同的网络并联，并网 $H(s)$ 是两个网络 $H(s)$ 的平均值。例如将图 8-11a、图 8-11c 两个电路（它们 $Y_{22}(s)$一样）并联，则并网的 $H(s)=\frac{s^2+3}{3(s^2+4s+3)}$，并网实现了虚轴上的传输零点，并网如图 8-17 所示。若将图 8-11a、图 8-11b 并联，则 $H(s)=\frac{2s+3}{2(s^2+4s+3)}$；若将图 8-11 中三个电路都并联，则得 $H(s)=\frac{s^2+2s+3}{2(s^2+4s+3)}$实现了复数的传输零点。

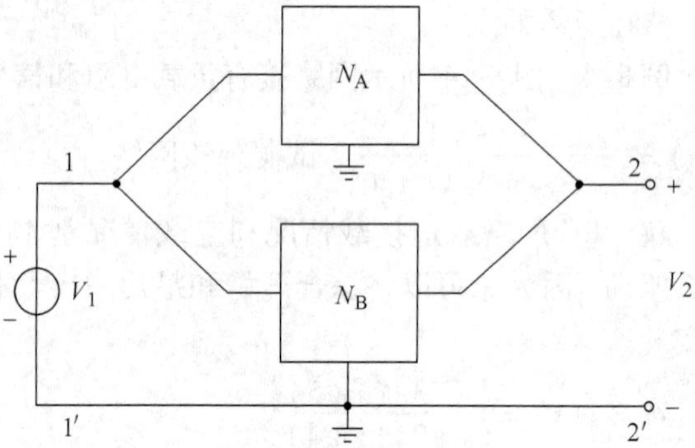

图 8-16　并联梯形网络

图 8-16 中网络 N_A 的每一导纳乘以 α，网络 N_B 的每一导纳乘以 β，即使 $Y_{22A}(s)$、$Y_{21A}(s)$ 各乘以 α；$Y_{22B}(s)$、$Y_{21B}(s)$各乘以 β，且使 $\alpha+\beta=1$，α、β 各大于零。各代入式(8-18)后得

$$H(s)=\frac{-[\alpha Y_{21A}(s)+\beta Y_{21B}(s)]}{\alpha Y_{22}(s)+\beta Y_{22}(s)}$$

$$=-\frac{\alpha Y_{21A}(s)}{Y_{22}(s)}-\frac{\beta Y_{21B}(s)}{Y_{22}(s)}$$

可见此时并联网络的电压比函数

$$H(s)=\alpha H_A(s)+\beta H_B(s)\tag{8-20}$$

式(8-20)使实现虚轴上给定的传输零点能方便地实现。式(8-20)还可以推广到多个网络并联情况，例如三个网络并联时

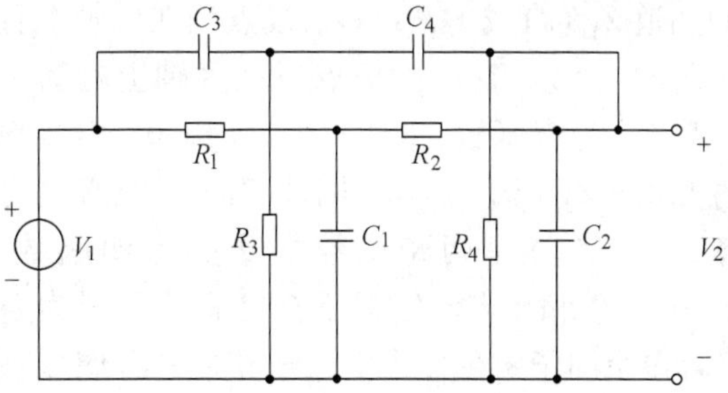

图 8-17　虚轴传输零点的并联实现

$$H(s)=\alpha H_A(s)+\beta H_B(s)+\gamma H_C(s)\tag{8-21}$$

式中

$$\alpha+\beta+\gamma=1$$

例 8-5　试用 RC 网络实现 $H(s)=\dfrac{s^2+9}{s^2+4s+3}$

解　仍旧选 $Y_{22}(s)=\dfrac{s^2+4s+3}{s+2}$，仍可应用图 8-17 电路，但使原属于网络 A 的导纳乘以 α，属于 B 的网络乘以 β。由式(8-20)得

$$H(s)=\frac{\beta s^2+3\alpha}{s^2+4s+3}=\beta\frac{s^2+3\alpha/\beta}{s^2+4s+3}$$

由于 $\alpha+\beta=1$，$3\dfrac{\alpha}{\beta}=9$ 得

$$\alpha=0.75\quad\beta=0.25$$

比较图 8-11 和图 8-17 可得 $R_1=\dfrac{1}{6}\times\dfrac{4}{3}=\dfrac{2}{9}\Omega$，$R_2=\dfrac{2}{3}\Omega$，$R_3=\dfrac{2}{25}\times4=\dfrac{8}{25}\Omega$，$R_4=\dfrac{8}{3}\Omega$，$C_1=4\times\dfrac{3}{4}=3\text{F}$，$C_2=\dfrac{3}{4}\text{F}$，$C_3=1.25\text{F}$，$C_4=0.31\text{F}$

该电路的实际电压比为

$$H(s)=\frac{s^2+9}{4s^2+16s+12}$$

至于 RL 网络给定 $H(s)$ 的综合问题，可以仿照 RC 网络。但因实用价值不大，此处不予讨论。

8.6　梯形 LC 网络

本节先讨论空载电抗网络的 $H(s)$。如图 8-18 所示，由式(8-1)、(8-2)知

$$H(s)=\frac{Z_{21}(s)}{Z_{11}(s)}=-\frac{Y_{21}(s)}{Y_{22}(s)}$$

设 $Z_{11}(s)$ 和 $Y_{22}(s)$ 都没有私有极点，则

$$H(s)=\frac{N_{21}(s)}{N_{11}(s)}=\frac{N(s)}{D(s)}$$

我们知道 $Z_{11}(s)$ 或 $Y_{22}(s)$ 零、极点均在虚轴上且为一阶的，所以 $H(s)$ 的极点也在虚轴上且为一阶。$Z_{11}(s)$ 为奇函数，$\text{Re}[Z_{11}(j\omega)]=0$，由实部条件知 $\text{Re}[Z_{21}(j\omega)]=0$，因此 $Z_{21}(s)$ 也必是奇函数，而 $H(s)$ 是两奇函数之比必为偶函数。$H(s)$ 在 $s=0$ 和 $s=\infty$ 处都不存在极点。因为若 $Z_{11}(s)$ 单个因子 s 在分子上，分母必只有偶多项式，$Z_{21}(s)$ 分母也只能为偶多项式（留数条件决定的），分子必含单个因子 s，将和 $N_{11}(s)$ 中的 s 约掉，所以 $H(s)$ 在 $s=0$ 处不能有极点。同理若 $Z_{11}(s)$ 在 $s=\infty$ 处是零点，则 $Z_{21}(s)$ 在 $s=\infty$ 处必不是极点，即 $Z_{21}(s)$ 在 $s=\infty$ 处也是零点，相约后 $H(s)$ 不可能在 $s=\infty$ 处有极点。综上所述，空载 LC 网络函数 $H(s)$ 的性质：

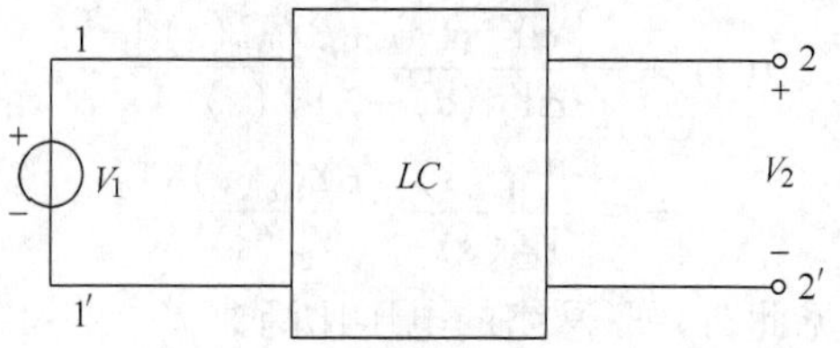

图 8-18 空载电抗网络的 $H(s)$

（1）极点在虚轴上且为一阶；

（2）为偶函数；

（3）$s=0$ 和 $s=\infty$ 处不可能是极点。

对于一臂只含一个元件的梯形网络，由图 8-4 可知，传输零点只能在 $s=0$ 和 $s=\infty$ 处，所以 $H(s)$ 的形式必为

$$H(s)=\frac{H_0 s^{2p}}{(s^2+\omega_1^2)(s^2+\omega_2^2)\cdots(s^2+\omega_n^2)} \tag{8-22}$$

且 $p\leqslant n$。即有 $2p$ 个传输零点在 $s=0$ 处，$2(n-p)$ 个在 $s=\infty$ 处。具体实现时，根据 $H(s)$ 极点选电抗函数 $Z_{11}(s)$ 或 $Y_{22}(s)$。实现 $Z_{11}(s)$ 或 $Y_{22}(s)$ 过程中，根据传输零点的分布，采用考尔Ⅰ型或Ⅱ型电路，即可获得所给的 $H(s)$。

例 8-6 $H(s)=\dfrac{s^{2p}}{(s^2+1)(s^2+3)}$ 试求 $p=0,1,2$ 三种情况下的电路，并决定 H_0 值。

解 选 $Y_{22}(s)=\dfrac{(s^2+1)(s^2+3)}{s(s^2+2)}$

$Y_{22}(s)$ 的连分式分别为

$$Y_{22}(s)=s+\cfrac{1}{\cfrac{s}{2}+\cfrac{1}{4s+\cfrac{1}{s/6}}} \qquad (p=0)$$

$$Y_{22}(s)=s+\cfrac{1}{\cfrac{s}{2}+\cfrac{1}{\cfrac{6}{s}+\cfrac{1}{\cfrac{1}{4s}}}} \qquad (p=1)$$

$$Y_{22}(s)=\frac{3}{2s}+\cfrac{1}{\cfrac{4}{5s}+\cfrac{1}{\cfrac{25}{2s}+\cfrac{1}{\cfrac{1}{5s}}}} \qquad (p=2)$$

所实现电路如图 8-19 所示。图 a 中 $H(0)=1$，图 c 中 $H(\infty)=1$，图 b 中 $H(1)=1/4$，结果为：

$$H(s)=\begin{cases}\dfrac{3}{s^4+4s^2+3} & H_0=3\ (p=0)\\[2ex] \dfrac{2s^2}{s^4+4s^2+3} & H_0=2\ (p=1)\\[2ex] \dfrac{s^4}{s^4+4s^2+3} & H_0=1\ (p=2)\end{cases}$$

如果所给 $H(s)$ 的传输零点在虚轴上，仍可应用前述零点移动方法或并联法解决。

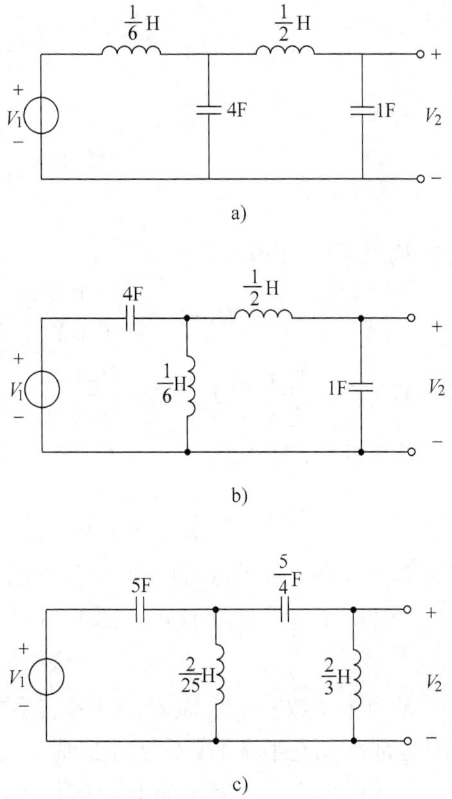

图 8-19　例 8-6 附图

例 8-7　$H(s)=\dfrac{s^2+4}{(s^2+1)(s^2+3)}$，试求该网络。

解　选 $Z_{11}(s)=\dfrac{(s^2+1)(s^2+3)}{s(s^2+2)}$，$H(s)$ 在 $s=$ j2 处有一传输零点，

$$Z_{11}(\mathrm{j}2)=\frac{(-4+3)(-4+1)}{\mathrm{j}2(-4+2)}=\mathrm{j}\frac{3}{4}=\frac{3}{8}(\mathrm{j}2)$$

令

$$Z_1(s)=Z_{11}(s)-\frac{3}{8}s=\frac{10(s^2+4)(s^2+1.2)}{16s(s^2+2)}$$

实现中减去 $\frac{3}{8}s$，就是将阻抗零点从 j1，j$\sqrt{3}$ 处移至 j$\sqrt{1.2}$，j2 处，而它的倒数 $Y_1(s)=\dfrac{1}{Z_1(s)}$ 在 j2 处产生了极点，移走该极点刚好满足了 j2 处的传输零点，另外两个传输零点在 $s=\infty$ 处，可用考尔 I 型电路实现剩余函数。

$$Y_1(s)=\frac{1}{Z_1(s)}=\frac{\frac{8}{7}s}{s^2+4}+\frac{\frac{16}{35}s}{s^2+1.2}$$

得电路如图 8-20 所示。

空载 LC 网络偶函数特性决定了负实轴上不可能有一阶传输零点，但复平面其它处或者虚轴上多种零点都是可能的。例如 $H(s)=\dfrac{s^4+1}{(s^2+1)(s^2+3)}$ 或 $H(s)=\dfrac{s^4+2s^2+1}{(s^2+2)(s^2+4)}=\dfrac{(s^2+1)^2}{(s^2+2)(s^2+4)}$，它们都可以用两个或三个并联梯形网络实现。

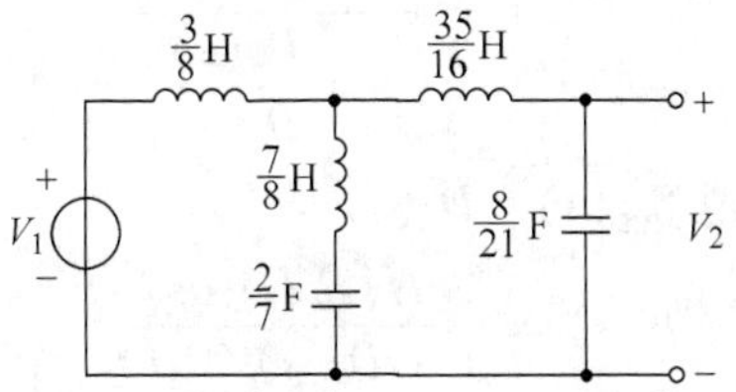

图 8-20　例 8-7 附图

8.7 单边带载 LC 网络

LC 网络若带信号源内阻或负载电阻时，不能像 RC 网络那样和空载情况一样处理，只是让负载或输入端分配到必要的电阻。LC 网络带载时情况较为复杂。图 8-21 所示是负载端带有电阻的情况。此时

$$V_2 = -(R_2 I_2)$$

而 $I_2 = Y_{21}V_1 + Y_{22}V_2$，故得

$$-\left(Y_{22} + \frac{1}{R_2}\right)V_2 = Y_{21}V_1$$

即

$$H(s) = \frac{V_2(s)}{V_1(s)} = -\frac{Y_{21}(s)}{\frac{1}{R_2} + Y_{22}(s)} \tag{8-23}$$

或取 R_2 为归一化值，得

$$H(s) = -\frac{Y_{21}(s)}{1 + Y_{22}(s)} \tag{8-24}$$

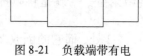

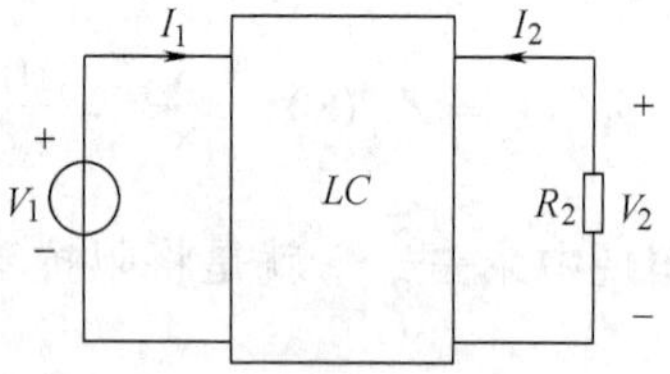

图 8-21 负载端带有电阻的 LC 网络

其中 $Y_{22}(s) = \dfrac{N_{22}(s)}{D_{22}(s)}, Y_{21}(s) = \dfrac{N_{21}(s)}{D_{21}(s)}$，$Y_{22}(s)$ 为电抗函数。设它无私有极点，即 $D_{22}(s) = D_{21}(s)$，则式(8-24)变为

$$H(s) = \frac{-N_{21}(s)}{D_{22}(s) + N_{22}(s)} = \frac{N(s)}{P(s)} \tag{8-25}$$

因为 $Y_{22}(s)$ 是电抗函数所以 $P(s)$ 具有以下形式

$$P(s) = (s^2 + \omega_1^2)(s^2 + \omega_3^2)\cdots(s^2 + \omega_{2n+1}^2) + Ks(s^2 + \omega_2^2)(s^2 + \omega_4^2)\cdots(s^2 + \omega_{2n}^2) \tag{8-26}$$

其中 K 为正实数，可见 $P(s)$ 是 s 的实系数，无缺项的多项式，其系数全部大于零。$P(s) = 0$ 的根全部落在左半平面(不包括虚轴)，这种多项式称为严格霍尔维茨(Hurwitz)多项式。

由此可见带负载电阻的 LC 网络，$H(s)$ 的极点全部在左半平面，虚轴上没有极点。从式(8-24)还可以看出 $s = \infty$ 处也没有极点。$Y_{21}(s)$ 是奇函数，$D_{22}(s) = D_{21}(s)$ 是奇函数或偶函数，因此 $N(s)$ 也是奇函数或偶函数，不能是非奇非偶函数。式(8-26)可分为奇部、偶部即

$$P(s) = D_e(s) + D_o(s) \tag{8-27}$$

若给定的 $N(s)$ 是奇函数，则 $D_{22}(s) = D_{21}(s) = D_e(s)$ 代入式(8-25)、式(8-27)得

$$H(s) = \frac{N(s)/D_e(s)}{1 + \dfrac{D_o(s)}{D_e(s)}} \tag{8-28}$$

反之，若给定 $N(s)$ 是偶函数，则 $D_{22}(s) = D_o(s)$

$$H(s) = \frac{N(s)/D_o(s)}{1 + D_e(s)/D_o(s)} \tag{8-29}$$

比较式(8-24)可知，式(8-28)、式(8-29)中分母减 1，即 $\dfrac{D_e(s)}{D_o(s)}$ 或 $\dfrac{D_o(s)}{D_e(s)}$ 就是 $Y_{22}(s)$。可见带

载时 $Y_{22}(s)$是确定的，不像空载情况 $Y_{22}(s)$的极点可以任意选择。

例 8-8　$H(s)=\dfrac{s^2}{s^4+3s^3+7s^2+7s+6}$负载电阻为 1Ω，试求 LC 网络。

解　因为 $N(s)$为偶函数，所以

$$Y_{22}(s)=\frac{s^4+7s^2+6}{3s^3+7s}$$

传输零点在 $s=0$ 和 $s=\infty$ 处各一对。先用考尔Ⅰ型电路，再用考尔Ⅱ型电路实现电路。

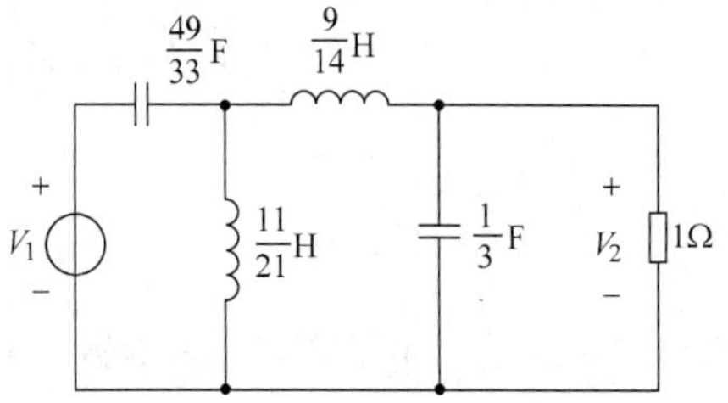

图 8-22　例 8-8 附图

$$Y_{22}=\frac{s}{3}+\cfrac{1}{\cfrac{9}{14}s+\cfrac{1}{\cfrac{21}{11s}+\cfrac{1}{\cfrac{33}{49s}}}}$$

实现电路如图 8-22 所示。

另外一种单边带载情况如图 8-23 所示。因为 $I_2=0$，则

$$V_1=R_1I_1+Z_{11}I_1$$
$$V_2=Z_{21}I_1$$

故得

$$H(s)=\frac{V_2(s)}{V_1(s)}=\frac{Z_{21}(s)}{R_1+Z_{11}(s)} \tag{8-30}$$

若 R_1 取归一化值为 1，则

$$H(s)=\frac{Z_{21}(s)}{1+Z_{11}(s)}=\frac{N_{21}(s)}{D_{11}(s)+N_{11}(s)}=\frac{N(s)}{P(s)} \tag{8-31}$$

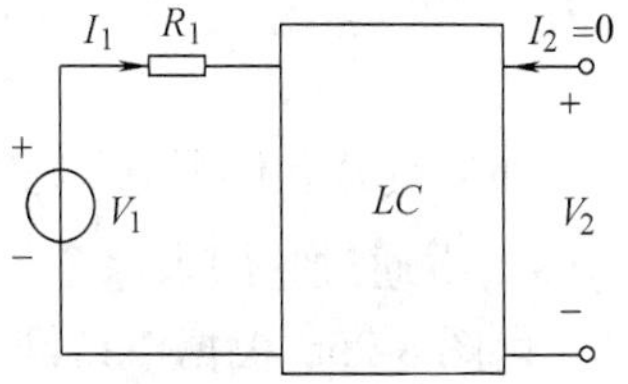

图 8-23　电源端带有电阻的 LC 网络

$H(s)$的性质和前述相同，即：

(1) $P(s)$为严格霍尔维茨多项式，极点在左半平面上，虚轴和 $s=\infty$ 处无极点；

(2) $N(s)$的幂次不能高于 $P(s)$的幂次；

(3) $N(s)$是奇函数或偶函数，不能既不是奇函数又不是偶函数；

(4) $Z_{11}(s)$是 $P(s)$的奇部除以偶部或偶部除以奇部，视 $N(s)$的奇偶性而定。

例 8-9　给定信号源内阻 $R_1=1\Omega$，22′端开断，

$H(s)=\dfrac{s^2+4}{s^4+2s^3+4s^2+3s+2}$求 LC 网络，并确定所求网络的 H_0 值。

解

$$Z_{11}=\frac{s^4+4s^2+2}{2s^3+3s}$$

传输零点在 $s=\pm j2$ 和 $s=\infty$ 处，$Z_{11}(s)$的零点在 j0.765 和 j1.848 处可将 j1.848 处的零点移至 j2 处，即

$$Z_{11}(j2)=\frac{16-16+2}{-j16+j6}=j0.2=0.1(j2)$$

令

$$Z_1(s) = Z_{11}(s) - 0.1s = \frac{8s^4 + 37s^2 + 20}{20s(s^2 + 1.5)}$$

$$= \frac{2(s^2 + 4)\left(s^2 + \frac{5}{8}\right)}{5(s^2 + 1.5)s}$$

$Z_1(s)$在 j2 处产生了零点，其倒数 $Y_1(s)$在 j2 处的极点移出可满足 j2 处的传输零点，

$$Y_1(s) = \frac{\frac{50}{27}s}{s^2 + 4} + \frac{\frac{35}{54}s}{s^2 + \frac{5}{8}}$$

即可得所需电路如图 8-24 所示。

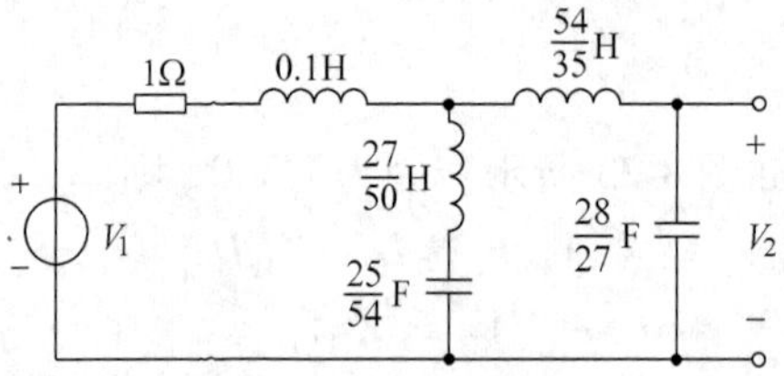

图 8-24　例 8-9 附图

8.8　双边带载 LC 网络的达林顿实现

如果负载和信号源两边都带有电阻，则不可能根据给定的 $H(s)$ 找出一个 $Z_{11}(s)$ 或 $Y_{22}(s)$，再通过它们来综合。

由图 8-25，根据双口网络方程得

$$V_1 = R_1 I_1 + Z_{11} I_1 + Z_{12} I_2$$
$$V_2 = Z_{21} I_1 + Z_{22} I_2$$

其中 $V_2 = -R_2 I_2$，消去 I_1，I_2 经整理得

$$H(s) = \frac{V_2(s)}{V_1(s)} = \frac{R_2 Z_{21}}{R_1 R_2 + R_1 Z_{22} + R_2 Z_{11} + \Delta_Z} \tag{8-32}$$

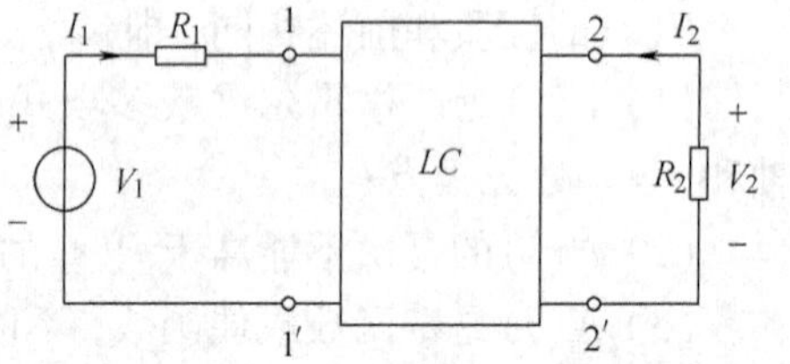

图 8-25　双边带载 LC 网络

同理可得

$$H(s) = \frac{-R_2 Y_{21}}{1 + R_1 Y_{11} + R_2 Y_{22} + R_1 R_2 \Delta_Y} \tag{8-33}$$

其中 Δ_Z，Δ_Y 是双口网络 $\boldsymbol{Z}$，$\boldsymbol{Y}$ 参数矩阵的行列式

$$\Delta_Z = Z_{11} Z_{22} - Z_{12} Z_{21} \qquad Z_{12} = Z_{21} \tag{8-34}$$

$$\Delta_Y = Y_{11} Y_{22} - Y_{12} Y_{21} \qquad Y_{12} = Y_{21} \tag{8-35}$$

将 $R_2 = \infty$，$R_1 = 0$ 代入式(8-32)、式(8-33)即得式(8-1)、式(8-2)将 $R_1 = 0$ 代入式(8-33)即得式(8-23)，将 $R_2 = \infty$ 代入式(8-32)即得式(8-30)。可以证明 $H(s)$的分母仍为严格霍尔维

茨多项式，$s=\infty$ 处也不存在极点。由式(8-32)、式(8-33)可见双边带载情况下 $H(s)$ 和双口网络的整个参数矩阵有关，不能通过 $Z_{11}(s)$、$Y_{22}(s)$ 等来实现网络，但是在给定 $H(s)$、R_1、R_2 的条件下，实际上 11′端视入的入端阻抗是确定的，如果根据给定条件能求得此入端阻抗，再考虑传输零点就可以获得符合要求的网络。为了求此入端阻抗，首先必需讨论传输系数、反射系数的定义。

设正弦稳态时(即 $s=\mathrm{j}\omega$)输出功率 P_2 和信号源所能提供的最大功率 $P_{\max}$ 之比记为 $|T(\mathrm{j}\omega)|^2$,则称 $T(s)$ 为传输系数。而输出有功功率

$$P_2=\frac{|V_2(\mathrm{j}\omega)|^2}{2R_2} \tag{8-36}$$

其中 V_2 是幅值不是有效值，所以除以 2

$$P_{\max}=\frac{|V_1(\mathrm{j}\omega)|^2}{8R_1} \tag{8-37}$$

故得

$$|T(\mathrm{j}\omega)|^2=\frac{P_2}{P_{\max}}=\frac{4R_1}{R_2}|H(\mathrm{j}\omega)|^2 \tag{8-38}$$

信号源所能提供的最大功率和输出功率之差 P_r 可视为反射功率，记

$$|\rho(\mathrm{j}\omega)|^2=\frac{P_r}{P_{\max}}=\frac{P_{\max}-P_2}{P_{\max}}$$

称 $\rho(s)$ 为反射系数。

$$|\rho(\mathrm{j}\omega)|^2=\frac{P_{\max}-P_2}{P_{\max}}=\frac{\dfrac{|V_1(\mathrm{j}\omega)|^2}{8R_1}-\dfrac{|V_2(\mathrm{j}\omega)|^2}{2R_2}}{\dfrac{|V_1(\mathrm{j}\omega)|^2}{8R_1}} \tag{8-39}$$

因为 LC 是无损网络，若令 11′端入端阻抗

$$Z_i=R(\omega)+\mathrm{j}X(\omega) \tag{8-40}$$

则

$$\frac{|V_2(\mathrm{j}\omega)|^2}{2R_2}=\frac{|I_1(\mathrm{j}\omega)|^2}{2}R(\omega)$$

即

$$\frac{|V_2(\mathrm{j}\omega)|^2}{R_2}=\left|\frac{V_1(\mathrm{j}\omega)}{R_1+Z_i(\mathrm{j}\omega)}\right|^2R(\omega) \tag{8-41}$$

将式(8-41)代入式(8-39)，并约去 $|V_1(\mathrm{j}\omega)|$ 得

$$|\rho(\mathrm{j}\omega)|^2=\frac{\dfrac{1}{4R_1}-\dfrac{R}{|R_1+Z_i|^2}}{1/(4R_1)}=\frac{|R_1+Z_i|^2-4RR_1}{|R_1+Z_i|^2}$$

即

$$|\rho(\mathrm{j}\omega)|^2=\frac{|Z_i-R_1|^2}{|Z_i+R_1|^2} \tag{8-42}$$

或

$$\rho(s) = \pm\frac{Z_i(s)-R_1}{Z_i(s)+R_1} = \pm\frac{\dfrac{Z_i(s)}{R_1}-1}{\dfrac{Z_i(s)}{R_1}+1} \tag{8-43}$$

解得

$$Z_i(s) = \frac{1\pm\rho(s)}{1\mp\rho(s)}R_1 \tag{8-44}$$

$$|\rho(\mathrm{j}\omega)|^2 = 1-|T(\mathrm{j}\omega)|^2 = 1-\frac{4R_1}{R_2}|H(\mathrm{j}\omega)|^2$$

扩拓到整个 s 域后，则

$$\rho(s)\rho(-s) = 1-\frac{4R_1}{R_2}H(s)H(-s) \tag{8-45}$$

如果令 $H(s)=\dfrac{N(s)}{D(s)}$，$R_1=1$，上式右边表示为 $G(s)$，则

$$G(s) = \frac{R_2D(s)D(-s)-4N(s)N(-s)}{R_2D(s)D(-s)} = \rho(s)\rho(-s) \tag{8-46}$$

其中 $D(s)$是严格霍尔维茨多项式，$D(s)=0$ 的根全部在左半平面，$D(-s)=0$ 的根在右半平面，$\rho(s)$的分母取左半平面极点。分子也必能分解成$\rho(s)\rho(-s)$，通常也可取左半平面根构成$\rho(s)$的零点。$\rho(s)$不一定是正实函数，但 $Z_i(s)$当然必需是正实函数，否则不可能用无源元件来实现。式(8-44)中分子、分母有两种正负号组合，有时可任取其中一种，有时选某一种，具体见例题。

例 8-10 某低通滤波器$|H(\mathrm{j}\omega)|^2=\dfrac{H_0^2}{1+\omega^6}$，$R_1=R_2=1\Omega$，试求此 LC 滤波电路。

解

$$H(s)H(-s) = \left.\frac{H_0^2}{1+\omega^6}\right|_{\omega=\frac{s}{\mathrm{j}}} = \frac{H_0^2}{1-s^6}$$

极点 $s_k=\mathrm{e}^{\mathrm{j}\frac{k\pi}{3}}$，$k=0, 1, 2, 3, 4, 5$ 取左半平面极点 $s_2=\mathrm{e}^{\mathrm{j}\frac{2\pi}{3}}$，$s_3=\mathrm{e}^{\mathrm{j}\pi}$，$s_4=\mathrm{e}^{\mathrm{j}\frac{4\pi}{3}}$，将分母因子相乘并整理后得

$$H(s) = \frac{H_0}{s^3+2s^2+2s+1}$$

从实际低通电路可知 $s=0$ 代入时 $H(0)=\dfrac{1}{2}$，所以 $H_0=\dfrac{1}{2}$

$$\rho(s)\rho(-s) = 1-4\times\frac{1}{4}\frac{1}{(s^3+2s^2+2s+1)(-s^3+2s^2-2s+1)}$$

$$= \frac{-s^6}{(s^3+2s^2+2s+1)(-s^3+2s^2-2s+1)}$$

取

$$\rho(s) = \frac{s^3}{s^3+2s^2+2s+1}$$

代入式(8-44)

$$Z_i(s) = R_1\frac{1+\rho(s)}{1-\rho(s)} = \frac{2s^3+2s^2+2s+1}{2s^2+2s+1}$$

传输零点在 $s=\infty$ 处，可用考尔 I 型电路实现，即

$$Z_i(s) = s+\cfrac{1}{2s+\cfrac{1}{s+\cfrac{1}{1}}}$$

电路如图 8-26a 所示。或

$$Z_i(s) = \frac{1-\rho(s)}{1+\rho(s)}R_1 = \frac{2s^2+2s+1}{2s^3+2s^2+2s+1}$$

得电路如图 8-26b 所示。由图看出 $H(0)=\frac{1}{2}$，因此 $H_0=\frac{1}{2}$。

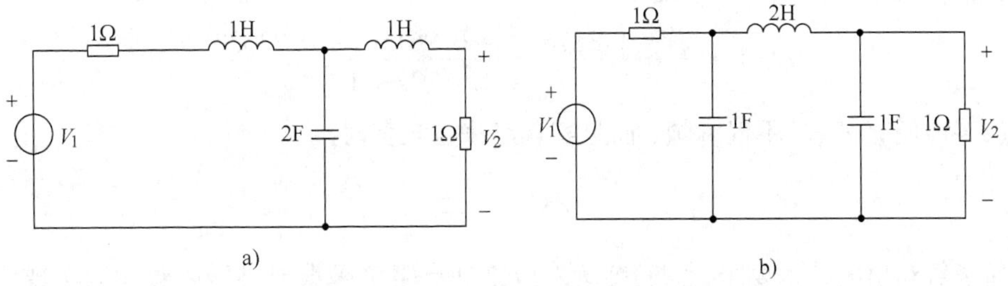

图 8-26　例 8-10 附图

例 8-11　上题 R_2 改为 2Ω 重新求解（图 8-27）。

解　由电路看出 $H(0)=H_0=\frac{2}{3}$，所以

$$\rho(s)\rho(-s) = 1-\frac{8/9}{(s^3+2s^2+2s+1)(-s^3+2s^2-2s+1)}$$
$$= \frac{\frac{1}{9}-s^6}{(s^3+2s^2+2s+1)(-s^3+2s^2-2s+1)}$$

其中

$$\text{分子为}\quad \frac{1}{9}-s^6 = (s^3+1.38672s^2+0.96150s+0.33333)$$
$$\times(-s^3+1.38672s^2-0.96150s+0.33333)$$
$$=\left(\frac{1}{3}+s^3\right)\left(\frac{1}{3}-s^3\right)$$

取 $\rho(s)=\dfrac{s^3+\frac{1}{3}}{s^3+2s^2+2s+1}$，即并没有坚持取左半平面零点，代入式(8-44)得

$$Z_i(s) = \frac{1+\rho(s)}{1-\rho(s)} = \frac{2s^3+2s^2+2s+\frac{4}{3}}{2s^2+2s+\frac{2}{3}}$$

$Z_i(0)=2\Omega$ 与给定的 R_2 符合。若取

$$Z_i(s)=\frac{1-\rho(s)}{1+\rho(s)}=\frac{2s^2+2s+\frac{2}{3}}{2s^3+2s^2+2s+\frac{4}{3}}$$

则 $Z_i(0)=\frac{1}{2}$ 与 R_2 不符。

可见当 $R_1\neq R_2\neq 1\Omega$ 时，式(8-44)两种选择中只有一种正确。应用考尔 I 型电路实现 $Z_i(s)$。

$$Z_i(s)=s+\cfrac{1}{\cfrac{3}{2}s+\cfrac{1}{2s+2}}$$

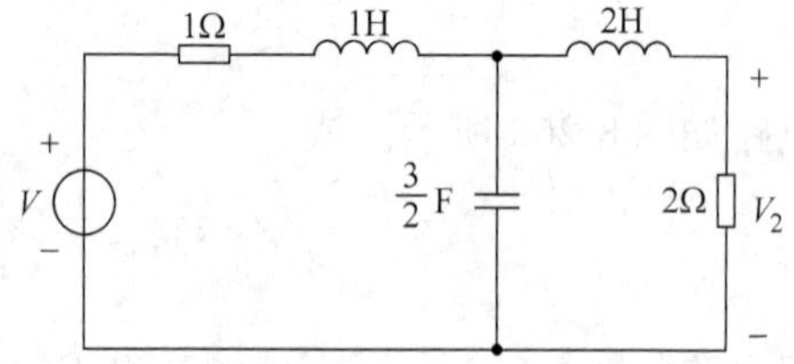

图 8-27　例 8-11 附图

若选 $\rho(s)$ 时，全部取左半平面零点，即

$$\rho(s)=\frac{s^3+1.38762s^2+0.96150s+0.33333}{s^3+2s^2+2s+1}$$

代入式(8-44)所获 $Z_i(s)$ 不仅麻烦，而且实现起来也较费时。

小　结

传递函数给出的技术要求，需转变为对应策动点阻抗函数或导纳函数才能实现，通常选择用 Cauer 方式实现。

梯形 RC 网络可实现 $s=0$、∞ 处的传输零点；利用零点移动法，一臂多元件的梯形 RC 网络可实现负实轴上的传输零点；利用并联技术，并联梯形 RC 网络可实现 $j\omega$ 轴上的传输零点。

梯形 LC 网络可实现 $s=0$、∞ 处的传输零点；利用零点移动法，一臂多元件的梯形 LC 网络可实现 $j\omega$ 轴上的传输零点；利用并联技术，并联梯形 LC 网络可实现复平面上的复传输零点。

信号源内阻和负载电阻均存在时，可用双边带载 LC 网络的达林顿法实现。

梯形网络结构的突出特点是，通带元件灵敏度很低。

习　题

8-1　试分别说明图 8-28 所示各电路的传输零点有几个，分布在何处？V_1 为输入，V_2 为输出，$H(s)=\frac{V_2(s)}{V_1(s)}$（不必计算，只需说明，例如右半平面，虚轴等等）。

8-2　图 8-29 所示电路中元件参数值任意，问各有几个传输零点？分布在何处？

8-3　图 8-30 所示为非梯形电路，试问它们的传输零点各在何处？

8-4　$H(s)=\frac{H_0}{(s+2)(s+4)}$，求 RC 网络，并决定 H_0 值。

8-5　上题如改用 RL 电路实现，求电路，并决定 H_0 值。

8-6　$H(s)=\frac{H_0s^3}{(s+1)(s+3)(s+5)}$，求 RC 网络，并决定 H_0 值。

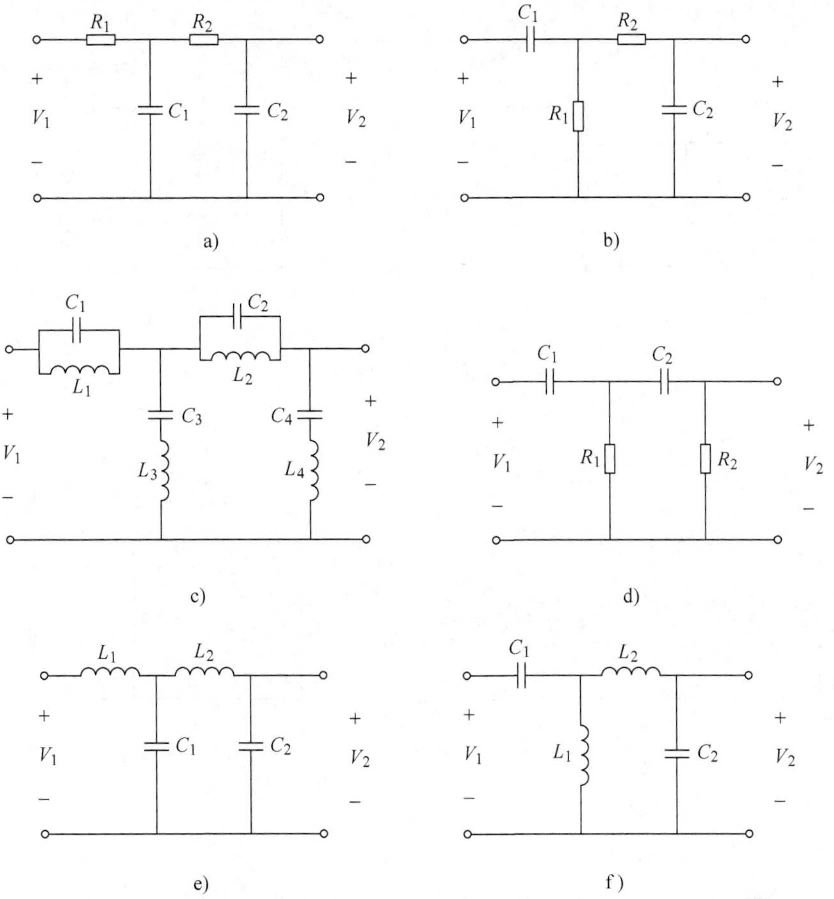

图 8-28　题 8-1 图

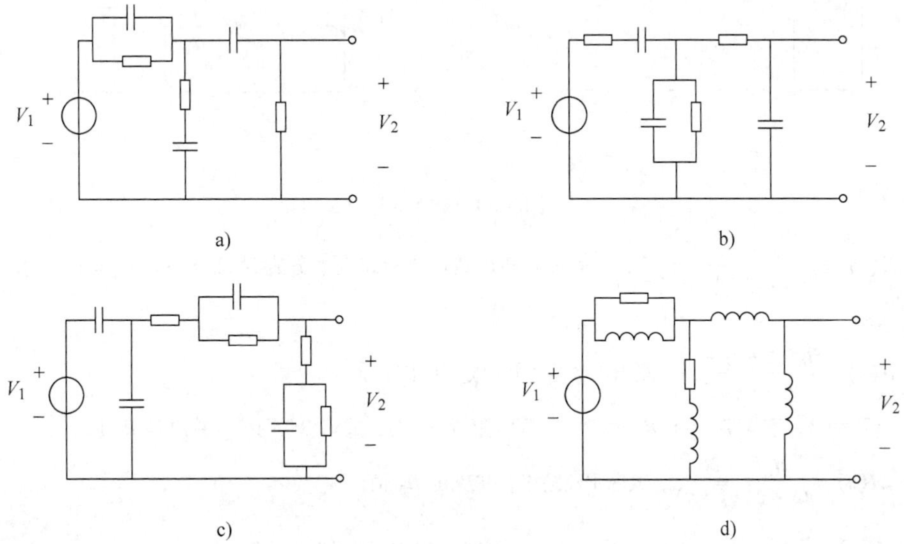

图 8-29　题 8-2 图

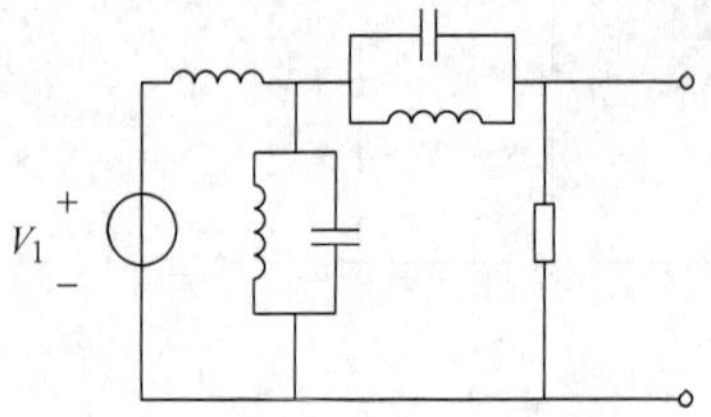

e)

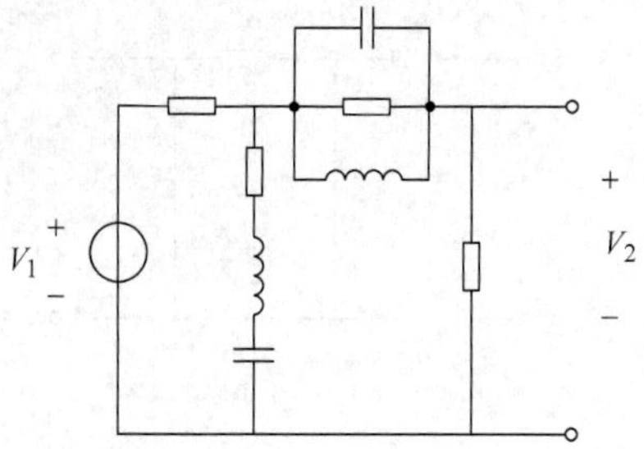

f)

图 8-29 （续）

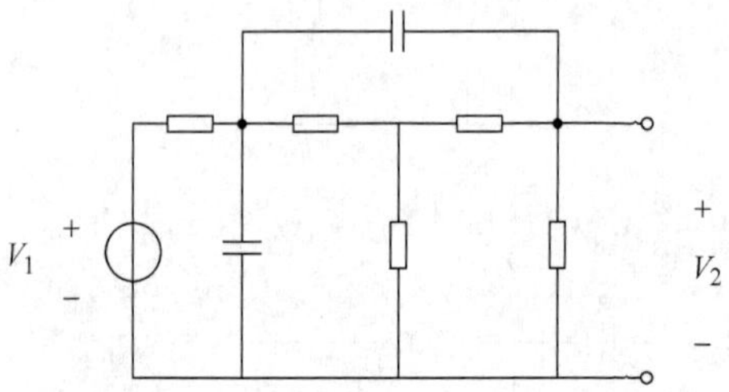

a)

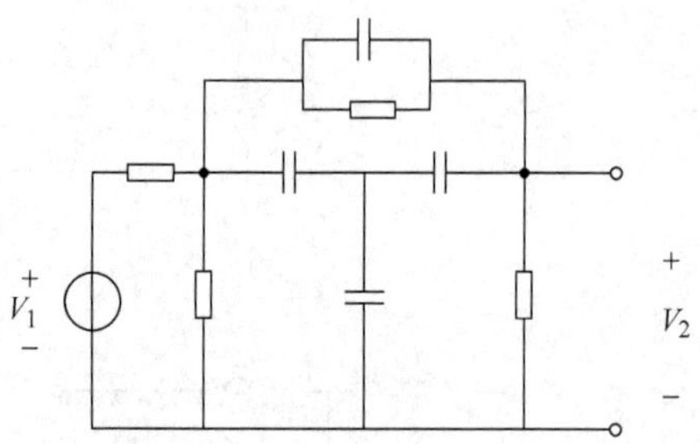

b)

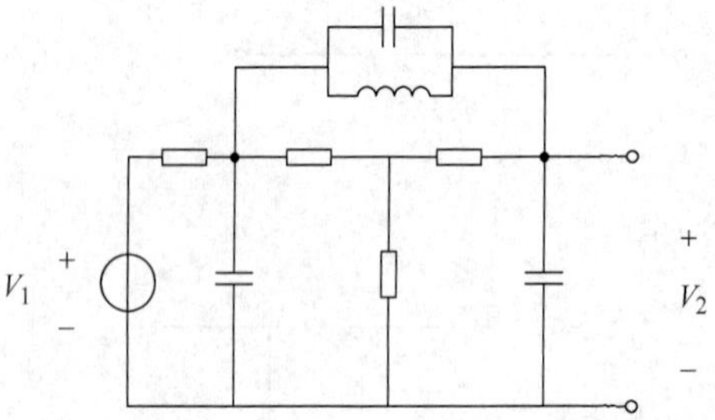

c)

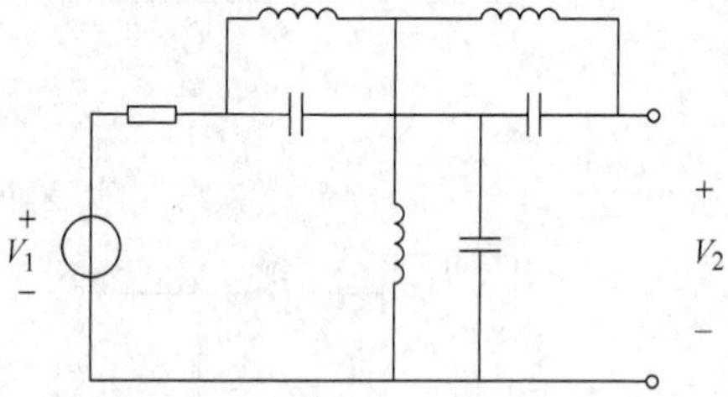

d)

图 8-30 题 8-3 图

8-7 $H(s)=\dfrac{H_0 s}{(s+1)(s+3)(s+5)}$，信号源和负载都带有电阻，分别为 $R_1=1\Omega$，$R_2=2\Omega$，求 RC 网络，并决定 H_0 值。

8-8 $H(s)=\dfrac{H_0(s^2+6s+8)}{s^2+6s+5}$，求 RC 网络，并决定 H_0 值。

8-9 上题如要求信号源电阻 $R_1=2\Omega$，负载电阻 $R_2=1\Omega$，试求 RC 网络，并决定 H_0 值。

8-10 $H(s)=\dfrac{H_0(s+3)}{(s+2)(s+5)}$，试求 RC 网络，并决定 H_0 值。

8-11 $H(s)=\dfrac{H_0(s^2+4)}{s^2+5s+4}$，试用并联梯形 RC 电路实现它，并决定 H_0 值。

8-12 $H(s)=\dfrac{H_0(s^2+ks+1)}{s^2+6s+8}$，其中 k 分别等于 1，2，3，试分别用并联梯形 RC 电路实现它，同时决定

H_0 值并说明三种情况下传输零点的位置。

8-13　$H(s)=\dfrac{H_0}{(s^2+2)(s^2+4)}$，试求 LC 网络，并决定 H_0 值。

8-14　$H(s)=\dfrac{H_0 s^2}{(s^2+2)(s^2+4)}$，试求 LC 网络，并决定 H_0 值。

8-15　$H(s)=\dfrac{H_0 s^4}{(s^2+2)(s^2+4)}$，试求 LC 网络，并决定 H_0 值。

8-16　$H(s)=\dfrac{H_0(s^2+6)}{(s^2+1)(s^2+3)(s^2+5)}$，试求 LC 网络，并决定 H_0 值。

8-17　$H(s)=\dfrac{H_0(s^2+4)}{s^4+4s^2+3}$，试用并联梯形电路实现它，并决定 H_0 值。

8-18　$H(s)=\dfrac{H_0(s^4+4)}{s^4+4s^2+3}$，试用并联梯形电路实现它，并决定 H_0 值。

8-19　$H(s)=\dfrac{H_0}{s^3+2s^2+2s+1}$，负载电阻 $R_2=1\Omega$，试实现该 LC 网络，并决定常数 H_0。

8-20　$H(s)=\dfrac{H_0 s^4}{s^4+3s^3+3s^2+4s+2}$，负载电阻 $R_2=1\Omega$，试实现该 LC 网络，并决定常数 H_0。

8-21　将上题分子改为 $H_0 s^2$ 后再求解。

8-22　$H(s)=\dfrac{H_0 s}{s^4+s^3+6s^2+3s+8}$，信号源内阻 $R_1=1\Omega$，试实现该 LC 网络。

8-23　$H(s)=\dfrac{H_0 s^3}{s^5+s^4+6s^3+4s^2+8s+3}$，信号源内阻 $R_1=1\Omega$，试实现该 LC 网络。

8-24　给定 $H(s)=\dfrac{H_0 s^3}{s^3+2s^2+2s+1}$，信号源内阻和负载电阻为 $R_1=R_2=1\Omega$，试求 LC 网络。

第 9 章　逼近问题和灵敏度分析

内容提要

本章介绍逼近问题和灵敏度分析。首先介绍各种逼近方式，包括：勃特沃茨逼近、切比雪夫逼近、倒切比雪夫逼近、椭圆函数和贝赛尔-汤姆逊响应。利用频率变换，可从低通滤波器变换为所需的高通、带通或带阻滤波器。最后，介绍灵敏度的分析和计算，着重介绍滤波器中常用的 ω 和 Q 灵敏度及增益灵敏度。

9.1　概述

逼近问题和灵敏度分析是滤波器设计的重要环节。实际上把它们放到上章之前叙述也是合理的。有些作者就是把 $H(s)$ 的综合作为无源滤波器设计来对待的，它们间并无实质差别。接着要论述的有源电路综合问题，实际上就是有源 RC 滤波器的设计、综合问题。几乎大多数此类书藉中，都习惯将有源电路综合和有源滤波器设计划等号。实际有源电路综合范围还应广泛得多，例如电力电子电路中开关变换器的综合等。本书因篇幅所限，对于综合问题只能涉及一些基本的概念，对于有源电路综合问题也只能限于讨论有源 RC 滤波器的基础。在讨论有源滤波器之前，对逼近函数应有充分的了解。

图 9-1 所示是低通滤波器的理想特性，要求 $0<\omega<\omega_c$ 时 $|H(j\omega)|$ 为常数，$\omega>\omega_c$ 时 $|H(j\omega)|=0$。这种特性也称为砖墙特性。用有限个元件要实现这样的特性几乎是不可能的。图 9-2 所示是一个折衷办法，即通、阻带间不是突然跳过，中间设置了过渡带。通带内允许一个最大的衰减 A_{max}；阻带内则规定一个起码的衰减 A_{min}。A_{max} 越小，A_{min} 越大，$\dfrac{\omega_s}{\omega_c}$ 趋近于 1，特性则越近于理想，要求电路的阶数也越高。对于高通、带通、带阻滤波器，经过第 9.7 节讨论的频率变换后，都可以变换成相应低通滤波器的技术指标。

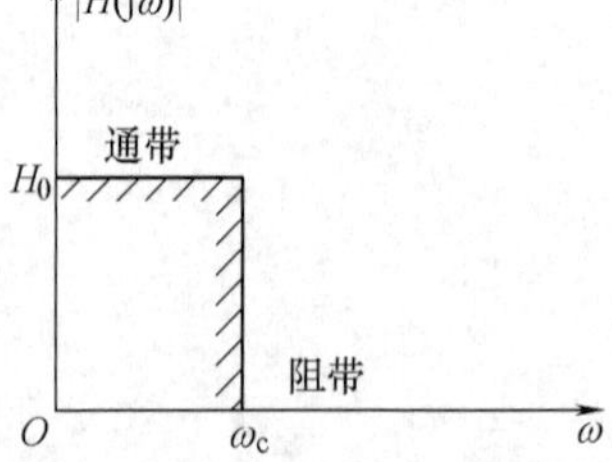

图 9-1　低通滤波器的理想特性

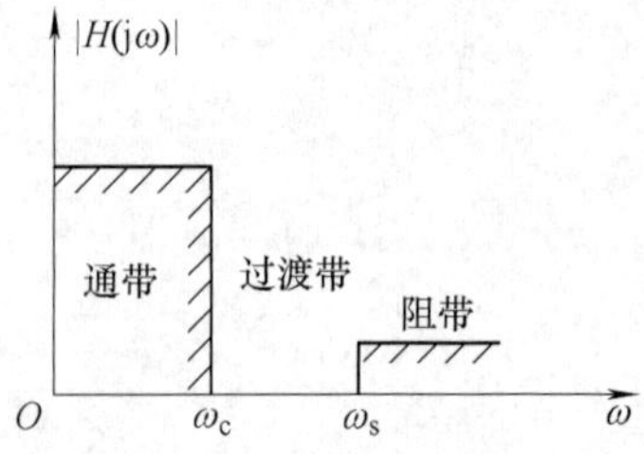

图 9-2　低通滤波器的特性

本章后半段讨论的灵敏度问题，是判断 RC 有源滤波器性能的主要依据之一，对它的定义、性质以及计算方法必须有一个较深入的了解。

9.2 勃特沃茨逼近

勃特沃茨逼近函数是一比较直观、比较简单的函数，式(9-1)是 n 阶勃特沃茨低通函数。

$$H(\mathrm{j}\omega)=\frac{H_0}{\sqrt{1+\varepsilon^2\left(\frac{\omega}{\omega_c}\right)^{2n}}} \tag{9-1}$$

式中 ω_c 为边界角频率，$H_0=H(0)$，ε 为一个小于 1 的常数。当 $\omega\leqslant\omega_c$ 时，ε 越小，式(9-1)右边值变动越小。称 $H(s)$ 为 n 阶勃特沃茨(Butterworth)响应。

应用二项式级数，当 $|x|<1$ 时，有

$$(1+x)^{-1}=1-x+x^2-x^3+x^4-x^5+\cdots$$

将 $x=\varepsilon^2\left(\frac{\omega}{\omega_c}\right)^{2n}$ 代入上式得

$$|H(\mathrm{j}\omega)|^2=H_0^2\left[1-\varepsilon^2\left(\frac{\omega}{\omega_c}\right)^{2n}+\varepsilon^4\left(\frac{\omega}{\omega_c}\right)^{4n}-\varepsilon^6\left(\frac{\omega}{\omega_c}\right)^{6n}+\cdots\right] \tag{9-2}$$

由式(9-2)可见 $|H(\mathrm{j}\omega)|^2$ 对 ω 的前 $2n-1$ 阶导数在 $\omega=0$ 处皆为零，因此称勃特沃茨函数是最大平坦函数(直流处)。传输特性习惯用衰减(分贝数)来表示，为了便于分析用相对值 $\left|\frac{H(\mathrm{j}\omega)}{H(0)}\right|$ 取对数，即

$$A(\omega)=-20\lg\left|\frac{H(\mathrm{j}\omega)}{H(0)}\right|=10\lg\left[1+\varepsilon^2\left(\frac{\omega}{\omega_c}\right)^{2n}\right] \tag{9-3}$$

显然，通带内衰减最大值发生在边界频率处，即 $\omega=\omega_c$ 处，于是有

$$A_{\max}=10\lg[1+\varepsilon^2] \tag{9-4}$$

故得

$$\varepsilon=\sqrt{10^{0.1A_{\max}}-1} \tag{9-5}$$

若 $\varepsilon=1$，则通带内最大衰减达 3 分贝，因此常数 ε 是为了使通带内最大衰减小于 3 分贝而引进的。

在阻带内最小的衰减也发生在下边界 $\omega=\omega_s$ 处，以 $A_{\min}$ 代入式(9-3)左边得

$$A_{\min}=10\lg\left[1+\varepsilon^2\left(\frac{\omega_s}{\omega_c}\right)^{2n}\right] \tag{9-6}$$

即

$$10^{0.1A_{\min}}=1+\varepsilon^2\left(\frac{\omega_s}{\omega_c}\right)^{2n} \tag{9-7}$$

由此可见阶数 n 必须满足

$$n\geqslant\frac{\lg\left(\frac{10^{0.1A_{\min}}-1}{\varepsilon^2}\right)}{\lg\left(\frac{\omega_s}{\omega_c}\right)^2} \tag{9-8}$$

将式(9-5)代入式(9-8)得

$$n \geqslant \frac{\lg\left(\frac{10^{0.1A_{\min}}-1}{10^{0.1A_{\max}}-1}\right)}{2\lg\left(\frac{\omega_s}{\omega_c}\right)} \tag{9-9}$$

通过式(9-9)可以确定所应选取的最低阶数。由该式可以看出 $A_{\min}$ 越大、$A_{\max}$ 越小、$\frac{\omega_s}{\omega_c}$ 越小，所需要的阶数 n 越大。对于图 9-1 所示的理想砖墙特性，$\frac{\omega_s}{\omega_c}=1$ 所需阶数为无穷大。

由式(9-3)还可以看出，在阻带内，当 $\omega >> \omega_c$ 时

$$A(\omega) \approx 20\lg\varepsilon\left(\frac{\omega}{\omega_c}\right)^n \tag{9-10}$$

其渐近斜率为

$$\frac{\mathrm{d}A(\omega)}{\mathrm{d}\left(\frac{\omega}{\omega_c}\right)} = -20n\mathrm{dB}/\text{十倍频程} \tag{9-11}$$

即阻带内 $A(\omega)$ 以 20ndB/十倍频程的速率下降，或 6ndB/倍频程下降。

为了推导出勃特沃茨函数 $H(s)$ 的极点，可以采用归一化频率。

$$\Omega = \varepsilon^{\frac{1}{n}}\left(\frac{\omega}{\omega_c}\right) \tag{9-12}$$

式(9-12)中将实际归一化频率乘以因子 $\varepsilon^{\frac{1}{n}}$ 后使不同 $A_{\max}$ 值情况下可使用同一套曲线、表格。将式(9-12)代入式(9-1)得

$$|H(\mathrm{j}\Omega)|^2 = \frac{H_0^2}{1+\Omega^{2n}} \tag{9-13}$$

再以 $\Omega=\frac{s}{\mathrm{j}}$ 代入上式得

$$|H(s)|^2 = H(s)H(-s) = \frac{H_0^2}{1+(-1)^n s^{2n}} \tag{9-14}$$

故得

$$(-1)^n s^{2n} + 1 = 0$$

乘以 $(-1)^n$ 得

$$s^{2n} = (-1)^{n+1} \tag{9-15}$$

解得

$$s_k = \mathrm{e}^{\mathrm{j}\left(\frac{2k-1+n}{2n}\right)\pi} \tag{9-16}$$

此即勃特沃茨函数的极点，当 k 取 1、2、3、…、n 时 s_k 在左半平面，它们在复平面的一个圆上面。例如

$n=1$ 时，$s_1=\mathrm{e}^{\mathrm{j}\pi}=-1$

$n=2$ 时，$s_1=\mathrm{e}^{\mathrm{j}\frac{3}{4}\pi}=\left(-\frac{1}{\sqrt{2}}+\mathrm{j}\frac{1}{\sqrt{2}}\right)$，$s_2=\mathrm{e}^{\mathrm{j}\frac{5}{4}\pi}=\left(-\frac{1}{\sqrt{2}}-\mathrm{j}\frac{1}{\sqrt{2}}\right)$

表 9-1，列示了 $n=1\sim10$ 的 $H(s)$ 的分母多项式。

表 9-1 勃特沃茨函数

n	$P(s)\quad H(s)=\dfrac{H_0}{P(s)}$
1	$s+1$
2	$s^2+\sqrt{2}s+1$
3	s^3+2s^2+2s+1
4	$(s^2+0.765s+1)(s^2+1.848s+1)$
5	$(s+1)(s^2+0.618s+1)(s^2+1.618s+1)$
6	$(s^2+0.518s+1)(s^2+1.414s+1)(s^2+1.932s+1)$
7	$(s^2+0.445s+1)(s^2+1.247s+1)(s^2+1.802s+1)(s+1)$
8	$(s^2+0.390s+1)(s^2+1.111s+1)(s^2+1.663s+1)(s^2+1.962s+1)$
9	$(s^2+0.347s+1)(s^2+s+1)(s^2+1.532s+1)(s^2+1.879s+1)(s+1)$
10	$(s^2+0.313s+1)(s^2+0.908s+1)(s^2+1.414s+1)(s^2+1.782s+1)(s^2+1.975s+1)$

例 9-1 设低通滤波器 $\omega_c=10^4\text{rad/s}$，$\omega_s=4\times10^4\text{rad/s}$ 通带内允许最大衰减 $A_{\max}=0.5\text{dB}$，阻带内起码衰减 $A_{\min}=50\text{dB}$，试求 $H(s)$。

解

$$\varepsilon=\sqrt{10^{0.05}-1}=0.35$$

由式(9-9)得

$$n\geqslant\frac{\lg[(10^5-1)/0.35^2]}{\lg16}=\frac{5.912}{1.204}=4.91$$

取 $n=5$，由表 9-1 得归一化 $H(s)$ 为

$$H(s)=\frac{1}{(s+1)(s^2+0.618s+1)(s^2+1.618s+1)}$$

去归一化时用 $s\left(\dfrac{\varepsilon^{\frac{1}{n}}}{10^4}\right)=s\left(\dfrac{0.35^{\frac{1}{5}}}{10^4}\right)=0.811\times10^{-4}s$ 代替上式中的 s，整理得

$$H(s)=\frac{2.85\times10^{20}}{(s+12\,330)(s^2+7\,620s+1.52\times10^8)(s^2+19\,950s+1.52\times10^8)}$$

当 n 取 5 时，$A_{\min}=10\lg(1+0.35^2\times4^{10})\text{dB}=51.1\text{dB}$

勃特沃茨函数 ε 值完全由通带内最大衰减 $A_{\max}$ 确定，而引进式(9-12)的归一化频率后，就不必分别求不同 $A_{\max}$ 值下的极点，节省了许多篇幅。此时，角频率归一化系数为 $k_\omega=\dfrac{\omega_c}{\varepsilon^{1/n}}$，去归一化时应以 $s\left(\dfrac{\varepsilon^{1/n}}{\omega_c}\right)$ 代替归一化函数中的 s。

9.3 切比雪夫逼近

勃特沃茨函数在通带内(分母)是随频率单调增加的，另外一种称为切比雪夫(Chebyshev)函数的逼近函数在通带内衰减是呈波动状的。为了分析该逼进函数，必须先讨论切比雪

夫多项式。

n 阶切比雪夫多项式定义如下：

$$C_n(x) = \begin{cases} \cos(n\cos^{-1}x) & |x| \leqslant 1 \\ \mathrm{ch}(n\,\mathrm{ch}^{-1}x) & |x| > 1 \end{cases} \tag{9-17}$$

由上式可见

$$C_0(x) = 1 \tag{9-18}$$

$$C_1(x) = x \tag{9-19}$$

由三角公式 $\cos(A+B)+\cos(A-B)=2\cos A\cos B$ 得

$$\cos[(n+1)\cos^{-1}x] + \cos[(n-1)\cos^{-1}x] = 2\cos(\cos^{-1}x)\cos(n\cos^{-1}x)$$

即

$$C_{n+1}(x) + C_{n-1}(x) = 2xC_n(x) \tag{9-20}$$

或

$$C_{n+1}(x) = 2xC_n(x) - C_{n-1}(x) \tag{9-21}$$

式(9-18)、式(9-19)已求得 $C_0(x)$、$C_1(x)$，由式(9-21)可以依次递推出 $C_2(x)$、$C_3(x)$、…等。

$$\begin{aligned} C_2(x) &= 2x^2 - 1 \\ C_3(x) &= 4x^3 - 3x \\ C_4(x) &= 8x^4 - 8x^2 + 1 \\ C_5(x) &= 16x^5 - 20x^3 + 5x \\ C_6(x) &= 32x^6 - 48x^4 + 18x^2 - 1 \\ C_7(x) &= 64x^7 - 112x^5 + 56x^3 - 7x \end{aligned} \tag{9-22}$$

由式(9-22)可以看出切比雪夫多项式的一些性质：

(1) 当 n 是偶数时 $C_n(x)$是偶函数，当 n 是奇数时 $C_n(x)$是奇函数；

(2) x_n 项的系数是 $2^{(n-1)}$，当 x 趋向∞时，$C_n(x)$趋向 $2^{(n-1)}x^n$

(3) $C_{2n}(0)=(-1)^n$；$C_{2n+1}(0)=0$； (9-23)

(4) $C_n(1)=1$；$C_{2n}(-1)=1$；$C_{2n+1}(-1)=-1$；

(5) $|x|\leqslant 1$ 范围内 $C_n(x)\leqslant 1$，$\dfrac{\mathrm{d}C_n(x)}{\mathrm{d}x}$的根有多个极值，所以必呈等波纹状。

用切比雪夫多项式表示的低通函数为

$$|H(\mathrm{j}\Omega)|^2 = \frac{H_0^2}{1+\varepsilon^2 C_n^2(\Omega)} \tag{9-24}$$

其中 $\Omega=\dfrac{\omega}{\omega_c}$为归一化角频率；$\varepsilon$ 是小常数，引进它使通带内衰减小于3dB。当 n 分别等于4、5时，切比雪夫多项式的频率特性曲线如图 9-3 所示。用衰减表示

$$A(\Omega) = 10\lg[1+\varepsilon^2 C_n^2(\Omega)] \tag{9-25}$$

$\Omega=1$ 时依然属于最大衰减出现处，即 $A_{\max}=10\lg(1+\varepsilon^2)$，即仍由式(9-5)决定 ε 值。切比雪夫多项式性质使它在通带内$|x|\leqslant 1$ 呈等纹波变化，而在阻带内仍呈单调增加，因此阻带内最小衰减仍出现在阻带边界 $\Omega=\Omega_s=\dfrac{\omega_s}{\omega_c}$处，即

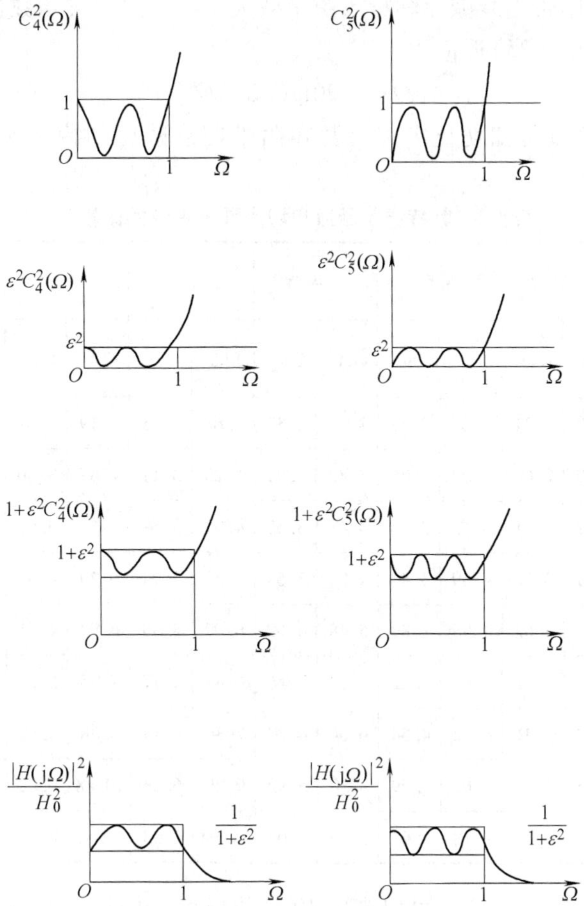

图 9-3　切比雪夫多项式的频率特性曲线($n=4$，5)

$$A_{\min} = 10\lg[1 + \varepsilon^2 C_n^2(\Omega_s)] \tag{9-26}$$

故得

$$C_n^2(\Omega_s) = \frac{10^{0.1A_{\min}} - 1}{\varepsilon^2}$$

或

$$C_n(\Omega_s) = \mathrm{ch}[n\mathrm{ch}^{-1}(\Omega_s)] = \frac{\sqrt{10^{0.1A_{\min}} - 1}}{\varepsilon} \tag{9-27}$$

由式(9-27)得

$$n \geqslant \frac{\mathrm{ch}^{-1}\left(\dfrac{\sqrt{10^{0.1A_{\min}} - 1}}{\varepsilon}\right)}{\mathrm{ch}^{-1}\Omega_s} \tag{9-28}$$

由式(9-28)可以根据给定的 $A_{\min}$、$A_{\max}$、Ω_s 值确定阶数 n。和式(9-8)、式(9-9)比较，式(9-28)只是对数函数(lg)换成反双曲线函数。表 9-2 是根据式(9-9)、式(9-28)在不同 Ω_s 和 $\frac{\sqrt{10^{0.1A_{\min}} - 1}}{\varepsilon}$ 值情况下所需的阶数，从该表可以看出勃特沃茨函数所需的阶数比切比雪夫函数大。切比雪夫函数在阻带内衰减比勃特沃茨函数大。由切比雪夫函数性质可知，当 $\Omega>>1$ 时，$C_n(\Omega)\approx 2^{n-1}\Omega^n$，式(9-25)近似为

$$A(\Omega)\approx 20\lg(\varepsilon 2^{n-1}\Omega^n) \tag{9-29}$$

比较式(9-10)，式(9-29)可知切比雪夫函数在阻带内衰减比勃特沃茨函数大 $20\lg 2^{(n-1)}=6(n-1)\mathrm{dB}$。

表 9-2 勃特沃茨函数和切比雪夫函数的比较

Ω_s \ $\frac{\sqrt{10^{0.1A_{min}}-1}}{\varepsilon}$	5		4.5		4		3.5		3		2.5		2	
	But.	Che.	But.	Che.	But.	Che.	But.	Che.	But.	Che.	But.	Che.	But.	Che.
100	2.68	2.31	3.06	2.43	3.32	2.57	3.68	2.75	4.19	3.01	5.02	3.38	6.64	4.02
200	3.29	2.61	3.52	2.75	3.82	2.91	4.23	3.11	4.87	3.40	5.78	3.82	7.62	4.54
500	3.62	3.01	4.13	3.17	4.48	3.35	4.97	3.59	5.66	3.92	6.78	4.41	8.96	5.24
1000	4.29	3.31	4.59	3.49	4.98	3.69	5.52	3.94	6.29	4.32	7.53	4.85	9.96	5.76
2000	4.42	3.62	4.98	3.80	5.48	4.02	6.07	4.30	6.92	4.71	8.29	5.29	10.96	6.29
5000	5.29	4.01	5.66	4.22	6.14	4.46	6.81	4.77	7.75	5.22	9.25	5.87	12.28	6.98
10000	5.72	4.31	6.12	4.54	6.64	4.80	7.36	5.14	8.38	5.62	10.04	6.31	13.28	7.51
10^5	7.15	5.32	7.65	5.59	8.30	5.92	9.20	6.33	10.48	6.92	12.55	7.78	16.60	9.25
10^6	8.58	6.32	9.18	6.65	9.96	7.04	11.04	7.53	12.57	8.24	15.06	9.25	19.97	11.00

同理，令 $|H(\mathrm{j}\Omega)|$ 中的 $\Omega=\frac{s}{\mathrm{j}}$，可以推出 $H(s)$ 的极点。由式(9-24)得

$$|H(s)|^2=H(s)H(-s)=\frac{H_0^2}{1+\varepsilon^2C_n^2\left(\frac{s}{\mathrm{j}}\right)} \tag{9-30}$$

设极点用 s_k 表示，由式(9-30)、式(9-17)得

$$1+\varepsilon^2\mathrm{ch}^2\left(n\mathrm{ch}^{-1}\frac{s_k}{\mathrm{j}}\right)=0$$

令 $\mathrm{ch}^{-1}\frac{s_k}{\mathrm{j}}=X+\mathrm{j}Y=W$，则有 $\mathrm{ch}n(X+\mathrm{j}Y)=\frac{\sqrt{-1}}{\varepsilon}=\pm\mathrm{j}\frac{1}{\varepsilon}$

或

$$\mathrm{ch}nX\cos nY+\mathrm{j}\,\mathrm{sh}nX\sin nY=\pm\mathrm{j}\frac{1}{\varepsilon}$$

故得

$$\cos nY=0,\ Y=\frac{2k+1}{n}\cdot\frac{\pi}{2}$$

$$\mathrm{sh}nX\sin nY=\pm\frac{1}{\varepsilon} \tag{9-31}$$

于是

$$X = \pm \frac{1}{n}\mathrm{sh}^{-1}\frac{1}{\varepsilon} \tag{9-32}$$

$$\frac{s_k}{\mathrm{j}} = \mathrm{ch}(X + \mathrm{j}Y) = \frac{\sigma_k + \mathrm{j}\omega_k}{\mathrm{j}} = \omega_k - \mathrm{j}\sigma_k \tag{9-33}$$

于是得

$$\sigma_k = \mathrm{sh}X\sin Y = \pm \sin\frac{(2k+1)\pi}{2n}\mathrm{sh}\left(\frac{1}{n}\mathrm{sh}^{-1}\frac{1}{\varepsilon}\right) \tag{9-34}$$

$$\omega_k = \mathrm{ch}X\cos Y = \cos\frac{(2k+1)\pi}{2n}\mathrm{ch}\left(\frac{1}{n}\mathrm{sh}^{-1}\frac{1}{\varepsilon}\right) \tag{9-35}$$

由式(9-34)、式(9-35)得

$$\left[\frac{\sigma_k}{\mathrm{sh}\left(\frac{1}{n}\mathrm{sh}^{-1}\frac{1}{\varepsilon}\right)}\right]^2 + \left[\frac{\omega_k}{\mathrm{ch}\left(\frac{1}{n}\mathrm{sh}^{-1}\frac{1}{\varepsilon}\right)}\right]^2 = 1 \tag{9-36}$$

由式(9-36)得知切比雪夫函数极点在一个椭圆上。图 9-4 所示是 $n=6$ 时，极点的分布图。由式(9-36)看出，椭圆短长轴之比为 $\mathrm{th}\left(\frac{1}{n}\mathrm{sh}^{-1}\frac{1}{\varepsilon}\right)$，当 ε 一定时，n 越大，比值越小，椭圆越细长，它的极点越靠近虚轴，一对极点构成的二次式的 Q 值越高，以后分析还可知道 Q 值高对灵敏度不利。

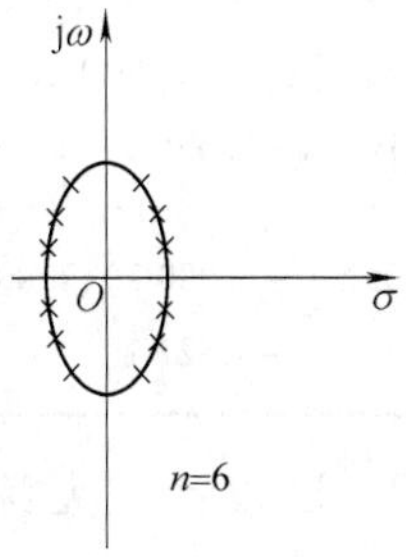

图 9-4　切比雪夫函数的极点分布

表 9-3 所示分别是 $A_{\max}=0.5$、1、2、3dB 情况下切比雪夫逼近的分母多项式 $P(s)$，$H(s)=\frac{H_0}{P(s)}$。

表 9-3　切比雪夫函数

n	$A_{\max}=\frac{1}{2}\mathrm{dB}$	n	$A_{\max}=1\mathrm{dB}$
1	$s+2.8628$	1	$s+1.965$
2	$s^2+1.4256s+1.5162$	2	$s^2+1.0977s+1.1025$
3	$(s+0.6265)(s^2+0.6265s+1.1424)$	3	$(s+0.4942)(s^2+0.4942s+0.9942)$
4	$(s^2+0.3507s+1.0635)(s^2+0.8467s+0.3564)$	4	$(s^2+0.2791s+0.9865)(s^2+0.6737s+0.2794)$
5	$(s+0.3623)(s^2+0.2239s+1.0358)(s^2+0.5862s+0.4748)$	5	$(s+0.2895)(s^2+0.1789s+0.9883)(s^2+0.4684s+0.4293)$
6	$(s^2+0.1553s+1.0230)(s^2+0.4243s+0.5900)(s^2+0.5796s+0.1570)$	6	$(s^2+0.1244s+0.9907)(s^2+0.3398s+0.5577)(s^2+0.4641s+0.1247)$
7	$(s+0.2562)(s^2+0.1140s+1.0161)(s^2+0.3194s+0.6769)(s^2+0.4616s+0.2539)$	7	$(s+0.2054)(s^2+0.0914s+0.9927)(s^2+0.2561s+0.6535)(s^2+0.3701s+0.2305)$
8	$(s^2+0.0872s+1.0119)(s^2+0.2484s+0.7413)(s^2+0.3718s+0.3587)(s^2+0.4386s+0.088)$	8	$(s^2+0.0700s+0.9941)(s^2+0.1993s+0.7235)(s^2+0.2984s+0.3409)(s^2+0.3520s+0.0702)$

（续）

n	$A_{max}=2dB$	n	$A_{max}=3dB$
1	$s+1.3075$	1	$s+1.0024$
2	$s^2+0.8038s+0.8230$	2	$s^2+0.6449s+0.7079$
3	$(s+0.3689)(s^2+0.3689s+0.8861)$	3	$(s+0.2986)(s^2+0.2986s+0.8392)$
4	$(s^2+0.2098s+0.9287)(s^2+0.5064s+0.2216)$	4	$(s^2+0.1703s+0.9030)(s^2+0.4112s+0.1960)$
5	$(s+0.2183)(s^2+0.1349s+0.9522)$ $(s^2+0.3532s+0.3931)$	5	$(s+0.1775)(s^2+0.1097s+0.9360)$ $(s^2+0.2873s+0.3770)$
6	$(s^2+0.0939s+0.9660)(s^2+0.2567s+0.5329)$ $(s^2+0.3506s+0.0999)$	6	$(s^2+0.0765s+0.9548)(s^2+0.2089s+0.5218)$ $(s^2+0.2853s+0.0888)$
7	$(s+0.1553)(s^2+0.0691s+0.9746)$ $(s^2+0.1937s+0.6354)(s^2+0.2799s+0.2124)$	7	$(s+0.1265)(s^2+0.0563s+0.9665)$ $(s^2+0.1577s+0.6273)(s^2+0.2279s+0.2043)$
8	$(s^2+0.0530s+0.9803)(s^2+0.1509s+0.7098)$ $(s^2+0.2258s+0.3271)(s^2+0.2664s+0.0565)$	8	$(s^2+0.0432s+0.9742)(s^2+0.1229s+0.7036)$ $(s^2+0.1839s+0.3209)(s^2+0.2170s+0.0503)$

例 9-2 试设计一无源滤波器，电路如图 9-5 所示，给定负载电阻 $R_2=600\Omega$，$\omega_c=2000\text{rad/s}$，$\omega_s=6000\text{rad/s}$，$A_{max}=0.5\text{dB}$，$A_{min}=40\text{dB}$。

解 取归一化电阻 $R_2=1\Omega$

$$\sqrt{\frac{10^{0.1A_{min}}-1}{10^{0.1A_{max}}-1}}=\frac{99.995}{0.35}=285.7$$

$$n\geqslant\frac{\text{ch}^{-1}285.7}{\text{ch}^{-1}3}=\frac{6.348}{1.763}=3.60$$

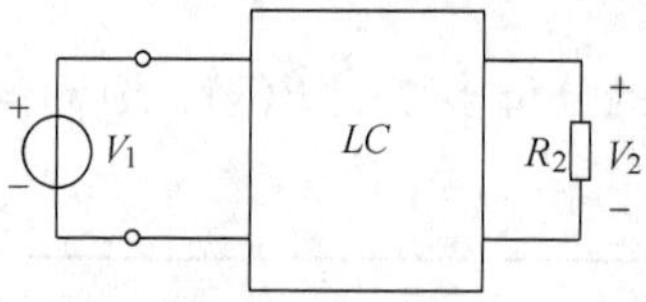

图 9-5 例 9-2 附图

取 $n=4$，由表 9-3 得归一化传输函数

$$H(s)=\frac{1}{(s^2+0.3507s+1.0635)(s^2+0.8467s+0.3564)}$$

$$=\frac{1}{s^4+1.1975s^3+1.7169s^2+1.0255s+0.3791}$$

因为传输零点都在∞处，可用考尔Ⅰ型电路实现 $Y_{22}(s)$。又因为 $H(s)$ 分子为偶函数，故得

$$Y_{22}(s)=\frac{s^4+1.7169s^2+0.3791}{1.1975s^3+1.0255s}$$

$$=0.8351s+\cfrac{1}{1.3772s+\cfrac{1}{1.7273s+\cfrac{1}{1.3279s}}}$$

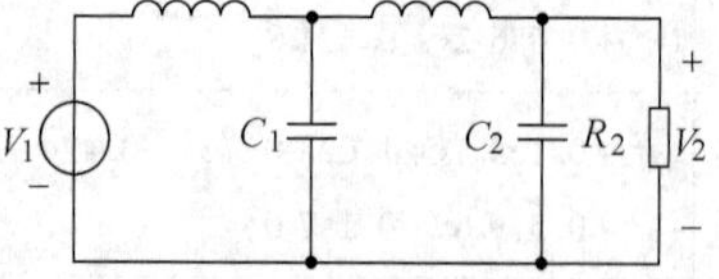

图 9-6

图 9-6 即所求电路，频率归一化值 $k_\omega=2000$，阻抗归一化 $k_z=600$，$C_1=\frac{1.7273}{600\times2000}=1.440\mu\text{F}$，$C_2=\frac{0.8351}{1200000}=0.696\mu\text{F}$，$L_1=\frac{1.3279\times600}{2000}=0.3984\text{H}$，$L_2=0.4132\text{H}$。

切比雪夫逼近函数中的 ε 值也完全由 A_{max} 确定，但是不同 ε 值下的极点都必须分别推求，角频率归一化系数 $k_\omega=\omega_c$。

9.4 倒切比雪夫逼近

勃特沃茨和切比雪夫逼近低通函数的传输零点均在无穷远处，没有有限值零点。通常称具有这种函数的滤波器为全极点滤波器。倒切比雪夫逼近函数具有有限值传输零点，它用式(9-37)表示

$$|H(j\omega)|^2=\frac{H_0^2\varepsilon^2C_n^2\left(\frac{\omega_c}{\omega}\right)}{1+\varepsilon^2C_n^2\left(\frac{\omega_c}{\omega}\right)} \tag{9-37}$$

或

$$\left(1-\frac{|H(j\Omega)|^2}{H_0^2}\right)=\frac{1}{1+\varepsilon^2C_n^2\left(\frac{1}{\Omega}\right)} \tag{9-38}$$

式(9-38)右边是以 $\frac{1}{\Omega}$ 为变量的切比雪夫函数。如图9-7a所示，在 $\frac{1}{\Omega}$ 等于0～1范围内函数在1和 $\frac{1}{1+\varepsilon^2}$ 之间波动。图9-7b则是以 $\frac{1}{\Omega}$ 为变量的倒切比雪夫函数($H_0=1$)。图9-7c将自变量 Ω 倒回来画，即 Ω 在1～∞之间时 $|H(j\Omega)|$ 在 $0\sim\frac{\varepsilon}{\sqrt{1+\varepsilon^2}}$ 之间波动。图9-7c说明倒切比雪夫函数在阻带内呈等波纹状。

当 $\Omega\ll1$ 时，$C_n\left(\frac{1}{\Omega}\right)\approx2^{n-1}\left(\frac{1}{\Omega}\right)^n$ 代入式(9-38)经整理得

$$1-\frac{|H(j\Omega)|^2}{H_0^2}=\frac{1}{1+\varepsilon^22^{2(n-1)}\Omega^{-2n}} \tag{9-39}$$

依照勃特沃茨函数的证法，可知倒切比雪夫函数在 $\Omega=0$ 处 $2n-1$ 阶导数为零，因此它在通带内是最大平坦函数。

应该指出，倒切比雪夫函数 $\Omega=1$ 是阻带的下边界处，该频率下，衰减值为 A_{min}。因此有

$$A_{min}=10\lg\left[\frac{|H(j\Omega)|^2}{H_0^2}\right]=10\lg\left(1+\frac{1}{\varepsilon^2}\right) \tag{9-40}$$

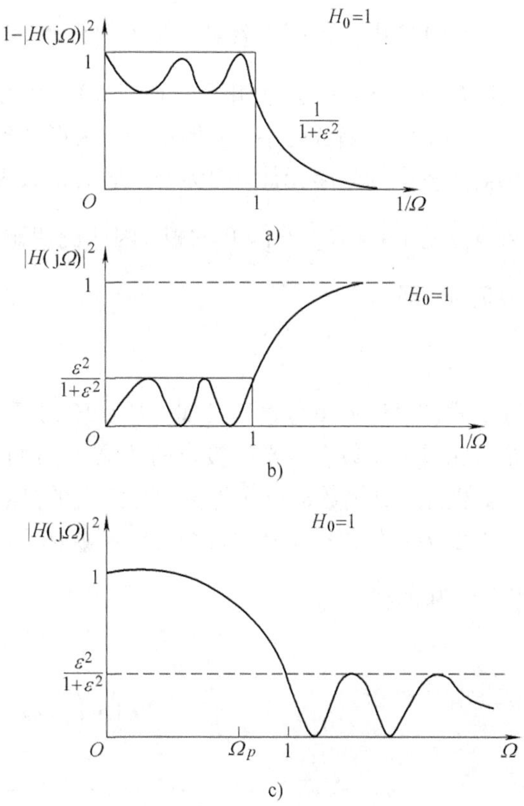

图9-7 倒切比雪夫函数

解得

$$\varepsilon = \frac{1}{\sqrt{10^{0.1A_{\min}} - 1}} \tag{9-41}$$

通带上边界 Ω_p 处达最大衰减 $A_{\max}$，即

$$A_{\max} = 10\lg\frac{|H(\mathrm{j}\Omega_p)|^2}{H_0^2} = 10\lg\left[1 + \frac{1}{\varepsilon^2 C_n^2\left(\frac{1}{\Omega_p}\right)}\right] \tag{9-42}$$

故

$$C_n\left(\frac{1}{\Omega_p}\right) = \mathrm{ch}\left(n\mathrm{ch}^{-1}\frac{1}{\Omega_p}\right) = \frac{1}{\varepsilon\sqrt{10^{0.1A_{\max}} - 1}}$$

所以

$$n \geqslant \frac{\mathrm{ch}^{-1}[\varepsilon^{-1}(10^{0.1A_{\max}} - 1)^{-\frac{1}{2}}]}{\mathrm{ch}^{-1}\frac{1}{\Omega_p}} \tag{9-43}$$

或

$$n \geqslant \frac{\mathrm{ch}^{-1}\sqrt{\frac{10^{0.1A_{\min}} - 1}{10^{0.1A_{\max}} - 1}}}{\mathrm{ch}^{-1}\frac{1}{\Omega_p}} \tag{9-44}$$

式(9-44)中$\frac{1}{\Omega_p}$实际上就是阻带下边界和通带上边界之比。因此式(9-44)和决定切比雪夫函数阶数的式(9-28)完全相同。即在同样技术要求下，切比雪夫、倒切比雪夫函数所需的阶数均比勃特沃茨函数的小。但倒切比雪夫函数不是全极点滤波器，为了实现虚轴上的传输零点仍需要较多的电路元件。因为切比雪夫函数极点是 $1 + \varepsilon^2 C_n^2(-\mathrm{j}s) = 0$ 的根，而倒切比雪夫函数极点是 $1 + \varepsilon^2 C_n^2\left(\frac{\mathrm{j}}{s}\right) = 0$ 的根，因此倒切比雪夫函数的极点 s_k'是切比雪夫函数极 s_k 的倒数加负号。即

$$s_k' = -\frac{1}{s_k} \tag{9-45}$$

实际上式(9-45)中负号也不必加。因为 $H(s)$只能取左半平面极点，倒切比雪夫函数的极点只能是切比雪夫函数右半平面极点的负倒数。而且这些极点都是象限对称的。只需先求切比雪夫函数极点，其倒数即可作为倒切比雪夫的极点。

由表9-3不难推出倒切比雪夫函数的分母多项式。倒切比雪夫函数的零点是方程 $C_n\left(\frac{\mathrm{j}}{s}\right) = 0$ 的根。

即

$$\cos\left(n\cos^{-1}\frac{\mathrm{j}}{s}\right) = 0$$

$$\cos^{-1}\frac{\mathrm{j}}{s_z} = \frac{k\pi}{2n}$$

故知

$$s_z = \mathrm{jsec}\frac{k\pi}{2n} \quad k = 1、3\cdots,(2n-1) \tag{9-46}$$

例 9-3　求一四阶倒切比雪夫函数 $H(s)$ 要求 $A_{\min}=60\mathrm{dB}$。

解　由式(9-46)可得零点

$$s_{z1} = \mathrm{jsec}\frac{\pi}{8} = \mathrm{j}1.0824 = \left(-\mathrm{jsec}\frac{7\pi}{8}\right) = -s_{z7}$$

$$s_{z3} = \mathrm{jsec}\frac{3\pi}{8} = \mathrm{j}2.6131 = \left(-\mathrm{jsec}\frac{5\pi}{8}\right) = -s_{z5}$$

故得分子多项式

$$N(s) = (s^2+1.1716)(s^2+6.8285) = s^4+8s^2+8$$

由式(9-41)得

$$\varepsilon = \frac{1}{\sqrt{10^{0.1A_{\min}}-1}} = \frac{1}{\sqrt{10^6-1}} \approx 0.001$$

设

$$x = \frac{\pm 1}{n}\mathrm{sh}^{-1}\frac{1}{\varepsilon} = \frac{\pm 1}{4}\mathrm{sh}^{-1}1\,000 = \pm 1.900\,226$$

$$\mathrm{sh}x = \pm 3.268\,9,\ \mathrm{ch}x = 3.418\,5$$

代入式(9-30)、式(9-35)得相应切比雪夫函数极点

$$s_{p1} = -3.268\,9\sin\frac{\pi}{8} + \mathrm{j}3.418\,5\cos\frac{\pi}{8} = -1.251\,0 + \mathrm{j}3.158\,3$$

$$s_{p3} = -3.268\,9\sin\frac{3\pi}{8} + \mathrm{j}3.418\,5\cos\frac{3\pi}{8} = -3.020\,1 + \mathrm{j}1.308\,2$$

$$s_{p5} = \overset{*}{s}_{p3} \qquad s_{p7} = \overset{*}{s}_{p1}$$

于是得倒切比雪夫函数极点

$$s'_{p1} = \frac{1}{s_{p1}} = -0.108\,4 - \mathrm{j}0.273\,7 = \overset{*}{s}{}'_{p7}$$

$$s'_{p3} = \frac{1}{s_{p3}} = -0.278\,8 - \mathrm{j}0.120\,8 = \overset{*}{s}{}'_{p5}$$

则 $D(s) = (s^2+0.216\,8s+0.086\,67)(s^2+0.557\,6s+0.092\,3)$

$= s^4+0.774\,4s^3+0.299\,9s^2+0.068\,3s+0.008\,0$

所求传输函数

$$H(s) = \frac{H_o(s^4+8s^2+8)}{s^4+0.774\,4s^3+0.299\,9s^2+0.068\,3s+0.008\,0}$$

9.5　椭圆函数

勃特沃茨函数在通带、阻带均为最平坦特性，切比雪夫函数在通带内呈波动特性，阻带内为平坦特性；倒切比雪夫函数则在阻带内呈波动特性，通带内为平坦特性。而椭圆函数在通带和阻带内都具有波动特性。图 9-8 所示是 $n=5$ 的椭圆函数的频率特性。图 9-9 所示是椭圆函数的零、极点分布图，所以它的传输零点在虚轴上，它不是全极点滤波器。椭圆函数也

称考尔函数。

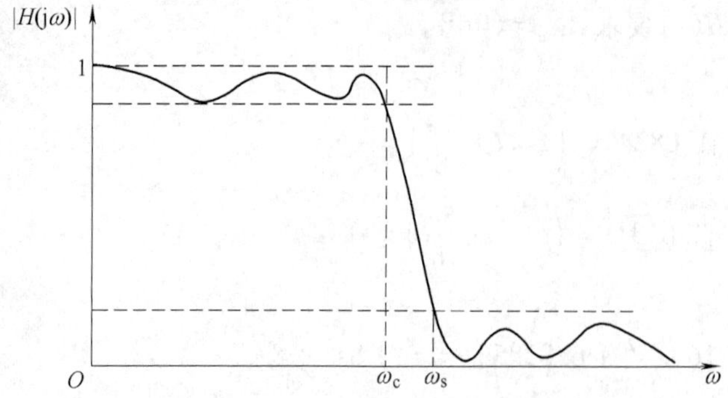

图 9-8 $n=5$ 的椭圆函数的频率特性

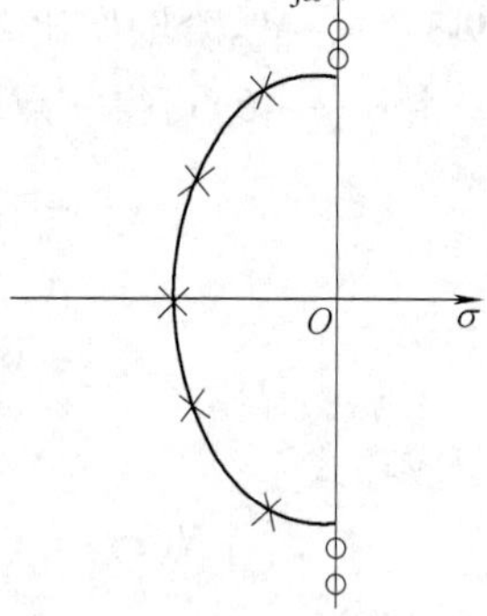

图 9-9 椭圆函数的零、极点分布图

同样的技术要求下椭圆函数所需的阶数最少，尤其是过渡带较窄的情况下。图 9-10 所示是 $A_{max}=0.1\text{dB}$，$A_{min}=60\text{dB}$ 情况下，切比雪夫函数和椭圆函数所需的最低阶数和过渡带宽的关系曲线。当 $\Omega_s=1.1$ 时椭圆函数所需的阶数在 10 附近，而切比雪夫函数需要 40 阶左右。由此可见，尤其在窄过渡带的情况，椭圆函数具有十分明显的优点。

椭圆函数的推导过程较复杂，需要解雅可比椭圆方程。因篇幅所限，本书不再进行推导。许多滤波器书籍后有附录图表，读者可以查阅。这些曲线图表族变化自由度较多，即 A_{max}、A_{min}、n 都作为独立变量。勃特沃茨函数采用归一化频率后只一组随 n 变化的图表；切比雪夫函数在不同 A_{max} 下各有一组随 n 而变的图表族；倒切比雪夫函数在不同 A_{min} 下各有一组随 n 而变的图表；椭圆函数在不同的 A_{max} 下，对每一个不同 A_{min} 均各有一组随 n 而变的图表族。

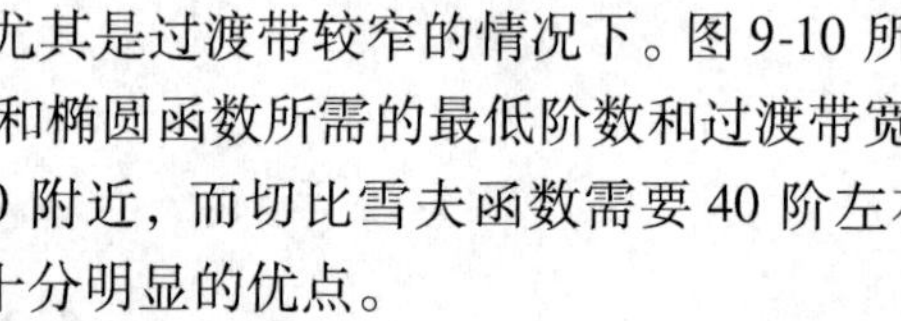

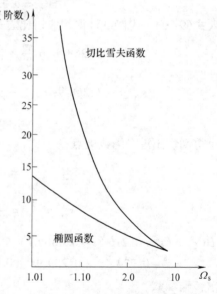

图 9-10 切比雪夫函数和椭圆函数所需的最低阶数和过渡带宽的关系曲线

例 9-4 已知 $\omega_c=200\text{rad/s}$，$\omega_s=600\text{rad/s}$，$A_{max}=0.5\text{dB}$，$A_{min}=20\text{dB}$，试求适应这一组技术要求的椭圆函数。

解 查附表 1 知二阶椭圆函数在 $\Omega_s=3$ 处有 21.5dB，可以满足要求。

$$H(s)=\frac{0.08895(s^2+17.4853)}{s^2+1.3573s+1.5553}$$

本例若选用切比雪夫函数需要三阶才能满足要求。

9.6 贝塞尔-汤姆逊响应

前几节所讨论的函数都是以幅度频率特性为基础的。在通信系统中，尤其在数字信号传输中，经常需要相位延迟滤波器，若输出电压是输入电压的延时函数，即

$$V_2(t) = V_1(t-T) \tag{9-47}$$

则

$$H(s) = \frac{V_2(s)}{V_1(s)} = \mathrm{e}^{-sT} \tag{9-48}$$

由于 $\mathrm{e}^{-x} = \dfrac{1}{\mathrm{ch}x + \mathrm{sh}x}$，而

$$\mathrm{ch}x = 1 + \frac{x^2}{2!} + \frac{x^4}{4!} + \frac{x^6}{6!} + \cdots \text{ 是分母的偶部}$$

$$\mathrm{sh}x = x + \frac{x^3}{3!} + \frac{x^5}{5!} + \frac{x^7}{7!} + \cdots \text{ 是分母的奇部}$$

用分母偶部除以奇部，用连分式表示，并使在 $\dfrac{(2n-1)}{x}$ 处截断，例如 $n=5$ 时

$$\mathrm{cth}x = \frac{\mathrm{ch}x}{\mathrm{sh}x} = \frac{1}{x} + \cfrac{1}{\cfrac{3}{x} + \cfrac{1}{\cfrac{5}{x} + \cfrac{1}{\cfrac{7}{x} + \cfrac{1}{\cfrac{9}{x} + \cdots}}}} \tag{9-49}$$

即

$$\mathrm{cth}x \approx \frac{15x^4 + 420x^2 + 945}{x^5 + 105x^3 + 945x} = \frac{D_e(x)}{D_o(x)} \tag{9-50}$$

故得

$$\mathrm{e}^{-x} = \frac{945}{x^5 + 15x^4 + 105x^3 + 420x^2 + 945x + 945} \tag{9-51}$$

当 $x=0$ 代入上式两边能使等式成立。一般情况下

$$H(x) = \frac{H_0}{D_e(x) + D_o(x)} = \frac{H_0}{B_n(x)} \tag{9-52}$$

其中 $B_n(x)$ 是 n 阶贝塞尔多项式

$$\left.\begin{aligned}
B_0(x) &= 1 \\
B_1(x) &= x + 1 \\
B_2(x) &= x^2 + 3x + 3 \\
B_3(x) &= x^3 + 6x^2 + 15x + 15 \\
B_4(x) &= x^4 + 10x^3 + 45x^2 + 105x + 105 \\
B_5(x) &= x^5 + 15x^4 + 105x^3 + 420x^2 + 945x + 945
\end{aligned}\right\} \tag{9-53}$$

不难得出 $n=2$ 起的递推公式

$$B_n(x) = (2n-1)B_{n-1}(x) + x^2 B_{n-2}(x) \tag{9-54}$$

将式(9-48)代入式(9-52)得

$$H(s) = \frac{H_0}{B_n(sT)} \tag{9-55}$$

式(9-55)就是贝塞尔-汤姆逊逼近函数。若将贝塞尔多项式写为

$$B_n(sT) = b_n(sT)^n + b_{n-1}(sT)^{n-1} + \cdots + b_1 sT + b_0 \tag{9-56}$$

多项式的系数也可以按下式计算

$$b_k = \frac{(2n-k)!}{2^{n-k}k!(n-k)!} \tag{9-57}$$

式(9-56)中以 sT 为变量，将 $s=\mathrm{j}\omega$ 代入并代入式(9-3)即

$$A(\omega T) = -20\lg\left|\frac{H(\mathrm{j}\omega T)}{H(0)}\right|$$

给出不同的 n 值，例如 $n=4$，则

$$A(\omega T) = 20\lg\left|(\omega T)^4 - \mathrm{j}10(\omega T)^3 - 45(\omega T)^2 + \mathrm{j}105(\omega T) + 105\right|$$

由此式可以算得衰减随 ωT 的变化曲线如图 9-11 所示。因为在考虑相移决定阶数后，幅度变动也不能忽视的，参照图 9-11 曲线，可以看出幅度衰减是否满足要求。

下面再来讨论逼近函数的延迟。

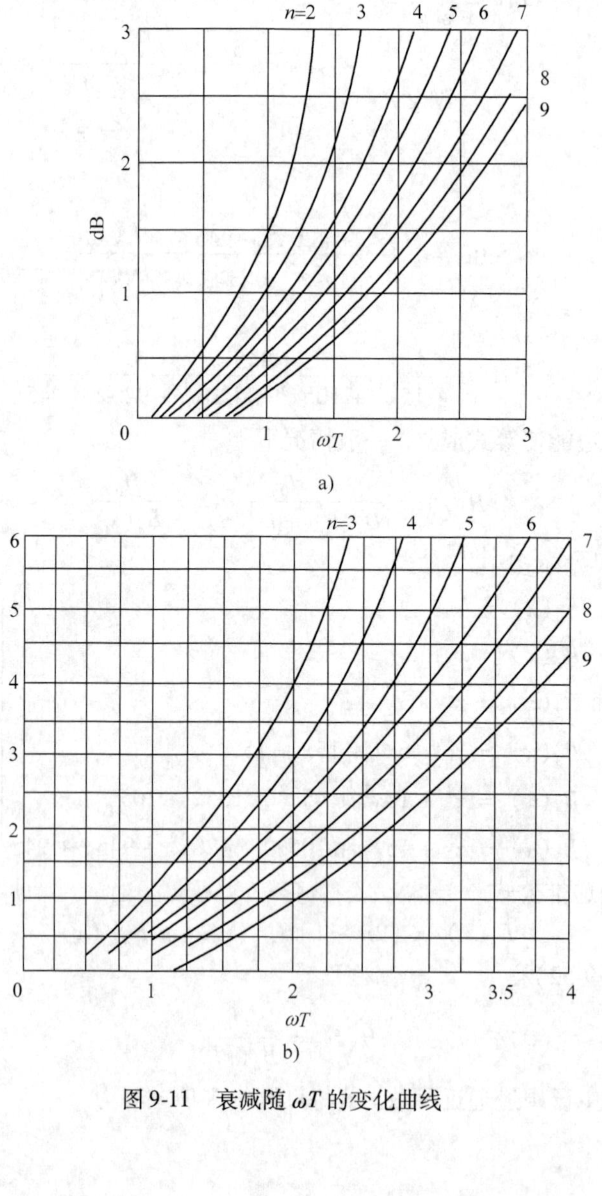

图 9-11　衰减随 ωT 的变化曲线

设

$$H(\mathrm{j}\omega T)=|H(\mathrm{j}\omega T)|\,\mathrm{e}^{\mathrm{j}\varphi(\omega T)} \tag{9-58}$$

则延迟为

$$D(\omega T)=-\frac{\mathrm{d}\varphi(\omega T)}{\mathrm{d}(\omega T)} \tag{9-59}$$

例如 $n=2$

$$\varphi(\omega T)=-\arctan\frac{3\omega T}{3-(\omega T)^2}$$

$$D(\omega T)=-\frac{\mathrm{d}\left[-\arctan\dfrac{3\omega T}{3-(\omega T)^2}\right]}{\mathrm{d}(\omega T)}=\frac{1}{1+\left(\dfrac{3\omega T}{3-(\omega T)^2}\right)^2}\frac{\mathrm{d}\left(\dfrac{3\omega T}{3-(\omega T)^2}\right)}{\mathrm{d}(\omega T)}$$

整理得

$$D(\omega T)=\frac{3(\omega T)^2+9}{(\omega T)^4+3(\omega T)^2+9}\qquad(n=2)$$

将 $n=3$，$n=4$ 分别代入计算得

$$D(\omega T)=\frac{6(\omega T)^4+45(\omega T)^2+225}{(\omega T)^6+6(\omega T)^4+45(\omega T)^2+225}\qquad(n=3)$$

$$D(\omega T)=\frac{10(\omega T)^6+135(\omega T)^4+1\,575(\omega T)^2+11\,025}{(\omega T)^8+10(\omega T)^6+135(\omega T)^4+1\,575(\omega T)^2+11\,025}\qquad(n=4)$$

可见 $D(\omega T)$ 的分子、分母都是 (ωT) 的多项式，分母比分子多一 $(\omega T)^{2n}$ 项。$\omega T<1$ 时，$D(\omega T)$ 近于 1，比 1 略大时也还近于 1，n 次数越高近于 1 的 (ωT) 值越大。图 9-12 表示不同 n 值下 $D(\omega T)$ 随 (ωT) 的变化曲线。理想的情况下应是 $\varphi(\omega)=-\omega T$，即 $-\dfrac{\mathrm{d}\varphi(\omega)}{\mathrm{d}\omega}=T$ 或 $D(\omega T)=-\dfrac{\mathrm{d}\varphi(\omega T)}{\mathrm{d}(\omega T)}=1$。

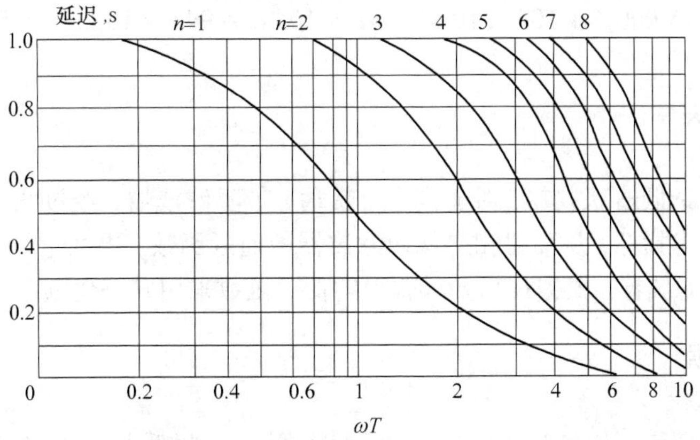

图 9-12 延迟 $D(\omega T)$ 随 (ωT) 的变化曲线

延迟 $D(\omega T)$ 偏离值 1 就是误差。图 9-13 表示了延迟误差随 (ωT) 的变化曲线。查阅该曲

线可以确定满足延迟误差要求所需的阶数。

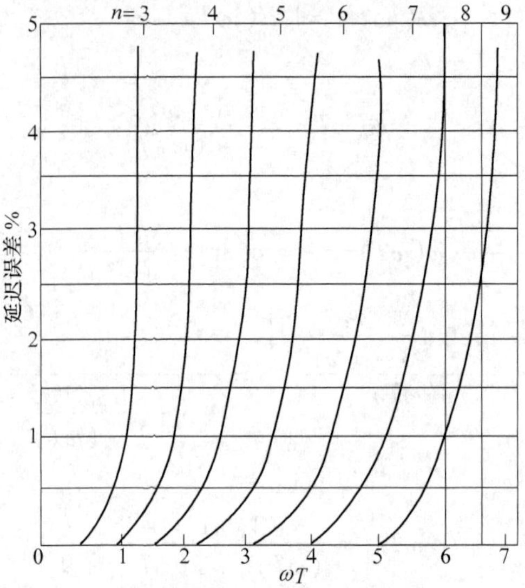

图 9-13　延迟误差随(ωT)的变化曲线

例 9-5　试求满足下列技术要求的贝塞尔-汤姆逊函数的 $H(s)$。

(1) 延迟 1ms;

(2) $\omega \leqslant 2\,000$rad/s 范围内该延迟误差不超过 1%;

(3) 幅度偏差不超过 2dB。

解　$T=1\text{ms}$, $\omega T=10^{-3}\times 2\,000=2$

由图 9-13 看出 4 阶函数即可以满足延迟的误差要求，但满足幅度要求需要 5 阶函数即

$$H(s)=\frac{945}{(10^{-3}s)^5+15(10^{-3}s)^4+105(10^{-3}s)^3+420(10^{-3}s)^2+945\times 10^{-3}s+945}$$

$$=\frac{945\times 10^{15}}{s^5+15\,000s^4+105\times 10^6 s^3+42\times 10^{10}s^2+945\times 10^{12}s+945\times 10^{15}}$$

9.7　频率变换

以上各节只讨论低通滤波器，对于高通、带通、带阻滤波器，经过频率变换后可以获得相应低通滤波的技术指标，从而得相应低通滤波器的逼近函数，再经过频率变换变为所需的高通、带通或带阻滤波器。根据技术要求获得的低通函数采用归一化频率，用 $H_{LPN}(s)$表示。

9.7.1　高通变换

设高通滤波器通带下边界为 ω_c，过渡带下边界为 ω_s，将低通函数 $H_{LPN}(s)$中 s 用$\dfrac{\omega_c}{s}$代入获得的函数 $H_{HP}(s)$即高通函数。经变换后函数 $H_{HP}(s)$中各边界点分别和原来函数 $H_{LPN}(s)$的边界点对应，即

$$|H_{HP}(0)| = |H_{LPN}(\infty)| \qquad |H_{HP}(\infty)| = |H_{LPN}(0)|$$

$$|H_{HP}(\mathrm{j}\omega_c)| = |H_{LPN}(-\mathrm{j})| = |H_{LPN}(\mathrm{j})|$$

$$\left|H_{HP}(\mathrm{j}\omega_s)\right| = \left|H_{LPN}\left(-\mathrm{j}\frac{\omega_c}{\omega_s}\right)\right| = \left|H_{LPN}\left(\mathrm{j}\frac{\omega_c}{\omega_s}\right)\right|$$

相当于将高通函数通带、过渡带、阻带分别映射到低通函数阻带、过渡带、通带之上。可见 $H_{HP}(s)$就是变换以后的高通函数。根据给定的高通通带允许最大衰减 $A_{\max}$，阻带起码衰减 $A_{\min}$，以及高通下边界 ω_c 和过渡带下边界 ω_s 比值 $\Omega_s=\frac{\omega_c}{\omega_s}$可先求出相应低通函数，再通过 $s=\frac{\omega_c}{s}$代入变换即可获所求的高通函数。

例 9-6　高通滤波器 $f_c=10^5\mathrm{Hz}$，$f_s=2.5\times10^4\mathrm{Hz}$，$A_{\max}=1\mathrm{dB}$，$A_{\min}=50\mathrm{dB}$，试求满足这一组技术要求的切比雪夫函数。

解　$\varepsilon=\sqrt{10^{0.1}-1}=0.509$

$$\Omega_s=\frac{\omega_c}{\omega_s}=\frac{f_c}{f_s}=4$$

代入式(9-28)得

$$n \geqslant \frac{\mathrm{ch}^{-1}\dfrac{\sqrt{10^{0.1A_{\min}}-1}}{\varepsilon}}{\mathrm{ch}^{-1}\Omega_s}=\frac{\mathrm{ch}^{-1}621.3}{\mathrm{ch}^{-1}4}=3.453$$

取 $n=4$ 得归一化切比雪夫函数

$$H_{LPN}(s)=\frac{0.987\times0.279}{(s^2+0.279s+0.987)(s^2+0.674s+0.2791)}$$

用$\frac{\omega_c}{s}=\frac{2\pi\times10^5}{s}$代入上式并整理后得高通函数

$$H(s)=\frac{s^4}{(s^2+1.775\times10^5s+3.996\times10^{11})(s^2+1.517\times10^6s+1.414\times10^{12})}$$

9.7.2　带通变换

图 9-14 所示是带通函数的频率特性,其中 $\omega_1\sim\omega_2$ 之间是通带;$\omega_3\sim\omega_1$、$\omega_2\sim\omega_4$ 是两过渡带;$0\sim\omega_3$、$\omega_4\sim\infty$ 是阻带;ω_0 是中心频率。

设

$$\omega_0=\sqrt{\omega_1\omega_2} \tag{9-60}$$

$$\sqrt{\omega_3\omega_4}=\sqrt{\omega_1\omega_2}=\omega_0 \tag{9-61}$$

若给定的$(\omega_3\omega_4)$值大于$(\omega_1\omega_2)$,可使 ω_4 值减小即使上过渡带变窄(使技术要求更高);同理,若 $\omega_3\omega_4<\omega_1\omega_2$,则 ω_3 增大。所以式(9-61)总是能满足的,只不过增加了一点技术要求。另外两个阻带起码衰减值 $A_{\min}$应相同,若不相同则按大的一个确定。

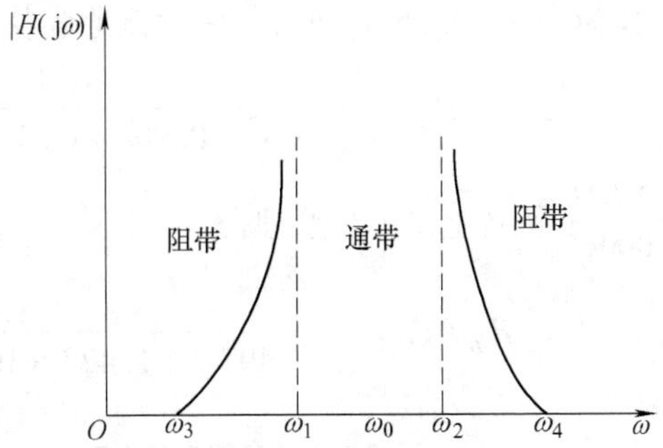

图 9-14　带通函数

将低通函数 $H_{LPN}(s)$ 中的 s 用 $\frac{s^2+\omega_0^2}{s(\omega_2-\omega_1)}$ 代入获得的函数 $H_{BP}(s)$，即带通函数。表 9-4 罗列了各相对应的分界点。由该表可见，通过上述变换后，刚好将带通函数的通带、过渡带、阻带分别映射在低通函数的对应位置上。给出带通指标后，可以得到对应低通的指标，先求出低通函数后，再经上式变换即可得到所需的带通函数。

表 9-4　低通函数与带通函数的频带对应关系

$\omega=\omega_0$ 处	$\Omega_0=-\frac{\omega_0^2-\omega_0^2}{\omega_0(\omega_2-\omega_1)}=0$
$\omega=\omega_1$ 处	$\Omega_1=-\frac{\omega_0^2-\omega_1^2}{\omega_1(\omega_2-\omega_1)}=-1$
$\omega=\omega_2$ 处	$\Omega_2=-\frac{\omega_0^2-\omega_2^2}{\omega_2(\omega_2-\omega_1)}=1$
$\omega=\omega_3$ 处	$\Omega_3=-\frac{\omega_0^2-\omega_3^2}{\omega_3(\omega_2-\omega_1)}=-\frac{\omega_4-\omega_3}{\omega_2-\omega_1}=-\Omega_s$
$\omega=\omega_4$ 处	$\Omega_4=-\frac{\omega_0^2-\omega_4^2}{\omega_4(\omega_2-\omega_1)}=\Omega_s$

例 9-7　设 $A_{max}=0.5\text{dB}$，$A_{min1}=A_{min2}=35\text{dB}$，$\omega_1=5\ 000\text{rad/s}$，$\omega_2=10\ 000\text{rad/s}$，$\omega_3=2\ 250\text{rad/s}$，$\omega_4=22\ 222\text{rad/s}$，试用勃特沃茨函数实现该带通函数。

解

$$\sqrt{\omega_3\omega_4}\approx\sqrt{\omega_1\omega_2}=\omega_0=7\ 071\text{rad/s}$$

$$\Omega_s=\frac{\omega_4-\omega_3}{\omega_2-\omega_1}\approx 3.994\ 4$$

$$\varepsilon=\sqrt{10^{0.05}-1}=0.35$$

$$n\geqslant\frac{\lg\frac{10^{3.5}-1}{\varepsilon^2}}{\lg\Omega_s^2}=\frac{4.41}{1.203}=3.67$$

取 $n=4$ 得 $A_{max}=3\text{dB}$ 时的函数

$$\frac{1}{(s^2+0.765s+1)(s^2+1.848s+1)}$$

其中 s 换为 $\varepsilon^{\frac{1}{4}}s=0.769s$，即得归一化低通勃特沃茨函数

$$H_{LPN}(s)=\frac{2.8595}{(s^2+0.994\ 8s+1.691)(s^2+2.403\ 1s+1.691)}$$

用 $\frac{s^2+7\ 071^2}{5\ 000s}$ 代替上式 s 经整理得

$$H_{BP}(s)=\frac{1.787\times10^{15}s^4}{(s^4+497s^3+1.423\times10^8s^2+2.467\times10^{11}s+2.5\times10^{15})}$$

$$\times\frac{1}{(s^4+12\ 066s^3+1.423\times10^8s^2+5.98\times10^{11}s+2.5\times10^{15})}$$

9.7.3 带阻变换

若 $\omega_3 \sim \omega_4$ 为阻带；$\omega_1 \sim \omega_3$、$\omega_2 \sim \omega_4$ 为过渡带，设 $\omega_1\omega_2 = \omega_3\omega_4 = \omega_0^2$，$\dfrac{(\omega_2-\omega_1)s}{s^2+\omega_0^2}$代替 $H_{LPN}(s)$中的 s即可获带阻函数。

9.8 灵敏度分析

9.8.1 灵敏度及其计算

电路响应（或输出）关于电路参数、温度等相对变化率称为灵敏度。设 Y 为任一输出、X 为任一参数，则用 S_X^Y 表示 Y 关于 X 的灵敏度。

$$S_X^Y = \frac{\dfrac{\partial Y}{\partial X}}{\dfrac{Y}{X}} = \frac{\partial(\ln Y)}{\partial(\ln X)} \tag{9-62}$$

由式(9-62)可得

$$\frac{\Delta Y}{Y} = \frac{\Delta X}{X}S_X^Y \tag{9-63}$$

式(9-63)表示了输出偏差和灵敏度的关系。根据式(9-62)的定义可以直接推导出以下各条性质：

$$S_X^{常数} = 0 \tag{9-64}$$

$$S_X^{kX} = 1 \tag{9-65}$$

$$S_X^{Y_1Y_2} = S_X^{Y_1} + S_X^{Y_2} \tag{9-66}$$

$$S_X^{Y^n} = nS_X^Y \tag{9-67}$$

$$S_X^{\frac{1}{Y}} = -S_X^Y \tag{9-68}$$

$$S_{nX}^Y = \frac{1}{n}S_X^Y \tag{9-69}$$

$$S_{\frac{1}{X}}^Y = -S_X^Y \tag{9-70}$$

$$S_X^{f(Y)} = S_Y^{f(Y)} \cdot S_X^Y \tag{9-71}$$

$$\begin{aligned} S_X^{Y_1+Y_2} &= \frac{X}{Y_1+Y_2}\frac{\partial(Y_1+Y_2)}{\partial X} = \frac{1}{Y_1+Y_2}\left(Y_1\frac{X}{Y_1}\frac{\partial Y_1}{\partial X} + Y_2\frac{X}{Y_2}\frac{\partial Y_2}{\partial X}\right) \\ &= \frac{Y_1S_X^{Y_1}+Y_2S_X^{Y_2}}{Y_1+Y_2} \end{aligned} \tag{9-72}$$

若 $Y = |Y|e^{j\phi}$，则

$$S_X^Y = S_X^{|Y|} + S_X^{e^{j\phi}} = S_X^{|Y|} + j\frac{\partial\phi}{\dfrac{\partial X}{X}} = S_X^{|Y|} + j\phi S_X^{\phi} \tag{9-73}$$

即

$$S_X^{|Y|} = \mathrm{Re}(S_X^Y) \tag{9-74}$$

$$S_X^{\phi} = \frac{1}{\phi}\mathrm{Im}(S_X^Y) \tag{9-75}$$

电路输出和多个参数有关，由于

$$\mathrm{d}Y = \sum_{i=1}^{m} \frac{\partial Y}{\partial X_i}\mathrm{d}X_i = Y\sum_{i=1}^{m}\left(\frac{\partial Y}{\partial X_i}\Big/\frac{Y}{X_i}\right)\frac{\mathrm{d}X_i}{X_i} = Y\sum_{i=1}^{m} S_{X_i}^Y \frac{\mathrm{d}X_i}{X_i}$$

故得相对偏差的公式

$$\frac{\Delta Y}{Y} = \sum_{i=1}^{m} \frac{\Delta X_i}{X_i} S_{X_i}^Y \tag{9-76}$$

式(9-76)即多参数偏差公式。因为参数偏差和灵敏度都有正、有负，有时可能互相抵消。如果考虑最不利情况$\frac{\Delta X_i}{X_i}$和 $S_{X_i}^Y$均需用绝对值。如果采用统计的方法计算，则更加实用、有效。由式(9-74)～式(9-76)得

$$\frac{\Delta|H(\mathrm{j}\omega)|}{|H(\mathrm{j}\omega)|} = \mathrm{Re}\sum_{i=1}^{m}\left[\frac{\Delta X_i}{X_i}S_{X_i}^{H(\mathrm{j}\omega)}\right] \tag{9-77}$$

$$\Delta[\arg H(\mathrm{j}\omega)] = \mathrm{Im}\sum_{i=1}^{m}\left[\frac{\Delta X_i}{X_i}S_{X_i}^{H(\mathrm{j}\omega)}\right] \tag{9-78}$$

9.8.2 ω 和 Q 灵敏度

二次函数的灵敏度分析具有较重要的意义，因为 $H(s)$ 高次（分母）函数总可以分解成许多二项式（或一个一项式）相乘。因此，我们先对双二次节函数进行分析，双二次节函数通常表示为

$$H(s) = H_0\frac{s^2 + \frac{\omega_z}{Q_z}s + \omega_z^2}{s^2 + \frac{\omega_p}{Q_p}s + \omega_p^2} \tag{9-79}$$

式中 $\omega_p(\omega_z)$称为极（零）点角频率；$Q_p(Q_z)$称为极（零）点 Q 值。应用式(9-71)复合灵敏度的关系式，往往将增益关于电路参数灵敏度分解为增益关于 ω_p、Q_p 等的灵敏度和 ω_p、Q_p 等关于电路参数 R_i、C_i 等的灵敏度来考虑。其中，增益关于 ω_p、Q_p 等的灵敏度实际上完全由逼近函数的系数决定的，和采用什么形式的电路没有关系。

所谓双二次节函数的灵敏度，通常是指 ω_p、Q_p、ω_z 等关于电路参数 R_i、C_i 等的灵敏度。下面举一实际双二次型有源滤波器进行分析。

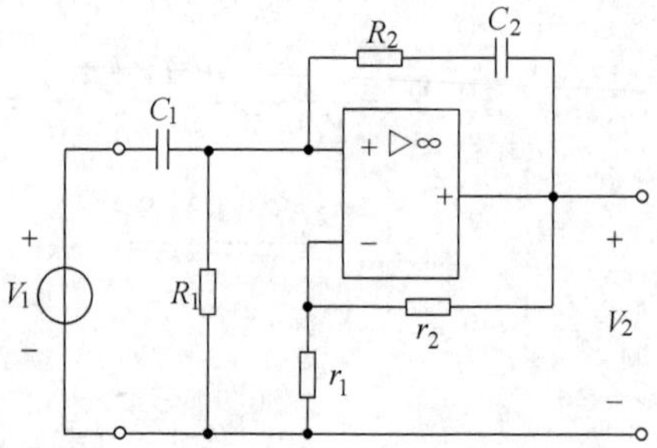

图 9-15 双二次型有源滤波器

图 9-15 所示为一有源滤波电路，设 $k = \frac{r_1 + r_2}{r_1}$，不难算得

$$H(s)=\frac{V_2(s)}{V_1(s)}=\frac{s\left(s+\frac{1}{R_2C_2}\right)k\left(1+\frac{k}{A}\right)^{-1}}{s^2+s\left[\frac{1}{R_1C_1}+\frac{1}{R_2C_2}+\frac{1}{R_2C_1}\left(1-\frac{k}{1+\frac{k}{A}}\right)\right]+\frac{1}{R_1R_2C_1C_2}}$$

将上式和式(9-79)比较,得极点角频率

$$\omega_p=\sqrt{\frac{1}{R_1R_2C_1C_2}}$$

由式(9-65)、式(9-67)可知

$$S_{R_1}^{\omega_p}=-\frac{1}{2}=S_{R_2}^{\omega_p}=S_{C_1}^{\omega_p}=S_{C_2}^{\omega_p}$$

带宽

$$B=\frac{1}{R_1C_1}+\frac{1}{R_2C_2}+\frac{1}{R_2C_1}\left(1-\frac{k}{1+\frac{k}{A}}\right)=\frac{\omega_p}{Q_p}$$

由式(9-66)、式(9-72)得

$$S_{R_1}^{Q_p}=S_{R_1}^{\omega_p}-S_{R_1}^{B}=-\frac{1}{2}-S_{R_1}^{B}=-\frac{1}{2}+\frac{1}{R_1C_1B}$$

同理得

$$S_{C_2}^{Q_p}=-\frac{1}{2}+\frac{1}{R_2C_2B}$$

$$S_{R_2}^{Q_p}=-\frac{1}{2}+\frac{1}{B}\left[\frac{1}{R_2C_2}+\frac{1}{R_2C_1}\left(1-\frac{k}{1+\frac{k}{A}}\right)\right]$$

$$S_{C_1}^{Q_p}=-\frac{1}{2}+\frac{1}{B}\left[\frac{1}{R_1C_1}+\frac{1}{R_2C_1}\left(1-\frac{k}{1+\frac{k}{A}}\right)\right]$$

$$S_A^{Q_p}=-S_A^B=\frac{k}{BR_2C_1\left(1+\frac{k}{A}\right)}S_A^{\frac{-k}{R_2C_1(1+k/A)}}$$

$$=\frac{-k^2/A}{BR_2C_1\left(1+\frac{k}{A}\right)^2}S_A^{k/A}=\frac{k^2}{BR_2C_1\left(1+\frac{k}{A}\right)^2A}$$

从以上计算,可得以下几个结论:

(1) 随着放大倍数 A 增加,Q_p 关于 A 的灵敏度 $S_A^{Q_p}$ 下降,当 $A=\infty$ 时,$S_A^{Q_p}=0$ 即放大倍数很高时 Q_p 关于 A 的灵敏度为零;

(2) $S_{R_1}^{Q_p}+S_{R_2}^{Q_p}=0=S_{C_1}^{Q_p}+S_{C_2}^{Q_p}$

这个结果也可以写为

$$\sum_{i=1}^{m}S_{R_i}^{Q_p}=0=\sum_{i=1}^{n}S_{C_i}^{Q_p}$$

其中 m、n 为电阻、电容总数。也即所有电阻(或电容)灵敏度之和为零。这是因为 Q_p 是没有量纲的,Q_p 的公式中电阻(电容也一样)总是成比例出现,例如上例

$$Q_p=\frac{\omega_p}{B}=\frac{\sqrt{\dfrac{1}{R_1R_2C_1C_2}}}{\dfrac{1}{R_1C_1}+\dfrac{1}{R_2C_2}+\dfrac{1}{R_2C_1}\left(1-\dfrac{k}{1+\dfrac{k}{A}}\right)}=\frac{1}{\sqrt{\dfrac{R_2C_2}{R_1C_1}}+\sqrt{\dfrac{R_1C_1}{R_2C_2}}+\sqrt{\dfrac{R_1C_2}{R_2C_1}}\left(1-\dfrac{k}{1+\dfrac{k}{A}}\right)}$$

（3）$S_{R_1}^{\omega_p}+S_{R_2}^{\omega_p}=-1=S_{C_1}^{\omega_p}+S_{C_2}^{\omega_p}$

或

$$\sum_{i=1}^{m}S_{R_i}^{\omega_p}=-1=\sum_{i=1}^{n}S_{C_i}^{\omega_p}$$

即 ω_p 关于所有电阻（电容也一样）的灵敏度之和为（-1）。因为 ω_p 的量纲是$\frac{1}{s}$，即$[RC]^{-1}$。例如上例 $\omega_p=\frac{1}{\sqrt{R_1R_2C_1C_2}}$，$S_{R_1}^{\omega_p}+S_{R_2}^{\omega_p}=-\frac{1}{2}-\frac{1}{2}=-1$。又如有三个电阻的电路（见图 10-14 电路）其 $\omega_p=\sqrt{\frac{R_1+R_2}{R_1R_2R_3C_1C_2}}$，经计算不难验证上述结论。

例 9-8　上述有源电路设 $R_1=R_2=R$，$C_1=C_2=C$，$Q_p=20$，$\omega_p=2\pi\times10^4\text{rad/s}$，$A=10^3$，$\frac{\Delta X}{X}=0.01$，$\frac{\Delta A}{A}=0.5$，试求$\frac{\Delta\omega_p}{\omega_p}$和$\frac{\Delta Q_p}{Q_p}$。

解

$$\omega_p=\frac{1}{\sqrt{R_1R_2C_1C_2}}=\frac{1}{RC}$$

$$Q_p=\frac{\omega_p}{B}=\frac{\dfrac{1}{RC}}{\dfrac{1}{RC}\left(3-\dfrac{k}{1+\dfrac{k}{1\,000}}\right)}=20$$

解得

$k=2.96$

$$\frac{\Delta\omega_p}{\omega_p}=0.01(S_{R_1}^{\omega_p}+S_{R_2}^{\omega_p}+S_{C_1}^{\omega_p}+S_{C_2}^{\omega_p})+0.5S_A^{\omega_p}=-0.02$$

$$\frac{\Delta Q_p}{Q_p}=0.01(S_{R_1}^{Q_p}+S_{R_2}^{Q_p}+S_{C_1}^{Q_p}+S_{C_2}^{Q_p})+0.5S_A^{Q_p}=0.5S_A^{Q_p}$$

$$=0.5\frac{k^2}{BRC\left(1+\dfrac{k}{1\,000}\right)^2 1\,000}=0.5\frac{k^2}{\left(3-\dfrac{k}{1+\dfrac{k}{1\,000}}\right)\left(1+\dfrac{k}{1\,000}\right)^2 1\,000}$$

$$=\frac{0.5\times1\,000k^2}{(3\,000-997k)(1\,000+k)}=0.087\,1$$

9.8.3　增益灵敏度

滤波器通常用衰减表示输入、输出关系；求逼近函数给定的技术条件也用衰减表示；因此，

求衰减的灵敏度是有用的。对式(9-79)双二次节函数中 $s=\mathrm{j}\omega$ 代入,取分贝后得

$$A(\omega)=20\lg|H(\mathrm{j}\omega)|=20\lg H_0+20\lg\left|-\omega^2+\mathrm{j}\frac{\omega\omega_z}{Q_z}+\omega_z^2\right|-20\lg\left|-\omega^2+\mathrm{j}\frac{\omega\omega_p}{Q_p}+\omega_p^2\right| \tag{9-80}$$

这里 $A(\omega)$ 没有如式(9-3)那样取负对数,对分析实质没有影响,结果图表将和别的书籍保持一致。$A(\omega)$ 关于 Q_p 等的灵敏度称为增益灵敏度,由于以上已取过对数,增益灵敏度的定义应略有不同,现用 $\phi_X^{A(\omega)}$ 表示,增益灵敏度

$$\phi_X^{A(\omega)}=\frac{\partial A(\omega)}{\partial\ln x}=\frac{\partial[20\lg|H(\mathrm{j}\omega)|]}{\partial\ln x}=8.686\frac{\partial[\ln|H(\mathrm{j}\omega)|]}{\partial\ln x}$$

即

$$\phi_X^{A(\omega)}=8.686S_X^{|H(\mathrm{j}\omega)|} \tag{9-81}$$

而

$$\Delta A(\omega)=\phi_X^{A(\omega)}\cdot\frac{\Delta X}{X} \tag{9-82}$$

$$\begin{aligned}\phi_{\omega_p}^{A(\omega)}&=-\omega_p\frac{\partial}{\partial\omega_p}\left[20\lg\left|-\omega^2+\mathrm{j}\frac{\omega_p\omega}{Q_p}+\omega_p^2\right|\right]\\&=-\omega_p\frac{\partial}{\partial\omega_p}\left\{10\lg\left[(\omega_p^2-\omega^2)^2+\left(\frac{\omega_p\omega}{Q_p}\right)^2\right]\right\}\\&=-\frac{10\omega_p}{\ln10}\cdot\frac{4\omega_p(\omega_p^2-\omega^2)+2\frac{\omega^2}{Q_p^2}\omega_p}{(\omega_p^2-\omega^2)^2+\left(\frac{\omega_p\omega}{Q_p}\right)^2}\end{aligned}$$

或

$$\phi_{\omega_p}^{A(\omega)}=-8.686\frac{2(1-\Omega_p^2)+\left(\frac{\Omega_p}{Q_p}\right)^2}{(1-\Omega_p^2)^2+\left(\frac{\Omega_p}{Q_p}\right)^2} \tag{9-83}$$

其中 $\Omega_p=\frac{\omega}{\omega_p}$,即以 ω_p 为基准的归一化角频率。

同理得

$$\phi_{Q_p}^{A(\omega)}=8.686\frac{\left(\frac{\Omega_p}{Q_p}\right)^2}{(1-\Omega_p^2)^2+\left(\frac{\Omega_p}{Q_p}\right)^2} \tag{9-84}$$

$$\phi_{\omega_z}^{A(\omega)}=8.686\frac{2(1-\Omega_z^2)+\left(\frac{\Omega_z}{Q_z}\right)^2}{(1-\Omega_z^2)^2+\left(\frac{\Omega_z}{Q_z}\right)^2} \tag{9-85}$$

$$\phi_{Q_z}^{A(\omega)}=-8.686\frac{\left(\frac{\Omega_z}{Q_z}\right)^2}{(1-\Omega_z^2)^2+\left(\frac{\Omega_z}{Q_z}\right)^2} \tag{9-86}$$

其中 $\Omega_z=\frac{\omega}{\omega_z}$，即以 ω_z 为基准的归一化频率。

由式(9-84)可以看出 $\phi_{Q_p}^{A(\omega)}$ 最大发生在 $\Omega_p=1$ 处，此时 $\phi_{Q_p}^{A}=8.686\text{dB}$。对式(9-83)求极值可知 $\phi_{\omega_p}^{A}$ 最大发生在 $\Omega_p=1\pm\frac{1}{2Q_p}$ 处，而这个最大值

$$(\phi_{\omega_p}^{A})_{\max}\approx\pm 8.686Q_p\text{dB} \tag{9-87}$$

对于高 Q_p 值的函数（例如切比雪夫函数），关于 ω_p 的增益灵敏度会很高。这一特性和采用什么电路无关，是函数形式所固有的。因此选取怎样的逼近函数除了考虑满足给定的技术指标

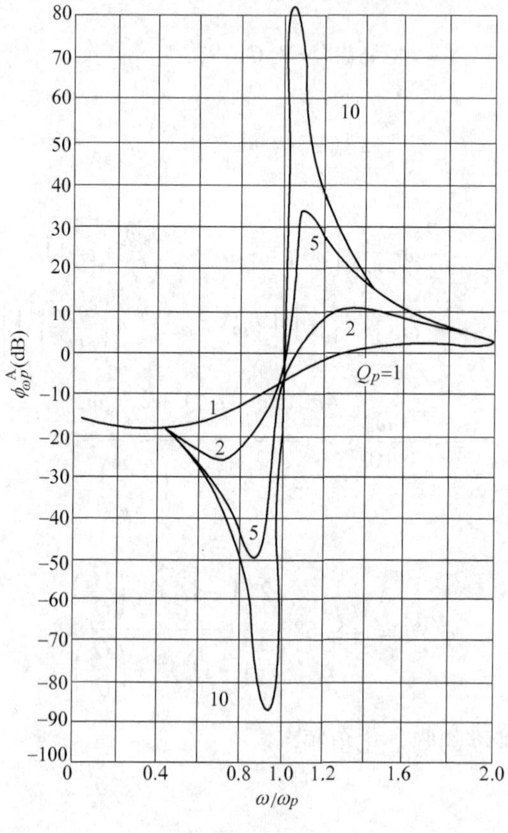

a)

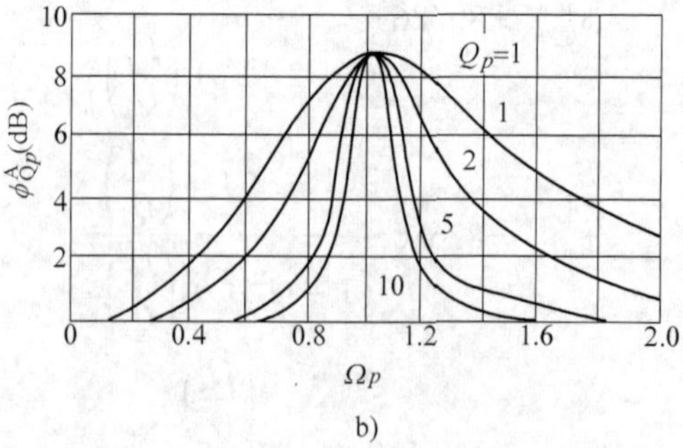

b)

图 9-16 $\phi_{\omega_p}^{A}$、$\phi_{Q_p}^{A(\omega)}$ 随归一化频率 Ω_p 的变化曲线

外,也应关注极点的位置。如果极点位置太靠近虚轴,将使 Q_p 值过高,对整体灵敏度不利。

图 9-16a、图 9-16b 所示是 $\phi_{\omega_p}^{A}$、$\phi_{Q_p}^{A(\omega)}$ 随归一化频率 Ω_p 的变化曲线。至于 $\phi_{\omega_z}^{A}$、$\phi_{Q_z}^{A(\omega)}$ 随归一化频率 Ω_z 的变化曲线只是差一负号,这里就省略画了。

例 9-9　有一有源带阻滤波器,其传输函数

$$H(s)=\frac{s^2+\dfrac{1}{R_1R_2C_1C_2}}{s^2+\dfrac{1}{R_3C_3}s+\dfrac{1}{R_1C_1R_4C_4}}=\frac{s^2+144}{s^2+0.8s+16}$$

设元件偏差率为 0.01,试求 $\omega=3.6\text{rad/s}$ 处的增益偏差 ΔA。

解
$$\omega_p=4\text{rad/s},Q_p=\frac{\omega_p}{B}=\frac{4}{0.8}=5,\omega_z=12\text{rad/s},Q_z=\infty$$

将归一化频率 $\Omega_p=\dfrac{3.6}{4}=0.9$、$\Omega_z=\dfrac{3.6}{12}=0.3$ 分别代入式(9-83)~式(9-86)得

$$\phi_{\omega_p}^{A}=-52.3\text{dB},\phi_{Q_p}^{A(\omega)}=4.11\text{dB},\phi_{\omega_z}^{A}=19.1\text{dB},\phi_{Q_z}^{A(\omega)}=0$$

$$\omega_p=\frac{1}{\sqrt{R_1C_1C_4R_4}},Q_p=\frac{\omega_p}{B}=\frac{R_3C_3}{\sqrt{R_1C_1C_4R_4}}$$

$$\omega_z=\frac{1}{\sqrt{R_1R_2C_1C_2}}$$

$$S_{R_1,C_1,C_4,R_4}^{\omega_p}=-\frac{1}{2},S_{R_3,C_3}^{Q_p}=1,$$

$$S_{R_1,C_1,C_4,R_4}^{Q_p}=-\frac{1}{2},S_{R_1,C_1,C_2,R_2}^{\omega_z}=-\frac{1}{2},$$

$$\sum_i S_{X_i}^{Q_p}=0,\sum_i S_{X_i}^{\omega_p}=-2=\sum_i S_{X_i}^{\omega_z}$$

最后得

$$\Delta A=\phi_{\omega_p}^{A}\times0.01\times(-2)+\phi_{\omega_z}^{A}\times0.01\times(-2)=0.664\text{dB}$$

小　　结

理想低通滤波器的幅度特性,具有非因果性,因而是不可实现的。故需用具有可实现性的转移函数来描述所需的技术要求,称该过程为逼近。低通滤波器设计必备的 4 个技术指标,分别为:$A_{\max}$(通带内允许最大衰减)、$A_{\min}$(阻带内允许最小衰减)、ω_c(通带角频率)、ω_s(阻带角频率)。

由希尔伯特定理可知,可分别根据幅度函数或相位函数的要求构造传递函数 $H(s)$。一般来说,不可能同时满足两者的要求。其中勃特沃茨响应、切比雪夫响应、倒切比雪夫逼近、椭圆函数满足幅度函数的要求,贝塞尔响应满足相位函数的要求。

勃特沃茨响应在通带内具有最平坦特性;切比雪夫响应在通带内给出等纹波特性,在阻带呈最平坦特性;倒切比雪夫逼近在通带内最平坦,在阻带内是等纹波的;椭圆函数在通带和阻抗都呈等纹波特性。对于给定的滤波器技术指标,椭圆函数所需要的阶数最低。

勃特沃茨响应、切比雪夫响应、贝塞尔响应的所有零点都在无穷远处，它们被称为全极点滤波器。

频率变换方法可用于高通、对称带通和对称带阻滤波器的设计。

滤波器中常用的灵敏度为相对灵敏度，也称为归一化灵敏度。利用它，可根据元件参数的偏差直接确定响应偏差。对于双二次节函数，ω 和 Q 灵敏度及增益灵敏度是非常重要的性能指标。

习　题

9-1 设低通滤波器上边界频率为20kHz，通带内容许最大衰减 $A_{max}=1dB$，在100kHz处至少衰减50dB，试求勃特沃茨函数的 $H(s)$。

9-2 试求满足上题技术指标的切比雪夫函数的 $H(s)$。

9-3 试求满足题9-1技术指标的倒切比雪夫函数的 $H(s)$。

9-4 试设计一无源低通滤波器，使在20kHz内衰减不超过0.3dB，100kHz处衰减至少达60dB，信号源内阻为600Ω，负载电阻 R_2 为无穷大。

9-5 试设计一无源低通滤波器，使在10kHz内衰减不超过0.4dB，50kHz处衰减至少达60dB，信号源内阻为零，负载电阻 R_2 为600Ω。

9-6 设 $A_{max}=0.2dB$，$A_{min}=60dB$，$\Omega_s=3.5$，试问采用勃特沃茨、切比雪夫、倒切比雪夫、椭圆函数的最低阶数分别是多少？

9-7 已知某高通滤波器 $\omega>4\,000rad/s$ 衰减不能超过0.5dB，$\omega<1\,000rad/s$ 范围内衰减至少50dB，试求勃特沃茨函数 $H(s)$（满足要求最低阶）。

9-8 试求上题的切比雪夫函数。

9-9 试设计一无源高通滤波器，已知信号源内阻为零，负载电阻 $R_2=600\Omega$，50kHz以上衰减不超过0.5dB，20kHz以下衰减至少达50dB。

9-10 对上题分别用不同的逼近函数，画出电路并简单加以比较。

9-11 带通滤波器技术要求如下：

(1)1kHz～1.5kHz内 $A_{max}=0.3dB$；

(2)0～0.5kHz，3kHz～∞，$A_{min}=40dB$。

试求勃特沃茨函数。

9-12 试求上题的切比雪夫函数。

9-13 带阻滤波器阻带为1kHz～1.5kHz，$A_{min}=45dB$；0～0.5kHz，3kHz～∞内衰减不超过0.5dB，试求切比雪夫函数。

9-14 试求一贝赛尔-汤姆逊函数，$T=300\mu s$，当 $\omega=5000rad/s$ 内延迟偏差在1%以内，幅度衰减应小于2dB。

9-15 试设计一无源延迟滤波器，信号源内阻可略，负载电阻 $R_2=600\Omega$，延迟时间 $T=0.4ms$，$\omega<5500rad/s$ 范围内延迟偏差应在1%以内，幅度衰减应小于2.5dB。

9-16 已知 $H(s)=\dfrac{144}{s^2+2s+144}$，$\dfrac{\Delta Q_p}{Q_p}=0.03$，$\dfrac{\Delta\omega_p}{\omega_p}=0.05$，试求 $\omega=14rad/s$ 处增益变化的dB数。

9-17　已知 $H(s)=\dfrac{100}{s^2+2s+100},\dfrac{\Delta Q_p}{Q_p}=0.02,\dfrac{\Delta\omega_p}{\omega_p}=0.03$，试求 $\omega=\omega_p$ 处的 ΔA。

9-18　设某有源带通滤波器的传输函数 $H(s)=-\dfrac{\dfrac{1}{R_4C_1}s}{s^2+\dfrac{1}{R_1C_1}s+\dfrac{1}{C_1C_2R_2R_3}}=\dfrac{-s}{s^2+s+16}$元件偏差为 1%，试求$\omega=3.6\text{rad/s}$ 和 $\omega=5\text{rad/s}$ 处的增益偏差 ΔA。

第 10 章　单运放二次型有源滤波电路

内 容 提 要

本章介绍有源滤波器的一些基本原理，主要内容为二次型单运放正、负反馈型电路（无穷增益），包括基本结构、萨伦-凯（Sallen-key）电路、低通电路、带通电路、全通电路等。另外，简单介绍 RC-CR 变换技术。

10.1　概述

RC 有源滤波器是 20 世纪六七十年代发展起来的，由运算放大器等有源元件加上电阻 R、电容 C 构成的滤波电路。因为取消了电感（因此也称为无感滤波器）使整个滤波器体积大大减少，而且可以集成化，可以组装成超小型产品，成批量低成本地生产。批量生产工序可以自动化，提高了电路性能及可靠性，也减少了寄生效应。但是因为受运算放大器的带宽所限，目前大多数只能应用于 30kHz 以下。这个频率对于语言和数据通信系统已完全可以胜任。采用性能优异的运放，工作频率还可以大大提高。有源 RC 滤波器的一个缺点是灵敏度远较无源滤波器高，另外一缺点是本身需要直流电源。

RC 有源滤波器综合设计通常有级联法、无源模拟法和直接法。无源模拟法，即采用模拟电感或频变负阻由无源 RLC 滤波器直接模拟产生。这种方法获得的电路灵敏度较低（和无源电路一样），但电路较复杂，采用元件多。级联法，即将高次函数分解为许多二次函数（或一个一次函数）相乘，每个二次函数采用一个二次型滤波器，然后级联而成。假设这些二次滤波器输出阻抗很小，输入阻抗很大，级联后各级传输函数相乘，即近似为整个级联网络的传输函数。级联法的优点之一是调整简单。每个二次型滤波器实现方法可以有单运放、双运放等。采用单运放还可以是正反馈型和负反馈型；单运放还可以是无穷增益和有限增益［$H(s)$ 和放大倍数有关］型。本章将主要讨论二次型单运放、无穷增益正、负反馈电路。直接法是直接应用高次函数采用各种不同的方法实现。

对于奇数次函数，采用级联法时将有一个一次函数，一次函数极点在负实轴上。应用图 10-1 中两电路之一都可以实现一次传输函数。

图 10-1a 电路

$$H(s)=\frac{V_2(s)}{V_1(s)}=-\frac{Z_2(s)}{Z_1(s)}=\frac{-\dfrac{1/C_2}{s+\dfrac{1}{R_2C_2}}}{\dfrac{1/C_1}{s+\dfrac{1}{R_1C_1}}}\tag{10-1}$$

图 10-1b 电路

$$H(s) = \frac{V_2(s)}{V_1(s)} = \frac{Z_1 + Z_2}{Z_1} \tag{10-2}$$

一次电路参数确定等都较简单，不再进行讨论。

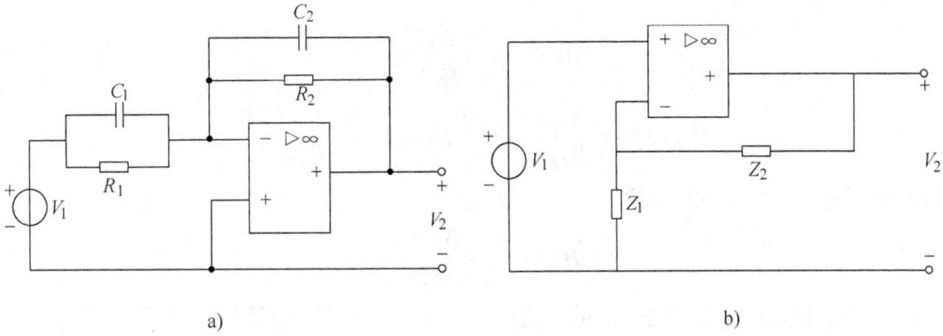

图 10-1 一次传输函数

10.2 单运放二次型电路的基本结构

图 10-2 所示是最基本的负反馈结构。其中方框内是无源 RC 网络。如图 10-3a 所示，设 2 端接地时 V_3 与 V_1 之比称为前馈函数，用 $H_{FF}(s)$ 表示

$$H_{FF}(s) = \left.\frac{V_3(s)}{V_1(s)}\right|_{V_2=0} \tag{10-3}$$

图 10-3b 中 1 端接地时 V_3 与 V_2 之比称为反馈函数，用 $H_{FB}(s)$ 表示

$$H_{FB}(s) = \left.\frac{V_3(s)}{V_2(s)}\right|_{V_1=0} \tag{10-4}$$

$H_{FF}(s)$，$H_{FB}(s)$ 都是无源 RC 网络的传输函数，第 8 章中已详细讨论过这种函数的性质。

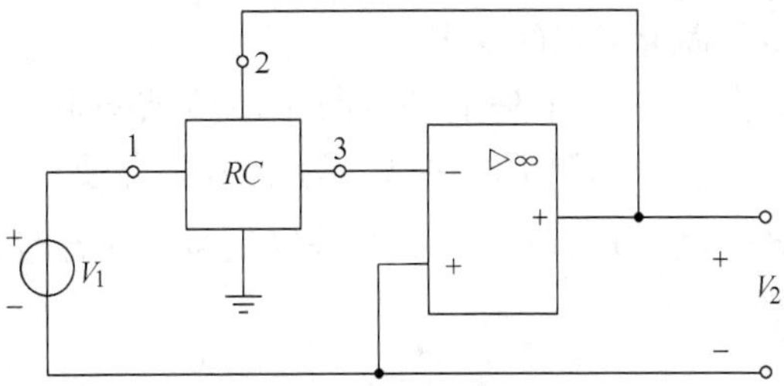

图 10-2 负反馈电路

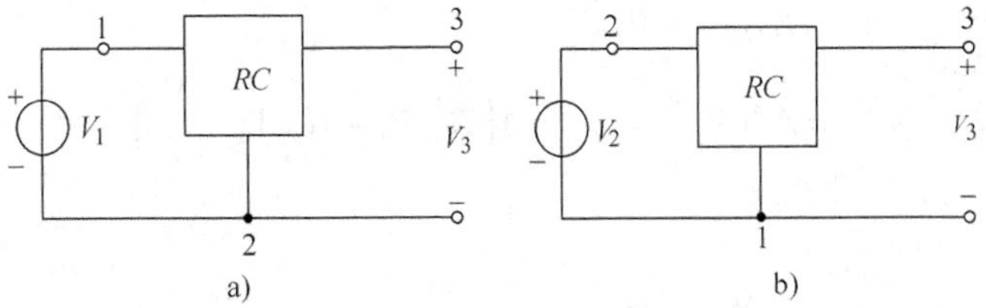

图 10-3 前馈函数和反馈函数

a）前馈函数 b）反馈函数

由式（10-3）、式（10-4）可得

$$V_3(s) = H_{FF}(s)V_1(s) + H_{FB}(s)V_2(s) \tag{10-5}$$

根据图 10-2 电路可知

$$V_2(s) = -AV_3(s) = -A[H_{FF}(s)V_1(s) + H_{FB}(s)V_2(s)]$$

所以

$$H(s)=\frac{V_2(s)}{V_1(s)}=\frac{-AH_{FF}(s)}{1+AH_{FB}(s)}=\frac{-H_{FF}(s)}{\frac{1}{A}+H_{FB}(s)} \tag{10-6}$$

若 $A=\infty$，则式（10-6）为

$$H(s)=\frac{-H_{FF}(s)}{H_{FB}(s)} \tag{10-7}$$

$$H_{FF}(s)=\frac{N_{FF}(s)}{D_{FF}(s)}\qquad H_{FB}(s)=\frac{N_{FB}(s)}{D_{FB}(s)}$$

设 $D_{FF}(s)=D_{FB}(s)=D(s)$，则

$$H(s)=-\frac{N_{FF}(s)}{N_{FB}(s)} \tag{10-8}$$

式（10-8）说明 $H(s)$ 的极点即反馈函数 $H_{FB}(s)$ 的传输零点，由此可见，这种基本结构的电路的反馈 RC 网络不可能是梯形 RC 网络，因为梯形 RC 网络的传输零点只在 $s=0$、∞ 或负实轴上，不可能实现复数极点。第八章已指出桥式 RC 网络传输零点可以在复平面上，所以桥式反馈网络可以满足复平面上极点的要求。

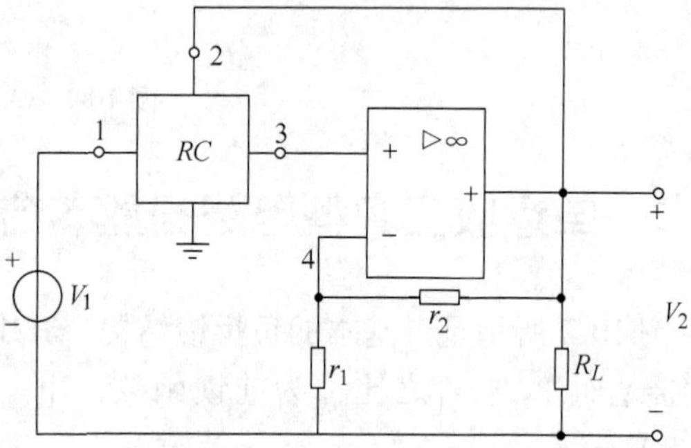

图 10-4　正反馈电路

图 10-4 所示是最基本的正反馈结构电路，方框为无源 RC 网络。为了书写方便，推导过程中 $H_{FF}(s)$、$V_1(s)$ 等复变量 s 常省略，例如 $V(s)$、$H(s)$、$N(s)$ 等简写为 V、H、N。其中

$$\frac{r_1+r_2}{r_1}=k \tag{10-9}$$

则由图可知

$$V_2=kV_4$$

$$V_3=H_{FF}V_1+H_{FB}V_2$$

$$V_2=A\ (V_3-V_4)\ =A\left(H_{FF}V_1+H_{FB}V_2-\frac{V_2}{k}\right)$$

因此得

$$H(s)=\frac{V_2}{V_1}=\frac{AH_{FF}}{1+\frac{A}{k}-AH_{FB}}=\frac{kH_{FF}}{1+\frac{k}{A}-kH_{FB}} \tag{10-10}$$

当 $A=\infty$ 时

$$H(s)=\frac{kH_{FF}}{1-kH_{FB}} \tag{10-11}$$

设 $H_{FF}=\frac{N_{FF}}{D}$，$H_{FB}=\frac{N_{FB}}{D}$，则最后

$$H(s) = \frac{kN_{FF}(s)}{D(s) - kN_{FB}(s)} \tag{10-12}$$

若选用反馈函数为带通函数，即令

$$H_{FB}(s) = \frac{s}{s^2 + a_1 s + a_0} \tag{10-13}$$

则

$$D - kN_{FB} = s^2 + (a_1 - k)s + a_0 \tag{10-14}$$

改变 k 值可以控制 $H(s)$ 在复平面上的极点位置。$H(s)$ 的极点

$$s_1、s_2 = \frac{-(a_1 - k) \pm \sqrt{(a_1 - k)^2 - 4a_0}}{2} \tag{10-15}$$

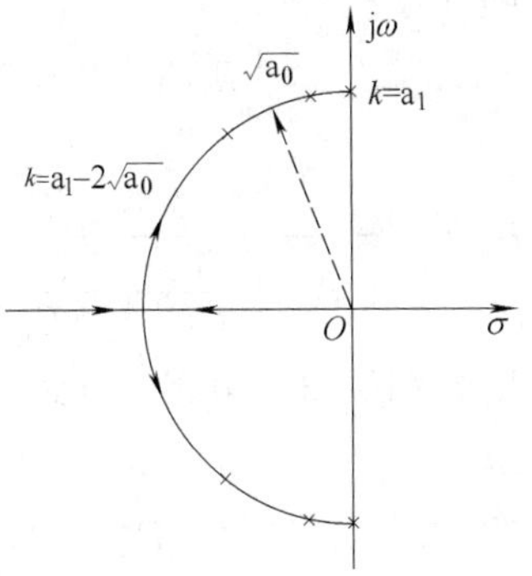

图 10-5　极点变化曲线

当 $k=0$ 时，由无源 RC 网络的性质知 s_1、s_2是负实数。当 $k=a_1-2\sqrt{a_0}$时，$s_1=s_2$。当 $k>a_1-2\sqrt{a_0}$后 s_1、s_2变为复数。显然 k 值也不能超过 a_1之值，否则极点将移至右半平面。图 10-5 所示是随 k 增大极点移动的情况。极点逐渐移至靠近虚轴，函数的 Q_p值逐渐增大。可见将部分输出馈入运放负端将可获得复平面上各处的极点。

10.3　萨伦-凯（Sallen-Key）电路

若应用图 10-4 的正反馈基本电路，反馈网络 $H_{FB}(s)$ 是带通函数，传输函数零点在 $s=0$ 和∞处。由式（10-12）看出，对于低通二阶滤波器，$H_{FF}(s)$ 的两个传输零点均在 $s=\infty$ 处。所以 $H_{FF}(s)$、$H_{FB}(s)$ 都可以用一臂一个元件的无源梯形 RC 网络实现。

图 10-6a、b、c、d 是可供选择的反馈带通网络。输入只能从接地元件端馈入。图 10-6a 输入从 R_1的 1 端接入后，如图 10-7 所示，它的传输零点均在 $s=\infty$ 处，可以满足低通函数的

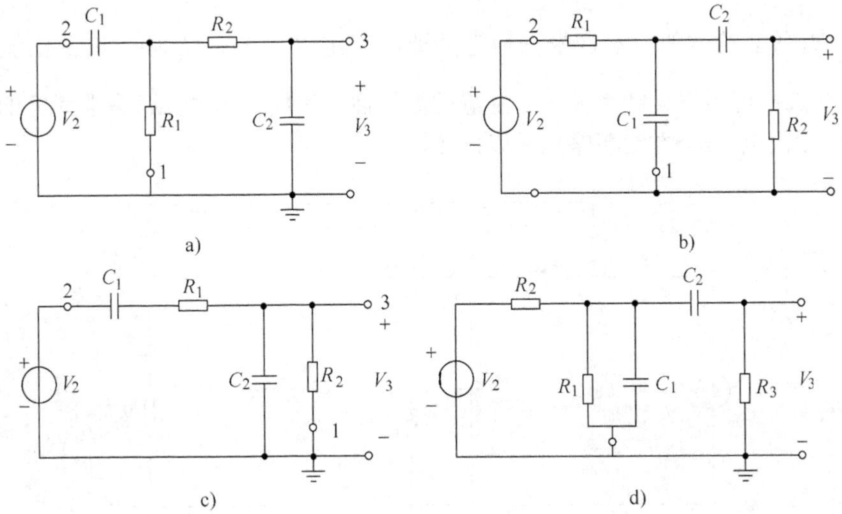

图 10-6　反馈带通网络

要求。

由图10-6a和图10-7采用网络分析或拓扑法分别可得

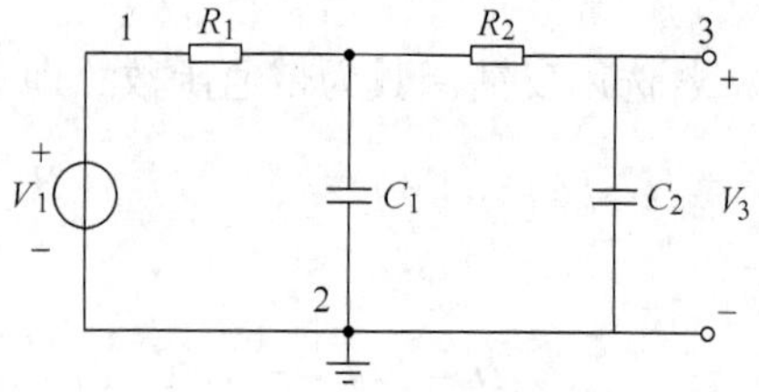

图10-7　低通电路

$$H_{FB}(s)=\frac{\dfrac{s}{R_2C_2}}{s^2+\left(\dfrac{1}{R_2C_1}+\dfrac{1}{R_1C_1}+\dfrac{1}{R_2C_2}\right)s+\dfrac{1}{R_1R_2C_1C_2}}$$

$$H_{FF}(s)=\frac{\dfrac{1}{R_1C_1R_2C_2}}{s^2+\left(\dfrac{1}{R_2C_1}+\dfrac{1}{R_1C_1}+\dfrac{1}{R_2C_2}\right)s+\dfrac{1}{R_1R_2C_1C_2}}$$

代入式（10-12）得整个电路的传输函数

$$H(s)=\frac{\dfrac{k}{R_1C_1R_2C_2}}{s^2+\left(\dfrac{1}{R_2C_1}+\dfrac{1}{R_1C_1}+\dfrac{1-k}{R_2C_2}\right)s+\dfrac{1}{R_1R_2C_1C_2}} \tag{10-16}$$

$$H_0=\frac{k}{R_1R_2C_1C_2}$$

$$\omega_p=\frac{1}{\sqrt{R_1R_2C_1C_2}} \tag{10-17}$$

$$Q_p=\frac{\omega_p}{B}=\frac{\dfrac{1}{\sqrt{R_1R_2C_1C_2}}}{\dfrac{1}{R_1C_1}+\dfrac{1}{R_2C_1}+\dfrac{1-k}{R_2C_2}}$$

$$=\frac{1}{\sqrt{\dfrac{R_2C_2}{R_1C_1}}+\sqrt{\dfrac{R_1C_2}{R_2C_1}}+\sqrt{\dfrac{R_1C_1}{R_2C_2}}(1-k)} \tag{10-18}$$

电路如图10-8所示，称它为萨伦-凯电路。设计综合时，根据技术要求先找出逼近函数，也即Q_p、ω_p、H_0等是给定的，不过根据给定的要求确定R_1、R_2、C_1、C_2以及比值$\dfrac{r_1}{r_2}$仍有许多选择。这些选择可根据灵敏度大小、制造的方便性、运放实际放大倍数非无穷的影响等因素加以考虑。以下举四个方案粗略地加以比较。

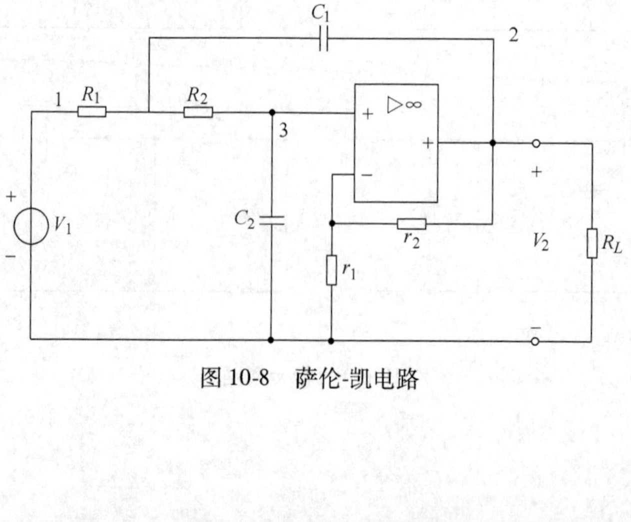

图10-8　萨伦-凯电路

方案一：

等参数方案，即令　$C_1=C_2=C$，$R_1=R_2=R$

由式（10-17）、式（10-18）得

$$\omega_p=\frac{1}{RC}\qquad Q_p=\frac{1}{3-k}$$

即

$$k=3-\frac{1}{Q_p}$$

若令 $C=1\text{F}$，则

$$R=\frac{1}{\omega_p}$$

$$H_0=\frac{k}{R_1R_2C_1C_2}=\left(3-\frac{1}{Q_p}\right)\omega_p^2$$

所以这个方案增益常数 H_0 也跟着确定了，如与给定的不符，可设法调整。

方案二：

选 $k=1$

令$\frac{R_2}{R_1}=\alpha$，$\frac{C_2}{C_1}=\beta$，则由式（10-17）、（10-18）得

$$\omega_p=\frac{1}{\sqrt{\alpha\beta}R_1C_1}$$

$$Q_p=\frac{1}{\sqrt{\alpha\beta}+\sqrt{\frac{\beta}{\alpha}}}$$

解得

$$\beta=\frac{1}{Q_p^2\left(\sqrt{\alpha}+\frac{1}{\sqrt{\alpha}}\right)^2}$$

$\alpha=1$ 是极大值，当 $\alpha=1$ 时，$\beta=\frac{1}{4Q_p^2}$。因此这个方案当函数 Q_p 值较高，例如 $Q_p=5$ 时，$\frac{C_2}{C_1}=\beta=\frac{1}{100}$，尽管灵敏度较低，但从制造角度来看并不吸引人。

方案三：

折中地将 k 取为$\frac{4}{3}$，称为萨拉嘎（saraga）方案。

令 $C_2=1\text{F}$、$C_1=\sqrt{3}Q_p$ 解得

$$\frac{R_2}{R_1}=\frac{Q_p}{\sqrt{3}}$$

$$R_1=\frac{1}{Q_p\omega_p}$$

$$R_2=\frac{1}{\sqrt{3}\omega_p}$$

方案四：

取 $C_1=C_2=C=1\text{F}$、$k=2$ 代入式（10-17）、（10-18）得

$$\omega_p=\frac{1}{\sqrt{R_1R_2}}\qquad Q_p=\sqrt{\frac{R_1}{R_2}}$$

$$R_1=\frac{Q_p}{\omega_p}\qquad R_2=\frac{1}{Q_p\omega_p}$$

此方案当 Q_p 高时，$\frac{R_1}{R_2}$比值也太大。

由式（10-17）得
$$S_{R_1,R_2,C_1,C_2}^{\omega_p}=-\frac{1}{2}\tag{10-19}$$

由式（10-18）、（9-72）得

$$S_{R_1}^{Q_p}=-\frac{\sqrt{\frac{R_2C_2}{R_1C_1}}\left(-\frac{1}{2}\right)+\left[\sqrt{\frac{R_1C_2}{R_2C_1}}+\sqrt{\frac{R_1C_1}{R_2C_2}}(1-k)\right]\left(\frac{1}{2}\right)}{\sqrt{\frac{R_2C_2}{R_1C_1}}+\sqrt{\frac{R_1C_2}{R_2C_1}}+\sqrt{\frac{R_1C_1}{R_2C_2}}(1-k)}$$

$$=-\frac{1}{2}+\frac{1}{1+\frac{R_1}{R_2}+\frac{C_1}{C_2}\frac{R_1}{R_2}(1-k)}\tag{10-20}$$

同理得

$$S_{R_2}^{Q_p}=\frac{1}{2}-\frac{1}{1+\frac{R_1}{R_2}+\frac{C_1}{C_2}\frac{R_1}{R_2}(1-k)}\tag{10-21}$$

$$S_{C_1}^{Q_p}=\frac{1}{2}-\frac{1-k}{\frac{R_2C_2}{R_1C_1}+\frac{C_2}{C_1}+(1-k)}\tag{10-22}$$

$$S_{C_2}^{Q_p}=-\frac{1}{2}+\frac{1-k}{\frac{R_2C_2}{R_1C_1}+\frac{C_2}{C_1}+(1-k)}\tag{10-23}$$

$$S_{r_2}^{Q_p}=S_k^{Q_p}\cdot S_{r_2}^{k}=\frac{k\sqrt{\frac{R_1C_1}{R_2C_2}}\cdot S_{r_2}^{k}}{\sqrt{\frac{R_2C_2}{R_1C_1}}+\sqrt{\frac{R_1C_2}{R_2C_1}}+\sqrt{\frac{R_1C_1}{R_2C_2}}(1-k)}$$

其中

$$S_{r_2}^{k}=\frac{\frac{r_2}{r_1}}{1+\frac{r_2}{r_1}}=\frac{k-1}{k}$$

$$-S_{r_1}^{Q_p}=S_{r_2}^{Q_p}=\frac{(k-1)\sqrt{\frac{R_1C_1}{R_2C_2}}}{\sqrt{\frac{R_2C_2}{R_1C_1}}+\sqrt{\frac{R_1C_2}{R_2C_1}}+\sqrt{\frac{R_1C_1}{R_2C_2}}(1-k)}\tag{10-24}$$

$$S_{R_1,R_2,C_1,C_2}^{H_0} = -1 \tag{10-25}$$

$$S_{r_2}^{H_0} = -S_{r_1}^{H_0} = S_k^{H_0}S_{r_2}^{k} = \frac{k-1}{k} \tag{10-26}$$

将上述方案参数各代入式（10-19）～式（10-26）计算，列表如表 10-1 所示。从表中数据看，似乎是第二方案灵敏度低，但第二方案当 Q_p 值较高时，元件分布性过大，实际综合性能还是方案三最好。这里只作粗略比较，严格分析应考虑到放大倍数 A 的有限性的影响，还应从统计观点计算灵敏度和元件偏差率，函数 Q_p 值等也都有关。

表 10-1　各种方案灵敏度的比较

方案	$k=3-\frac{1}{Q_p}$	$k=1$	$k=\frac{4}{3}$	$k=2$
$S_{R_1,R_2,C_1,C_2}^{\omega_p}$	$-\frac{1}{2}$	$-\frac{1}{2}$	$-\frac{1}{2}$	$-\frac{1}{2}$
$S_k^{\omega_p}$	0	0	0	0
$S_{R_1}^{Q_p}$	$-\frac{1}{2}+Q_p$	0	$-\frac{1}{2}+\frac{Q_p}{\sqrt{3}}$	$\frac{1}{2}$
$S_{R_2}^{Q_p}$	$\frac{1}{2}-Q_p$	0	$\frac{1}{2}-\frac{Q_p}{\sqrt{3}}$	$-\frac{1}{2}$
$S_{C_1}^{Q_p}$	$-\frac{1}{2}+2Q_p$	$\frac{1}{2}$	$\frac{1}{2}+\frac{Q_p}{\sqrt{3}}$	$\frac{1}{2}+Q_p^2$
$S_{C_2}^{Q_p}$	$\frac{1}{2}-2Q_p$	$-\frac{1}{2}$	$-\frac{1}{2}-\frac{Q_p}{\sqrt{3}}$	$-\frac{1}{2}+Q_p^2$
$S_{r_2}^{Q_p}=-S_{r_1}^{Q_p}$	$2Q_p-1$	0	$\frac{Q_p}{\sqrt{3}}$	$-Q_p^2$
$S_{R_1,R_2,C_1,C_2}^{H_0}$	-1	-1	-1	-1
$S_{r_2}^{H_0}=-S_{r_1}^{H_0}$	$1-\frac{1}{(3-1/Q_p)}$	0	$\frac{1}{4}$	$\frac{1}{2}$

从上述对萨伦-凯电路的讨论中还可获得有源 RC 电路的一些十分有用的结论：

（1）RC 有源电路中，电阻和电容总是以乘积或电阻比形式出现。如果同时将所有电阻增大 α 倍，电容缩小 α 倍，对传输函数 $H(s)$ 没有影响。所以上述讨论实现方案时可以任意令 $C=1\text{F}$（或 $R=1\Omega$）最终仍可以变为实用的值；

（2）用 $\frac{s}{\alpha}$ 代替 $H(s)$ 中的 s 后，相当于频率增大 α 倍。例如二阶低通函数

$$H(s)=\frac{H_0}{s^2+a_1s+a_0}$$

这样替代后

$$\frac{H_0}{\frac{s^2}{\alpha^2}+a_1\frac{s}{\alpha}+a_0}=\frac{H_0\alpha^2}{s^2+\alpha a_1 s+\alpha^2 a_0}$$

ω_p 由 $\sqrt{a_0}$ 变为 $\alpha\sqrt{a_0}$。即增大 α 倍。实际上如果将所有电容（或电阻）减少 α 倍，就相当

于将$\frac{s}{\alpha}$替代 s。所以去归一化时，只需将所有电容减少适当倍数就可以了。

（3）增益常数 H_0 的调整。当综合获得的 H_0 大于给定的值时，只需采用分压的办法，如图 10-9 所示，当 H_0 大于给定值 k_1倍时，可使

$$\left.\begin{aligned}\frac{R_4}{R_3+R_4}&=k_1\\ \frac{R_3R_4}{R_3+R_4}&=R_1\end{aligned}\right\}\tag{10-27}$$

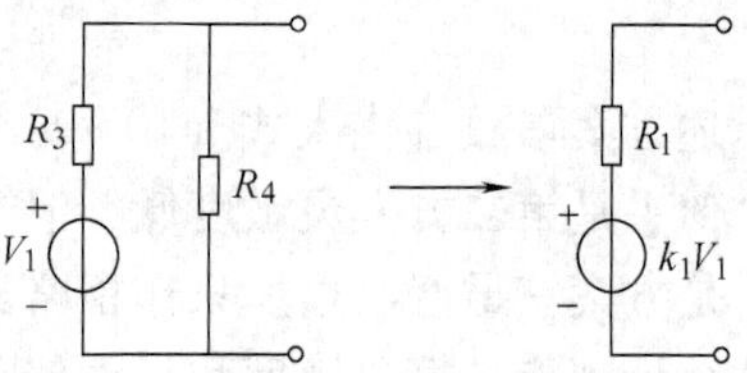

图 10-9 将增益常数 H_0 减小电路

当 H_0 比要求的小时，需要增强增益，可以采用图 10-10 所示电路。其中，

$$\frac{r_5+r_6}{r_6}\approx\alpha\tag{10-28}$$

α 就是需要增强的倍数。

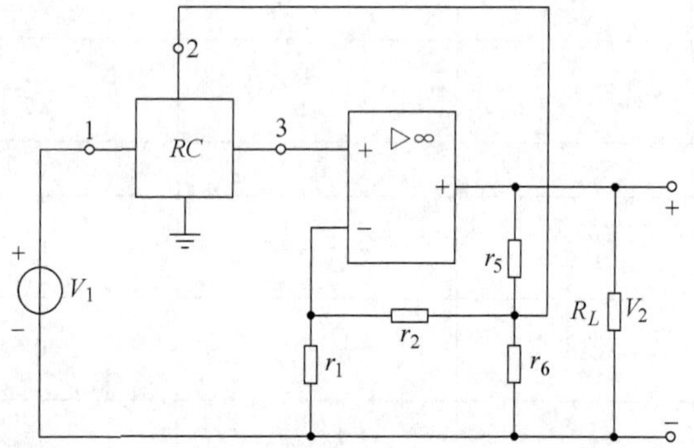

图 10-10 将增益常数 H_0 放大电路

例 10-1 试设计一低通 RC 有源滤波器，给定 $\omega_c=2\,000\text{rad/s}$，$\omega_s=6\,000\text{rad/s}$，$A_{\max}=0.5\text{dB}$，$A_{\min}=40\text{dB}$，并希望直流时放大倍数为 1。

解 采用切比雪夫函数，在例 9-2 中已求得 $n=4$，查表得归一化传输函数

$$H(s)=\frac{1.063\,5\times0.356\,4}{(s^2+0.350\,7s+1.063\,5)(s^2+0.846\,7s+0.356\,4)}$$

采用两级萨伦-凯电路级联，即

$$H_a(s)=\frac{1.063\,5}{s^2+0.350\,7s+1.063\,5}$$

$$H_b(s)=\frac{0.356\,4}{s^2+0.846\,7s+0.356\,4}$$

$$\omega_{pa}=\sqrt{1.063\,5}=1.031\,3\text{rad/s}\qquad Q_{pa}=2.94$$

$$\omega_{pb}=0.597\,0\text{rad/s}\qquad Q_{pb}=0.705$$

两级都采用等参数方案，则

$$k_a=3-\frac{1}{2.94}=2.66$$

$$k_b=3-\frac{1}{0.705}=1.58$$

取

$$C_{a1}=C_{a2}=C_{b1}=C_{b2}=1\text{F}$$

则

$$R_{a1}=R_{a2}=\frac{1}{\omega_{pa}}=\frac{1}{\sqrt{1.063\,5}}=0.969\,7\Omega$$

$$R_{b1}=R_{b2}=\frac{1}{\omega_{pb}}=\frac{1}{\sqrt{0.356\,4}}=1.675\Omega$$

因为第 a 级常数需要缩小 2.66 倍，b 级缩小 1.58 倍。由式（10-27）得

$$\frac{R_{a4}}{R_{a3}+R_{a4}}=\frac{1}{2.66}\qquad \frac{R_{a3}R_{a4}}{R_{a3}+R_{a4}}=0.9697$$

$$\frac{R_{b4}}{R_{b3}+R_{b4}}=\frac{1}{1.58}\qquad \frac{R_{b3}R_{b4}}{R_{b3}+R_{b4}}=1.675$$

解得

$$R_{a3}=2.579\Omega\qquad R_{a4}=1.554\Omega$$

$$R_{b3}=2.647\Omega\qquad R_{b4}=4.563\Omega$$

如果希望电容为 5 000pF，去归一化需要将电容除以 $k_\omega=2\,000$，此外再将每个电容除以 10^5，电阻乘以 10^5，结果得

$$C_{a1}=C_{a2}=C_{b1}=C_{b2}=5\,000\text{pF}$$

$$R_{a2}=96.97\text{k}\Omega\qquad R_{b2}=167.5\text{k}\Omega$$

$$R_{a3}=257.9\text{k}\Omega\qquad R_{a4}=155.4\text{k}\Omega$$

$$R_{b3}=264.7\text{k}\Omega\qquad R_{b4}=456.3\text{k}\Omega$$

取 $r_{a1}=r_{b1}=10\text{k}\Omega$，则 $r_{a2}=16.6\text{k}\Omega$、$r_{b2}=5.8\text{k}\Omega$，整个电路如图 10-11 所示。

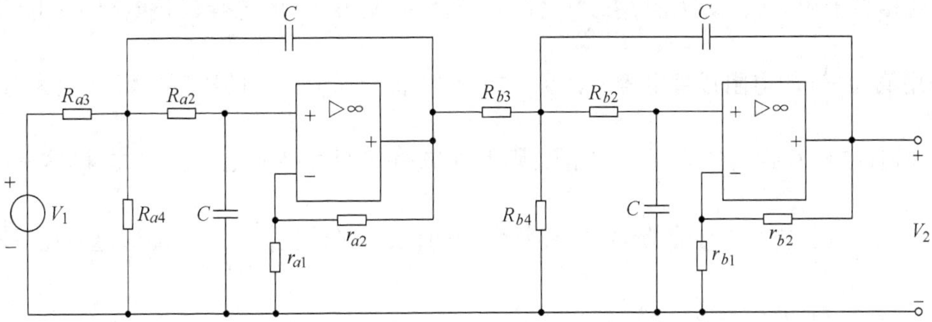

图 10-11　例 10-1 附图

10.4　RC-CR 变换

在图 10-6 所示几个带通反馈 RC 电路中，如果选用图 10-6b，且输入电压从 C_1 的接地端馈入，则前馈函数 H_{FF}（s）的两个传输零点均在 $s=0$ 处，代入式（10-12）可以获得二阶高通滤波器。给定高通函数选择不同方案，通过比较系数，调整增益常数等同样可得高通滤波器。除了这种直接通过高通函数综合的方法外，还可以通过 RC-CR 变换，即从相应低通滤波器变换而获得高通滤波器。在第 9.7 节讨论频率变换时，曾得结论

$$H_{HP}(s)=H_{LPN}(s)\Big|_{s=\frac{\omega_p}{s}}\tag{10-29}$$

其中 $H_{LPN}(s)$ 是归一化低通函数，$H_{HP}(s)$ 是高通函数，ω_p 是高通函数的下边界角频率。式（10-29）也可以写为

$$H_{HP}(s)=H_{LP}(s)\Big|_{s=\frac{\omega_p^2}{s}}\tag{10-30}$$

例如当 $H_{LP}(s)=\dfrac{\omega_p^2}{s^2+\dfrac{\omega_p}{Q_p}s+\omega_p^2}$时，则

$$H_{HP}(s)=\frac{\omega_p^2}{\dfrac{\omega_p^4}{s^2}+\dfrac{\omega_p}{Q_p}\dfrac{\omega_p^2}{s}+\omega_p^2}=\frac{s^2}{s^2+\dfrac{\omega_p}{Q_p}s+\omega_p^2}$$

式(10-30)说明低通函数 $H_{LP}(s)$ 中 s 用$\dfrac{\omega_p^2}{s}$置换后就变为高通函数 $H_{HP}(s)$。而将低通有源 RC 滤波器中所有电阻 R 值换为$\dfrac{R\omega_p}{s}$，所有电容 C 值换为$\dfrac{C\omega_p}{s}$，其结果就相当于将 s 用$\dfrac{\omega_p^2}{s}$置换。因为 s 的量纲相当于[1/s]，RC 量纲是[s]，$H(s)$ 为电压比无量纲，将 $H(s)$ 分子、分母中每一项变为无量纲后，每个 s 旁必有系数[RC]。而作上述置换后 RC 要换为$RC\dfrac{\omega_p^2}{s^2}$，$(RC)^2$ 换为 $(RC)^2\dfrac{\omega_p^4}{s^4}$。可见原来 s 处应乘以因子$\dfrac{\omega_p^2}{s^2}$，变为$\dfrac{\omega_p^2}{s}$；原来 s^2 处应乘以$\dfrac{\omega_p^4}{s^4}$变为$\dfrac{\omega_p^4}{s^2}$。所以上述参数值的置换就相当于用$\dfrac{\omega_p^2}{s}$代 s。而且用$\dfrac{R\omega_p}{s}$代替 R，就是用值为$\dfrac{1}{R\omega_p}$的电容代替电阻 R；用$\dfrac{C\omega_p}{s}$代替 C，就是用值为$\dfrac{1}{C\omega_p}$的电阻代替电容 C。换言之，只需将低通电路中的所有电阻 R 换为值为$\dfrac{1}{R\omega_p}$的电容，所有电容 C 换为值为$\dfrac{1}{C\omega_p}$的电阻，则低通电路就变为高通电路。因此，称这一变换为 RC-CR 变换。变换前后二者的阶数，边界频率相同；低通过渡比$\left(\dfrac{\omega_s}{\omega_p}\right)_{LP}$和高通过渡比$\left(\dfrac{\omega_p}{\omega_s}\right)_{HP}$相等。

例 10-2 试用正反馈电路实现高通滤波电路。设 $H(s)=\dfrac{s^2}{s^2+s+25}$，若该高通实际边界角频率为 $\omega_p=5\times10^5\text{rad/s}$ 电路参数又如何确定。

解 对应的低通函数

$$H_{LP}(s)=\frac{25}{s^2+s+25}$$

$$\omega_p=5\text{rad/s}\qquad Q_p=5\text{rad/s}$$

采用上述设计三，则

$$C_2=1\text{F},C_1=\sqrt{3}Q_p=5\sqrt{3}\text{F}$$

$$R_1=1/(\omega_pQ_p)=1/25\Omega\qquad R_2=1/(\sqrt{3}Q_p)=\frac{1}{5\sqrt{3}}\Omega$$

$$k=4/3\qquad r_1=3\Omega\qquad r_2=1\Omega$$

增益常数 $H_0=\dfrac{k}{R_1R_2C_1C_2}=\dfrac{100}{3}$需要缩小 4/3 倍。由

$$R_3R_4/(R_3+R_4)=1/25\qquad \frac{R_4}{R_3+R_4}=3/4$$

解得

$$R_3=\frac{4}{15}\Omega \qquad R_4=\frac{4}{25}\Omega$$

RC-CR 变换可以在参数实用化及频率去归一化之前或之后进行。如先进行变换，则有

$$R_1'=\frac{1}{C_1\omega_p}=\frac{1}{25\sqrt{3}}\Omega \qquad R_2'=\frac{1}{C_2\omega_p}=\frac{1}{5}\Omega$$

$$C_2'=\frac{1}{R_2\omega_p}=\sqrt{3}\mathrm{F} \qquad C_3'=\frac{1}{\omega_pR_3}=\frac{15}{4\times5}=0.75\mathrm{F}$$

$$C_4'=\frac{1}{\omega_pR_4}=1.25\mathrm{F}$$

考虑到高通实际边界频率和给定函数的 ω_p，可知 $k_\omega=10^5$，另外，为参数实用化使每个电阻乘以 10^4，每个电容除以 10^4，结果得

$$R_1'=400/\sqrt{3}\Omega \quad R_2'=2000\Omega$$

$$C_2'=\sqrt{3}\times10^{-3}\mu\mathrm{F}$$

$$C_3'=0.75\times10^{-3}\mu\mathrm{F}$$

$$C_4'=1.25\times10^{-3}\mu\mathrm{F}$$

$$r_1=30\mathrm{k}\Omega \qquad r_2=10\mathrm{k}\Omega$$

图 10-12 所示即为所求高通滤波电路。

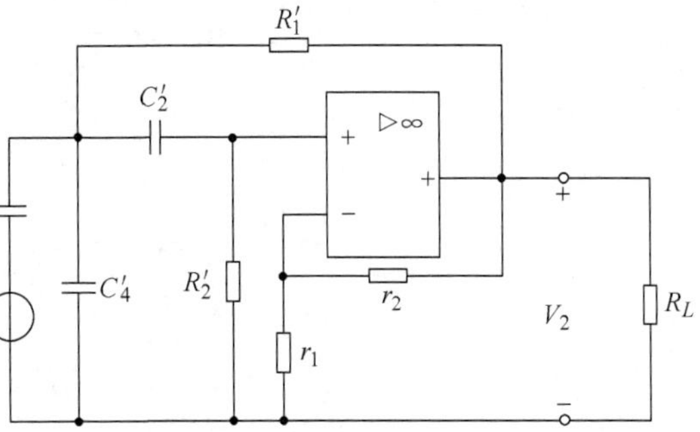

图 10-12　例 10-2 附图

10.5　正反馈结构的带通电路

由式(10-12)可知带通电路的前馈和反馈函数都是带通函数，即在 $s=0$ 和 $s=\infty$ 处各有一个传输零点。如果在图 10-6d 中 R_1 的接地端馈入输入电压，则 $H_{FF}(s)$ 和 $H_{FB}(s)$ 的传输零点刚好满足要求。如图 10-13a、图 10-13b 所示，通过拓扑法或网络分析不难求得 $H_{FF}(s)$ 和 $H_{FB}(s)$

$$H_{FF}(s)=\frac{\dfrac{s}{R_1C_1}}{s^2+s\left(\dfrac{1}{R_2C_1}+\dfrac{1}{C_2R_3}+\dfrac{1}{C_1R_3}+\dfrac{1}{C_1R_1}\right)+\dfrac{R_1+R_2}{R_1R_2R_3C_1C_2}}$$

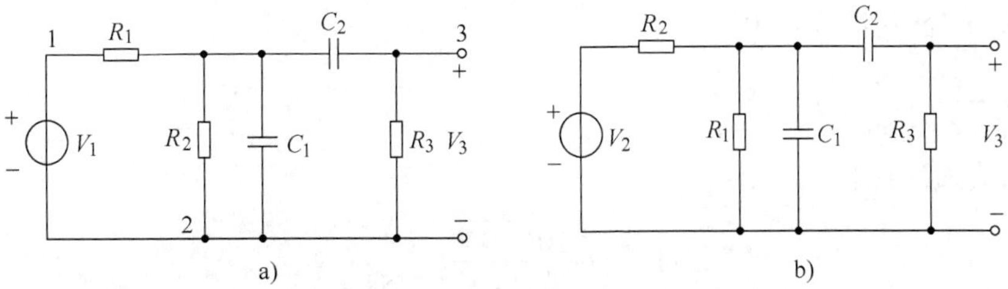

图 10-13　带通型前馈函数和反馈函数

a) 带通型前馈函数　b) 带通型反馈函数

$$H_{FB}(s)=\frac{\dfrac{s}{R_2C_1}}{s^2+s\left(\dfrac{1}{R_2C_1}+\dfrac{1}{C_2R_3}+\dfrac{1}{C_1R_3}+\dfrac{1}{C_1R_1}\right)+\dfrac{R_1+R_2}{R_1R_2R_3C_1C_2}}$$

各代入式(10-12)得

$$H(s)=\frac{\dfrac{ks}{R_1C_1}}{s^2+s\left[\dfrac{1}{R_1C_1}+\dfrac{1}{R_3C_1}+\dfrac{1}{R_3C_2}+\dfrac{(1-k)}{R_2C_1}\right]+\dfrac{R_1+R_2}{R_1R_2R_3C_1C_2}} \tag{10-31}$$

仿照低通情况选择不同方案可以得到不同的参数值。若选用等参数方案，即令

$$C_1=C_2=C=1\mathrm{F}\qquad R_1=R_2=R_3=R$$

则

$$\sqrt{2}/R=\omega_p \tag{10-32}$$

$$Q_p=\omega_p/B=\frac{\sqrt{2}/R}{(4-k)/R}=\frac{\sqrt{2}}{4-k} \tag{10-33}$$

或

$$k=4-\sqrt{2}/Q_p \tag{10-34}$$

图10-14是所求得的正反馈带通电路。

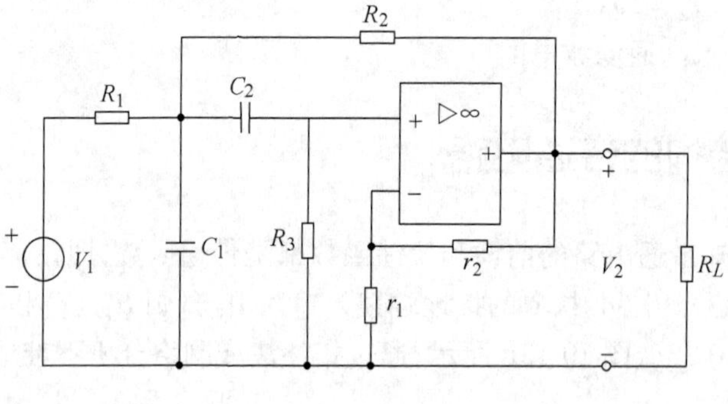

图10-14　正反馈带通电路

例10-3　某带通滤波器在通带内($\omega_1\sim\omega_2$)衰减不超过1.5dB，阻带($0\sim\omega_3$、$\omega_4\sim\infty$)内衰减至少达30dB，$\omega_1=10\,000\mathrm{rad/s}$，$\omega_2=15\,000\mathrm{rad/s}$，$\omega_3=5\,000\mathrm{rad/s}$，$\omega_4=30\,000\mathrm{rad/s}$，中心频率$\omega_0=\sqrt{\omega_1\omega_2}$处$H(\mathrm{j}\omega_0)=10$。

解　$\Omega_s=\dfrac{\omega_4-\omega_3}{\omega_2-\omega_1}=5$

设用切比雪夫逼近，则

$$n\geqslant\frac{\mathrm{ch}^{-1}\sqrt{\dfrac{10^3-1}{10^{0.15}-1}}}{\mathrm{ch}^{-1}5}=\frac{4.58}{2.29}=2.0$$

取$n=2$因$s=\mathrm{j}\omega_0$处与低通函数$s=0$点对应

$$H_{LPN}(s)=\frac{9.25}{s^2+0.922s+0.925}$$

为计算简单，设带宽用归一化频率表示

$$\Delta\Omega=\Omega_2-\Omega_1=1$$

$$\Omega_0=\frac{\sqrt{\omega_2\omega_1}}{\omega_2-\omega_1}=2.45$$

将归一化低通函数 $H_{LPN}(s)$ 中 s 用 $\frac{s^2+\Omega_0^2}{\Delta\Omega s}=\frac{s^2+6}{s}$ 代入，得归一化带通函数

$$H_{BPN}(s)=\frac{9.25s^2}{(s^2+6)^2+0.922(s^2+6)s+0.925s^2}$$

$$=\frac{9.25s^2}{s^4+0.922s^3+12.925s^2+5.533s+36}$$

或

$$H_{BPN}(s)=\frac{H_{0a}s}{s^2+0.382\,4s+8.430\,3}\cdot\frac{H_{0b}s}{s^2+0.539\,6s+4.288\,4}$$

采用两级级联，第一级 $\omega_{pa}=2.90$，$Q_{pa}=7.58$；第二级 $\omega_{pa}=2.07$，$Q_{pa}=3.84$ 采用等参数方案

$$C_{a1}=C_{a2}=C_{b1}=C_{b2}=C=1\text{F}$$

$$R_{a1}=R_{a2}=R_{a3}=R_a=\sqrt{2}/\omega_{pa}=0.488\Omega$$

$$R_{b1}=R_{b2}=R_{b3}=R_b=\sqrt{2}/\omega_{pb}=0.683\Omega$$

$$k_a=4-\sqrt{2}/Q_{pa}=3.81\quad k_b=4-\sqrt{2}/Q_{pb}=3.63$$

$$H_{0a}=3.81/0.488=7.80\quad H_{0b}=\frac{3.63}{0.683}=5.32$$

$$H_0=H_{0a}H_{0b}=41.5$$

增益参数比要求的大 4.49 倍，将第二级增益缩小 4.49 倍。解得 $R_{b4}=3.067\Omega$，$R_{b5}=0.905\Omega$，再将所有电阻乘以 10 000，电容除以 5×10^7（即 $k_\omega=5\ 000$），则所有电容为 $0.02\mu\text{F}$，$R_a=4.88\text{k}\Omega$，$R_{b2}=R_{b3}=6.83\text{k}\Omega$，$R_{b4}=30.7\text{k}\Omega$，$R_{b5}=9.05\text{k}\Omega$，整个带通电路如图 10-15 所示。

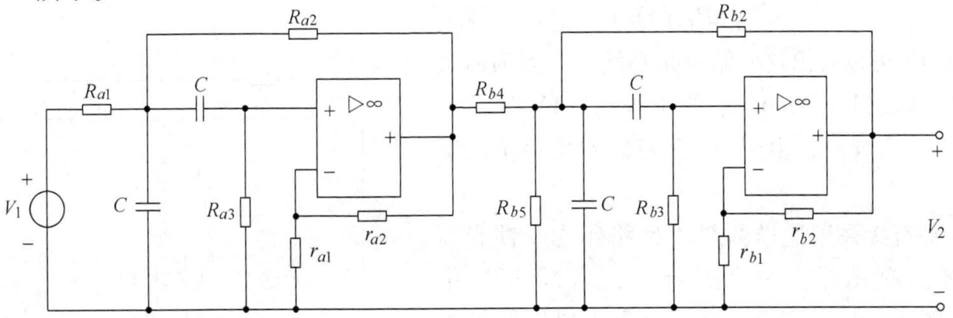

图 10-15　例 10-3 附图

10.6 实现虚轴上的传输零点

前三节讨论的都是全极点滤波器，即传输零点在 $s=0$ 或 $s=\infty$ 处。对于带阻滤波器或采用椭圆函数的低通、高通滤波器，传输零点在虚轴上。而无源 RC 梯形网络的传输零点只能在 $s=0,\infty$ 处或负实轴上。这样，决定前馈函数 $H_{FF}(s)$ 的前馈网络不能是简单的梯形网络。

图 10-16a 所示的双 T 型 RC 网络，传输零点在虚轴上，可以作为前馈网络。反馈信号可以从 2 点馈入，如图 10-16b 所示。该网络在 $s=0$ 和 $s=\infty$ 处都是传输零点，有可能满足带通函数的要求。但图 10-16 是三阶电路，R 与 C 的值要满足一定关系时才能消去一个零极点成为二阶电路。图 10-16a 电路中使两个 T 型（也是梯形）电路第二串臂阻抗都是第一串臂的 α 倍，并臂阻抗是另一 T 型的第一串臂的 $\frac{\alpha}{\alpha+1}$ 倍，不难算得无源 RC 前馈网络的函数

$$H_{FF}(s)=\frac{s^2+\left(\frac{1}{RC}\right)^2}{s^2+\frac{2(\alpha+1)}{\alpha}\cdot\frac{s}{RC}+\frac{1}{(RC)^2}} \tag{10-35}$$

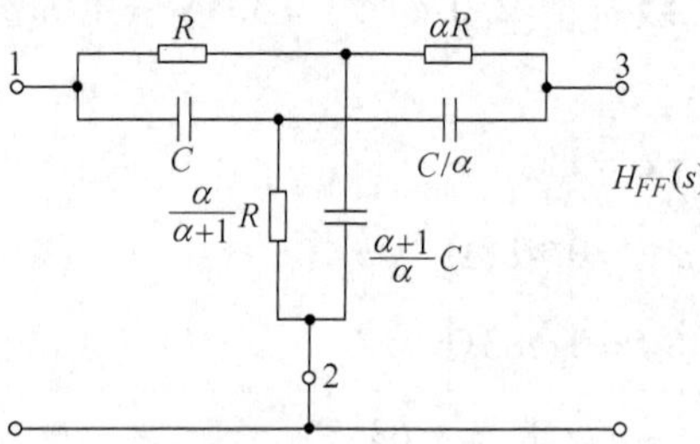

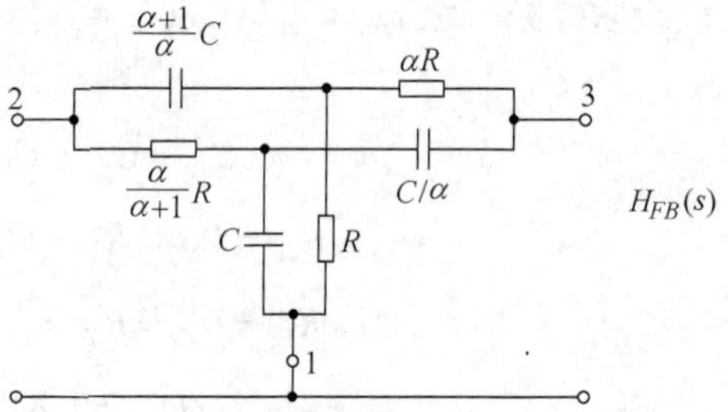

图 10-16 双 T 型 RC 网络

a）前馈网络 b）反馈网络

由图 10-16b 算得反馈函数

$$H_{FB}(s)=\frac{2\frac{(\alpha+1)s}{\alpha RC}}{s^2+\frac{2(\alpha+1)}{\alpha}\cdot\frac{s}{RC}+\frac{1}{(RC)^2}} \tag{10-36}$$

$$H_{FF}(s)+H_{FB}(s)=1$$

由图 10-17 可以看出这一结果是必然的，因为由式 (10-3)、式 (10-4) 可知，当 $V_1=V_2=1\text{V}$ 时 $V_3=H_{FF}(s)+F_{FB}(s)$，由图 10-17 可以看出该情况下 $V_3=1$。

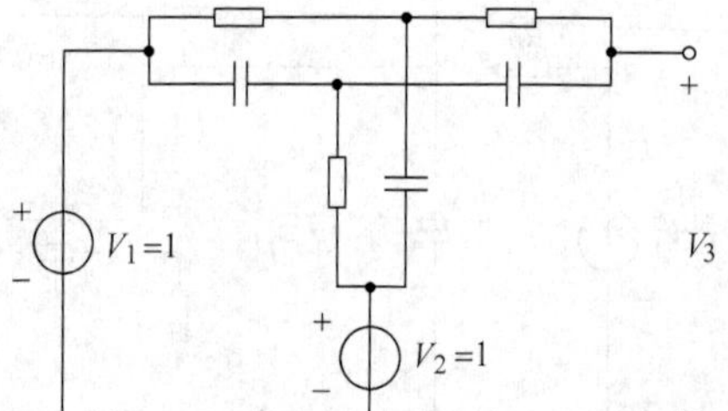

图 10-17 反馈函数和前馈函数之和的特性

如果直接采用这样的双 T 网络作为反馈和前馈网络仍有困难。一个困难是式（10-35）中 $H_{FF}(s)$ 的 ω_z 和 ω_p 完全一样，这是由电路结构决定的，由图 10-16a 可看到 $s=0$ 和 $s=\infty$ 时输入、

输出都是直通的，$H_{FF}(0) = H_{FF}(\infty) = 1$；其次若将式（10-35），式（10-36）代入式（10-12），则 $H(s)$ 分母多项式的一次项 s 的系数将会变为负。所以实际实施时还应加上负载网络，如图 10-18 所示。这样 $s = 0$、∞ 时，前馈网络的分压比不一样，可使 ω_z 与 ω_p 不同。另外应使反馈网络 $H_{FB}(s)$ 分子系数比分母一次项的系数小。当然，负载网络的参数也应成一定比例，使 $H_{FF}(s)$、$H_{FB}(s)$ 仍为二阶。

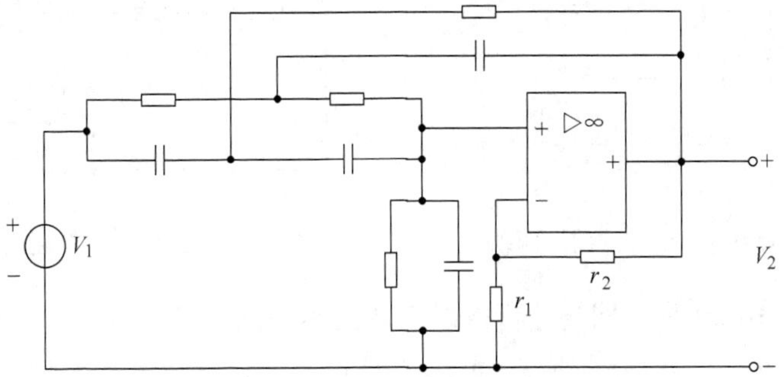

图 10-18　具有虚轴传输零点的电路

对于这种结构的网络，本书不作进一步的详细讨论。

10.7　负反馈低通滤波器

如采用图 10-2 负反馈结构，由式（10-8）可知，$H(s)$ 的极点即反馈函数 $H_{FB}(s)$ 的零点。可见此情况下反馈网络不能用简单的梯形网络，因为梯形 RC 网络传输零点在 $s = 0$、∞ 或负实轴处。在 8.3 节曾指出桥式网络可以产生复数零点。图 10-19 是几个可供选择的桥式网络。

若从图 10-19e 网络 R_1 的地端接进输入。如图 10-20 所示，则前馈网络的两个传输零点

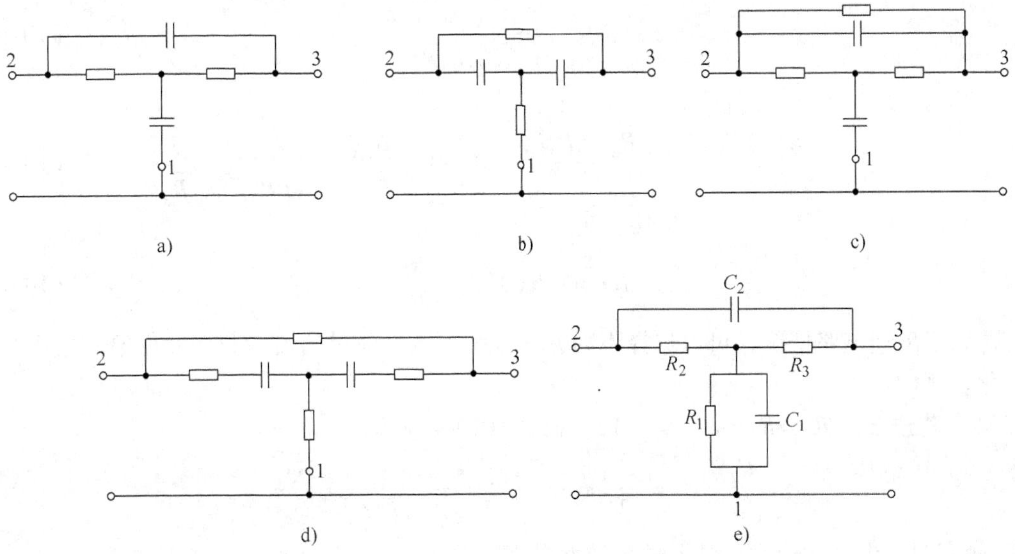

图 10-19　具有复数零点的桥式网络

均在 $s=\infty$ 处，由式（10-8）可知这样选前馈和反馈后即可获低通滤波器，整个电路如图 10-21 所示。

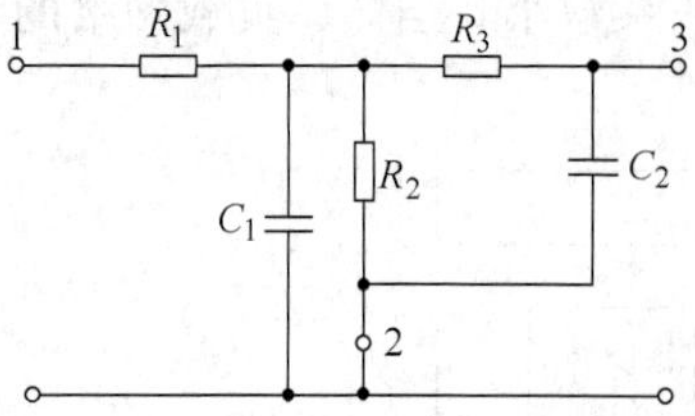

图10-20　传输零点在 $s=\infty$ 处的前馈网络

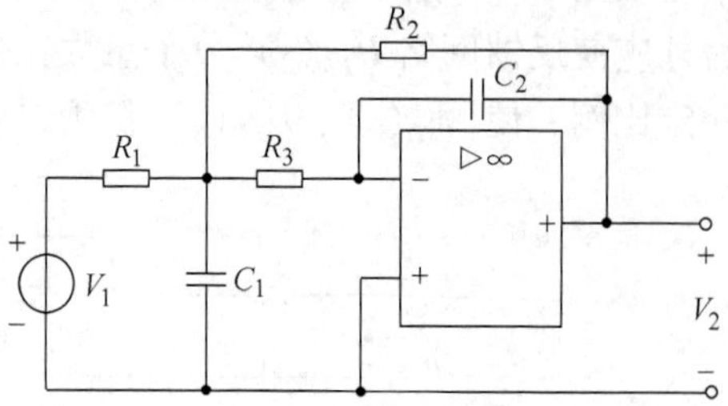

图 10-21　低通电路

由图 10-19e 和 10-20 采用网络分析或第 5 章的拓扑法分别可得

$$H_{FB}(s)=\frac{s^2+s\dfrac{1}{C_1}\left(\dfrac{1}{R_1}+\dfrac{1}{R_2}+\dfrac{1}{R_3}\right)+\dfrac{1}{C_1C_2R_2R_3}}{s^2+s\left(\dfrac{1}{C_2R_3}+\dfrac{1}{C_1R_1}+\dfrac{1}{C_1R_2}+\dfrac{1}{C_1R_3}\right)+\dfrac{R_1+R_2}{R_1R_2R_3C_1C_2}} \tag{10-37}$$

$$H_{FF}(s)=\frac{\dfrac{1}{C_1C_2R_1R_3}}{s^2+s\left(\dfrac{1}{C_2R_3}+\dfrac{1}{C_1R_1}+\dfrac{1}{C_1R_2}+\dfrac{1}{C_1R_3}\right)+\dfrac{R_1+R_2}{R_1R_2R_3C_1C_2}} \tag{10-38}$$

代入式（10-8）得

$$H(s)=\frac{\dfrac{-1}{C_1C_2R_1R_3}}{s^2+s\dfrac{1}{C_1}\left(\dfrac{1}{R_1}+\dfrac{1}{R_2}+\dfrac{1}{R_3}\right)+\dfrac{1}{C_1C_2R_2R_3}} \tag{10-39}$$

$$\omega_p=\frac{1}{\sqrt{C_1C_2R_2R_3}} \tag{10-40}$$

$$\frac{1}{Q_p}=\frac{B}{\omega_p}=\frac{\dfrac{1}{C_1}\left(\dfrac{1}{R_1}+\dfrac{1}{R_2}+\dfrac{1}{R_3}\right)}{\dfrac{1}{\sqrt{C_1C_2R_2R_3}}}=\sqrt{\frac{C_2}{C_1}}\left(\frac{\sqrt{R_2R_3}}{R_1}+\sqrt{\frac{R_3}{R_2}}+\sqrt{\frac{R_2}{R_3}}\right) \tag{10-41}$$

$$H_0=|H(0)|=\frac{R_2}{R_1} \tag{10-42}$$

仿照正反馈电路情况，可以选择不同方案配置参数，调整增益参数，元件值实用化，去归一化。例如：

（1）若选 $R_1=R_2=R_3=R$，$C_1=1\mathrm{F}$，由式（10-41）则

$$\frac{C_2}{C_1}=C_2=\frac{1}{(3Q_p)^2},\qquad R=\frac{1}{\omega_p\sqrt{C_1C_2}}=\frac{3Q_p}{\omega_p}$$

当 Q_p 较高时，电容比值大，使元件分散性过大。

（2）若使增益常数和给定的一致并选 $R_2=R_3$，则

$$\frac{C_2}{C_1}=\frac{1}{(2+H_0)^2Q_p^2}$$

当 H_0 大于 1 且 Q_p 高时，元件分散性更严重。

（3）也可以选$\frac{C_2}{C_1}=\alpha$、$\frac{R_2}{R_3}=\beta$、$\frac{R_2}{R_1}=H_0$、$C_1=1\text{F}$，则

$$\omega_p=\frac{1}{\sqrt{\alpha\beta}R_3}$$

即

$$R_3=\frac{1}{\sqrt{\alpha\beta}\omega_p}$$

β 要满足二次方程$\frac{1}{Q_p}=\sqrt{\alpha}\left(\frac{H_0+1}{\sqrt{\beta}}+\sqrt{\beta}\right)$。当 $\beta=1+H_0$ 时，上式右边括号内值最小，此时

$$\alpha=\frac{1}{4(1+H_0)Q_p^2}$$

当 H_0 小于 1 时，元件分散性略有改善。

由式（10-40）、（10-41）、（9-72）等可算得 ω_p、Q_p 关于参数的灵敏度

$$S_{R_1}^{\omega_p}=0,\ S_{R_2,R_3,C_1C_2}^{\omega_p}=-\frac{1}{2},\ S_{C_1}^{Q_p}=\frac{1}{2},\ S_{C_2}^{Q_p}=-\frac{1}{2}$$

$$S_{R_1}^{Q_p}=\frac{-\sqrt{R_2R_3}/R_1\ (-1)}{\frac{\sqrt{R_2R_3}}{R_1}+\sqrt{\frac{R_3}{R_2}}+\sqrt{\frac{R_2}{R_3}}}=\frac{H_0/\sqrt{\beta}}{\frac{H_0}{\sqrt{\beta}}+\frac{1}{\sqrt{\beta}}+\sqrt{\beta}}=\frac{H_0}{1+H_0+\beta}$$

$$S_{R_2}^{Q_p}=\frac{-\left(\frac{\sqrt{R_2R_3}}{R_1}+\frac{\sqrt{R_2}}{\sqrt{R_3}}\right)\frac{1}{2}-\sqrt{\frac{R_3}{R_2}}\left(-\frac{1}{2}\right)}{\sqrt{R_2R_3}/R_1+\sqrt{\frac{R_3}{R_2}}+\sqrt{\frac{R_2}{R_3}}}=\frac{(1-H_0-\beta)}{2(H_0+1+\beta)}$$

$$S_{R_3}^{Q_p}=\frac{-\left(\frac{\sqrt{R_2R_3}}{R_1}+\sqrt{\frac{R_3}{R_2}}\right)\left(\frac{1}{2}\right)+\frac{1}{2}\sqrt{\frac{R_2}{R_3}}}{\frac{\sqrt{R_2R_3}}{R_1}+\sqrt{\frac{R_3}{R_2}}+\sqrt{\frac{R_2}{R_3}}}=\frac{-(H_0+1)+\beta}{2(H_0+1+\beta)}$$

当 $\beta=1+H_0$ 时

$$S_{R_1}^{Q_p}=\frac{H_0}{2(1+H_0)},\ S_{R_2}^{Q_p}=\frac{-H_0}{2(1+H_0)},\ S_{R_2}^{Q_p}=0$$

所以这种选择灵敏度是较低的，尤其当给定 H_0 较低时。至于高通电路只需通过 RC-CR 变换便可获得。

例 10-4　某高通滤器 $\omega_c=6\ 000\text{rad/s}$，$\omega_s=2\ 000\text{rad/s}$，$A_{\max}=0.5\text{dB}$，$A_{\min}=40\text{dB}$，$H(\infty)=2$，试用负反馈级联结构求该滤波电路。

解

选用切比雪夫函数，对应低通的归一化过渡角频率 $\Omega_s=3$，在例 9-2 中已求出 n 应取为 4。归一化低通函数

$$H_{LP}(s)=\frac{0.379\times 2}{(s^2+0.3507s+1.0635)(s^2+0.8467s+0.3564)}$$

设第一级用下标“L”，第二级用下标“R”表示，并采用上述方案（3）实现则

$$\omega_{pL}=1.031\text{rad/s}\qquad Q_{pL}=2.94$$

$$\omega_{pR}=0.597\text{rad/s}\qquad Q_{pR}=0.705$$

考虑到第二节 Q_{pR}值较低，取

$$H_{0L}=1.0635\quad H_{0R}=2\times 0.356\,4=0.7128$$

选$\beta=1+H_0$，即$\beta_L=2.06$、$\beta_R=1.71$

$$\alpha_L=\frac{1}{4\times 2.06\times 2.94}=1/24.22$$

$$\alpha_R=\frac{1}{4\times 1.71\times 0.75}=1/5.13$$

$$C_{L1}=C_{R1}=1\text{F}\quad C_{L2}=\frac{1}{24.22}\text{F}\quad C_{R2}=1/5.13\text{F}$$

$$R_{L3}=\frac{1}{\sqrt{\frac{2.06}{24.22}}\times 1.031}=3.325\Omega\quad R_{R3}=\frac{1}{\sqrt{\frac{1.71}{5.13}}\times 0.597}=2.901\Omega$$

$$R_{L2}=\beta_L R_{L3}=6.85\Omega\quad R_{R2}=2.901\times 1.71=4.98\Omega$$

$$R_{L1}=R_{L2}/H_{0L}=6.44\Omega\quad R_{R1}=4.98/0.7128=6.99\Omega$$

以上求得是边界角频率为 1 的低通滤波器。通过 RC-CR 变换，即变为边界角频率为 1 的高通滤波器

$R_{L1}=R_{R1}=1/C_{L1}=1\Omega$	$R_{L2}=24.22\Omega$	$R_{R2}=5.13\Omega$
$C_{L1}=1/6.44\text{F}$	$C_{L2}=1/6.85\text{F}$	$C_{L3}=1/3.325\text{F}$
$C_{R1}=1/6.99\text{F}$	$C_{R2}=1/4.98\text{F}$	$C_{R3}=1/2.901\text{F}$

将所有电阻乘以 10^4、电容除以 6×10^7，即获去归一化并实用化的参数。图 10-22 所示即所求的高通滤波器。

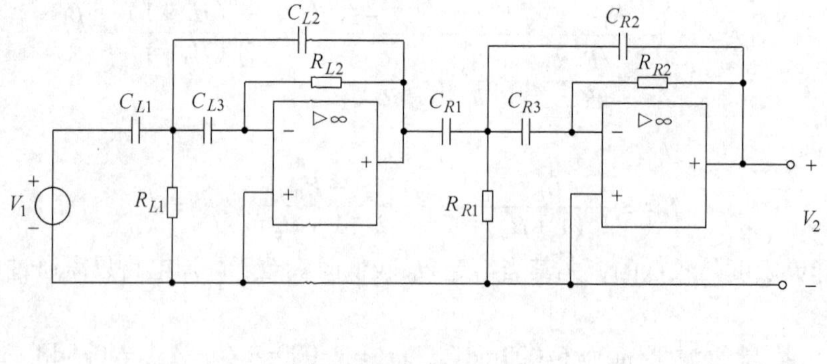

图 10-22 例 10-4 附图

$R_{L1}=R_{R1}=10\text{k}\Omega$	$R_{L2}=240.22\text{k}\Omega$	$R_{R2}=51.3\text{k}\Omega$
$C_{L1}=0.002\,6\mu\text{F}$	$C_{L2}=0.002\,4\mu\text{F}$	$C_{L3}=0.005\,0\mu\text{F}$
$C_{R1}=0.002\,4\mu\text{F}$	$C_{R2}=0.003\,4\mu\text{F}$	$C_{R3}=0.008\mu\text{F}$

10.8 负反馈带通电路

若采用图 10-19b 的电路作为负反馈网络，并将前馈信号自接地电阻的地端接入，则可获负反馈带通电路。图 10-23a、图 10-23b 分别为反馈和前馈网络。

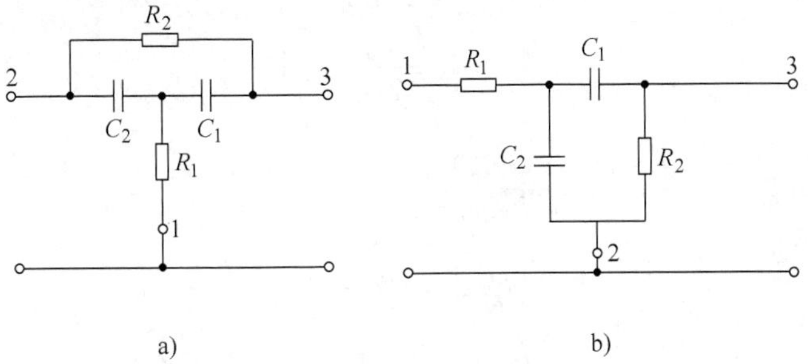

图 10-23 带通电路的反馈和前馈网络

a）反馈网络 b）前馈网络

由图 10-23b 通过拓扑法或网络分析可得

$$H_{FF}(s)=\frac{\dfrac{s}{C_2R_1}}{s^2+s\left(\dfrac{1}{C_2R_1}+\dfrac{1}{C_2R_2}+\dfrac{1}{C_1R_2}\right)+\dfrac{1}{R_1R_2C_1C_2}} \tag{10-43}$$

由图 10-17 说明的道理知

$$H_{FB}(s)=1-H_{FF}(s)=\frac{s^2+s\left(\dfrac{1}{C_2R_2}+\dfrac{1}{C_1R_2}\right)+\dfrac{1}{R_1R_2C_1C_2}}{s^2+s\left(\dfrac{1}{C_2R_1}+\dfrac{1}{C_2R_2}+\dfrac{1}{C_1R_2}\right)+\dfrac{1}{R_1R_2C_1C_2}} \tag{10-44}$$

代入式（10-8）得

$$H(s)=\frac{-\dfrac{s}{R_1C_2}}{s^2+s\left(\dfrac{1}{C_2R_2}+\dfrac{1}{C_1R_2}\right)+\dfrac{1}{R_1R_2C_1C_2}} \tag{10-45}$$

$$\omega_p=\frac{1}{\sqrt{C_1C_2R_1R_2}} \tag{10-46}$$

$$Q_p=\frac{\omega_p}{B}=\frac{\dfrac{1}{\sqrt{C_1C_2R_1R_2}}}{\dfrac{1}{C_2R_2}+\dfrac{1}{C_1R_2}}=\frac{\sqrt{\dfrac{R_2}{R_1}}}{\sqrt{\dfrac{C_1}{C_2}}+\sqrt{\dfrac{C_2}{C_1}}} \tag{10-47}$$

$$H_0=-H(0)=\frac{1}{R_1C_2} \tag{10-48}$$

为使电阻比值不过小，选 $C_1=C_2=C=1\text{F}$ 是合适的，此时

$$\frac{R_1}{R_2}=\frac{1}{4Q_p^2}$$

当 Q_p^2 较大时仍免不了元件的分散性，但等电容已经是最有利的选择了。

采用等电容方案时，由式（10-46）、式（10-47）解得

$$R_2=\frac{2Q_p}{\omega_p} \tag{10-49}$$

$$R_1=\frac{1}{2Q_p\omega_p} \tag{10-50}$$

$$H_0=\frac{\omega_p}{2Q_p} \tag{10-51}$$

此电路

$$S_{R_1,R_2,C_1,C_2}^{\omega_p}=-\frac{1}{2} \tag{10-52}$$

$$S_{R_2}^{Q_p}=-S_{R_1}^{Q_p}=\frac{1}{2} \tag{10-53}$$

$$S_{C_1}^{Q_p}=\frac{-\left(\sqrt{\frac{C_1}{C_2}}\right)\left(\frac{1}{2}\right)-\left(\sqrt{\frac{C_2}{C_1}}\right)\left(-\frac{1}{2}\right)}{\sqrt{\frac{C_1}{C_2}}+\sqrt{\frac{C_2}{C_1}}}=\frac{1}{2}\cdot\frac{1-\frac{C_1}{C_2}}{1+\frac{C_1}{C_2}}=\frac{1}{2}\frac{C_2-C_1}{C_2+C_1} \tag{10-54}$$

同理得

$$S_{C_2}^{Q_p}=\frac{1}{2}\frac{C_1-C_2}{C_1+C_2} \tag{10-55}$$

当 $C_1=C_2$ 时，$S_{C_2}^{Q_p}=S_{C_1}^{Q_p}=0$，所以这种电路灵敏度也是较低的。

例 10-5 某带通滤波器通带为 10kHz ~ 15kHz，阻带为 0 ~ 5kHz、30kHz ~ ∞，$A_{\max}=3\text{dB}$，$A_{\min}=28\text{dB}$，试通过勃特沃兹函数，求符合上述要求的滤波器（图 10-24）。

解 设带通 $\Delta\Omega=1$，$\Omega_s=\frac{25}{5}=5$，则

$$n\geqslant\frac{\lg\frac{10^{2.8}-1}{10^{0.3}-1}}{2\lg 5}\approx 2$$

取 $n=2$，相应低通函数为

$$H_{LPN}(s)=\frac{1}{s^2+1.414s+1}$$

归一化中心频率 $\Omega_0=\frac{\sqrt{\omega_1\omega_2}}{\omega_2-\omega_1}=\frac{\sqrt{f_1f_2}}{f_2-f_1}=2.45$，将归一化低通中 s 用 $\frac{s^2+2.45^2}{\Delta\Omega s}=\frac{s^2+6}{s}$ 代入，经整理得

$$H_{BPN}(s)=\frac{s^2}{(s^2+0.6052s+4.49)(s^2+0.8088s+8.026)}$$

$$\omega_{pa}=2.12\quad Q_{pa}=3.5\quad \omega_{pb}=2.83\qquad Q_{pb}=3.5$$

电容全部为 1F，

$R_{a2}=3.5\times2/2.12=3.3\Omega$

$R_{a1}=1/(3.5\times2\times2.12)=0.067\Omega$

$R_{b2}=7/2.83=2.473\Omega$　$R_{b1}=0.0505\Omega$

将所有电阻乘以 10^4，电容除以 $2\pi\times5000\times10^4=10^8\pi$，即得去归一化的带通电路。

$C=3\,183\text{pF}$，$R_{a2}=33\text{k}\Omega$，$R_{a1}=670\Omega$

$R_{b2}=24.7\text{k}\Omega$，$R_{b1}=505\Omega$，$H_{0a}=12\,719$，$H_{0b}=9\,520$

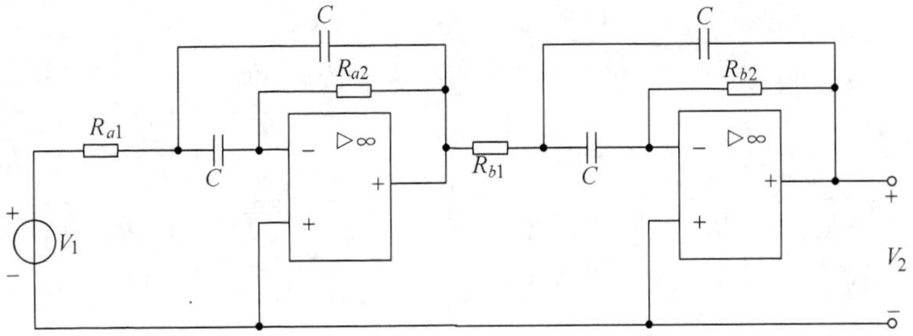

图 10-24　例 10-5 附图

上述电路灵敏度虽然较低，但电阻值分散性过大，不适于 Q_p 值较高的情况。在正反馈结构电路中，将部分输出反馈至运放输入端，使函数分母一次项系数（即带宽 B）减小从而增强了 Q_p 值。这种思路同样适用于负反馈结构。如图 10-25 所示，该电路和图 10-4 电路相比只是运放的正、负极对调了一下。它的传输函数仍旧和式（10-22）相同，即

$$H(s)=\frac{kN_{FF}(s)}{D(s)-kN_{FB}(s)} \tag{10-56}$$

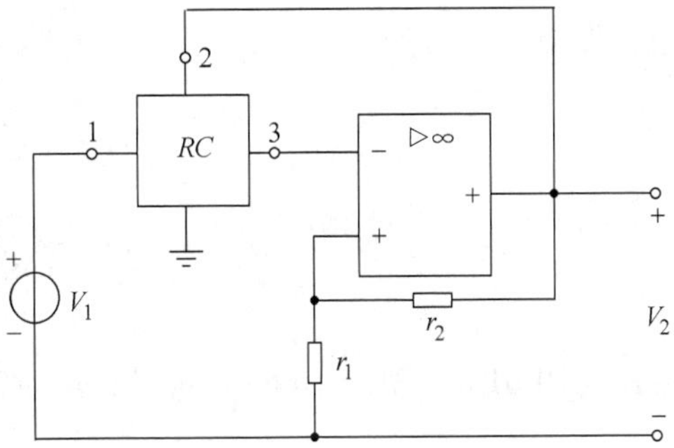

图 10-25　负反馈结构电路

若无源 RC 网络与本节讨论过的相同，则

$$H(s)=\frac{-\dfrac{s}{R_1C_2}}{s^2+s\left(\dfrac{1}{R_2C_1}+\dfrac{1}{R_2C_2}\right)+\dfrac{1}{R_1R_2C_1C_2}-\dfrac{1}{k}\left[s^2+s\left(\dfrac{1}{R_2C_1}+\dfrac{1}{R_2C_2}+\dfrac{1}{R_1C_2}\right)+\dfrac{1}{R_1R_2C_1C_2}\right]}$$

$$=\frac{-\dfrac{s}{R_1C_2\left(1-\dfrac{1}{k}\right)}}{s^2+s\left(\dfrac{1}{R_2C_1}+\dfrac{1}{R_2C_2}-\dfrac{1}{k-1}\dfrac{1}{R_1C_2}\right)+\dfrac{1}{R_1R_2C_1C_2}} \tag{10-57}$$

于是

$$\omega_p=\frac{1}{\sqrt{R_1R_2C_1C_2}} \tag{10-58}$$

$$Q_p=\frac{\dfrac{1}{\sqrt{R_1R_2C_1C_2}}}{\dfrac{1}{R_2C_1}+\dfrac{1}{R_2C_2}-\dfrac{1}{k-1}\cdot\dfrac{1}{R_1C_2}}=\frac{\sqrt{\dfrac{R_2}{R_1}}}{\sqrt{\dfrac{C_2}{C_1}}+\sqrt{\dfrac{C_1}{C_2}}-\dfrac{1}{k-1}\dfrac{R_2}{R_1}\sqrt{\dfrac{C_1}{C_2}}} \tag{10-59}$$

例如当 $C_1=C_2=1\text{F}$，$R_1=R_2=R$ 时，则

$$Q_p=\frac{1}{2-\dfrac{1}{k-1}}$$

k 从 1.5 ~ ∞ 变换时，Q_p 值在∞ ~0.5 之间变动，所以将 r_1、r_2 接入称为 Q_p 值加强法。该电路称为德利雅尼斯（Delyiannis）电路。若选 $C_1=C_2=1\text{F}$，$\frac{R_2}{R_1}=\beta$，则

$$R_1=\frac{1}{\sqrt{\beta}\omega_p},\quad R_2=\frac{\sqrt{\beta}}{\omega_p},\quad k=\frac{\beta Q_p}{2Q_p-\sqrt{\beta}}+1 \tag{10-60}$$

$$S_{R_1}^{Q_p}=-\frac{1}{2}+\frac{\frac{1}{k-1}\frac{R_2}{R_1}\sqrt{\frac{C_1}{C_2}}(-1)}{\sqrt{\frac{C_2}{C_1}}+\sqrt{\frac{C_1}{C_2}}-\frac{1}{k-1}\frac{R_2}{R_1}\sqrt{\frac{C_1}{C_2}}}=\frac{1}{2}-\frac{\sqrt{\frac{C_2}{C_1}}+\sqrt{\frac{C_1}{C_2}}}{\sqrt{\frac{C_2}{C_1}}+\sqrt{\frac{C_1}{C_2}}-\frac{1}{k-1}\frac{R_2}{R_1}\sqrt{\frac{C_1}{C_2}}}$$

$$=\frac{1}{2}-\frac{Q_p}{\sqrt{\beta}}\left(\sqrt{\frac{C_2}{C_1}}+\sqrt{\frac{C_1}{C_2}}\right)=-S_{R_2}^{Q_p} \tag{10-61}$$

同理算得

$$S_{C_1}^{Q_p}=-S_{C_2}^{Q_p}=-\frac{1}{2}+\frac{Q_p}{\sqrt{\beta}}\sqrt{\frac{C_2}{C_1}} \tag{10-62}$$

$$S_{r_1}^{Q_p}=-S_{r_2}^{Q_p}=\left(\frac{2Q_p}{\sqrt{\beta}}-1\right)\sqrt{\frac{C_1}{C_2}} \tag{10-63}$$

由式（10-61）~式（10-63）可见，通过调整$\frac{R_2}{R_1}$比值可以使 $S_{X_i}^{Q_p}$很低。至于 $S_{X_i}^{Q_p}$和前述别的电路一样。

10.9 全通滤波器

可变相位系统除上述贝塞尔-汤姆逊函数外，还常用二阶均衡器级联，即函数

$$H(s)=H_0\frac{s^2-\frac{\omega_p}{Q_p}s+\omega_p^2}{s^2+\frac{\omega_p}{Q_p}s+\omega_p^2} \tag{10-64}$$

式（10-64）称为全通函数。可以采用上述负反馈带通电路适当引入部分输入至运放正极性输入端而获得。具体电路如图 10-26 所示。其中

$$\frac{R_5}{R_4+R_5}=k_1 \tag{10-65}$$

$$\frac{R_7}{R_6+R_7}=k_2 \tag{10-66}$$

由于运放正、负极性端电压相同，因此得

$$k_2V_1=V_3=k_1V_1H_{FF}+H_{FB}V_2$$

即

$$H(s)=\frac{V_2(s)}{V_1(s)}=\frac{k_2-k_1H_{FF}(s)}{H_{FB}(s)} \tag{10-67}$$

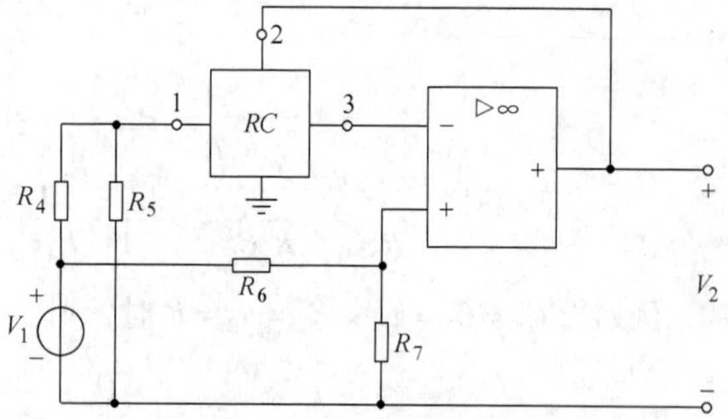

图 10-26　全通函数电路

或

$$H(s)=\frac{k_2D(s)-k_1N_{FF}(s)}{N_{FB}(s)} \tag{10-68}$$

其中 $D(s)$、$N_{FF}(s)$、$N_{FB}(s)$ 分别是 $H_{FF}(s)$、$H_{FB}(s)$ 分母、分子多项式。将式(10-43)、式(10-44) 代入式(10-68)并整理得

$$H(s)=\frac{k_2\left[s^2+s\left(\frac{1}{R_2C_2}+\frac{1}{R_2C_1}+\frac{1-k_1/k_2}{R_1C_2}\right)+\frac{1}{R_1R_2C_1C_2}\right]}{s^2+s\left(\frac{1}{R_2C_2}+\frac{1}{R_2C_1}\right)+\frac{1}{R_1R_2C_1C_2}} \tag{10-69}$$

由式(10-69)看出，当

$$k_2/k_1=1+2\frac{R_1}{R_2}\left(1+\frac{C_2}{C_1}\right) \tag{10-70}$$

时

$$H(s)=\frac{k_2\left[s^2-s\left(\frac{1}{R_2C_1}+\frac{1}{R_2C_2}\right)+\frac{1}{R_1R_2C_1C_2}\right]}{s^2+s\left(\frac{1}{R_2C_1}+\frac{1}{R_2C_2}\right)+\frac{1}{R_1R_2C_1C_2}} \tag{10-71}$$

当

$$\frac{k_1}{k_2}=1+\frac{R_1}{R_2}\left(1+\frac{C_2}{C_1}\right) \tag{10-72}$$

时

$$H(s)=\frac{k_2\left(s^2+\frac{1}{R_1R_2C_1C_2}\right)}{s^2+s\left(\frac{1}{R_2C_1}+\frac{1}{R_2C_2}\right)+\frac{1}{R_1R_2C_1C_2}} \tag{10-73}$$

可见，这种电路还可以获得带阻滤波器，不过这种带阻限于 $\omega_z=\omega_p$ 情况。

10.10　单运放二次型通用滤波器

采用上述德利雅尼斯电路，另外从运放的正、负极性端均引进部分输入，可以获得通用型电路，该电路称为弗伦德电路。图 10-27 所示即通用型电路原理图。
其中

$$\left.\begin{aligned}k_1&=\frac{R_5}{R_4+R_5}\\k_2&=\frac{R_7}{R_6+R_7}\\k_3&=\frac{R_9}{R_8+R_9}\end{aligned}\right\} \tag{10-74}$$

而 $\frac{R_4R_5}{R_4+R_5}=R_1$，$\frac{R_6R_7}{R_6+R_7}=r_1$，$\frac{R_8R_9}{R_8+R_9}=R_3$，详细电路如图 10-28 所示。

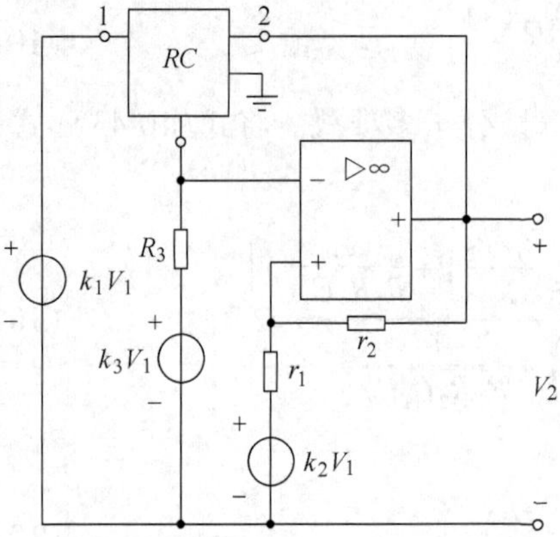

图 10-27　通用型电路原理图

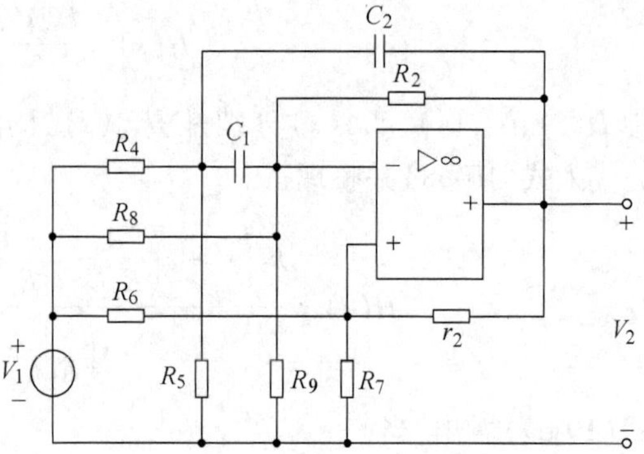

图 10-28　弗伦德电路

由于 R_8、R_9 的引入，由无源 RC 构成的反馈和前馈网络应有所修正，即图 10-23a、图 10-23b 的点 3 和地间再并联 R_3。于是前馈函数

$$H_{FF}(s)=\frac{\dfrac{s}{R_1C_2}}{s^2+\left(\dfrac{1}{R_2C_1}+\dfrac{1}{R_2C_2}+\dfrac{1}{R_3C_1}+\dfrac{1}{R_3C_2}+\dfrac{1}{R_1C_2}\right)s+\dfrac{R_2+R_3}{R_1R_2R_3C_1C_2}} \tag{10-75}$$

相当于式（10-43）中 R_2 变为 R_2 与 R_3 并联，这与实际情况一致。可算得反馈函数

$$H_{FB}(s)=\frac{s^2+s\left(\dfrac{1}{R_2C_1}+\dfrac{1}{R_2C_2}\right)+\dfrac{1}{R_1R_2C_1C_2}}{s^2+\left(\dfrac{1}{R_2C_1}+\dfrac{1}{R_2C_2}+\dfrac{1}{R_3C_1}+\dfrac{1}{R_3C_2}+\dfrac{1}{R_1C_2}\right)s+\dfrac{R_2+R_3}{R_1R_2R_3C_1C_2}} \tag{10-76}$$

如图 10-29 所示，设与 R_3 串联的输入为 V_4，并令

$$H_3(s)=\left.\frac{V_3(s)}{V_4(s)}\right|_{V_1=0=V_2} \tag{10-77}$$

与图 10-17 所示的理由类似，可知

$$\begin{aligned}H_3(s)&=1-H_{FF}(s)-H_{FB}(s)\\&=\frac{s\left(\dfrac{1}{R_3C_1}+\dfrac{1}{R_3C_2}\right)+\dfrac{1}{R_1R_3C_1C_2}}{s^2+\left(\dfrac{1}{R_2C_1}+\dfrac{1}{R_2C_2}+\dfrac{1}{R_3C_1}+\dfrac{1}{R_3C_2}+\dfrac{1}{R_1C_2}\right)s+\dfrac{R_2+R_3}{R_1R_2R_3C_1C_2}}\end{aligned} \tag{10-78}$$

由图 10-27 可知

$$k_1V_1H_{FF}+V_2H_{FB}+k_3V_1H_3=V_3 \tag{10-79}$$

从运放正极性端来看

$$V_+=V_-=V_3=k_2V_1\frac{r_2}{r_1+r_2}+V_2\frac{r_1}{r_1+r_2}=\frac{1}{k}V_2+\left(1-\frac{1}{k}\right)k_2V_1 \tag{10-80}$$

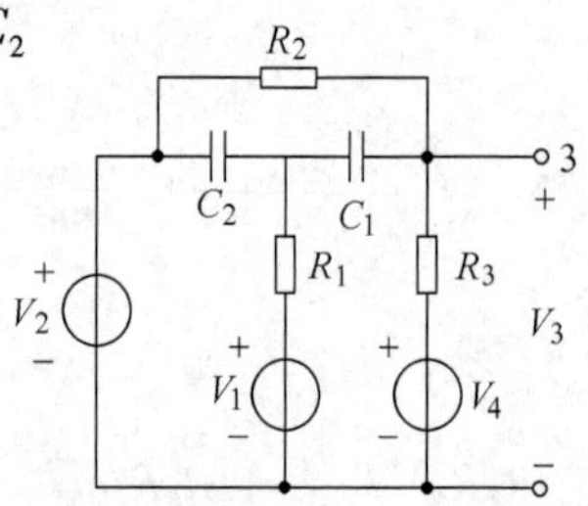

图 10-29　$H_3(s)$ 的计算

由式(10-79)、式(10-80)得

$$H(s)=\frac{V_2(s)}{V_1(s)}=\frac{k_1H_{FF}+k_3H_3-k_2\left(1-\frac{1}{k}\right)}{\frac{1}{k}-H_{FB}} \tag{10-81}$$

或

$$H(s)=\frac{kk_1N_{FF}(s)+kk_3N_3(s)-k_2(k-1)D(s)}{D(s)-kN_{FB}(s)} \tag{10-82}$$

将式(10-75)、式(10-76)、式(10-78)代入式(10-82)，且为了便于表示，令

$$\frac{C_1C_2}{C_1+C_2}=C' \tag{10-83}$$

$$\frac{1}{k-1}=\frac{r_1}{r_2}=\gamma \tag{10-84}$$

$$\frac{k}{k-1}=\frac{r_1+r_2}{r_1}\cdot\frac{r_1}{r_2}=\beta \tag{10-85}$$

$$H(s)=k_2\frac{s^2+s\left(\frac{1}{R_2C'}+\frac{1-\frac{k_1\beta}{k_2}}{R_1C_2}+\frac{1-\frac{k_3}{k_2}\beta}{R_3C'}\right)+\left(\frac{R_2+R_3}{R_1R_2R_3C_1C_2}-\frac{\beta k_3}{R_1R_3C_1C_2k_2}\right)}{s^2+s\left(\frac{1}{R_2C'}-\frac{\gamma}{R_3C'}-\frac{\gamma}{R_1C_2}\right)+\frac{1}{R_1C_1C_2}\left(\frac{1}{R_2}-\frac{\gamma}{R_3}\right)} \tag{10-86}$$

故得

$$\omega_p=\frac{1}{\sqrt{R_1C_1C_2}}\sqrt{\frac{1}{R_2}-\frac{\gamma}{R_3}} \tag{10-87}$$

$$\frac{\omega_p}{Q_p}=\frac{1}{R_2C'}-\frac{\gamma}{R_3C'}-\frac{\gamma}{R_1C_2} \tag{10-88}$$

$$\omega_z=\frac{1}{\sqrt{R_1C_1C_2}}\sqrt{\frac{R_2+R_3}{R_2R_3}-\frac{k_3\beta}{R_3k_2}} \tag{10-89}$$

$$\frac{\omega_z}{Q_z}=\frac{1}{R_2C'}+\frac{1-\frac{k_3}{k_2}\beta}{R_3C'}+\frac{1-\frac{k_1}{k_2}\beta}{R_1C_2} \tag{10-90}$$

$$H_0=k_2 \tag{10-91}$$

式（10-86）分子 s 的二项式系数均可以为零，即同样电路拓扑结构可以获得高通、带通、全通、带阻、低通陷波（$\omega_z>\omega_p$）、高通陷波等不同功能的滤波器。所以称它为通用型滤波器（除低通外）。该电路在贝尔电话系统中作为音频信号处理用得较多。该电路也称为弗伦德（Friend）电路或单运放双二阶节（SAB）电路或标准钽有源谐振器（STAR）。

其中 k_1、k_2、k_3 是分压系数，其值只能在 0 ~ 1 范围内变化，加上 R_1、R_2、R_3、C_1、C_2、$\frac{r_1}{r_2}$共有 9 个参数可以调节。给定 ω_p、ω_z、Q_p、Q_z、H_0 后可选择的方案仍较多。

由式（10-87）、（10-88）可解得

$$R_1=\frac{2\gamma/C_2}{\sqrt{\left(\frac{\omega_p}{Q_p}\right)^2+4\omega_p^2\gamma\left(1+\frac{C_1}{C_2}\right)}-\frac{\omega_p}{Q_p}} \tag{10-92}$$

同理可解得

$$R_3=\frac{\beta\ (1-k_3/k_2)}{R_1C_1C_2\ (\omega_z^2-\omega_p^2)} \tag{10-93}$$

$$R_2=\frac{R_3}{C_1C_2R_1R_3\omega_p^2+\gamma} \tag{10-94}$$

$$\frac{k_1}{k_2}=\frac{1+\omega_z^2\ (1+C_1/C_2)\ R_1^2C_2^2-\frac{\omega_z}{Q_z}R_1C_2}{\beta} \tag{10-95}$$

若选 $C_1=C_2=1\mathrm{F}$，则以上四式可以简化为

$$R_1=\frac{2\gamma}{\sqrt{\left(\frac{\omega_p}{Q_p}\right)^2+8\gamma\omega_p^2}-\frac{\omega_p}{Q_p}} \tag{10-96}$$

$$R_3=\frac{\beta\ (1-k_3/k_2)}{R_1\ (\omega_z^2-\omega_p^2)} \tag{10-97}$$

$$R_2=\frac{R_3}{R_1R_3\omega_p^2+\gamma} \tag{10-98}$$

$$\frac{k_1}{k_2}=\frac{1}{\beta}+\frac{2\ (R_1\omega_z)^2}{\beta}-\frac{\omega_zR_1}{\beta Q_z} \tag{10-99}$$

可见，分压系数 k_1、k_2、k_3 不能任意选择，至少必需保证 R_2、R_3 为正值。

由图 10-27 可以看出，当 $R_3=\infty$，$k_1=1$，$k_2=k_3=0$，$r_1=0$，$r_2=\infty$ 即（$\gamma=0$，$\beta=1$）时，即变为 10.8 节所讨论的带通电路。将这些数据代入式（10-86）结果和式（10-45）一致。当 $R_3=\infty$，$k_1=1$，$k_2=k_3=0$，$r_1\neq0$，$r_2\neq\infty$ 时，对照式（10-84）、（10-85），则式（10-86）和式（10-57）完全一致，双二阶电路变为德利雅尼斯带通电路。

当 $R_3=\infty$，$k_3=0$ 变为全通电路。如果又使 $\gamma=0$（$r_1\neq0$，$r_2=\infty$），$\beta=1$ 代入式（10-86）则完全和式（10-69）一致。此时图 10-27 电路演变为图 10-26 电路。

对于低通陷波电路（$\omega_z>\omega_p$），可令 $k_3=0$，$C_1=C_2=1\mathrm{F}$，代入式（10-90）并使右边为零，则得

$$\frac{k_1}{k_2}=\frac{1}{\beta}+\frac{2R_1}{\beta R_2}+\frac{2R_1}{\beta R_3} \tag{10-100}$$

由式（10-87）可知 R_2 与 R_3 之间必须满足不等式

$$\frac{1}{R_2}>\frac{\gamma}{R_3} \tag{10-101}$$

由式（10-87）、式（10-89）可以看出，当 $k_3=0$ 时 $\omega_z>\omega_p$，符合低通陷波电路的要求。对于高通陷波电路（$\omega_p>\omega_z$）就不能让 $k_3=0$。对于 $\omega_z=\omega_p$ 的带阻电路，可以让 $k_3=0$，$R_3=\infty$，并使式（10-90）右边等于零实现。当式（10-89）、式（10-90）右边都为零时可实现高通

电路。

例 10-6　试实现全通函数 $H(s)=\dfrac{s^2-100s+10^4}{s^2+100s+10^4}$。

解　$k_3=0$，$R_3=\infty$，选 $C_1=C_2=1\text{F}$，$\gamma=0.2$。代入式（10-96）~式（10-99）得

$$R_1=\frac{0.4}{\sqrt{2.6\times10^4-100}}=0.006\ 531\Omega$$

$$R_2=1/(R_1\omega_p^2)=1.531\times10^{-6}\Omega$$

$$k_1/k_2=\frac{1+0.711+0.653}{1.2}=1.97$$

由于 k_1 不能超过 1，所以 k_2 不能选给定的 H_0 的值。现选 $k_1=1$，则 $k_2=0.508$。由式（10-74）得

$$R_5=\infty,\ R_4=R_1=0.006\ 53\Omega$$

$$R_6=\frac{1}{k_2}r_1=1.97r_1,\ R_7=2.033r_1$$

选 $r_1=1\text{k}\Omega$，则 $r_2=5\text{k}\Omega$，$R_6=1.97\text{k}\Omega$，$R_7=\dfrac{r_1}{1-k_2}=2.033\text{k}\Omega$

再用 10^7 除以电容、乘以电阻 R_1，R_2，则

$$R_4=R_1=65.3\text{k}\Omega,\ R_2=15.3\Omega,\ C_1=C_2=0.1\mu\text{F}$$

整个电路如图 10-30 所示。

其中 R_{10}，R_{11}是为了加强增益而引进的。取 $R_{11}=1\text{k}\Omega$，由

$$\frac{R_{11}}{R_{10}+R_{11}}=k_2=0.508$$

得

$$R_{10}=969\Omega$$

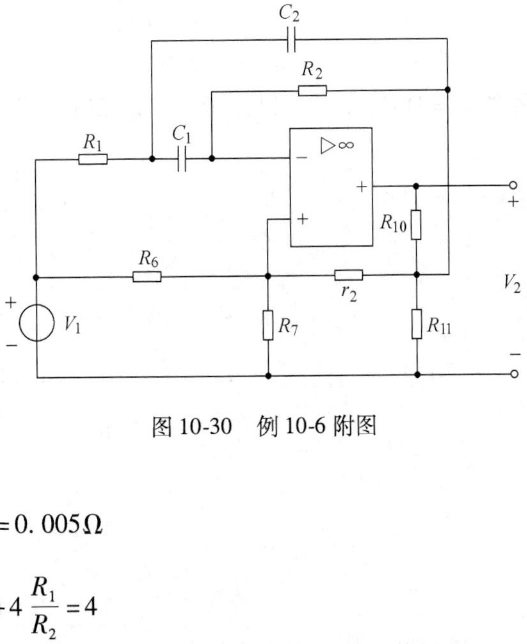

图 10-30　例 10-6 附图

本题如果采用 $k_3=0$，$R_3=\infty$，$r_2=0$，$\gamma=0$，$C_1=C_2=1\text{F}$ 的方案，式（10-96）右边变为 $\dfrac{0}{0}$型不定式。但可以按式（10-87）、（10-88）等直接决定

$$R_2=2Q_p/\omega_p=0.02\Omega$$

$$R_1=\frac{1}{\omega_p^2R_2}=0.005\Omega$$

$$k_1/k_2=1+4\frac{R_1}{R_2}=4$$

取 $k_1=1$、$k_2=0.5$。此方案因为不接 r_2 不能用上述方法将增益系数由 0.5 增强至要求值 1。

例 10-7　设高通陷波滤波器的函数为 $H(s)=\dfrac{s^2+10^6}{s^2+100s+10^8}$，试求该电路并决定参数。

解　$\dfrac{\omega_p}{Q_p}=100$，$\omega_p=10\ 000\text{rad/s}$，$\omega_z=1\ 000\text{rad/s}$

选 $\gamma=0.1$，$C_1=C_2=C$，代入式（10-96）得

$$R_1=\frac{0.2}{\sqrt{10^4+8\times10^7}-100}=2.26\times10^{-5}\ (\Omega)$$

由式（10-97）可以看出，为使 R_3 值为正，$\frac{k_3}{k_2}$必须大于 1，现选 $k_3=1$ 。由式（10-99）得

$$\frac{k_1}{k_2}=\frac{1+2\times10^6\times2.26^2\times10^{-10}-0}{1.1}=0.91$$

选 $k_2=0.5$，则 $k_1=0.455$，由式（10-97）、（10-98）得

$$R_3=\frac{1.1\ (1-2)}{2.26\times10^{-5}\ (10^6-10^8)}=4.91\times10^{-4}\ (\Omega)$$

$$R_2=\frac{4.91\times10^{-4}}{2.26\times4.91\times10^{-9}\times10^8+0.1}=4.06\times10^{-4}\ (\Omega)$$

$$R_4=R_1/k_1=4.97\times10^{-5}\Omega$$

$$R_5=R_1/\ (1-k_1)\ =4.15\times10^{-5}\Omega$$

$$R_8=R_3$$

$$R_9=\infty$$

$$R_6=R_7=\frac{r_1}{k_2}=2r_1$$

最后用 10^8 乘以电阻、除以电容后，结果为

$$C_1=C_2=0.01\mu F \qquad R_1=2.26k\Omega \qquad R_2=4.06k\Omega$$

$$R_3=R_8=49.1k\Omega \qquad R_4=4.97k\Omega \qquad R_5=4.15k\Omega$$

并选 $r_1=1k\Omega$，$r_2=10k\Omega$，$R_6=R_7=2k\Omega$，$R_{10}=R_{11}=1k\Omega$。整个电路如图 10-31 所示。

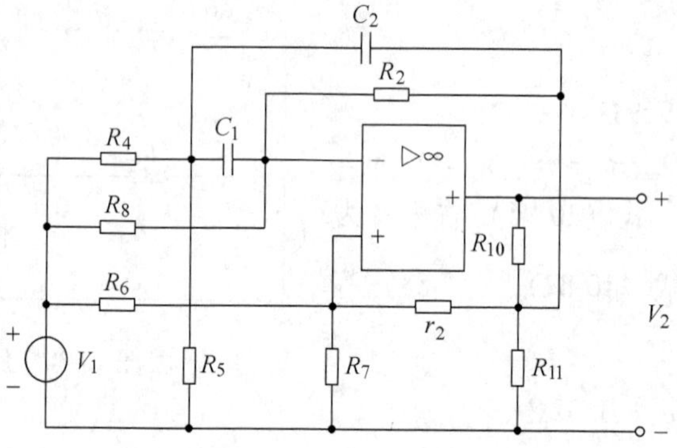

图 10-31　例 10-7 附图

小　　结

RC 有源滤波器综合常用的方法有：级联法、无源模拟法和直接法，其中级联法被广泛使用在工业界。在级联法中，基本组成单元是双二次函数，双二次函数存在多种有源实现方式。实现一个双二次函数的网络单元通常称为双二次节，各个双二次节可以分开调整而相互不受影响。

双二次函数可以由零点频率、极点频率、零点 Q 值和极点 Q 值等参数表征。根据这些

参数的不同，双二次函数可以分为低通、高通、带通、带阻和全通函数。

单运放双二次节可以分为两个基本类型：负反馈拓扑结构和正反馈拓扑结构。在双二次节设计中，常常只需要满足零极点的要求，而让增益系数浮动，最后调整电路的增益系数来符合技术要求。

利用 RC-CR 变换技术，可以将低通滤波器变换为高通滤波器。

评价电路的主要指标是灵敏度，可根据不同实现方案的灵敏度来选择合适的实现电路。

习　　题

10-1　设 $H(s)=\dfrac{20}{(s^2+s+1)(s+1)}$ 试用级联法实现该电路。若实际边界角频率 $\omega_C=10^5\text{rad/s}$，试去归一化并使元件值实用化。

10-2　某低通滤波器要求 8×10^5rad/s 以上至少有 50dB 衰减，$0\sim2\times10^5$rad/s 内衰减不能超过 1dB，试用萨伦-凯电路实现它。

10-3　某高通滤波器要求 10^5rad/s 以下至少衰减 60dB，5×10^4rad/s ~ ∞ 内衰减不得超过 2dB，试用正反馈电路实现。

10-4　某一带通滤波器要求 5 000 ~ 10 000rad/s 内最大衰减为 3dB，0 ~ 2 000rad/s 和 25 000rad/s ~ ∞ 内至少衰减 28dB，试用正反馈电路实现该带通滤波器。

10-5　当图 10-32 中各无源 RC 网络点①接地，点②为输入，点③为输出时，传输零点分别在何处？再将它们接入图 10-4 电路中，则 $H(s)$ 的传输零点分别在何处？

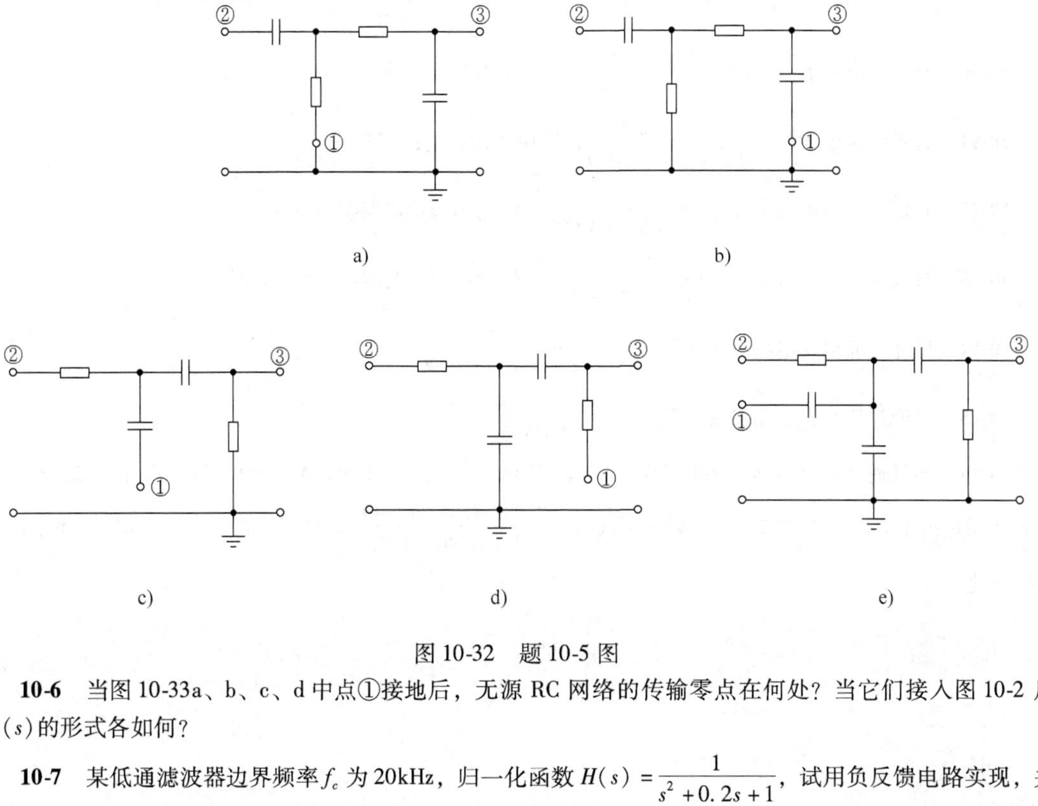

图 10-32　题 10-5 图

10-6　当图 10-33a、b、c、d 中点①接地后，无源 RC 网络的传输零点在何处？当它们接入图 10-2 后 $H(s)$ 的形式各如何？

10-7　某低通滤波器边界频率 f_c 为 20kHz，归一化函数 $H(s)=\dfrac{1}{s^2+0.2s+1}$，试用负反馈电路实现，并

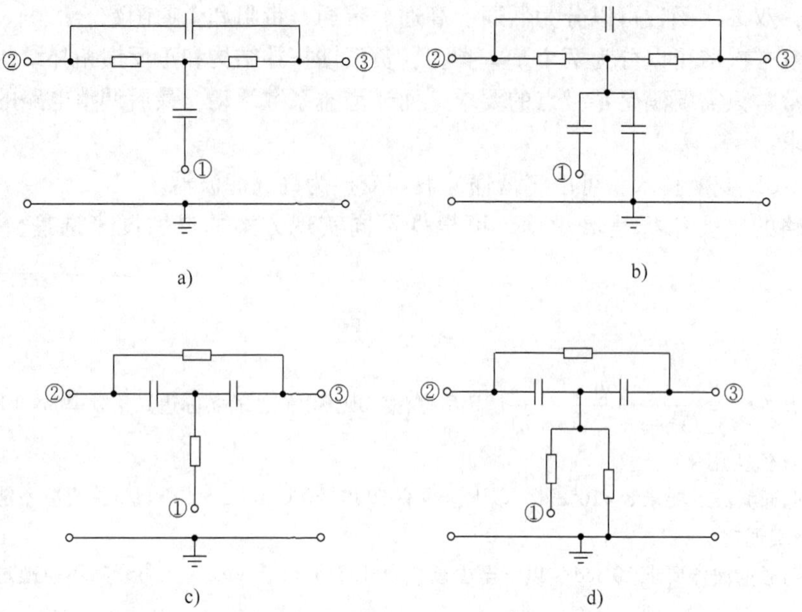

图 10-33　题 10-6 图

使参数实用化。

10-8　有带通函数 $H(s)=\dfrac{4\,000s}{s^2+4\,000s+10^8}$，试用负反馈电路实现。

10-9　试用德利雅尼斯电路实现带通函数 $H(s)=\dfrac{4\,000s}{s^2+4\,000s+10^8}$，并分析它的灵敏度。

10-10　有全通函数 $H(s)=\dfrac{s^2-25s+5\,000}{s^2+25s+5\,000}$，试用通用型滤波器实现它。

10-11　有带阻函数 $H(s)=\dfrac{s^2+4\,000}{s^2+20s+4\,000}$，试用弗德伦电路实现它。

10-12　有低通陷波函数 $H(s)=\dfrac{s^2+40\,000}{s^2+20s+4\,000}$，试用弗德伦电路实现它。

10-13　有高通陷波函数 $H(s)=\dfrac{s^2+10^6}{s^2+100s+10^8}$，试用弗德伦电路实现该滤波器。

10-14　试通过弗德伦电路实现函数 $H(s)=\dfrac{s^2}{s^2+40s+10\,000}$。

10-15　试通过弗德伦电路实现函数 $H(s)=\dfrac{-600s}{s^2+600s+10^7}$。

10-16　某低通滤波器 $\omega_c=2\,000\text{rad/s}$，$\omega_s=6\,000\text{rad/s}$，$A_{\min}=28\text{dB}$，$A_{\max}=0.5\text{dB}$。已查得二阶椭圆函数可以满足技术要求，相应归一化函数为 $H_N(s)=\dfrac{0.083\,8(s^2+17.49)}{s^2+1.36s+1.56}$，试用弗德伦电路实现，并使元件值去归一化。

第 11 章　模拟实现法

内 容 提 要

以无源 LC 梯形网络为原型，用有源 RC 网络模拟实现的方法称为无源网络模拟实现法。本章主要介绍仿真电感模拟法、频变负阻法、跳耦模拟法等无源网络模拟实现法。另外，介绍直接法中的状态变量法，并简单介绍入端导纳法、多运放双二次节电路和开关电容网络（SCN）。

11.1　概述

上章的思想是将高次函数分解为许多二次函数，每个二次函数用单运放电路实现，然后级联而成。直接法是直接实现高次（也包括二次）函数。直接法又分为直接由无源 LC 网络模拟而来的仿真电感法、频变负阻法、跳耦法等模拟法和根据状态方程等概念建立的非模拟法。

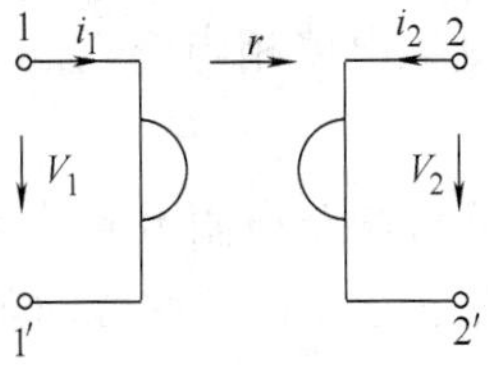

图 11-1　理想回转器

为了引用模拟法，必须了解回转器和一般阻抗变换器。图11-1所示是一理想回转器，其端口电压 V_1、V_2 可以表示为

$$\left.\begin{aligned} V_1 &= r(-i_2) \\ V_2 &= ri_1 \end{aligned}\right\} \tag{11-1}$$

r 称为回转系数。回转器的实现方法在基本电路书上都有叙述，通常两个运放若干个电阻即可以构成回转器。图 11-2 所示电路称为一般阻抗变换器。其中直接看出

$$V_1 = V_2 \tag{11-2}$$

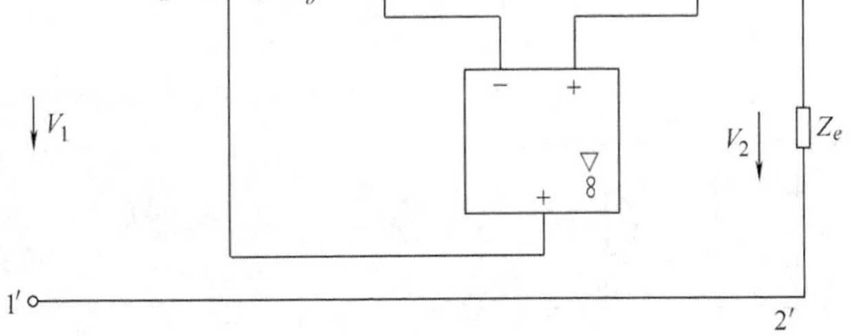

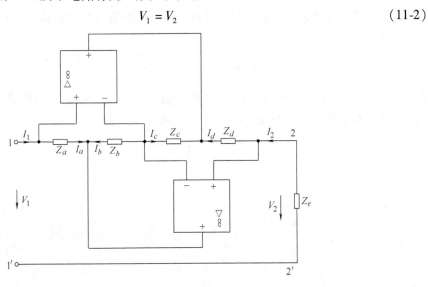

图 11-2　一般阻抗变换器

$$I_1 = I_a = \frac{Z_a I_a}{Z_a} = \frac{Z_b I_b}{Z_a} = \frac{Z_b}{Z_a}(-I_c) = \frac{Z_b}{Z_a}\cdot\frac{(-I_c Z_c)}{Z_c}$$

$$= \frac{Z_b}{Z_a Z_c}(-Z_d I_d) = \frac{Z_b Z_d}{Z_a Z_c}(-I_2) \tag{11-3}$$

由式（11-2）、式（11-3）得

$$\begin{bmatrix} V_1 \\ I_1 \end{bmatrix} = \begin{bmatrix} 1 & 0 \\ 0 & \dfrac{Z_b Z_d}{Z_a Z_c} \end{bmatrix} \begin{bmatrix} V_2 \\ -I_2 \end{bmatrix} \tag{11-4}$$

11′端的入端阻抗

$$Z_i = \frac{V_1}{I_1} = \frac{V_2}{\dfrac{Z_b Z_d}{Z_a Z_c}(-I_2)} = \frac{Z_a Z_c Z_e}{Z_b Z_d} \tag{11-5}$$

例如当 $Y_a = Y_c = Y_d = Y_e = G = \dfrac{1}{R}$，$Y_b = sC$ 时，则

$$Z_i = \frac{Y_b Y_d}{Y_a Y_c Y_e} = (R^2 C)s \tag{11-6}$$

可见该电路相当于 $L_{eq} = R^2 C$ 的电感。若将式（11-6）写为

$$Z_i = ks^m$$

当元件限于电阻 R 或电容 C 时，m 值的范围为 $-3\sim2$。若将一般阻抗变换器级联起来则可获正比于 s 任意次方的阻抗。除了 $m=1$（仿真电感）和 $m=-2$（频变负阻，FDNR）被引用外，别的次方基本上没有被引用过。如果将上述接地形式的一般变换器改为浮地形式，实际上也可以直接用于构成低通、高通滤波器。

11.2 仿真电感模拟法

仿真电感可以通过回转器获得，也可以通过一般阻抗变换器获得。若在图 11-1 的 22′端接上电容 C，由式（11-1）得

$$V_1 = r(-i_2) = rC\frac{\mathrm{d}V_2}{\mathrm{d}t} = r^2 C\frac{\mathrm{d}i_1}{\mathrm{d}t}$$

即此时 11′端相当于一个电感量 $L = r^2 C$ 的电感。不过这只能是接地电感。图 11-3 电路可获浮地电感，不难推得它的等效电路如图 11-4 所示。式中

$$L_1 = \frac{r_1^2 r_2 C}{r_2 - r_1} \tag{11-7}$$

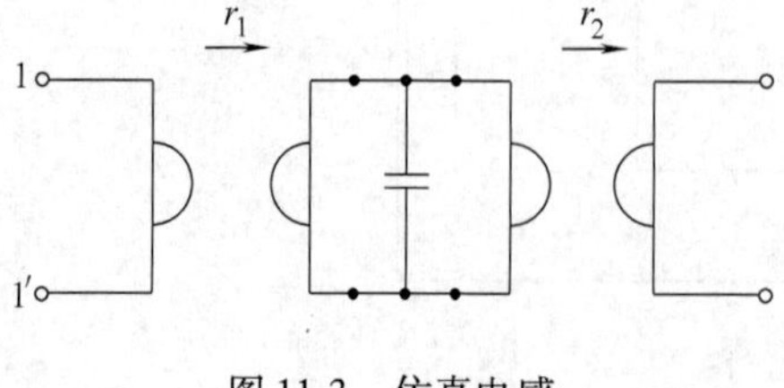

图 11-3　仿真电感

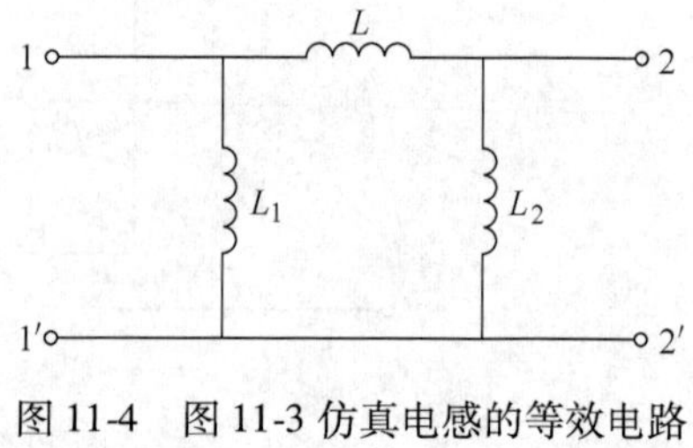

图 11-4　图 11-3 仿真电感的等效电路

$$L_2 = \frac{r_2^2 r_1 C}{r_1 - r_2} \tag{11-8}$$

$$L = r_1 r_2 C \tag{11-9}$$

当 $r_1 = r_2 = r$ 时式（11-9）简化为和浮地电感一致。

图 11-2 所示的一般阻抗变换器可以实现接地电感。如果将它们背靠背连接起来则可以实现浮地电感。图 11-5 所示电路即为一个浮地电感。该图接法和图 11-2 接法略有不同，但原理是一样的。图中

$$V_{11'} = V_{34} = RI_2 = R\frac{I_2}{sC}sC = R(RI_1)sC = R^2CsI_1$$

可见该浮地电感值也为 R^2C。

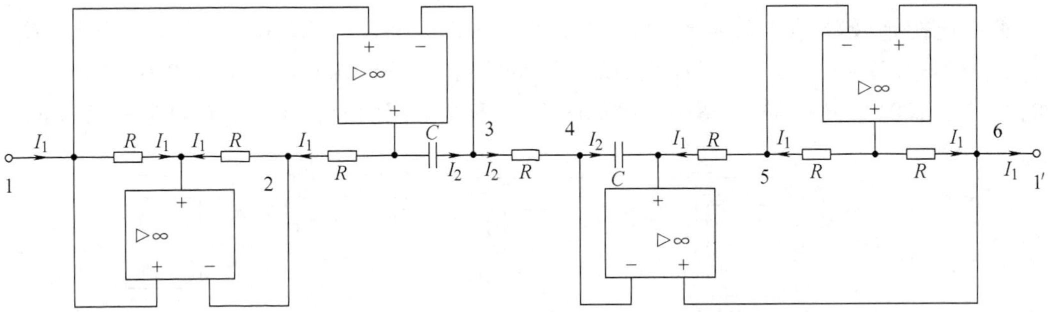

图 11-5　浮地电感

例 11-1　一四阶切比雪夫高通滤波器，$\omega_c = 5000\text{rad/s}$，$A_{max} = 1\text{dB}$，已求得无源 RLC 电路如图 11-6 所示，试求相应的 RC 有源滤波器。

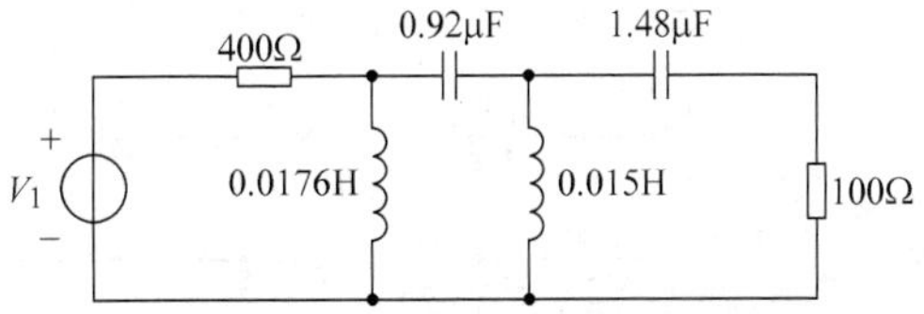

图 11-6　例 11-1 附图

解　只需将两个接地电感用仿真电感代替即可。选 $R = 1\text{k}\Omega$，则两个电容分别为 0.0176μF 和 0.015μF 电路如图 11-7 所示。

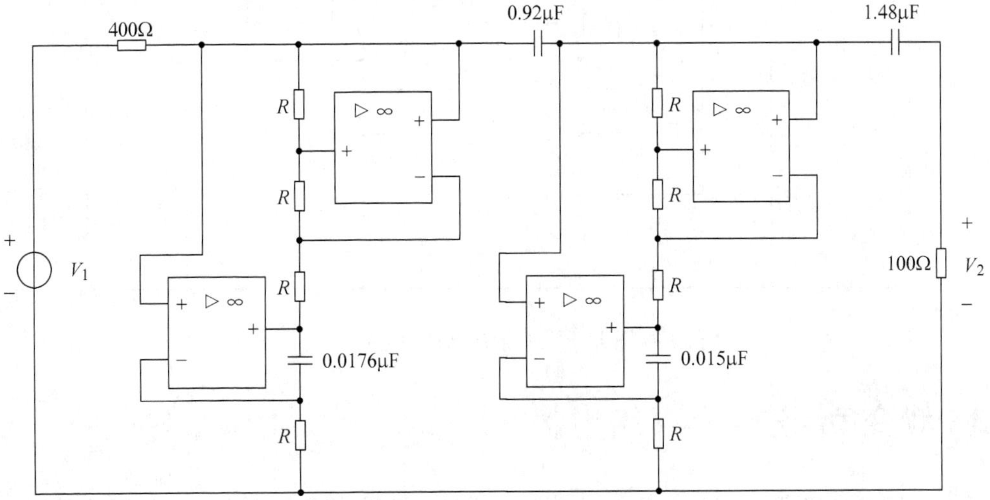

图 11-7　RC 有源滤波器

例 11-2 已求得四阶切比雪夫带通函数的无源电路如图 11-8 所示。求模拟有源 RC 电路。（注：$\omega_1 = 5\times10^3$ rad/s，$\omega_2 = 2\times10^4$ rad/s，$A_{max} = 1$dB）

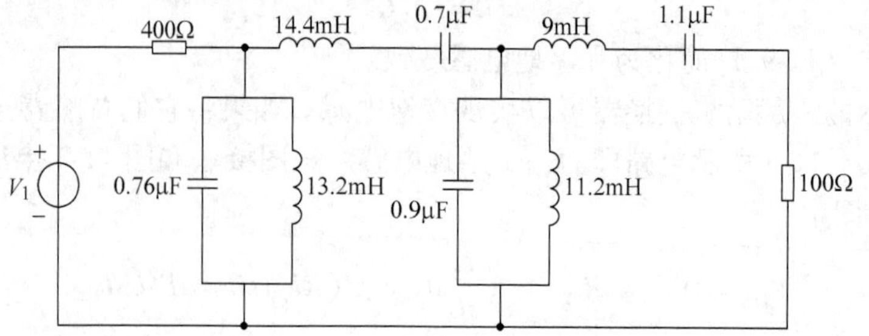

图 11-8 例 11-2 附图

解 选接地及浮地电感各两个，并取 $R = 1\text{k}\Omega$，则 $C_1 = 0.76\mu\text{F}$，$C_2 = 0.7\mu\text{F}$，$C_3 = 0.9\mu\text{F}$，$C_4 = 1.1\mu\text{F}$，$C_5 = 0.0144\mu\text{F}$，$C_6 = 0.009\mu\text{F}$，$C_7 = 0.0132\mu\text{F}$，$C_8 = 0.0122\mu\text{F}$，$R_1 = 400\Omega$，$R_2 = 100\Omega$，$R = 1\text{k}\Omega$，整个电路如图 11-9 所示。图中没有注的电路电阻全部是 R。

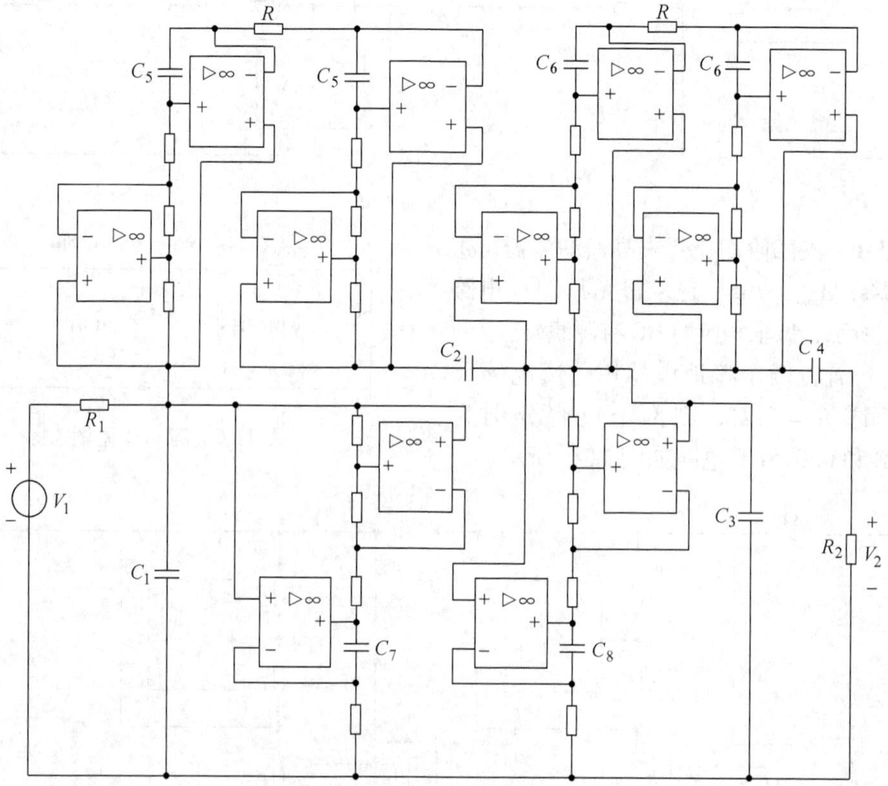

图 11-9 带通有源 RC 电路

11.3 频变负阻法

将一般阻抗变换器 Z_a、Z_c、Z_e 三个中任意两个为电容其余为电阻，入端阻抗便和 s^{-2} 成正比。若选

$$Z_a = Z_c = \frac{1}{sC},\ Z_b = Z_d = Z_e = R$$

则
$$Z_i = \frac{1}{s^2RC^2} = \frac{1}{Ds^2} \tag{11-10}$$

式中，D 是正实常数，$D = RC^2$，它的量纲是［C］和［RC］量纲相乘，即法秒（Fs）。将 $s = \mathrm{j}\omega$ 代入式（11-10），则得

$$Z_i(\mathrm{j}\omega) = -\frac{1}{D\omega^2} \tag{11-11}$$

可见它是一个值随频率而变的负电阻，简称为频变负阻（FDNR）。频变负阻可以看作类似电阻 R、电感 L、电容 C 的一种二端元件，用图 11-10 符号表示。D 即代表该频变负阻的值，好像 L 代表电感值，C 代表电容值一样。

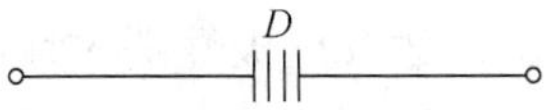

图 11-10 频变负阻（FDNR）符号图

若对 RLC 网络的每一个元件的阻抗都除以 s，则电压比 $H(s) = \frac{V_2(s)}{V_1(s)}$ 不变。这样除以 s 后，阻抗 sL、R、$\frac{1}{sC}$ 将变为 L、$\frac{R}{s}$、$\frac{1}{s^2C}$。换言之，若用值为 L 的电阻代替电感 L，值为 $\frac{1}{R}$ 的电容代替电阻 R，值为 C 的频变负阻代替电容 C，则对 $H(s)$ 没有影响。这样就把无源 LRC 电路变为有源 RC 电路。接地 FDNR 只需将图 11-2 电路中 Z_a、Z_c 采用电容 C 实现，Z_b、Z_d、Z_e 采用电阻 R 实现，即可得 D 值为 RC^2 的频变负阻。浮地 FDNR 只需将两个一般变换器背靠背接起来，如图 11-11 所示，它的值也是 RC^2。

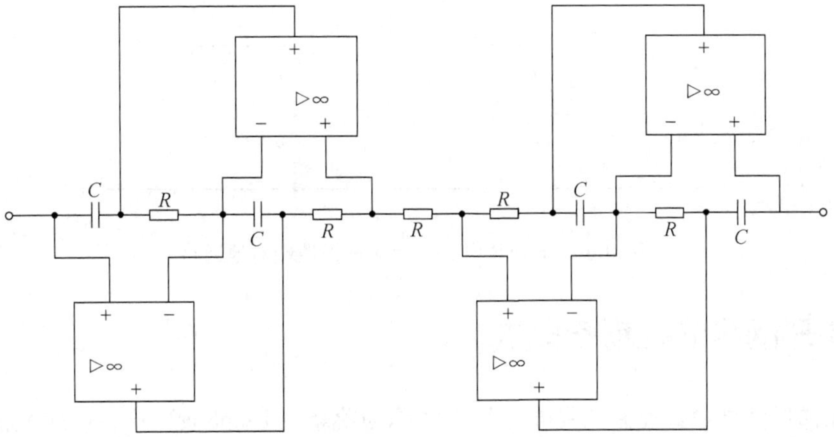

图 11-11 值为 RC^2 的频变负阻

例 11-3 图 11-12 所示是三阶勃特沃茨低通函数，当 $R_1 = 1\Omega$ 时综合所得的无源电路。试通过 FDNR 求 RC 有源电路，并用 $\omega_c = 10^4\,\mathrm{rad/s}$ 去归一化。

解 将每个阻抗除以 s 后获图 11-13 所示等效电路。选接地 FDNR 的 Z_b、Z_d、Z_e 为 $R = 1\Omega$，则 $C_1 = \sqrt{D_1} = \frac{1}{\sqrt{2}}\mathrm{F}$，$C_2 = \sqrt{\frac{3}{2}}\mathrm{F}$。为使元件实用化将频率去归一化，将电阻乘以 2000、电容除以 2×10^7 后得 $C = 0.05\mu\mathrm{F}$、$C_1 = 0.0354\mu\mathrm{F}$、$C_2 = 0.0612\mu\mathrm{F}$、$R_1 = 2.67\mathrm{k}\Omega$、$R = 2\mathrm{k}\Omega$。

由例 11-1、例 11-3 可见，因为浮地电感和 FDNR 运放及电容数多了一倍，应免用为宜，

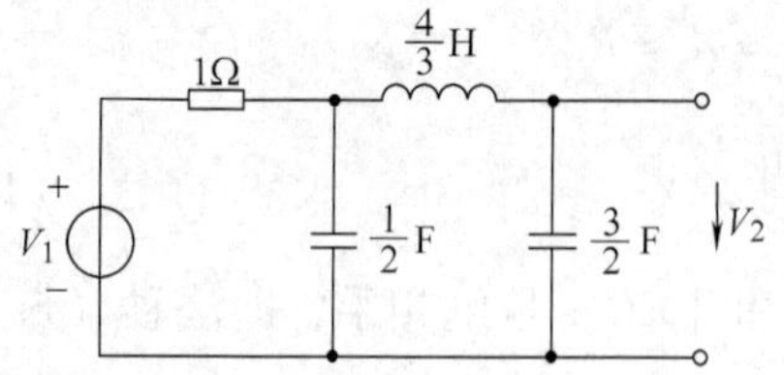

图 11-12　例 11-3 附图

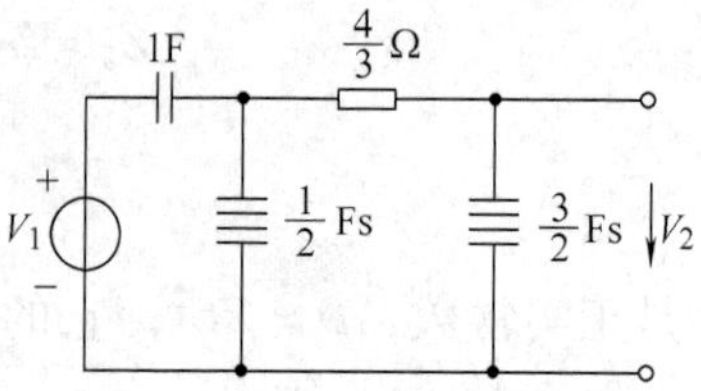

图 11-13　含 FDNR 的有源电路

所以高通用仿真电感为佳，低通则用 FDNR 为好。对于带通电路则要具体分析。值得指出，用 FDNR 方案，原来的信号源内阻及负载电阻变为电容，宜用一比一的运放隔离解决。还应指出，运放正极性端对地应有通路。图 11-14 电容 C 上所并联的大电阻 r（虚线）就是所提供的通路，负载端也可以用同样方法处理。当然大电阻的引入会引起一定的误差。

如果对上例采用 10.4 节的 RC-CR 变换，一般阻抗变换器的 Z_a、Z_c 变为电阻 R，Z_b、Z_d、Z_e 变为电容 C，则 $Z_i=\dfrac{Z_aZ_cZ_e}{Z_bZ_d}=R^2Cs$，即 FDNR 又变为电感，上述低通电路变为高通电路。

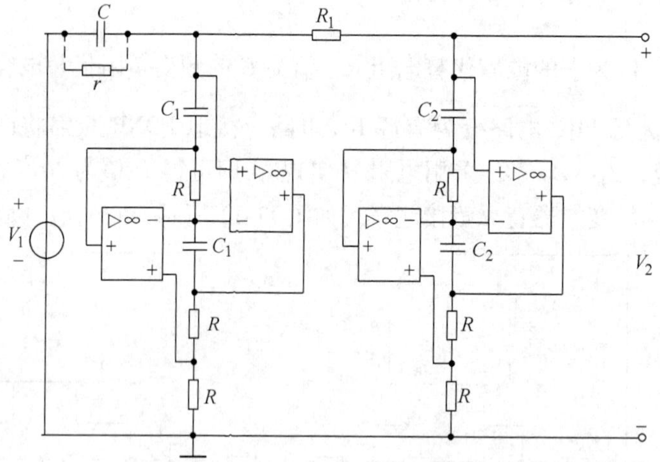

图 11-14　FDNR 电路中运放正极性端对地通路

11.4　梯形网络的跳耦模拟法

由无源梯形网络模拟而来的另外一种方法称为跳耦（Leapfrog）法，或跳蛙法，或简称为 LF 法。因为它类似于一种跳青蛙的游戏，因而得名。如图 11-15 所示无源梯形网络。

$$\left.\begin{aligned}
I_1&=Y_1(V_{in}-V_2)\\
V_2&=Z_2(I_1-I_3)\\
I_3&=Y_3(V_2-V_4)\\
V_4&=Z_4(I_3-I_5)\\
I_5&=Y_5(V_4-V_6)\\
V_0&=V_6=Z_6I_5
\end{aligned}\right\}\qquad(11\text{-}12)$$

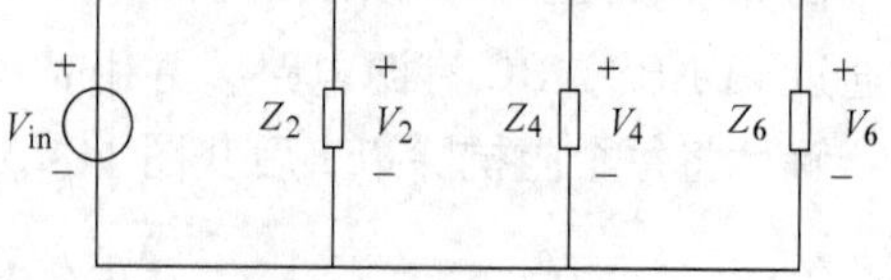

图 11-15　无源梯形网络

为使中间变量电流 I_1、I_3、I_5 等改为电压，对它们乘以量纲为 Ω 的常数 r 。即令

$$rI_1 = E_1 \qquad rI_3 = E_3 \qquad rI_5 = E_5$$

则式（11-12）可改写为

$$\left.\begin{aligned} E_1 &= rY_1(V_{in} - V_2) = H_1(V_{in} - V_2) \\ V_2 &= Z_2(E_1 - E_3)/r = H_2(E_1 - E_3) \\ E_3 &= rY_3(V_2 - V_4) = H_3(V_2 - V_4) \\ V_4 &= Z_4(E_3 - E_5)/r = H_4(E_3 - E_5) \\ E_5 &= rY_5(V_4 - V_6) = H_5(V_4 - V_6) \\ V_0 &= V_6 = Z_6E_5/r = H_6E_5 \end{aligned}\right\} \tag{11-13}$$

以上 E_1、E_3、E_5 称为“虚电压”。

$$H_1 = rY_1, \qquad H_2 = Z_2/r, \qquad H_3 = rY_3$$
$$H_4 = Z_4/r, \qquad H_5 = rY_5, \qquad H_6 = Z_6/r$$

都是 s 的函数。由式（11-13）可作图 11-16 所示的流程图。

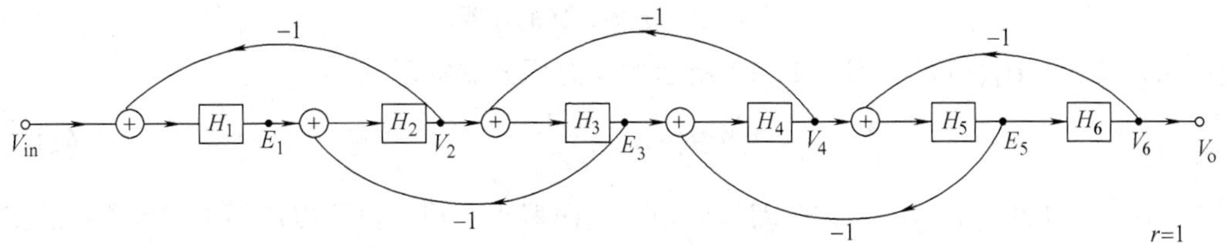

图 11-16　流程图

值为 -1 的函数需要一个反相器，实际上中间变量 E_1、V_2 等和函数 H_1、H_2 等都可以改变正负号的。若将其中 V_2、E_3、V_6 用（$-V_2$）、（$-E_3$）、（$-V_6$）表示，则图 11-16 可以变为图 11-17 的流程图。

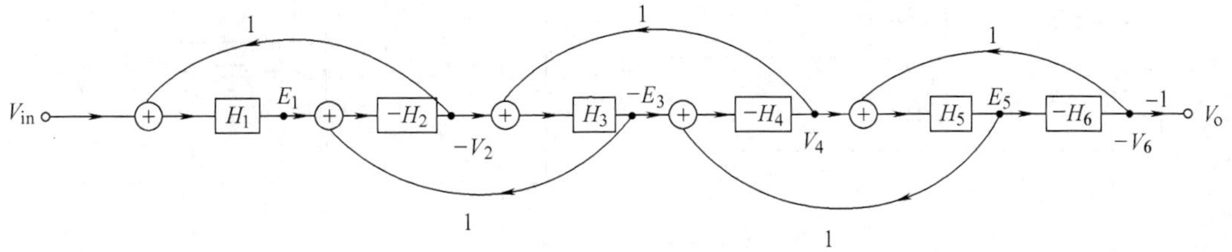

图 11-17　图 11-16 等效变换之一

其中 H_2、H_4、H_6 变为负值。负值函数对电路实现不仅毫无困难，而且还可以省下倒向器。最后倒向器实际上也不是必需的。这样改动的办法不是唯一的，例如将 E_1、V_2、E_5、V_6 改变符号，结果使 H_1、H_3、H_5 也相应改变符号，所用放大器更少。

对于低通滤波器，除电源和负载端外，梯形网络每一臂都只一个电感或电容元件，相应函数 $H_1(s)$、$H_2(s)$ 等都可以用反向积分器级联倒相器来实现。例如图 11-18 所示的六阶低通滤波器，当选 $r = 1\Omega$ 时

$$H_1(s) = Y_1 = \frac{1/L_1}{s + R_1/L_1} \tag{11-14}$$

$$H_2(s) = -Z_2 = \frac{-1}{sC_2} \tag{11-15}$$

$$H_3(s)=Y_3=\frac{1}{sL_3} \tag{11-16}$$

$$H_4(s)=-Z_4=\frac{-1}{sC_4} \tag{11-17}$$

$$H_5(s)=Y_5=\frac{1}{sL_5} \tag{11-18}$$

$$H_6(s)=-Z_6=-\frac{1/C_6}{s+1/(R_2C_6)} \tag{11-19}$$

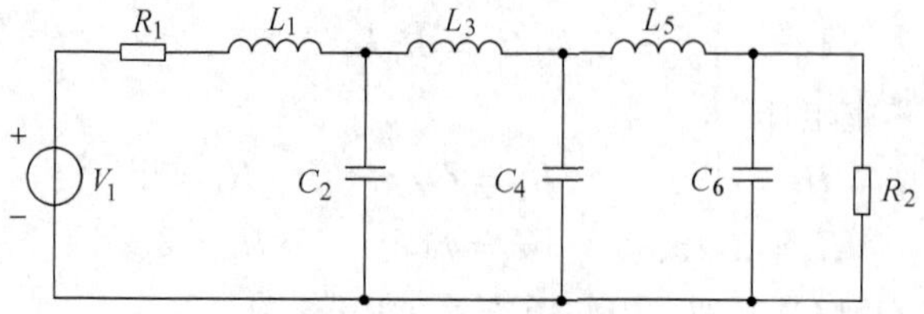

图 11-18　六阶低通滤波器

其中 $-H_2(s)$、$-H_4(s)$可以用图 11-19 所示的反向积分器实现

$$H(s)=\frac{-1}{RCs} \tag{11-20}$$

$H_3(s)$、$H_5(s)$可以用上述反向积分器级联单位反向器来实现。也可以用图 11-20 所示的正向积分器实现。

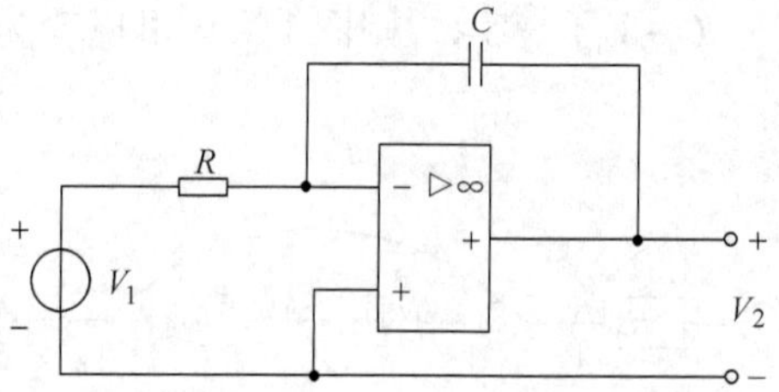

图 11-19　反向积分器

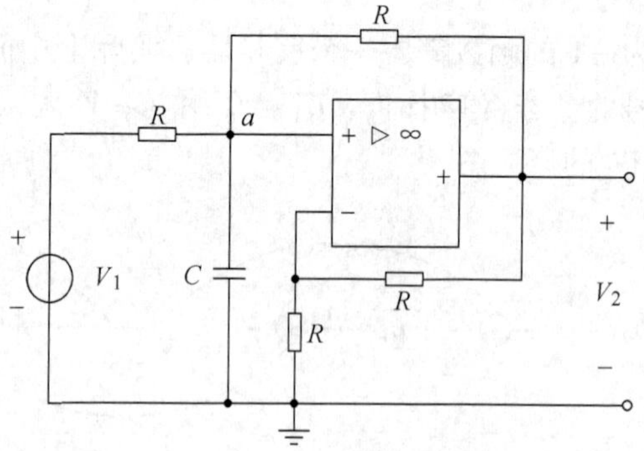

图 11-20　正向积分器

由图 11-20 知 $V_\oplus=V_\ominus=\dfrac{V_2}{2}$，对节点 a 列方程得

$$\left(2\frac{1}{R}+sC\right)\frac{V_2}{2}-\frac{V_2}{R}-\frac{V_1}{R}=0$$

故知

$$H(s)=\frac{V_2}{V_1}=\frac{2}{RCs}$$

兼用加法器的正向积分器电路如图 11-21 所示。

$$H(s)=\left.\frac{V_2}{V_1}\right|_{V'_1=0}=\frac{1}{RCs} \tag{11-21}$$

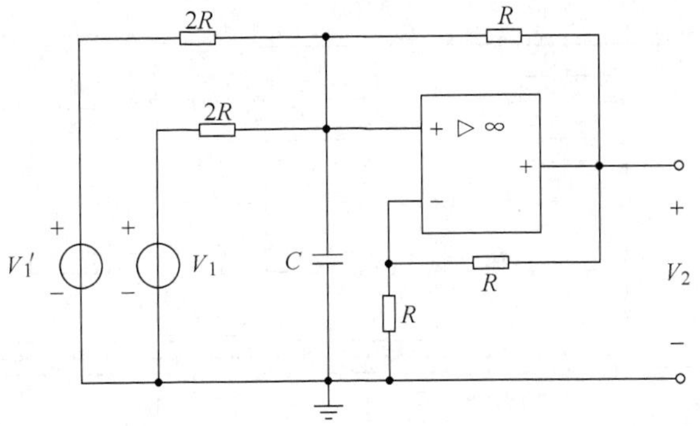

图 11-21　兼用加法器的正向积分器电路

$$H'(s) = \left.\frac{V_2}{V'_1}\right|_{V_1=0} = \frac{1}{RCs} \tag{11-22}$$

图 11-22 所示是反向加法有损积分器。

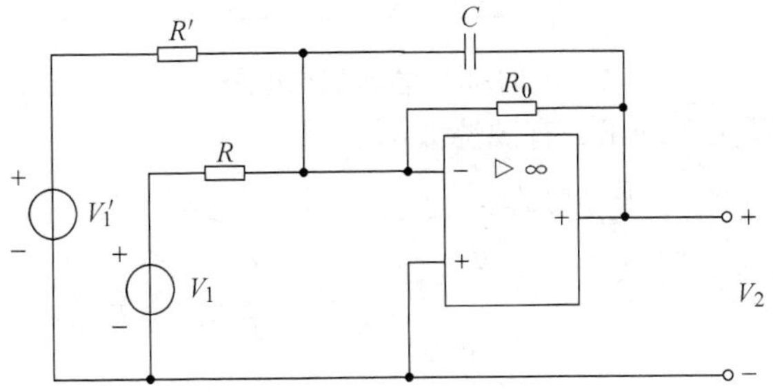

图 11-22　反向加法有损积分器

$$H(s) = \left.\frac{V_2}{V_1}\right|_{V'_1=0} = \frac{-\dfrac{1}{RC}}{s+\dfrac{1}{R_0C}} \tag{11-23}$$

$$H'(s) = \left.\frac{V_2}{V_1'}\right|_{V_1=0} = \frac{-\dfrac{1}{R'C}}{s+\dfrac{1}{R_0C}} \tag{11-24}$$

由图 11-17 方块图可得图 11-23 所示的六阶低通电路。

因为全部用反向积分器，所以在 $H_1(s)$、$H_3(s)$、$H_5(s)$之前都接一反向器。如果对 $H_3(s)$、$H_5(s)$采用图 11-21 的正向积分器，则可以节省两个反向器。综上所述，LF 法大体上可分以下几个步骤：

（1）根据滤波器的技术指标确定无源 RLC 原形网络；

（2）选择适当的中间变量，即梯形网络的串臂电流和并臂电压（正或负值）；

（3）作方块图（或信号流图），图中负值函数比正值函数更利于实现；

（4）用各种积分器实现方块图中各函数，连成所要求的滤波器；

（5）取适当 R 值使元件值实用化。

例 11-4　当 $R_1=200\Omega$，$R_2=100\Omega$，$\omega_c=10^4\text{rad/s}$ 时，五阶勃特沃茨函数可综合得图 11-24所示的原形网络。其中 $L_1=31.33\text{mH}$，$L_3=30.51\text{mH}$，$L_5=6.86\text{mH}$，$C_2=0.924\mu\text{F}$，

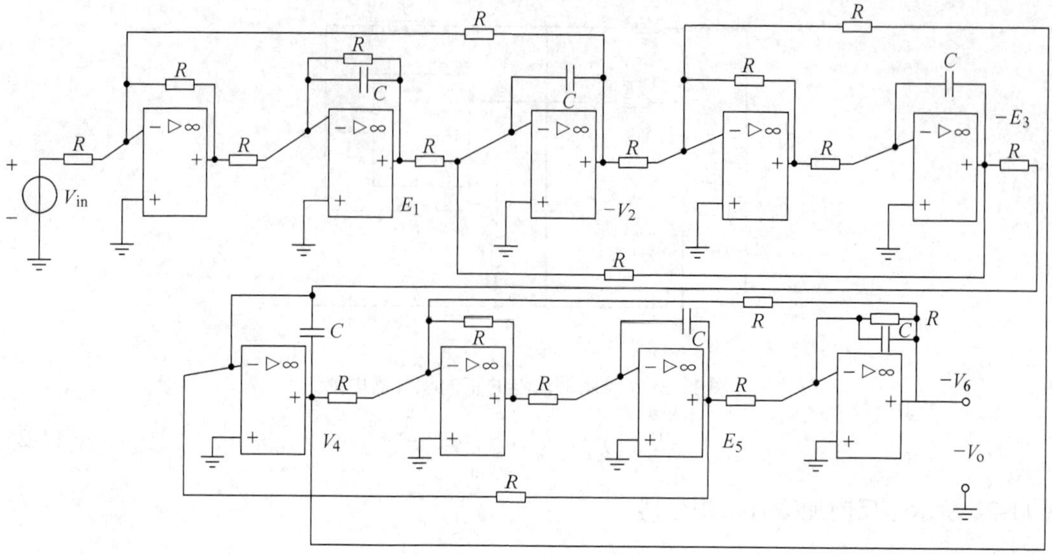

图 11-23　六阶低通电路

$C_4 = 0.496\mu F$，试用跳耦法实现 RC 有源滤波器。

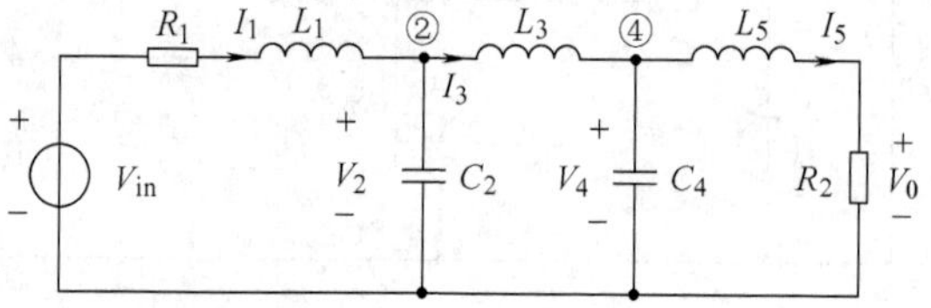

图 11-24　例 11-4 附图

解　取 $r=1$ 即就以电流 I_1、I_3、I_5 作为虚电压 E_1、E_3、E_5，则可表示为

$$
\left.
\begin{aligned}
-I_1 &= \left(-\frac{1}{R_1 + sL_1}\right)(V_{in} - V_2) = H_1(s)(V_{in} - V_2) \\
-V_2 &= \frac{1}{sC_2}(-I_1 + I_3) = H_2(s)(-I_1 + I_3) \\
I_3 &= -\frac{1}{sL_3}(-V_2 + V_4) = H_3(s)(-V_2 + V_4) \\
V_4 &= \frac{1}{sC_4} = (I_3 - I_5) = H_4(s)(I_3 - I_5) \\
-I_5 &= \left(-\frac{1}{R_2 + sL_5}\right)V_4 = H_5(s)V_4 \\
V_0 &= (-R_2)(-I_5)
\end{aligned}
\right\}
$$

上式可用图 11-25 所示的信号流图表示。

以上 $H_1(s)$、$H_5(s)$ 可用反向有损积分器实现，$H_3(s)$ 可用反向积分器，$H_2(s)$、$H_4(s)$ 在反向积分器前需要接倒相器。整个电路如图 11-26 所示。

比较式（11-14）、式（11-15）和式（11-23）、式（11-20）可知其中

$$C_a = L_1/R,\quad R_a = R/R_1,\ C_b = C_2/R,\ C_c = L_3/R,$$

$$C_d = C_4/R,\ C_e = L_5/R,\ R_b = R/R_2$$

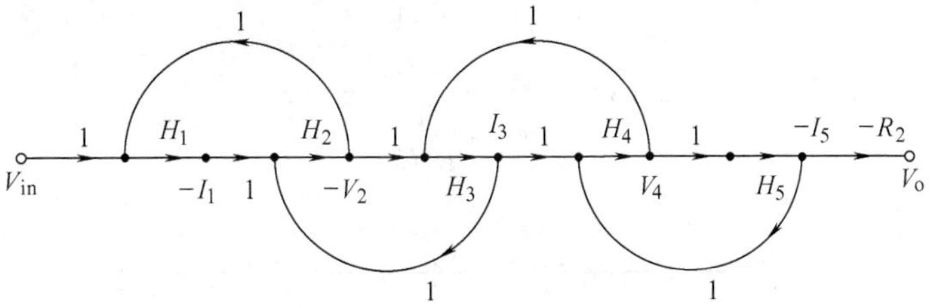

图 11-25　例 11-4 信号流图

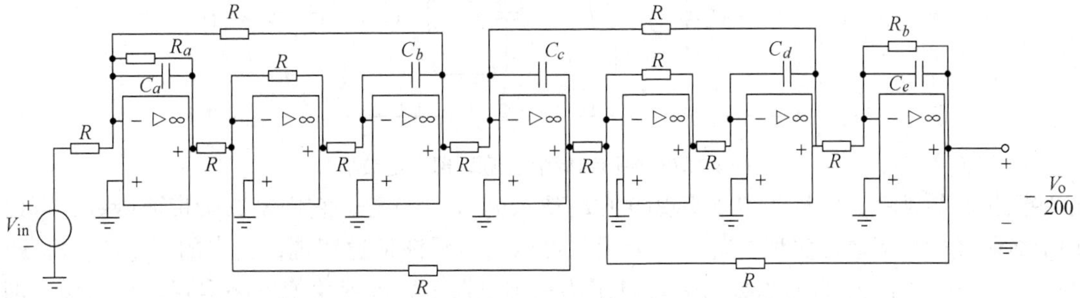

图 11-26　例 11-4 实现电路

若取 $R=10\text{k}\Omega$，则

$$C_a=3.13\mu\text{F}\qquad R_a=50\Omega\qquad C_b=92.4\text{pF}$$

$$C_c=3.05\mu\text{F}\qquad C_d=49.6\text{pF}\qquad C_e=0.686\mu\text{F}\qquad R_b=100\Omega$$

由于跳耦法是从原型无源 RLC 网络而来，各环节互相耦合多路反馈，使 $H(s)$ 对各环节的灵敏度较低。但是这种结构调整较困难。此外对于高通函数，如果采用类似的方法实现各级 $H_i(s)$ 将是 RC 微分电路，微分电路稳定性差，不宜采用。但是对于原型带通电路仍旧可以应用跳耦法。

11.5　带通跳耦滤波器

梯形结构带通无源 RLC 滤波器的串臂为串联谐振电路，并臂为并联谐振电路。如图 11-27所示与图 11-15 对比后知：

$$Y_1(s)=\frac{\frac{1}{L_1}s}{s^2+\frac{R_1}{L_1}s+\frac{1}{L_1C_1}}\tag{11-25a}$$

$$Z_2(s)=\frac{\frac{1}{C_2}s}{s^2+\frac{1}{L_2C_2}}\tag{11-25b}$$

$$Y_3(s)=\frac{\frac{1}{L_3}s}{s^2+\frac{1}{L_3C_3}}$$

$$\cdots\cdots\tag{11-25c}$$

$$Z_6(s)=\frac{\frac{1}{C_6}s}{s^2+\frac{1}{R_2C_6}s+\frac{1}{L_2C_6}} \tag{11-25d}$$

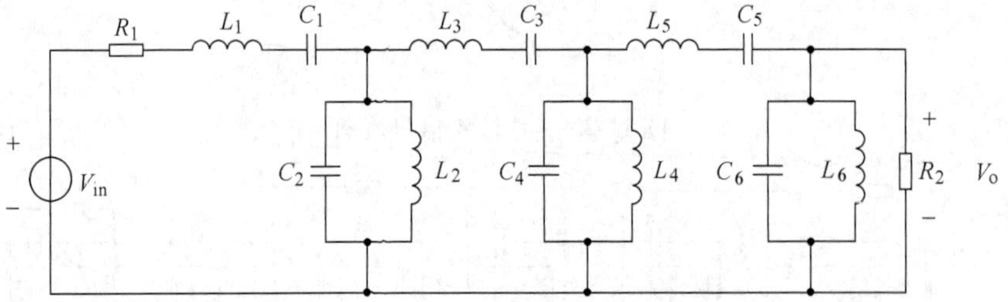

图 11-27 梯形结构带通无源 RLC 滤波器

这些阻抗、导纳就是跳耦法需要实现的函数 $H_1(s)$、$H_2(s)$ 等，它们是二阶带通函数，可以用上章叙述的单运放法实现。首尾二个函数可以用负反馈带通实现，当中的 $Z_2(s)$、$Y_3(s)$ 等都是 $Q_p=\infty$ 的二阶带通函数它们可以用德利雅尼斯电路或弗伦德电路实现。如果梯形网络第一臂出现的不是串臂（R_1 除外）而是并臂，如图 11-28 所示，可以将电阻 R_1 归入第一个并臂中，仍可用负反馈带通实现。

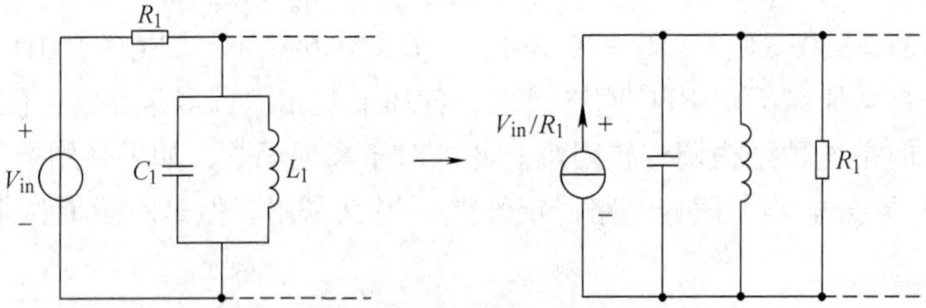

图 11-28 第一臂为并臂的梯形网络的变换

通过分压器的原理使带通输入端有加法器的功能，具体如图 11-29 所示。即将带通电路中 R_1 分为三个并联电阻，并联总值为 R_1。与 V_1 串联的电导为 k_1G_1，与 V_2 串联的电导为 k_2G_1，总并联电导为 G_1，戴维南等效电路的等效电压为 $k_1V_1+k_2V_2$，等效电阻为 R_1。

例 11-5 图 11-30 所示是四阶带通切比雪夫滤波器的无源原型电路（其中心角频率 $\omega_0=1\text{rad/s}$，$\omega_1=0.5\text{rad/s}$，$\omega_2=2\text{rad/s}$，$A_{max}=1\text{dB}$，$R_1=400\Omega$，$R_2=100\Omega$，阻抗归一化系数 $k_z=100$），总试用跳耦法求有源 RC 滤波器。

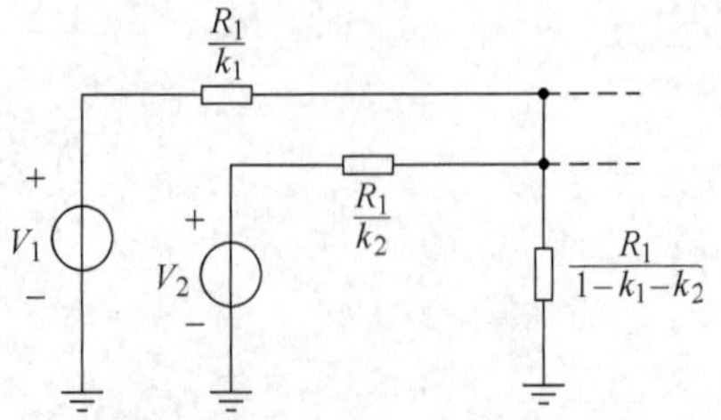

图 11-29 带通输入端有加法器功能的电路

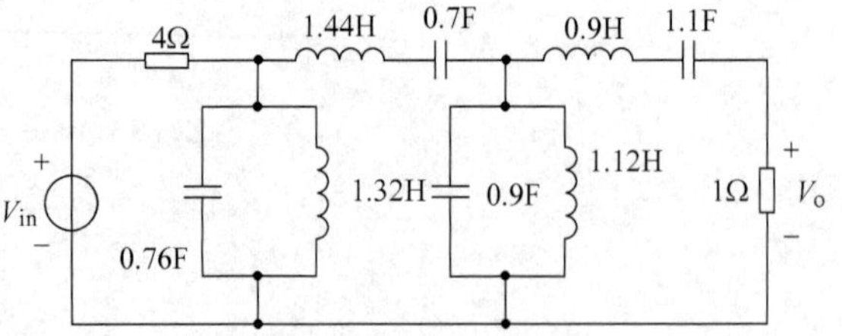

图 11-30 例 11-5 附图

解 将 R_1 与并臂阻抗并联后

$$Z_1(s) = \frac{1.32s}{s^2 + 0.33s + 1} \qquad Y_2(s) = \frac{0.7s}{s^2 + 1}$$

$$Z_3(s) = \frac{1.12s}{s^2 + 1} \qquad Y_4(s) = \frac{1.1s}{s^2 + 1.1s + 1}$$

梯形网络并臂电压是 V_1、V_3，串臂电流分别为 I_{in}、I_2、I_4，而 $I_{in} = \frac{V_{in}}{4}$，$V_0 = I_4 R_2 = I_4$。各电流即视为“虚电压”，则可表示为

$$-V_1 = -Z_1(I_{in} - I_2) = H_1(s)(I_{in} - I_2)$$

$$-I_2 = Y_2(-V_1 + V_3) = H_2(s)(-V_1 + V_3)$$

$$V_3 = -Z_3(-I_2 + I_4) = H_3(s)(-I_2 + I_4)$$

$$V_0 = I_4 = Y_4 V_3 = H_4(s) V_3$$

从而作信号流图如图 11-31 所示。

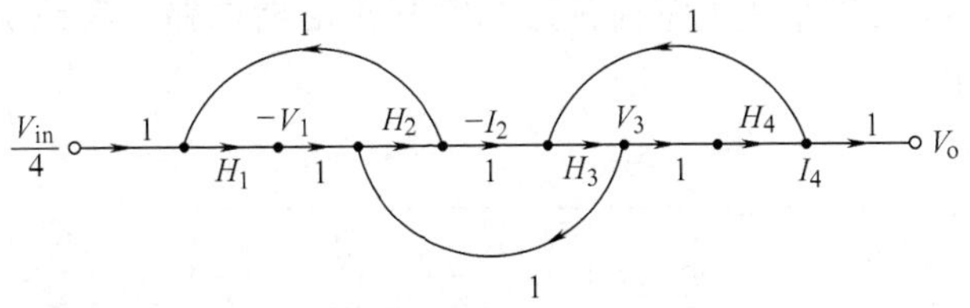

图 11-31　例 11-5 的信号流图

接下来需要确定 $H_1(s)$、$H_2(s)$ 等的电路及参数值。对 $H_1(s)$、$H_4(s)$ 可采用上章讨论过的基本负反馈结构，考虑加法功能后，重新画电路，如图 11-32 所示。

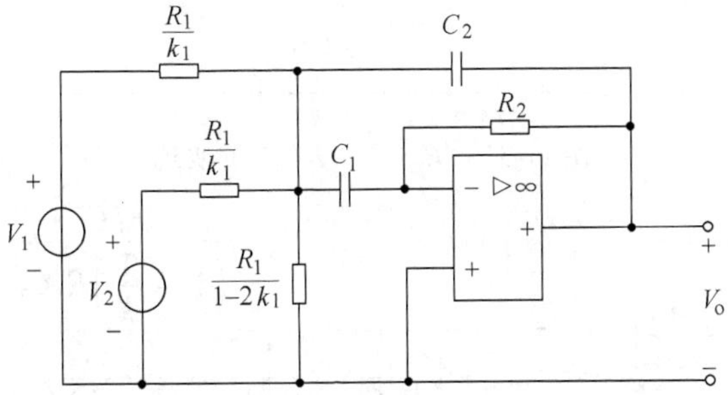

图 11-32　$H_1(s)$ 的实现

它的传输函数

$$H(s) = \left.\frac{V_0}{V_1}\right|_{V_2=0} = \left.\frac{V_0}{V_2}\right|_{V_1=0} = \frac{k_1\left(-\frac{s}{R_1 C_2}\right)}{s^2 + \left(\frac{1}{C_1 R_2} + \frac{1}{C_2 R_2}\right)s + \frac{1}{R_1 R_2 C_1 C_2}}$$

选 $C_1 = C_2 = C = 1\text{F}$，则

$$\frac{1}{R_1 R_2} = \omega_p^2 = 1, \quad Q_p = \frac{\omega_p}{2/R_2} = \frac{1}{2}R_2\omega_p = \frac{1}{2}R_2$$

$$R_2 = 2Q_p, \qquad R_1 = \frac{1}{2Q_p}$$

已求得 $H_1(s)$ 的 $Q_p = \dfrac{\omega_p}{0.33} = \dfrac{1}{0.33} = 3.03$，所以

$$R_1 = 0.165\Omega,\ R_2 = 6.06\Omega,\ k_1/(R_1C_2) = k_1/R_1 = 6.06k_1 = 1.32$$

即 $k_1 = 0.218$，$\dfrac{R_1}{k_1} = 0.757\Omega$，$\dfrac{R_1}{(1-2k_1)} = 0.293\Omega$

对于 $H_4(s)$ 采用图 11-32 电路需连接一个倒相器

$$R_2 = 2Q_p = 2 \times \frac{1}{1.1} = 1.82\Omega \qquad R_1 = \frac{1}{2Q_p} = 0.55\Omega$$

因为该带通不必兼加法器，故 $k_2 = 0$

$$k_1 = 1.1 \times R_1C_2 = 1.1 \times 0.55 = 0.605$$

$$\frac{R_1}{k_1} = 0.909\Omega \qquad \frac{R_1}{1-k_1} = 1.39\Omega$$

对于 $H_2(s)$、$H_3(s)$ 可以采用上章讨论过的德利雅尼斯电路，考虑加法功能后重新画出电路，如图 11-33 所示。

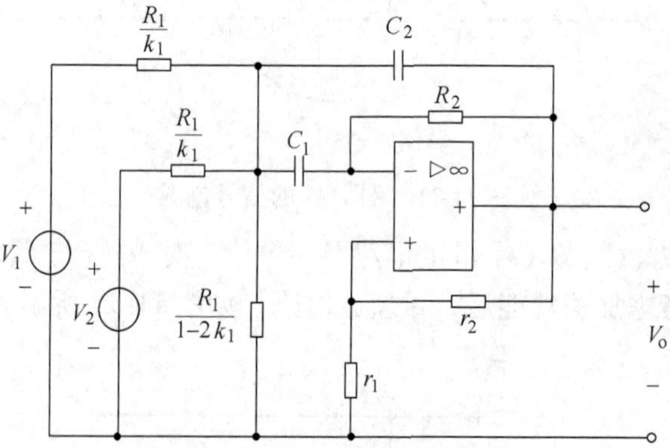

图 11-33　$H_2(s)$、$H_3(s)$ 的实现

$$H(s) = \left.\frac{V_0}{V_1}\right|_{V_2=0} = \left.\frac{V_0}{V_2}\right|_{V_1=0} = \frac{-\dfrac{k_1 s}{\left(1-\dfrac{1}{k}\right)R_1C_2}}{s^2 + \left[\dfrac{1}{R_2C_1} + \dfrac{1}{R_2C_2} - \dfrac{1}{(k-1)R_1C_2}\right]s + \dfrac{1}{R_1R_2C_1C_2}}$$

其中 $k = 1 + \dfrac{r_2}{r_1}$，选择 $C_1 = C_2 = 1\text{F}$，则 $\dfrac{2}{R_2} = \dfrac{1}{(k-1)R_1}$，即

$$\frac{2R_1}{R_2} = \frac{r_1}{r_2}$$

而

$$\frac{1}{R_1R_2} = 1$$

若选择 $\dfrac{r_1}{r_2} = 2 \quad (k = 1.5)$，则

$$R_1 = R_2 = 1\Omega,\ \frac{k_1}{\left(1-\dfrac{1}{k}\right)R_1C_2} = \frac{3k_1}{R_1} = 3k_1$$

对于 $H_2(s)$，$k_1 = \dfrac{0.7}{3} = 0.233$，$\dfrac{R_1}{k_1} = 5.29\Omega$，$\dfrac{R_1}{1-2k_1} = 1.87\Omega$

对于 $H_3(s)$，$k_1 = \dfrac{1.12}{3} = 0.373$，$\dfrac{R_1}{k_1} = 2.68\Omega$，$\dfrac{R_1}{1-2k_1} = 3.94\Omega$

如果实际带通 $\omega_0 = 2000\text{rad/s}$，且将每个电阻乘以 5000，则每个电容除以 $5000 \times 2000 = 10^7$，即全部 C 取 $0.1\mu\text{F}$。画整个电路，如图 11-34 所示，其中电阻重新编号。

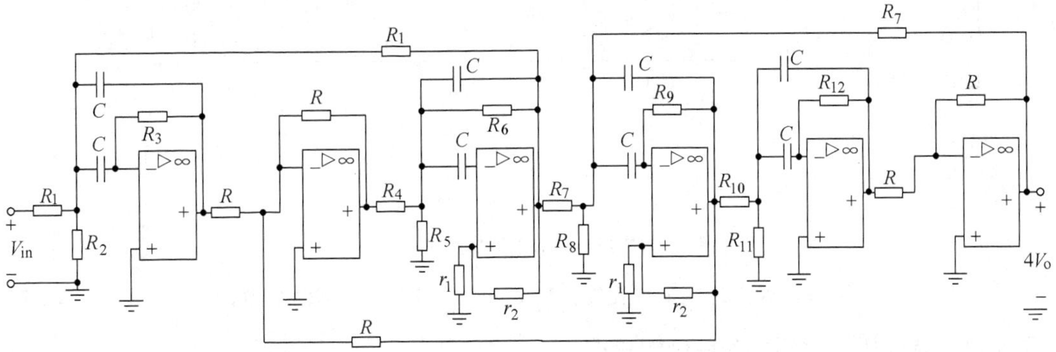

图 11-34　例 11-5 实现电路

其中

$R_1 = 5000 \times 0.757 = 3.79\text{k}\Omega$　　$R_2 = 5000 \times 0.293 = 1.47\text{k}\Omega$

$R_3 = 5000 \times 6.06 = 30.3\text{k}\Omega$　　$R_4 = 5000 \times 5.29 = 26.05\text{k}\Omega$

$R_5 = 9.35\text{k}\Omega$　　$R_6 = 5\text{k}\Omega$

$R_7 = 5000 \times 2.68 = 13.4\text{k}\Omega$　　$R_8 = 5000 \times 3.94 = 19.7\text{k}\Omega$

$R_9 = 5\text{k}\Omega$　　$R_{10} = 5000 \times 0.909 = 4.55\text{k}\Omega$

$R_{11} = 5000 \times 1.39 = 6.95\text{k}\Omega$　　$R_{12} = 5000 \times 1.82 = 9.1\text{k}\Omega$

倒相器的电阻选为 $R = 10\text{k}\Omega$，并选 $r_1 = 10\text{k}\Omega$，$r_2 = 5\text{k}\Omega$。本例如用上章的级联法，因为四阶带通是 s 的 8 次方，至少需要四个二阶带通函数级联。如果考虑输入、输出阻抗的影响有时需要隔离级，规模和跳耦法大体相当，但跳耦法灵敏度比级联法低。所以跳耦法用于带通滤波器还是成功的。

11.6　状态变量法

本章以上几节所讨论的方法都是根据无源 RLC 梯形网络为基础变换而来的。本节讨论另外一种方法，该法的着眼点是在网络中形成一组变量，这些变量依次都是积分关系。即次一个变量是上一个变量的积分（或者说上一个变量是次一个变量的导数），然后将这些变量按比例相加组合，从而获得所需的 s 的 n 阶多项式以及所需的传输函数。因为这些依次被积分的变量从数学上来看相当于状态变量，因而称其为状态变量法。如图 11-35 所示 n 个 RC 积分器依次级联，第奇数个积分器输出按电导比例相加送至第一个积分器输入；第偶数个积分器输出按电导比例倒相相加后也送至第一个积分器输入。输入电压 V_{in} 也一起送入第一个积分器输入。其中第 k 节点电压

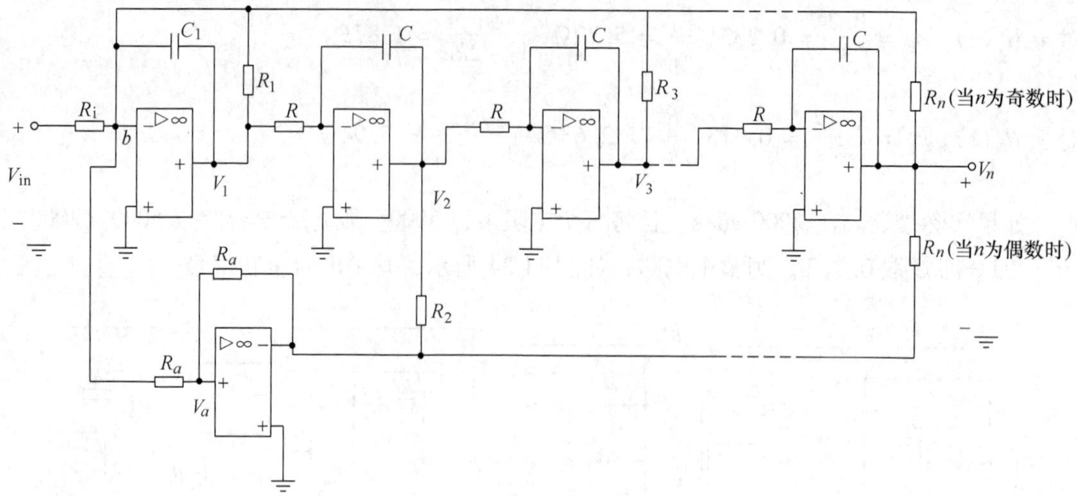

图 11-35 状态变量法

$$V_k = -RCsV_{k+1} = (RCs)^2 V_{k+2} = (-1)^{n-k}(RCs)^{n-k} V_n \tag{11-26}$$

V_a 是偶数节点电压按比例之和后倒相，即

$$V_a = -\left(V_2 \frac{R_a}{R_2} + V_4 \frac{R_a}{R_4} + V_6 \frac{R_a}{R_6} + \cdots\right) \tag{11-27}$$

对图中 b 点应用 KCL 得

$$sC_1 V_1 + \frac{V_{in}}{R_i} + \frac{V_a}{R_a} + \frac{V_1}{R_1} + \frac{V_3}{R_3} + \frac{V_5}{R_5} + \cdots = 0 \tag{11-28}$$

使 $C_1 = RC$ 将式（11-26）、(11-27) 代入式（11-28）并设 $s' = RCs$，经整理得

$$V_n\left(s'^n + \frac{s'^{n-1}}{R_1} + \frac{s'^{n-2}}{R_2} + \cdots \frac{s'^{n-k}}{R_k} + \cdots \frac{1}{R_n}\right) = (-1)^n \frac{V_{in}}{R_i} \tag{11-29}$$

用复变量 s' 只相当于频率标度的改变，对函数性质没什么影响。式（11-29）可写为

$$H_n(s') = \frac{V_n}{V_{in}} = \frac{(-1)^n G_i}{s'^n + G_1 s'^{(n-1)} + G_2 s'^{(n-2)} + \cdots + G_k s'^{n-k} + \cdots + G_n} \tag{11-30}$$

式（11-30）即 n 阶低通函数。分母多项式的系数各自由该阶的反馈电导确定，便于调整。R_a 的大小对函数无影响可以独立选定。如果输出不是从最后一级引出，而是从第 k 级引出，则得

$$H_k(s') = \frac{(-1)^k G_i s'^{(n-k)}}{s'^n + G_1 s'^{(n-1)} + G_2 s'^{(n-2)} + \cdots + G_k s'^{(n-k)} + \cdots + G_n} \tag{11-31}$$

所以也可以直接实现 n 阶高通和带通函数。如果将不同点输出经加法器相加（需要倒向的经倒向加法器相加）则可以实现任意函数。

状态变量法需用的运放数较多，对功耗、噪声不利。

例 11-6 试用状态变量法实现 $H(s) = \dfrac{10000s^2}{s^4 + 100s^3 + 22500s^2 + 10^6 s + 10^8}$。

解　将 $H(s)$ 改写为

$$H(s)=\frac{\left(\frac{s}{100}\right)^2}{\left(\frac{s}{100}\right)^4+\left(\frac{s}{100}\right)^3+2.25\left(\frac{s}{100}\right)^2+\left(\frac{s}{100}\right)+1}$$

相当于式（11-30）中 $s'=RCs=\frac{s}{100}$，$RC=0.01$，若 $C=1\text{F}$，则 $R=0.01\Omega$。令式（11-30）中 $n=4$、$k=2$ 比较系数后得

$$R_1=\frac{1}{G_1}=1\Omega,\ R_2=\frac{1}{G_2}=1/2.25=0.444\Omega$$

$$R_i=R_3=R_4=1\Omega,\ C_1=RC=0.01F$$

将所有电阻乘以 10^5，电容除以 10^5 得实用化参数值，并选 $R_a=10\text{k}\Omega$，作整个电路如图 11-36所示，其中

$$R_i=R_1=R_3=R_4=100\text{k}\Omega\qquad R_2=44.4\text{k}\Omega\qquad R=1\text{k}\Omega$$

$$R_a=10\text{k}\Omega\qquad C=10\mu\text{F}\qquad C_1=0.1\mu\text{F}$$

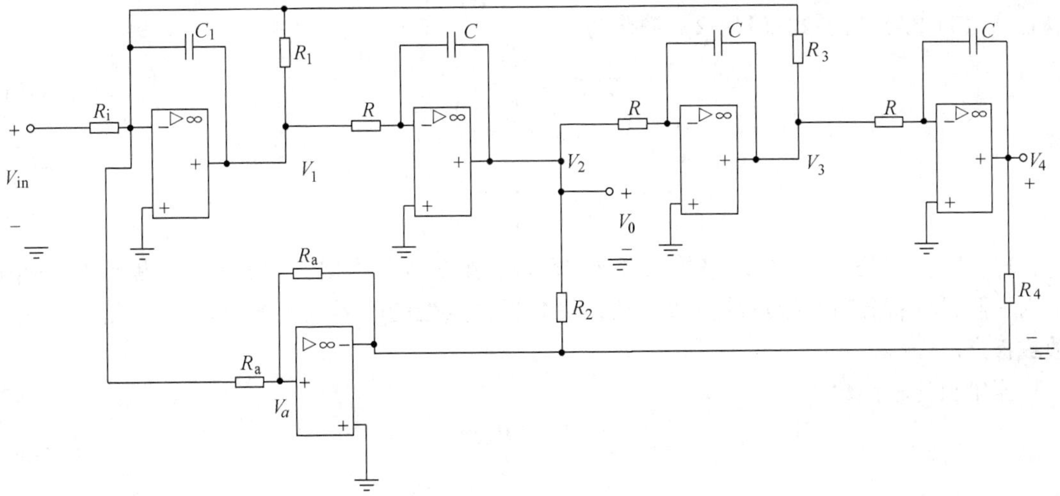

图 11-36　例 11-6 实现电路

11.7　入端导纳法

本节要介绍的方法中，传输函数 $H(s)$ 由数个无源 RC 网络的入端导纳所确定，通过调整入端导纳获得所需的 $H(s)$。所以，这里称它为入端导纳法。如图 11-37 所示，两个并联 T（Y）形 RC 网络中心点分别接运放正、负极性端，运放输出端和 T 型一对并端相联作为输出端，另一对 T 型端作为输入端。对二中心点列节点电压方程有

$$(Y_1+Y_3+Y_5)V_+-Y_1V_{in}-Y_5V_o=0$$

$$(Y_2+Y_4+Y_6)V_--Y_2V_{in}-Y_6V_o=0$$

而 $V_+=V_-$ 消去 V_- 经整理得

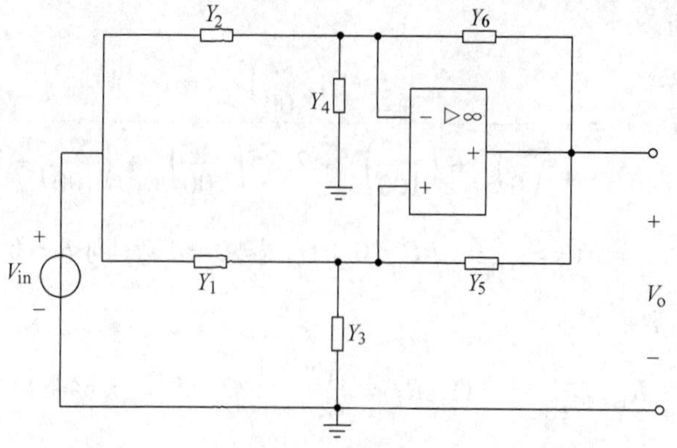

图 11-37　入端导纳法

$$H(s) = \frac{V_o(s)}{V_{in}(s)} = \frac{Y_1(Y_2 + Y_4 + Y_6) - Y_2(Y_1 + Y_3 + Y_5)}{Y_6(Y_1 + Y_3 + Y_5) - Y_5(Y_2 + Y_4 + Y_6)} \tag{11-32}$$

为了简化 $H(s)$ 的形式可使

$$(Y_1 + Y_3 + Y_5) = (Y_2 + Y_4 + Y_6) \tag{11-33}$$

满足式（11-33）后。式（11-32）简化为

$$H(s) = \frac{Y_1 - Y_2}{Y_6 - Y_5} \tag{11-34}$$

或

$$H(s) = \frac{Y_2 - Y_1}{Y_5 - Y_6} \tag{11-35}$$

Y_1、Y_2、Y_5、Y_6 是无源 RC 网络的入端导抗函数，第 7 章曾指出：它们的零、极点在负实轴上为一阶且交替分布。极点的留数为负，最靠近原点处的临界点是零点，$s=\infty$ 处可以是常数或极点。

当给出传输函数

$$H(s) = \frac{P(s)}{Q(s)} \tag{11-36}$$

可以选多项式 $D(s)$ 使它的根在负实轴上，使它的次数比 $Q(s)$ 的次数至多低一阶[设 $P(s)$ 的次数等于或小于 $Q(s)$ 的次数]。于是式（11-36）可以改写为

$$H(s) = \frac{P(s)/D(s)}{Q(s)/D(s)} \tag{11-37}$$

然后，将 $\frac{P(s)}{D(s)}$、$\frac{Q(s)}{D(s)}$ 各除以 s 后再进行有理函数分解，即 $\frac{P(s)}{sD(s)}$、$\frac{Q(s)}{sD(s)}$ 在 σ_i 处的留数

$$k_i = \frac{P(s)}{sD(s)}(s + \sigma_i)\bigg|_{s=-\sigma_i} \tag{11-38}$$

这些留数可正、可负，将正负项归并，再乘以 s 得

$$\frac{P(s)}{D(s)} = \sum \frac{k_i s}{s + \sigma_i} - \sum \frac{k_j s}{s + \sigma_j} + k_\infty s \tag{11-39}$$

$$\frac{Q(s)}{D(s)} = \sum \frac{k_i' s}{s + \sigma_i'} - \sum \frac{k_j' s}{s + \sigma_j'} + k_\infty' s \tag{11-40}$$

式中 k_i、k_j、k'_i、k'_j都是正实数。将（11-39）、式（11-40）和式（11-34）或式（11-35）比较得

$$Y_1(s) = k_\infty s + \sum \frac{k_i s}{s+\sigma_i} \tag{11-41}$$

$$Y_2(s) = \sum \frac{k_j s}{s+\sigma_j} \tag{11-42}$$

$$Y_6(s) = k'_\infty s + \sum \frac{k'_i s}{s+\sigma'_i} \tag{11-43}$$

$$Y_5(s) = \sum \frac{k'_j s}{s+\sigma'_j} \tag{11-44}$$

如果 k_∞，k'_∞为负值，则归入 Y_2、Y_5 中。若同式（11-35）比较，则 Y_1、Y_2、Y_5、Y_6 各自对调。为了确定 Y_3、Y_4，由式（11-33）知

$$Y_3 - Y_4 = (Y_6 - Y_5) - (Y_1 - Y_2) = \frac{Q(s) - P(s)}{D(s)} \tag{11-45}$$

同样分解 $\frac{Q(s) - P(s)}{sD(s)}$ 后得

$$\frac{Q(s) - P(s)}{D(s)} = \sum \frac{k''_i s}{s+\sigma''_i} - \sum \frac{k''_j s}{s+\sigma''_j} + k''_\infty s \tag{11-46}$$

于是

$$Y_3 = \sum \frac{k''_i s}{s+\sigma''_i} + k''_\infty s \tag{11-47}$$

$$Y_4 = \sum \frac{k''_j}{s+\sigma''_j} \tag{11-48}$$

例 11-7　试用入端导纳法求三阶切比雪夫低通滤波器。设 $A_{max} = 1\text{dB}$

解　由表查得归一化函数

$$H(s) = \frac{0.491}{s^3 + 0.988s^2 + 1.238s + 0.491}$$

取 $D(s) = (s+1)(s+2)$ 则

$$\frac{P(s)}{sD(s)} = \frac{0.491}{s(s+1)(s+2)} = \frac{0.246}{s} + \frac{0.246}{s+2} - \frac{0.491}{s+1}$$

$$\frac{Q(s)}{sD(s)} = \frac{s^3 + 0.988s^2 + 1.238s + 0.491}{s(s+1)(s+2)} = 1 + \frac{0.246}{s} + \frac{0.759}{s+1} - \frac{3.02}{s+2}$$

即

$$\frac{P(s)}{D(s)} = 0.246 + \frac{0.246s}{s+2} - \frac{0.491s}{s+1}$$

$$\frac{Q(s)}{D(s)} = s + 0.246 + \frac{0.759s}{s+1} - \frac{3.02}{s+2}$$

所以

$$Y_1 = 0.246 + \frac{0.246s}{s+2} \qquad Y_2 = \frac{0.491s}{s+1}$$

$$Y_5 = \frac{3.02s}{s+2} \qquad Y_6 = s + 0.246 + \frac{0.759s}{s+1}$$

由式（11-45）得

$$Y_3 - Y_4 = \frac{Q(s)}{D(s)} - \frac{P(s)}{D(s)} = s + \frac{1.25s}{s+1} - \frac{3.266s}{s+2}$$

即

$$Y_3 = s + \frac{1.25s}{s+1}, \qquad Y_4 = \frac{3.27s}{s+2}$$

这些导纳都可以用第 7 章讨论过的福斯特Ⅱ法实现。即每一项$\frac{ks}{s+\sigma}$可用值为$\frac{1}{k}$的电阻和值为$\frac{k}{\sigma}$的电容串联电路实现。整个电路如图 11-38 所示。

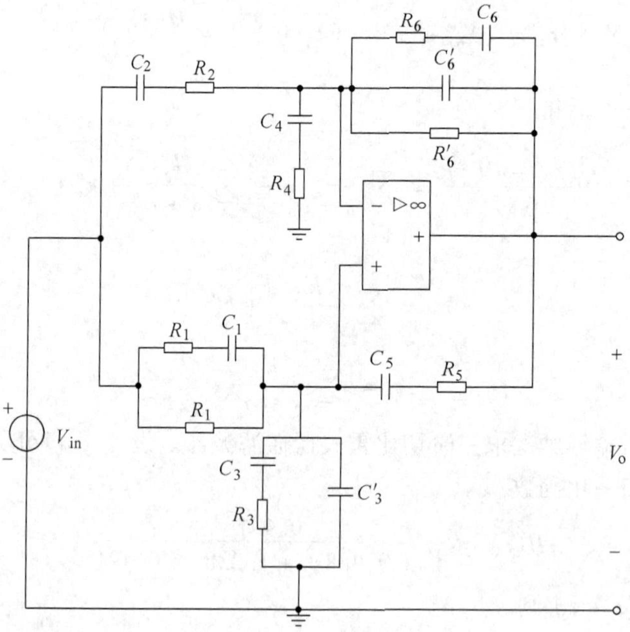

图 11-38 例 11-7 实现电路

如果低通边界角频率取 $\omega_c = 10^4$rad/s，且使参数实用化每个电阻乘以 10^3，每个电容除以 10^7。结果

$R_1 = 4.07\text{k}\Omega$ $\quad C_1 = 0.0123\mu\text{F}$

$R_2 = 2.04\text{k}\Omega$ $\quad C_2 = 0.0491\mu\text{F}$

$R_3 = 800\Omega$ $\quad C_3 = 0.125\mu\text{F}$, $\quad C_3' = 0.1\mu\text{F}$

$R_4 = 306\Omega$ $\quad C_4 = 0.164\mu\text{F}$

$R_5 = 331\Omega$ $\quad C_5 = 0.151\mu\text{F}$

$R_6 = 1.32\text{k}\Omega$ $\quad C_6 = 0.0759\mu\text{F}$

$R_6' = 4.07\text{k}\Omega$ $\quad C_6' = 0.1\mu\text{F}$

本例可见，$D(s)$ 选择较为灵活，本例选为二阶，若选三阶电路结构更复杂。这种电路由于 $H(s)$ 由导纳的差值所决定，使电路灵敏度较高。

11.8　多运放双二次节电路

上章已较详细地讨论过正负反馈型单运放双二次节电路。单运放电路运放数少、功耗和噪声都低。所以，许多情况单运放电路是成功的选择。例如作为低通的萨伦-凯电路和通用型双二次节弗伦德电路等。但是，当 Q_p 值很高时，单运放电路会遇到困难。多运放电路则可以做到高 Q_p 值低灵敏度，ω_p、Q_p 可以单独调整，而且低通、高通、带通等电路可以兼用，全通、带阻电路也都可以实现。

图 11-39 是一种三运放双二次节结构。分别对三个运放负极性点（本身电压为零）列节点电压方程得

$$-V_{①}\left(\frac{1}{R_1}+sC_1\right)-V_{in}\frac{1}{R_2}-V_{③}\frac{1}{R_8}=0$$

$$-V_{①}\frac{1}{R_3}-V_{in}\frac{1}{R_4}-V_{②}\frac{1}{R_5}=0$$

$$-V_{②}\frac{1}{R_7}-V_{in}\frac{1}{R_6}-V_{③}sC_2=0$$

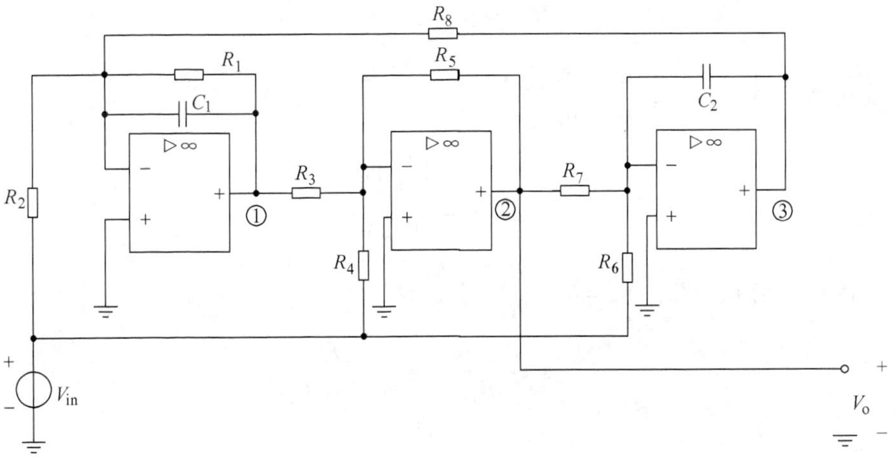

图 11-39　三运放双二次节结构

消去 $V_{①}$、$V_{③}$解得

$$H(s)=\frac{V_o(s)}{V_{in}(s)}=\frac{V_{②}(s)}{V_{in}(s)}$$

$$=-\frac{\frac{R_5}{R_4}\left[s^2+\left(\frac{1}{R_1C_1}-\frac{R_4}{R_2R_3C_1}\right)s+\frac{R_4}{R_3R_6R_8C_1C_2}\right]}{s^2+\frac{1}{R_1C_1}s+\frac{R_5}{R_3R_7R_8C_1C_2}} \tag{11-49}$$

即

$$\omega_p=\sqrt{\frac{R_5}{R_3R_7R_8C_1C_2}} \tag{11-50}$$

$$Q_p = \frac{\omega_p}{\dfrac{1}{R_1 C_1}} = R_1 \sqrt{\frac{C_1 R_5}{C_2 R_3 R_7 R_8}} \tag{11-51}$$

$$\omega_z = \sqrt{\frac{R_4}{R_3 R_6 R_8 C_1 C_2}} \tag{11-52}$$

$$Q_z = \sqrt{\frac{C_1}{C_2}} \cdot \frac{\sqrt{\dfrac{R_4}{R_3 R_6 R_8}}}{\dfrac{1}{R_1} - \dfrac{R_4}{R_2 R_3}} \tag{11-53}$$

$$H_0 = -R_5/R_4 \tag{11-54}$$

为了便于表示，设式（11-49）分母为 $D(s)$，当 R_2、$R_4 = \infty$ 时式（11-49）变为

$$H(s) = \frac{-\dfrac{R_5}{R_3 R_6 R_8 C_1 C_2}}{D(s)} \tag{11-55}$$

实现了低通函数。当 R_4、$R_6 = \infty$ 时

$$H(s) = \frac{\dfrac{R_5}{R_2 R_3 C_1} s}{D(s)} \tag{11-56}$$

实现了带通函数。当 $R_6 = \infty$，$\dfrac{R_1}{R_2} = \dfrac{R_3}{R_4}$时

$$H(s) = -\frac{\left(\dfrac{R_5}{R_4}\right) s^2}{D(s)} \tag{11-57}$$

实现了高通函数。当 $R_4 = R_5$，$R_6 = R_7$，$\dfrac{R_1}{R_2} = 2\dfrac{R_3}{R_4}$时

$$H(s) = \frac{s^2 - \dfrac{1}{R_1 C_1} s + \dfrac{R_5}{R_3 R_7 R_8 C_1 C_2}}{D(s)} \tag{11-58}$$

实现了全通函数。当 $\dfrac{R_1}{R_2} = \dfrac{R_3}{R_4}$，$\dfrac{R_4}{R_6} \geqslant \dfrac{R_5}{R_7} (\omega_z \geqslant \omega_p)$ 或 $\dfrac{R_4}{R_6} \leqslant \dfrac{R_5}{R_7}$，实现了低通陷波或高通陷波电路。

由式（11-50）~式（11-53）不难求得 ω_p 等关于 R，C 的灵敏度

$$S^{\omega_p}_{R_3, R_7, R_8, C_1, C_2} = -\frac{1}{2} = -S^{\omega_p}_{R_5} \tag{11-59}$$

$$S^{Q_p}_{C_2, R_3, R_7, R_8} = -S^{Q_p}_{C_1, R_5} \tag{11-60}$$

$$S^{Q_p}_{C_1, R_5} = \frac{1}{2} \qquad S^{Q_p}_{R_1} = 1 \tag{11-61}$$

$$S^{\omega_z}_{R_3, R_6, R_8, C_1, C_2} = -\frac{1}{2} = -S^{\omega_z}_{R_4} \tag{11-62}$$

$$S^{Q_z}_{R_6, R_8, C_2} = -\frac{1}{2} = -S^{Q_z}_{C_1} \tag{11-63}$$

$$S_{R_1}^{Q_z} = \frac{R_2R_3}{R_2R_3 - R_1R_4} \tag{11-64}$$

$$S_{R_2}^{Q_z} = \frac{R_1R_4}{R_1R_4 - R_2R_3} \tag{11-65}$$

$$S_{R_3}^{Q_z} = -\frac{1}{2} + \frac{R_1R_4}{R_1R_4 - R_2R_3} = -S_{R_4}^{Q_z} \tag{11-66}$$

可见参数选择只对 $S_{X_i}^{Q_z}$ 有影响。

例 11-8 试实现全通函数 $H(s) = \dfrac{-(s^2 - 100s + 10^6)}{s^2 + 100s + 10^6}$

解 由式（11-49）看出，当 $R_4 = R_5$，$R_6 = R_7$，$\dfrac{R_1}{R_2} = 2\dfrac{R_3}{R_4}$ 时，实现了全通函数。

选 $C_1 = C_2 = 1\text{F}$，则 $R_1 = 0.01\Omega$ 参数选择对灵敏度有影响的只是 $S_{X_i}^{Q_z}$，但满足 $\dfrac{R_1}{R_2} = 2\dfrac{R_3}{R_4}$ 后，$S_{X_i}^{Q_z}$ 也全部确定了，选择电阻值使参数分散性好些就可以

$$\frac{R_5}{R_3R_7R_8} = 10^6$$

选 $R_3 = R_4 = R_5 = R_6 = R_7 = R_8 = 0.001\Omega$，$R_2 = \dfrac{R_1}{2} = 0.005\Omega$ 再将每个电阻乘以 10^7，每个电容除以 10^7 后，则 $C_1 = C_2 = 0.1\mu\text{F}$，$R_1 = 100\text{k}\Omega$，$R_2 = 50\text{k}\Omega$，其余电阻为 $10\text{k}\Omega$。

图 11-40 所示是另外一种基本的三运放结构。

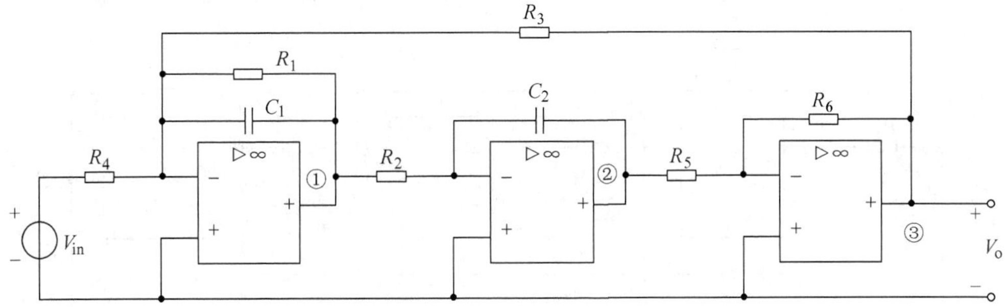

图 11-40 TT（Thomas-Tow）滤波器

图中①点是有损积分器（兼加法）的输出点。因此

$$V_{①} = \frac{-\dfrac{1}{R_4C_1}}{s + \dfrac{1}{R_1C_1}}V_{in} + \frac{-\dfrac{1}{R_3C_1}}{s + \dfrac{1}{R_1C_1}}V_{③} \tag{11-67}$$

图中②点是积分器的输出点，因此

$$V_{②} = V_{①}\left(-\frac{1}{sR_2C_2}\right) \tag{11-68}$$

输出电压 V_o 是 $V_{②}$经比例倒向获得的，即

$$V_{③} = -\frac{R_6}{R_5}V_{②} \tag{11-69}$$

解得

$$H_{③}(s)=\frac{V_{③}}{V_{in}}=\frac{-\dfrac{R_6}{R_2R_4R_5C_1C_2}}{s^2+\dfrac{1}{R_1C_1}s+\dfrac{R_6}{R_2R_3R_5C_1C_2}} \tag{11-70}$$

可见点③输出是经过倒向的低通函数，若从点②直接输出是不经倒向的低通函数

$$H_{②}(s)=\frac{V_{②}}{V_{in}}=\frac{\dfrac{1}{R_2R_4C_1C_2}}{s^2+\dfrac{1}{R_1C_1}s+\dfrac{R_6}{R_2R_3R_5C_1C_2}} \tag{11-71}$$

同理，若从点①输出因在积分器入端应比输出端多一个因子 s，所以是倒向带通函数

$$H_{①}(s)=\frac{V_{①}}{V_{in}}=\frac{-\dfrac{1}{R_4C_1}s}{s^2+\dfrac{1}{R_1C_1}s+\dfrac{R_6}{R_2R_3R_5C_1C_2}} \tag{11-72}$$

图 11-40 电路称为有源谐振器滤波器，因为它的模拟运算框图和线性常系数零阻尼二次微分方程（解为正弦振荡）对应，也称为 TT（Thomas-Tow）滤波器。

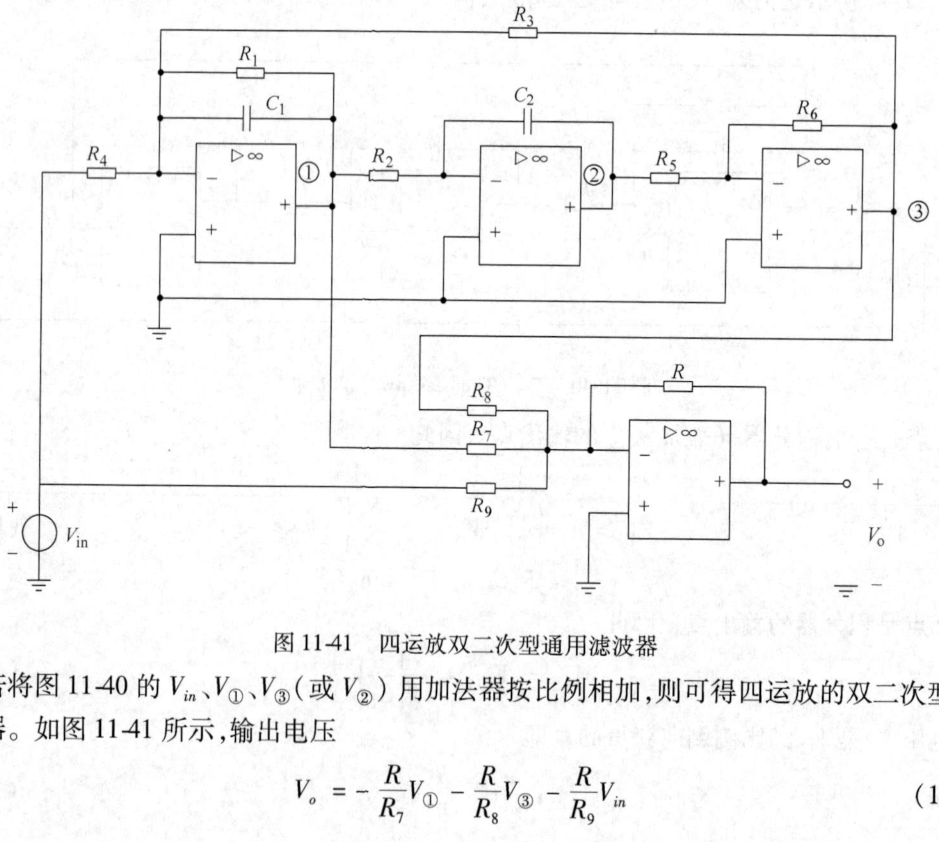

图 11-41 四运放双二次型通用滤波器

若将图 11-40 的 V_{in}、$V_{①}$、$V_{③}$（或 $V_{②}$）用加法器按比例相加，则可得四运放的双二次型通用滤波器。如图 11-41 所示，输出电压

$$V_o=-\frac{R}{R_7}V_{①}-\frac{R}{R_8}V_{③}-\frac{R}{R_9}V_{in} \tag{11-73}$$

将式(11-70)、式(11-72)代入式(11-73),经整理得

$$H(s)=\frac{V_o}{V_{in}}=\frac{\frac{Rs}{R_7R_4C_1}+\frac{R_6R}{R_2R_4R_5R_8C_1C_2}}{s^2+\frac{1}{R_1C_1}s+\frac{R_6}{R_2R_3R_5C_1C_2}}-\frac{R}{R_9} \tag{11-74}$$

或

$$H(s)=\frac{-\frac{R}{R_9}\left[s^2+\left(\frac{1}{R_1}-\frac{R_9}{R_4R_7}\right)\frac{s}{C_1}+\frac{R_6}{R_2R_5C_1C_2}\left(\frac{1}{R_3}-\frac{R_9}{R_4R_8}\right)\right]}{s^2+\frac{1}{R_1C_1}s+\frac{R_6}{R_2R_3R_5C_1C_2}} \tag{11-75}$$

式(11-75)可以实现各种滤波器。例如令 $R_8=\infty$、$\frac{R_9}{R_4R_7}=\frac{2}{R_1}$ 即为全通函数。低通、高通、带通、带阻、高通陷波都容易实现。如果要求 $\omega_z>\omega_p$(例如低通陷波)只需将引入加法器的电压 $V_{③}$ 改为 $V_{②}$,则式(11-75)分子第三项变为相加(设 $R_5=R_6$)。

例 11-9　试用四放大器法实现带阻函数 $H(s)=-\frac{s^2+10^6}{s^2+100s+10^6}$。

解　设 $C_1=C_2=1\text{F}$,由 $\frac{1}{R_1C_1}=100$,得 $R_1=0.01\Omega$

由式(11-75)看出

$$R_8=\infty,\frac{R_9}{R_4R_7}=\frac{1}{R_1}=100\Omega,\frac{R_6}{R_2R_3R_5}=10^6。$$

令 $R_2=R_3=R_5=R_6=R_7=R_9=R$,则 $R=0.001\Omega$,$R_4=R_1=0.01\Omega$。再将每个电阻乘以 4×10^6,每个电容除以 4×10^6,实现的电路如图 11-42 所示。

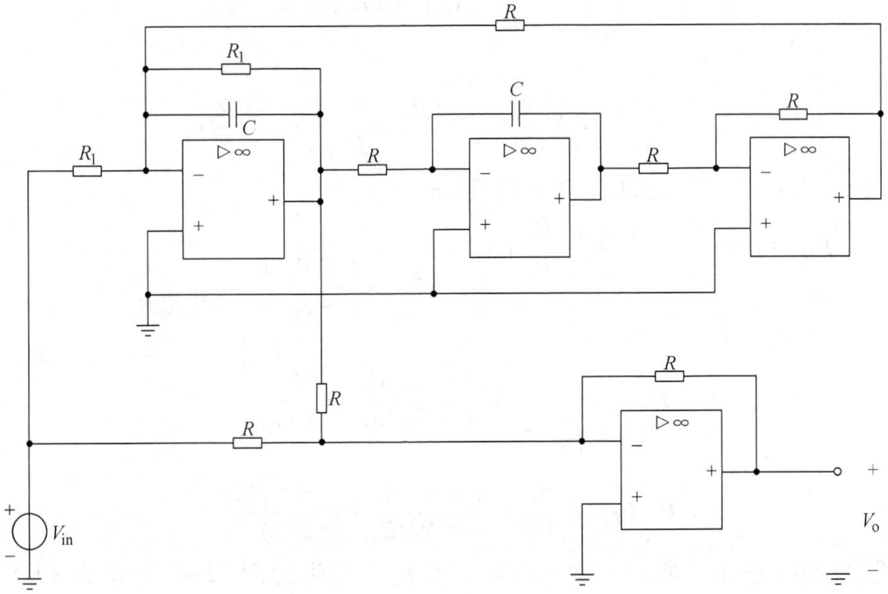

图 11-42　例 11-9 实现电路

其中 $R = 4\mathrm{k}\Omega, R_1 = 40\mathrm{k}\Omega, C = 0.25\mu\mathrm{F}$。

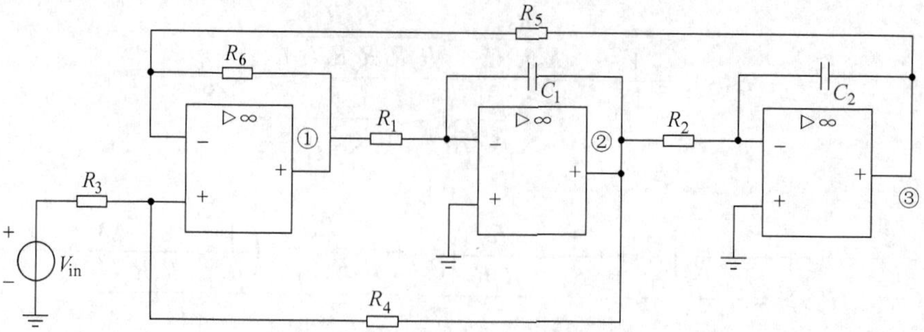

图 11-43 双二阶状态变量法电路

图 11-43 所示是 11.7 节讨论过的状态变量法应用于双二阶电路。其中

$$V_3 = -\frac{V_2}{sR_2C_2} \tag{11-76}$$

$$V_2 = -\frac{V_1}{sR_1C_1} \tag{11-77}$$

设左边第一只运放的正、负极性端分别用 V_+、V_- 表示，$V_- = V_+$，对这两点分别列节点电压方程得

$$-G_5V_3 - G_6V_1 + (G_5 + G_6)V_- = 0$$

$$-G_3V_{in} - G_4V_2 + (G_3 + G_4)V_+ = 0$$

消去 V_-、V_+ 得

$$\frac{G_5V_3 + G_6V_1}{G_5 + G_6} = \frac{G_3V_{in} + G_4V_2}{G_3 + G_4}$$

或

$$V_1 = \frac{G_5 + G_6}{G_6(G_3 + G_4)}(G_3V_{in} + G_4V_2) - \frac{G_5}{G_6}V_3 \tag{11-78}$$

或

$$V_1 = \frac{(R_5 + R_6)R_4}{(R_3 + R_4)R_5}V_{in} + \frac{(R_5 + R_6)R_3}{(R_3 + R_4)R_5}V_2 - \frac{R_6}{R_5}V_3 \tag{11-79}$$

将式(11-76)、式(11-77)代入式(11-79)经整理得

$$H_{H_P}(s) = \frac{V_1}{V_{in}} = \frac{1 + R_6/R_5}{1 + R_3/R_4} \cdot \frac{s^2}{s^2 + \frac{s}{R_1C_1} \cdot \frac{1 + R_6/R_5}{1 + R_4/R_3} + \frac{R_6}{R_1R_2R_5C_1C_2}} \tag{11-80}$$

$$H_{B_P}(s) = \frac{V_2}{V_{in}} = \frac{1 + R_6/R_5}{1 + R_3/R_4} \cdot \frac{-\frac{1}{R_1C_1}s}{D(s)} \tag{11-81}$$

$$H_{L_P}(s) = \frac{V_3}{V_{in}} = \frac{1 + R_6/R_5}{1 + R_3/R_4} \cdot \frac{\frac{1}{R_1R_2C_1C_2}}{D(s)} \tag{11-82}$$

$D(s)$ 即式(11-80)分母多项式。称二阶状态变量法产生的图 11-43 电路为 KHN(Kerwin Huelsman-Newcomb)滤波器。KHN 电路灵敏度较低，适宜高 Q 值函数的实现。

如果将 KHN 电路的 V_1、V_2、V_3 考虑极性按比例相加，同样可得一般双二次函数加法器，如

图 11-44 所示。具体推导作为习题作业。

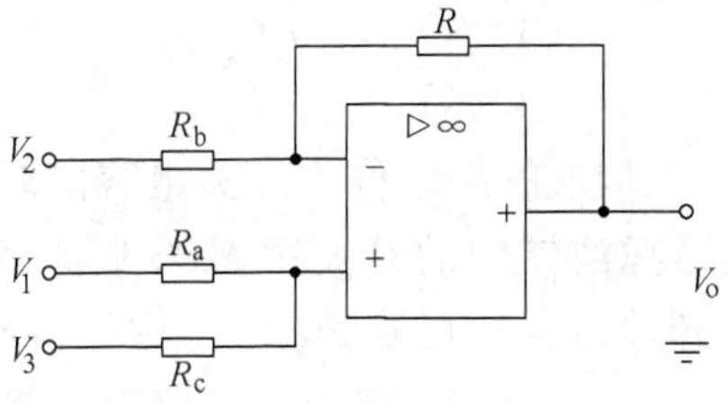

图 11-44　双二次函数加法器

11.9　开关电容网络(SCN)概述

有源滤波器取消了体积大、制造麻烦且不便于集成的电感元件,由运放等有源器件和无源 RC 元件构成有源电路。相对来说电阻 R 比电容 C、运放、开关管等功耗更高、体积更大,对集成化也不利。于是,人们考虑取消电阻 R 的办法。事实上,由一个快速闭合的开关加上电容形成的组合(开关电容)在电路中可以起到和电阻 R 一样的作用。例如图 11-45a 所示,开关快速地在点 1,2 间来回接通,设开关频率 f_c 远比电路工作频率 f 高。设开关每一次来回使点 1 有 Δq 的电荷搬移至点 2,则

$$\Delta q = CV_1 - CV_2$$

每秒钟由点 1 搬至点 2 的电荷即为电流 i 故有

$$i = f_c\Delta q = f_cC(V_1 - V_2) \tag{11-83}$$

对比图 11-45b

$$i = \frac{1}{R}(V_1 - V_2) \tag{11-84}$$

可见图 11-45a 所示的开关加电容等效于一个电阻,其阻值

$$R = \frac{1}{f_cC} = \frac{T}{C} \tag{11-85}$$

式中 f_c 称为时钟频率。

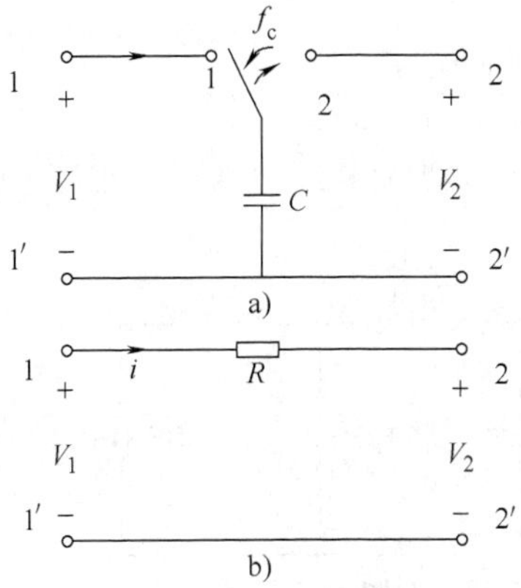

图 11-45　开关电容

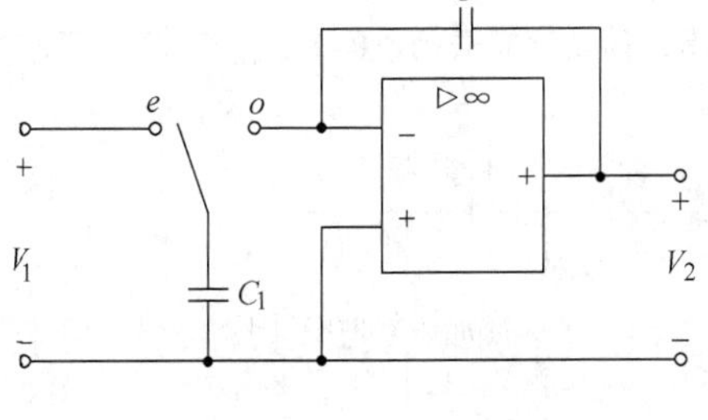

图 11-46　开关电容实现的积分电路

如果理想积分器中电阻 R 用开关电容代替，如图 11-46 所示，则

$$\frac{V_2(s)}{V_1(s)} = -\frac{f_c C_1}{Cs} \tag{11-86}$$

这种由电容、开关电容和理想运放构成的网络称为开关电容网络（SCN）构成的滤波器称为开关电容滤波器（SCF）。开关电容滤波器中的开关用 MOS 管担当，导通电阻较小（约 100Ω ~ 1kΩ），截止电阻近于无穷大。开关占空比可取 50%，一边称偶相，另外一边称奇相。除两相的之外还可以有三相、多相的。f_c 要比工作频率大得多，使换相期间电路电压变动可以忽略，即认为电压只在切换瞬间变动，其余时间均保持。可见开关电容网络中电路响应是呈阶梯形的，即不是连续模拟系统，而是数据抽样系统。

式(11-86)看出，开关电容网络的函数由电容比所确定。虽然精确制作一个电容不容易，但在同一芯片上控制电容的面积（即电容比）却比较容易，而且电容比受环境影响也较少。这是开关电容网络的一个很大特点和优点。另外取消了电阻使功耗减少，便于大面积集成，用 MOS 工艺能够制成性能稳定的 SCF。由于 SCF 和有源 RC 滤波器一样受运放增益的频率响应等因素影响，至今 SCF 也还只能适用于声频范围内。

开关电容网络综合的方法发展得十分快，其中有许多是仿照 RC 有源网络类比而提出的。由于它是数据抽样系统，通常应用 Z 变换。

小　　结

仿真电感模拟法、频变负阻法是将无源网络中的某些元件用等效有源 RC 结构来代替而实现的；跳耦模拟法是直接模拟无源网络的方程式来得到有源 RC 结构。通过模拟技术得到的有源网络保持了无源梯形网络通带低灵敏度的特性，其灵敏度远低于级联法实现的网络，但仍略高于相应的无源梯形网络。与级联法相比，这种电路的综合和调整均较困难，需要更多的运算放大器。

状态变量法的实现电路由加法器、反相器和若干积分器构成，具有多种不同电路结构，可同时实现低通、高通和带通函数，调整电阻阻值可实现勃特沃茨、切比雪夫和贝塞尔等不同响应，其优势在于使用时便于调整。在工业界，常以二阶电路为基本单元。

习　　题

11-1 有阻抗 $Z(s) = s^m$，试用一般阻抗变换器实现下列各 m 值时的电路

(a) $m=-3$；(b) $m=-2$；(c) $m=-1$；(d) $m=1$；(e) $m=2$

11-2 有四阶切比雪夫函数（当 $A_{\max}=1\text{dB}$），已求得它的无源高通滤波器如图 11-47 所示，试用仿真电感实现该电路。

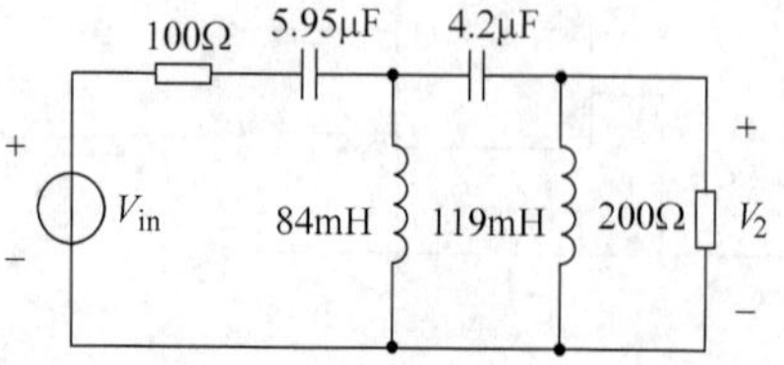

图 11-47　题图 11-2

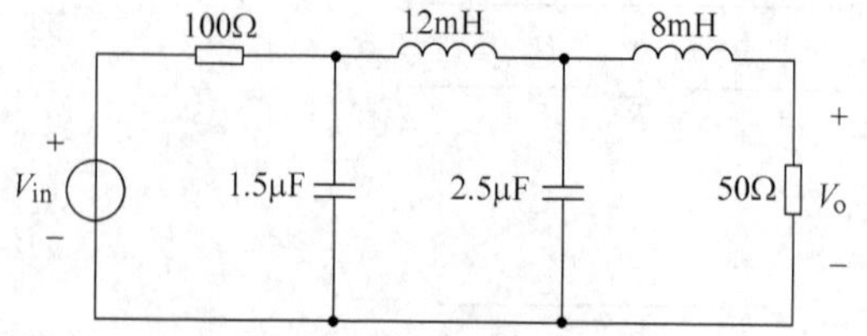

图 11-48　题图 11-3

11-3 有低通无源滤波器如图 11-48 所示，试用频变负阻（FDNR）实现它。

11-4　有低通滤波器 $\omega_c = 10^4\mathrm{rad/s}$，$\omega_s = 5\times10^4\mathrm{rad/s}$，$A_{\max} = 1\mathrm{dB}$，$A_{\min} = 45\mathrm{dB}$，信号源内阻为 600Ω，试用模拟法实现它。

11-5　试用跳耦法实现上述电路。

11-6　试用跳耦法实现题 11-3 电路。

11-7　图 11-49 所示是四阶切比雪夫带通滤波器的原型电路，试用跳耦法实现该电路。

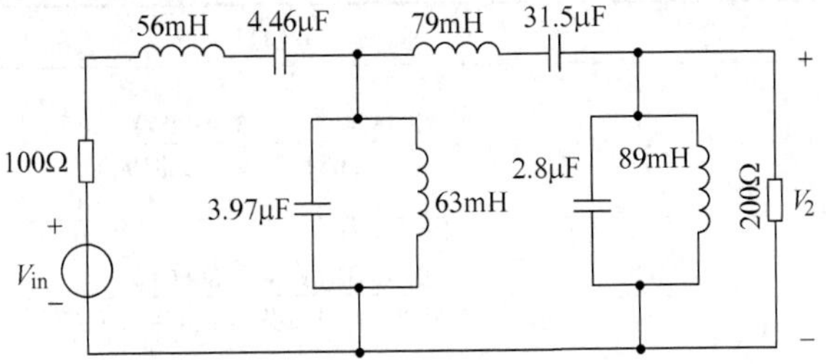

图 11-49　题图 11-7

11-8　试用状态变量法实现 $H(s) = \dfrac{6\,400}{s^4 + 6s^3 + 172s^2 + 528s + 6\,400}$。

11-9　试用状态变量法实现全通函数 $H(s) = \dfrac{s^2 - 40s + 10^5}{s^2 + 40s + 10^5}$。

11-10　试实现 $H(s) = \dfrac{s^2 + 10^4}{s^2 + 10s + 10^4}$。

附录　$A_{max}=0.5$dB 椭圆近似函数

Ω_s	n	A_{min}	$H(s)$
1.5	2	8.3	$\frac{0.38540(s^2+3.92705)}{s^2+1.03153s+1.60319}$
	3	21.9	$\frac{0.31410(s^2+2.80601)}{(s^2+0.45286s+1.14917)(s+0.766952)}$
	4	36.3	$\frac{0.015397(s^2+2.53555)(s^2+12.09931)}{(s^2+0.25496s+1.06044)(s^2+0.92001s+0.47183)}$
	5	50.6	$\frac{0.019197(s^2+2.42551)(s^2+5.43764)}{(s^2+0.16346s+1.03189)(s^2+0.57023s+0.57601)(s+0.42597)}$
2.0	2	13.9	$\frac{0.20133(s^2+7.4641)}{s^2+1.24504s+1.59179}$
	3	31.2	$\frac{0.15424(s^2+5.15321)}{(s^2+0.53787s+1.14849)(s+0.69212)}$
	4	48.6	$\frac{0.0036987(s^2+4.59326)(s^2+24.22720)}{(s^2+0.30116s+1.06258)(s^2+0.88456s+0.41032)}$
	5	66.1	$\frac{0.0046205(s^2+4.36495)(s^2+10.56773)}{(s^2+0.19255s+1.03402)(s^2+0.58054s+0.52500)(s+0.392612)}$
3.0	2	21.5	$\frac{0.083974(s^2+17.48528)}{s^2+1.35715s+1.55532}$
	3	42.8	$\frac{0.063211(s^2+11.82781)}{(s^2+0.58942s+1.14559)(s+0.65236)}$
	4	64.1	$\frac{0.00062046(s^2+10.4554)(s^2+58.471)}{(s^2+0.32979s+1.063281)(s^2+0.86258s+0.37787)}$
	5	85.5	$\frac{0.00077547(s^2+9.8955)(s^2+25.0769)}{(s^2+0.21066s+1.0351)(s^2+0.58441s+0.496388)(s+0.37452)}$

参考文献

[1] 陈树柏,左恺,张良震. 网络图论及其应用[M]. 北京:科学出版社,1982 .

[2] R . J . wilson . and L . W . Beinehe (ed .) . Applications of Graph Theory[M]. New York :Academic Press,1979 .

[3] N. 巴拉巴尼安,T. A . 比卡特. 电网络理论[M]. 夏承铨,刘国柱,宁超,等译. 邱关源校. 北京:高等教育出版社,1983.

[4] E. A. Guillemin . Synthesis of Passive Networks[M]. New York : John Wiley & Sons,1957.

[5] D. A. Calahan . Computer-Aided Network Design[M]. New York:McGraw-Hill Book Co. ,1968.

[6] E. A. Guillemin. The Mathematics of Circuit Analysis[M]. New York:John Wiley & Sons,1949.

[7] F. F. Kuo. Network Analysis and Synthesis[M]. 2nd edition . New York:John Wiley & Sons,1966.

[8] I. M. Horowitz. Synthesis of Feedback Systems[M]. New York:Academic Press,1963.

[9] C. A. Desoer. and E. S. Kuh. Basic Circuit Theory[M]. New York:McGraw-Hill Book Co. ,1966.

[10] 贝卡利. 网络分析与综合基础[M]. 陈大焙,颜超,卢衍桐译. 龚为斑,刘瑞奇校. 北京:人民教育出版社,1979.

[11] 邱关源. 电网络理论[M]. 北京:科学出版社,1988.

[12] 陈惠开,吴新余,吴叔美. 现代网络分析[M]. 北京:人民邮电出版社,1992.

[13] 陈惠开. 无源与有源滤波器——理论与应用[M]. 徐守义. 等译. 北京:人民邮电出版社,1989.

[14] 陈惠开. 线性网络与系统[M]. 王兆明,田福庸等译. 北京:电子工业出版社,1988.

[15] 周庭阳. N 端口网络[M]. 北京:高等教育出版社,1991.

[16] 周庭阳,张红岩. 电网络理论[M]. 杭州:浙江大学出版社,1997.

[17] 周庭阳,江维澄. 电路原理[M]. 杭州:浙江大学出版社,1988.

[18] 张红岩,周庭阳. 基于多端网络等效变换的大型网络分析[J]. 电工电能新技术,1999,03.

[19] 哈里. Y-F. 拉姆. 模拟和数字滤波器设计与实现[M]. 冯裔云,应启珩,陆延丰,等译. 北京:人民邮电出版社,1985.

[20] 黄席椿,高顺泉. 滤波器综合法设计原理[M]. 北京:人民邮电出版社,1978.

[21] 阿瑟. B. 威廉斯. 电子滤波器设计手册[M]. 喻春轩,等译. 北京:电子工业出版社,1986.

普通高等教育“十一五”国家级规划教材
普通高等教育电气工程与自动化类“十一五”规划教材

书　名	主　编
★电路基础	东南大学　黄学良
电路实验教程	燕山大学　毕卫红
工程电磁场基础及应用	山东大学　刘淑琴
数字电子技术	中国计量学院　王秀敏
电子技术实验	天津大学　王萍
★计算机软件技术基础	哈尔滨工程大学　李金
通信技术基础(非通信类)	重庆邮电大学　鲜继清
★微型计算机原理及应用	西安交通大学　张彦斌
计算机网络与通信	清华大学　张曾科
★自动控制理论	合肥工业大学　王孝武　方敏　葛锁良
★自动控制理论	西安理工大学　刘丁
★现代控制理论基础(第2版)	合肥工业大学　王孝武
现代控制理论	浙江大学　赵光宙
控制工程基础	浙江工业大学　王万良
信号分析与处理(第2版)	浙江大学　赵光宙
自动化概论	四川大学　赵曜
★电力电子技术(第5版)	西安交通大学　王兆安　刘进军
电力电子技术(少学时)	华南理工大学　张波
Power Electronics	吴斌
★电机及拖动基础(第4版)(上下册)	合肥工业大学　顾绳谷
电力拖动基础	四川大学　张代润
★电力拖动自动控制系统——运动控制系统(第4版)	上海大学　阮毅　陈伯时
电力拖动自动控制系统——运动控制系统(少学时)	上海海运大学　汤天浩
控制系统数字仿真与CAD(第2版)	哈尔滨工业大学　张晓华
★过程控制与自动化仪表(第2版)	西安理工大学　潘永湘
过程控制与自动化仪表	浙江大学　张宏建
过程控制系统	华东理工大学　俞金寿
传感器与检测技术	清华大学　赵勇
自动检测技术与系统设计	东南大学　周杏鹏

（续）

书　名	主　编
计算机控制技术	沈阳大学　范立南
现场总线技术及应用	哈尔滨工业大学　佟为明
电磁兼容原理及应用	华中科技大学　熊蕊
★电气绝缘技术基础（第4版）	西安交通大学　曹晓珑
★电机学	重庆大学　韩力
电力工程基础	河海大学　鞠平
★供电技术（第4版）	西安理工大学　余健明
智能控制理论及应用	湖南大学　王耀南　孙炜
智能电器	大连理工大学　邹积岩
建筑智能化系统	东北大学　吴成东
控制电机	山东大学　李光友
智能机器人引论	中国科学技术大学　关胜晓
机器人引论	清华大学　张涛
嵌入式系统原理与应用	青岛大学　范延滨
数字图像处理与应用基础	西安理工大学　朱虹
电网络理论	浙江大学　周庭阳
非线性电路理论	北京机械工业学院　刘小河
非线性系统理论	上海大学　康惠骏
最优控制理论与应用	西安交通大学　吴受章
系统建模理论与方法	东南大学　夏安邦
高等数字信号处理	海军工程技术大学　吴正国
高等电力电子技术	合肥工业大学　张兴
现代电机控制技术	沈阳工业大学　王成元

1. 本套教材全部配有免费电子课件，欢迎选用本套教材的老师索取，索取邮箱：wbj@mail.machineinfo.gov.cn
2. 书名前标“★”号的为“普通高等教育‘十一五’国家级规划教材”